普通高等教育土建类教材

画法几何及工程制图

主编　孙靖立

参编　吕　梅　于春艳　赵嵩颖

王子佳　赵松源　常　虹

主审　侯洪生

机械工业出版社

本书是高等工科院校土建类相关专业图学教材，与之相配套的有《画法几何及工程制图习题集》。

本书分为12章，主要内容有：绘图的有关规定和基本知识；点、直线、平面的投影；点、直线、平面的相对位置；立体的投影；轴测投影；组合体；机件常用的表达方法；标准件和常用件；零件图；装配图；建筑施工图；采暖通风工程图等。

本书可作为高等工科院校土建类相关专业图学教材，亦可作为相关工程技术人员的参考书。

图书在版编目（CIP）数据

画法几何及工程制图/孙靖立主编．—北京：机械工业出版社，2007.9
(2025.8重印)
普通高等教育土建类教材
ISBN 978-7-111-22311-5

Ⅰ.画...　Ⅱ.孙...　Ⅲ.①画法几何－高等学校－教材②工程制图－高等学校－教材　Ⅳ.TB23

中国版本图书馆CIP数据核字（2007）第139401号

机械工业出版社（北京市百万庄大街22号　邮政编码100037）
责任编辑：马军平　版式设计：霍永明　责任校对：张　媛
封面设计：张　静　责任印制：刘　媛
北京富资园科技发展有限公司印刷
2025年8月第1版第13次印刷
184mm×260mm·18.25印张·441千字
标准书号：ISBN 978-7-111-22311-5
定价：45.00元

电话服务　　　　　　　　　网络服务
客服电话：010-88361066　机　工　官　网：www.cmpbook.com
　　　　　010-88379833　机　工　官　博：weibo.com/cmp1952
　　　　　010-68326294　金　书　网：www.golden-book.com
封底无防伪标均为盗版　机工教育服务网：www.cmpedu.com

前　　言

本书是参照教育部2004年工程图学课程教学指导委员会修订的“普通高等学校画法几何及工程制图课程教学基本要求”而编写的。在全国高等教育从精英化转向大众化的阶段，在探索高等学校新的培养模式中如何更好地满足应用型人才的基础教育，教学内容、课程体系进行着深刻的改革，而教材的建设是保证提高教学质量的基础和支柱。

编写本书的目的在于：在保证提高高等本科教育教学质量的前提下，应用型专业更好地为社会培养出应用能力较强的人才。

首先，我们将画法几何部分在原有常规教材体系作了较大的改编，既注重课程的系统性，又兼顾知识点的应用性，并结合课程的特点，着重培养学生空间分析问题和解决问题的基本能力，强化学习投影作图的基本理论和图解方法，加大徒手草图和轴测投影训练，提高空间思维能力。

其次，本书根据工科院校土建类、非机类专业的各自特点，严格遵照国家有关建筑制图和机械制图的标准，在以机械制图为主的基础上，增加了建筑施工图和采暖通风工程图的内容，突出了专业特色，满足了专业要求。

本书力求做到在文字叙述上尽可能简明扼要，通俗易懂，适应面广。各章节的插图也尽量做到清晰可读，便于教学，且实践性强。

参加本书编写的有：吉林建筑工程学院城建学院的孙靖立（第1章、第8～10章）；吉林松辽工程监理有限公司的赵松源（第2章）；吉林建筑工程学院的吕梅（第4章）；赵嵩颖（第3、7章）；王子佳（第5、6章）；常虹（第11章）；长春工程学院的于春艳（第12章）。

本书及配套习题集由孙靖立拟定编写纲目，并统稿、定稿。孙靖立任主编。

吉林大学侯洪生教授审阅了本书，并提出了许多宝贵意见，在此深表感谢。

由于编者水平有限，书中难免存在疏漏之处，敬请读者批评指正。

编　者

目　录

绪　论

1. 课程的性质和任务

画法几何及工程制图课程是一门既有系统理论，又有较强实践性的专业技术基础课。随着我国社会主义现代化建设事业的全面发展，需要大批德智体全面发展、获得工程师基本训练的高级工程技术人员。工科院校的大学生必须掌握与本专业相关的自然科学基础知识和专业知识，同时还必须经过实验、计算机绘图等多方面的训练，掌握工程师应具备的基本能力。画法几何及工程制图课程就是训练和培养学生的空间想象能力、空间分析能力以及实际绘图能力的课程，它包括画法几何、制图基础、专业制图、计算机绘图（未列入）等部分。

语言文字是人们交流和表达思想、传递技术信息的工具，但是一幅图样是难以用语言或文字来表述清楚的。无论是在机械工程，还是在建筑工程中，形体的外部造型、内部分隔、结构特点、安装设施等都必须用相应的图样完整地表达出来，以便加工、生产及施工时使用。图样是工程建设中必不可少的技术资料。

工程图样被称为工程界的技术语言，所有从事工程技术工作的人员都必须掌握这种“语言”，都必须具备手工绘图和计算机绘图能力，并能够识读专业图样。因此，画法几何及工程制图课程是学生在大学学习期间最重要的必修课之一。只有学好该课程，才能在学习专业课程以及今后的工作中顺利地从事设计、研究、制造和施工等方面的技术工作。

画法几何及工程制图课程主要是研究用投影法图示各种形体和图解空间几何问题的基本理论和方法，并结合所学的专业特点学习完成下列学习任务：

1）掌握并应用正投影法的基本原理进行图解几何问题。

2）经过学习具有较强的空间想象、空间构思和分析能力。

3）具有计算机绘图能力。

4）学习国家标准有关制图的一系列规定，能够正确运用绘图仪器绘制或阅读工程图样。

5）培养认真、细致、严谨、科学的作风。

本课程所要求的绘制和阅读工程图样的能力还需要在后续相关课程继续培养、训练和提高。

2. 课程的历史和现状

有史以来，人类就试图用图形来表达和交流思想，从远古的洞穴石刻可以看出，在没有语言文字以前，图形就是一种有效的交流工具。

我国具有五千年的文明史，考古发现，早在公元前2600年（距今4600年）就出现了可以称为工程图样的图，那是刻在古尔迪亚泥板上的一张神庙的地图。直到1500年文艺复兴时期，才出现将平面图和其他多面图画在同一画面上的设计图。300年之后，法国测量师古斯塔夫·蒙日（GaspardMonge，1746—1818）将各种表达方法总结归纳写出《画法几何》一书，不仅当时在本国对工业革命起到了重大的作用，而且在今天对各国工程制图的发展也有着深远的影响。

我国在两千年前也有了用正投影法表达的图样，1997 年在河北省平山县出土的公元前 323—公元前 309 年的战国中山王墓中发现了在青铜板上用金银线条和文字制成的建筑平面图，这也是世界上罕见的、最早的工程图样。公元 1100 年，北宋的李诫总结了古代建筑方面的丰富经验，写成了世界上最早的一部建筑规范巨著《营造法式》，雕版印刷的《营造法式》有用各种方法绘制的图样约 570 幅。

300 年来，工程制图的基础理论——画法几何没有大的变化，仅在绘图工具方面有不断的改进。直到近 30 年来，随着计算机的硬件技术和外部设备的研制成功和不断发展，带来了绘图技术的重大变化。计算机绘图（Computer Graphics）和 CAD 计算机辅助设计绘图（Computer Aided Design 或 Computer Aided Drafting）技术大大改变了设计的方式。特别是近 10 年来三维设计迅猛发展，实现了从设计开始就从三维入手，直接绘制三维实体，再根据三维实体绘制二维图形。目前，计算机绘图软件很多，诸如：CAXA 电子图板、开目 CAD、AutoCAD、T－FlexCAD 等，可以产生三维实体渲染图和动画，还可运用于仿真和场景浏览绘制机械制图、建筑制图和建筑效果图等。这些软件都符合制图国家标准，因此，更加方便实用。

现在，在工程设计制图中应用计算机绘图代替手工绘图已经普遍，在设计单位已经完全实现计算机出图。

3. 课程的学习方法

制图的基础理论——画法几何有些抽象，对于空间立体感稍弱的初学者来说都会感到有点难，原因是：学生在中学时代涉及的平面几何、立体几何、解析几何等需要绘制的图样均为单面图样，而对于用多面正投影来表达形体的形状很陌生，感觉很抽象。其实，人们从直观的形象思维到理性的形象思维需要一个学习和转化的过程。另外，从大脑分工和智力构成角度来分析，现代科学研究证明，人们大脑的左右脑半球有着不同的分工，大脑的左半球主要起处理语言、逻辑、计算和次序的作用，称之为“学术性的”左半脑；大脑的右半球主要起处理节奏、旋律、音乐、图像和想象的作用，称之为“创造性”的右半脑。人们的右半脑相对地应用的少，没有同左半脑一起得到均衡的发展，因此，相对薄弱。

在学习时可以参考下列学习方法：

1）在固有形象思维基础上，充分认识本课程对培养空间思维的重要性，树立学习信心，端正学习态度，循序渐进，“难”完全可以转化为“易”。

2）在课程性质和教学目标的约束下，要求学习采取手工绘图和计算机绘图相结合的方式，每一部分的学习内容先以手工绘图为主，结合与教材相配的习题集，反复练习；然后用计算机绘图，逐步掌握计算机绘图操作程序。只有掌握了手工绘图的要领，具备了绘图技能，才能更好、更快、更准确地应用计算机绘图。

3）采用多媒体课件教学，师生互动，积极思维，精力集中，弄懂每一个知识要点，独立完成每一次作业和作图。

4）学习中要严格地按照制图规范和要求绘图，养成严肃认真、耐心细致、一丝不苟的好习惯。坚持一要通读教材；二要勤奋绘图；三要多动脑筋。

5）对于每一条规定、每一种作图方法都要记熟、理解、会用。

任何一门学科都具有其特点，并与相关学科有着一定的联系，制图也不例外。书山有路勤为径，学海无涯苦作舟。只要在上课时认真听讲，专心刻苦学习，就没有攻克不下的难关。在掌握了形体想象、表达和设计、绘制和阅读能力之后，就为工程设计打下了坚实的基础，再经过进一步的专业基础和专业知识地学习和实践，你就一定会成为具有现代先进技术意识和能力的工程技术人才。

第1章 绘图的有关规定和基本知识

工程图样是现代工业生产中的重要技术资料之一，它是技术思想交流的一种技术语言，每个工程技术人员均应熟悉和掌握有关制图的基本知识和基本技能。

本章将介绍国家标准《机械制图》的有关规定、制图工具及其用法以及几何图形的基本作图方法和尺寸注法等内容。

1.1 国家标准《机械制图》的有关规定

为了适应现代化生产、管理的需要和便于技术交流，国家标准局制订并颁布了《机械制图》的国家标准，简称“国标”，代号为“GB”。本节仅摘录了“国标”中有关绘图的基本规定。在绘制图样时，要严格遵守“国标”的规定。

1.1.1 图纸幅面及格式（GB/T 14689—1993）

图纸幅面可以横置或竖置，如图1-1所示，称为横式图幅和竖式图幅。为了便于保管和装订图纸，绘制图样时，应优先采用表1-1中规定的图纸幅面尺寸。必要时可以沿幅面长边加长。对于A0、A2、A4幅面的加长量应按A0幅面长边的1/8的倍数增加；对于A1、A3幅面的加长量应按A0幅面短边的1/4的倍数增加，A0及A1幅面也允许两边同时加长。

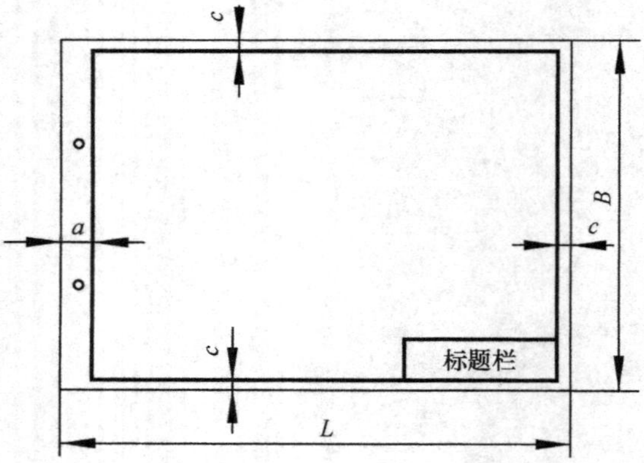

a)横式图幅

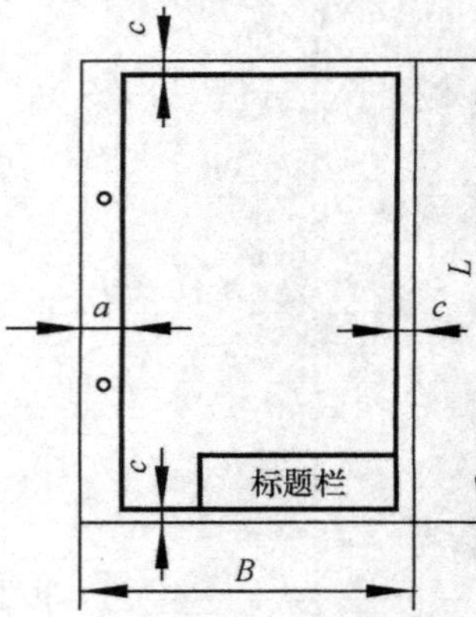

b)竖式图幅

图1-1 图纸幅面及格式

表1-1 图纸幅面尺寸 （单位：mm）

幅面代号	A0	A1	A2	A3	A4
$B \times L$	841×1189	594×841	420×594	297×420	210×297
c	10			5	
a	25				

需要装订的图样，一般采用 A4 幅面竖装或 A3 幅面横装。

图纸的右下角必须画出标题栏，标题栏的位置应按图 1-1 所示的方式配置。标题栏外框用粗实线绘制，其右边及底边与图框线重合，其内格线用细实线绘制。标准栏的内容及格式国家标准（GB/T 10609.1—1989）中已作了详细规定，学生作业中可采用图 1-2 所示的简化标题栏。

图名			比例		学号	
			图号		班级	
制图		（日期）	材料			
审核			（学校）			

图 1-2　标题栏的格式

1.1.2　比例（GB/T 14690—1993）

图样上的比例是指图形大小与其实物相应要素的线性尺寸之比。绘图时应采用表 1-2 中规定的比例。

表 1-2　绘图的比例

与实物相同	1:1				
缩小比例	1:2 $1:10^n$	1:2.5 $1:2\times10^n$	1:3 $1:2.5\times10^n$	1:4 $1:1.5\times10^n$	1:5
放大比例	2:1 $(10\times n):1$	2.5:1	4:1	5:1	10:1

注：n 为正整数。

为了能从图样上直接看出机件的真实大小，应尽量用 1:1 画图。当机件不宜用 1:1 画图时，也可用缩小或放大的比例画出。不论缩小或放大，在标注尺寸时必须标注机件的实际尺寸。图 1-3 是表示同一零件采用不同比例所画的图形。

在所绘制的图形中有直径或厚度小于 2mm 的孔或薄片以及较小的斜度、锥度等时，可将该部分不按比例而夸大画出。

在图样上标注缩小或放大比例应按图 1-3 所示进行标注。无论采用何种比例，均应填写在标题栏中。

绘制同一机件的各个视图，应采用相同的比例。当采用不同的比例时，必须另行标注。

1.1.3　图线（机械 GB/T 4457.4—2002；建筑 GB/T 50001—2010）

国家标准规定：《机械制图》绘图时图线分为粗、细两种，基本粗线宽为 d，线宽值在 0.35 ~ 2.0mm 范围内。《建筑制图》绘图时图线分为粗、中粗、中、细四种，基本粗线宽为 b，线宽值在 0.13 ~ 1.4mm 范围内，粗线宽为 b，中粗线宽为 $0.7b$，中线宽为 $0.5b$，细线宽为 $0.25b$。图线的分类及用途见表 1-3。

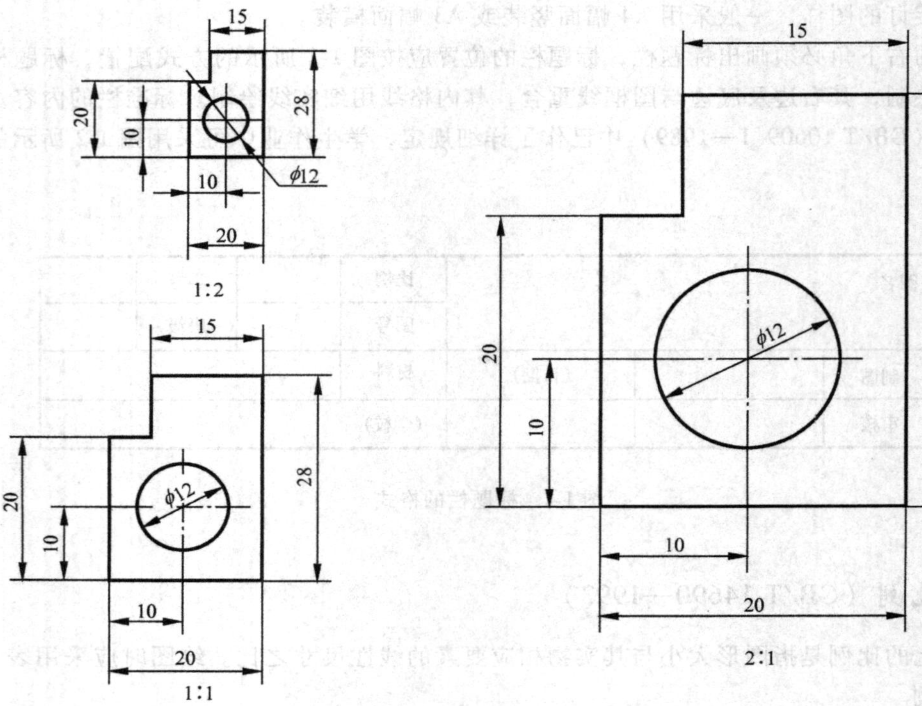

图 1-3　用不同比例绘制的零件图

表 1-3　常用图线

名　　称		线　　型	线宽	一般用途
实线	粗		b	主要可见轮廓线
	中粗		0.7b	可见轮廓线
	中		0.5b	可见轮廓线、尺寸线、变更云线
	细		0.25b	图例填充线、家具线
虚线	粗		b	见各有关专业制图标准
	中粗		0.7b	不可见轮廓线
	中		0.5b	不可见轮廓线、图例线
	细		0.25b	图例填充线、家具线
单点长画线	粗		b	见各有关专业制图标准
	中		0.5b	见各有关专业制图标准
	细		0.25b	中心线、对称线、轴线
双点长画线	粗		b	见各有关专业制图标准
	中		0.5b	见各有关专业制图标准
	细		0.25b	假想轮廓线、成型前原始轮廓线
折断线			0.25b	断开界线
波浪线			0.25b	断开界线

作图时绘制图线应注意的问题：

1）在同一图幅内，同一线型的图线应保持轻重、粗细均匀一致，直线和曲线轻重粗细一致。

2）虚线的每一画长为4～6mm，两画之间空隙为1mm左右，当虚线与其他图线相交时必须交在某一画上，不可交在空隙处。

3）单点长画线、双点长画线的每一长画为15～25mm，短画和两个空隙各为1mm左右，当与其他图线相交时也必须交在长画处，不要交在短画和空隙处。

4）折断线的折断符号长约为5mm，两端伸出各约为3mm。绘图需要应用折断线时，折断线的两端应超出所表达形体的轮廓线约5～7mm。

5）波浪线应徒手一次绘制而成，不可重复描绘。两端不可超出形体的轮廓线。

图1-4列出了各种类型图线在机械图样中的主要用途，其他用途可查阅国标。

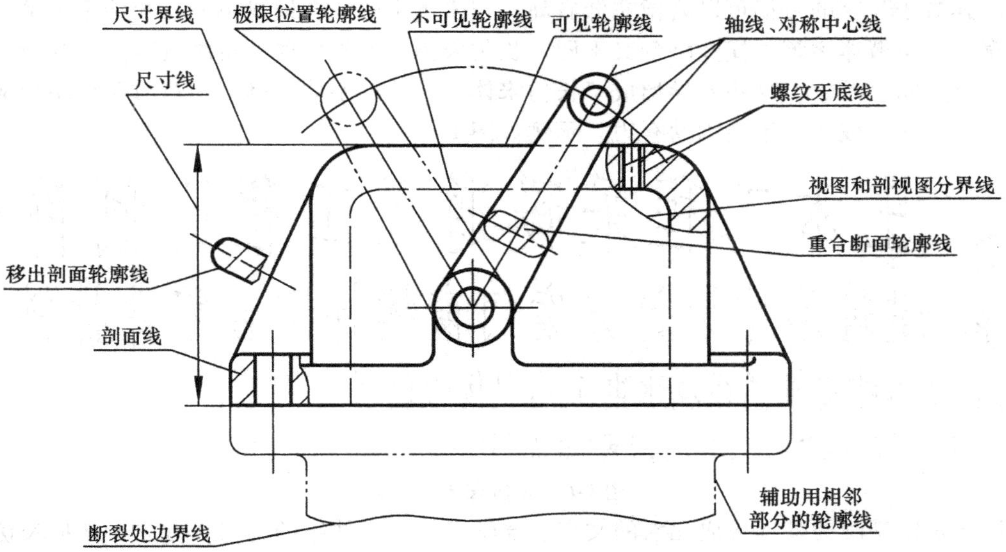

图1-4　图线的用途示例

绘图时还应该注意以下几点：

1）当虚线为粗实线的延长线时，应在相接处留1～2mm为宜，如图1-5中①处所示。

2）虚线之间相交处应为短画线，如图1-5中②处所示。

3）直线与曲线相切时，应在切点处，以曲线端留空隙。

4）虚线与实线在图1-5中④处不应留空隙。

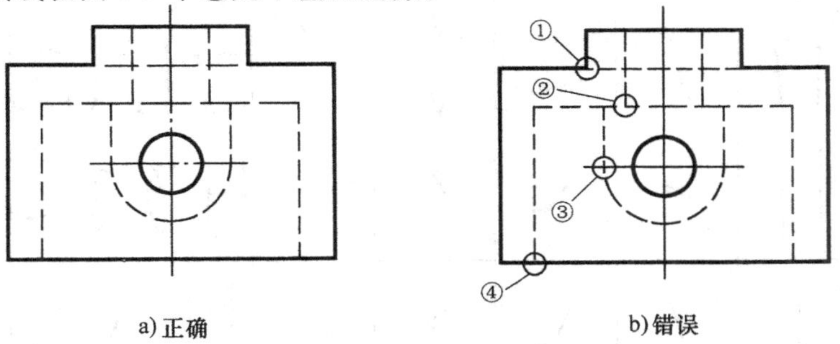

图1-5　图线在相交、相连时的画法

1.1.4 字体（GB/T 14691—1993）

在图样中书写各种符号、汉字、字母、数字时必须做到字体端正、笔画清楚、排列整齐、间隔均匀。这是书写的基本要领。

字体的高度用字号来表示，常用系列为：20、14、10、7、5、3.5、2.5，共七种字号。字的宽度为字高的2/3。

1. 汉字

汉字应采用长仿宋体，字高不应小于3.5。字的笔画不可太粗，约为字高的1/10。长仿宋体字是介于宋体和楷体两种风格之间的字体。除了字体修长之外，其字体的结构特征与宋体字完全相同，而长仿宋体字的笔画却带有楷体字的特点。长仿宋体字横竖笔画的粗细基本一致，其横按写字的习惯可以略微左低右高，与宋体字的完全横平不同；长仿宋体笔画横竖都是直线，与楷体字笔画横竖略弯又不同；长仿宋体字的折角要写得刚健有力，与楷体字的折角有所不同。总之，这些差异形成了长仿宋体字独特的字体风格，书写时字体结构应匀称严谨、字型端正俊秀、笔画刚劲有力。示例如图1-6所示。

14号字：土木工程采暖通风工程比例符号

10号字：建筑形体设计方案门窗楼梯阳台零件材料

7号字：基本结构机械环境水电工热图例齿轮螺纹

5号字：砖石瓦砾水泥砂浆轴承弹簧尺寸规范画法投影

图1-6 长仿宋体字示例

汉字是以笔画为基本构成元素的文字。要学好长仿宋体字的书写，首先要掌握长仿宋体字的基本笔画的写法。汉字近30种基本笔画中常用笔画是：横、竖、撇、捺、点、挑、钩、折。其写法见表1-4。

表1-4 仿宋体的基本笔画

名称	横	竖	撇	捺	点	挑	钩	折
笔画形状	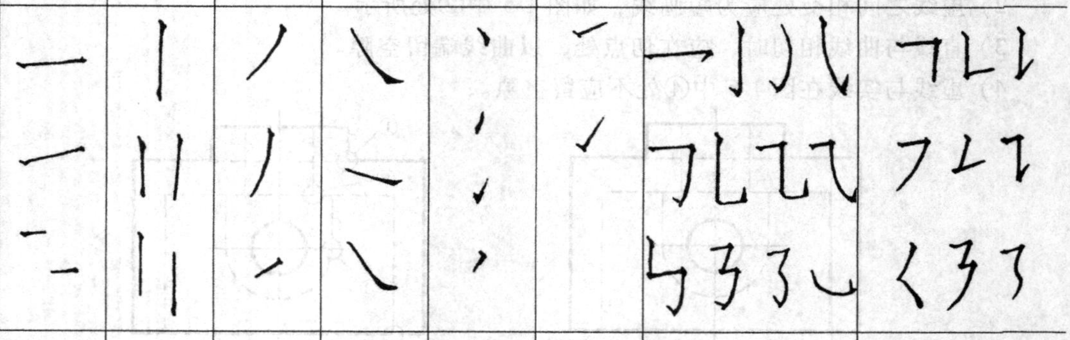							
笔法	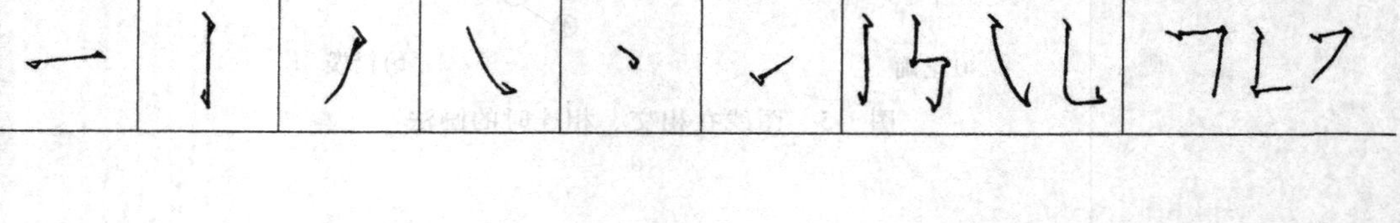							

（续）

名称	横	竖	撇	捺	点	挑	钩	折
字例	工土七戈	中上口五	人形厂千	木走八造	图办心补	结政混孙	预制家线几与仍阶化思	见出以又论要建运

长仿宋体横竖笔画的粗细约为字宽的1/16。横竖的起笔收笔都要顿笔，称为起落分明。但在具体字里还应注意区别位置，如“业”字的两竖下端与横相交，收笔无顿，“平”字竖上端与横相交，起笔无顿。平横应右上斜约为5°，字中平横都应保持相同斜度。“七、戈”等字中的横为斜横，斜度约为8°。竖要直，横平竖直才能使字体端正，但在“口、面”等字中横折中的竖向左偏斜，左侧的竖则需向右偏斜，“五”字的竖也向左偏斜。所以竖直是基本要求，但须注意一些字的特殊性。

撇、捺是斜线，也是曲线。撇起笔顿由重到轻形成笔锋，捺要由轻到重形成捺脚。撇是顺时针弧，捺是逆时针弧。撇分斜撇、竖撇和横撇，如“人、厂、千”中的撇。捺分斜捺、横捺和顿捺，如“尺、超、八”中的捺。

点是短斜线，起笔轻而有锋，接着就是顿笔。点分斜点与垂点，如“小、冗”中的点。点的运笔也是顺时针方向。

挑是与撇相反方向的短画，是由顿笔到出锋的短斜线。分斜挑和横挑，如“沙、地”中的挑。

钩是带有笔画连带意味的收笔短锋。与横相连称为横钩，与竖相连称为竖钩，与弧线笔画相连称为弯钩，如“买、利、家、瓦”中的钩。

折是横与竖、横与撇、竖与横、竖与挑、撇与点、撇与挑等变向笔画的连笔书写，在转折处要顿笔形成折角。折的种类较多，如“马、又、口、比、山、女、及、鼎”等字中的折。要把长仿宋体汉字写得优美匀称还要掌握各种字的结构特点。只以笔画构成的字称为简构或独体字，如“土、石、水、力”等。以笔画组成偏旁字件，再与汉字组成新字的称为复构或合体字，如“作、体、优”都含“单人旁”，“板、梯、桩”都含“木字旁”。合体又可按组成形式分左右结构、左中右结构、上下结构、上中下结构、包围结构和半包围结构以及品字形结构。每一笔画应在什么位置，每个偏旁占多大地方要心中有数。在笔画布局上的匀称指笔画分割字格空间为大致面积相等的若干部分，如“量”字所有横画的间距都基本相等。“土”字的竖居中使左右的空相等。借用围棋中“气”的概念，如果在字格中把量字上部横画间距拉大，下部必然过于紧凑。这样，字“气”的松紧不匀，直接影响了字体的美观。

学练长仿宋体字一定要按字格书写。基本上要满格书写才能使字体大小一致。笔画不许超格。邻近格边的横与竖都要与格有适当距离，这样才能使不同字形的字看起来大小一致。“口”字、“日”字要适当缩小，使字的“内气”与“外气”均衡。在仿照字例书写的过程中反复琢磨每类字的写法，如“切、都、部”的左高右低，“量、要”的中横宜长，“唯、砖、墙”的左小偏上，“动、政、除”的伸让融洽，“飞、厂、夕”的空灵生动等等。在书写中应严格对照标准字样，不断对存在的问题加以修正，久而久之，即可掌握长仿宋体的书写要领。练字要有耐心、有信心、有恒心，练成后就会很开心。

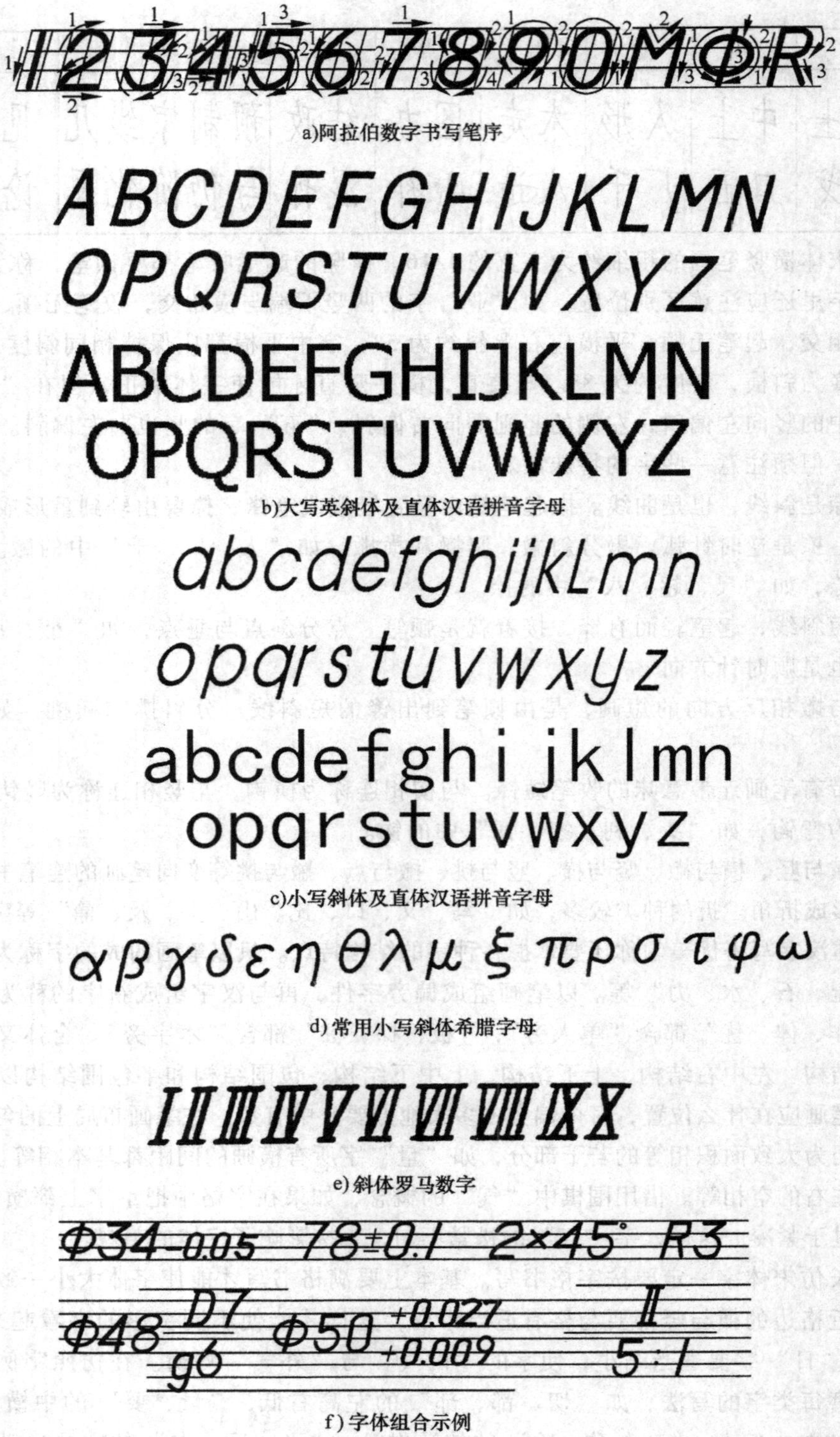

a)阿拉伯数字书写笔序

b)大写英斜体及直体汉语拼音字母

c)小写斜体及直体汉语拼音字母

d)常用小写斜体希腊字母

e)斜体罗马数字

f)字体组合示例

图 1-7 数字、字母及其组合示例

2. 数字和字母

字母和数字分为直体和斜体两种，如图1-7所示，书写时多数人习惯用斜体。在专业图样中用到最多的是数字，尺寸标注时采用3.5或5号字。如遇有字母和符号组合时，通常也应采用相同的字号（图1-7）。如需作注脚标注时，则注脚的内容应比其主要字体小一号。

1.1.5 尺寸注法（GB/T 4458.4—1984，GB/T 16675.2—1996）

图形只能表达机件的形状，而机件的大小还必须通过标注尺寸才能确定。制造零件时，还要根据尺寸进行加工和检验。因此，标注尺寸是一项极为重要的工作，必须认真细致，一丝不苟。如果尺寸有遗漏或错误，都会给生产与施工造成困难和损失。

1. 尺寸标注的基本要求

正确——尺寸注法要符合国家标准的规定。

完整——尺寸必须注写齐全，不遗漏，也不重复。

清晰——尺寸要注在图形最明显处，且布局整齐，便于看图。

合理——所注尺寸既要保证设计要求，又要适合加工、测量、检验和装配等生产工艺要求（这一点对于还不具备专业知识的学生来说，不作要求）。

为了学习方便，这里仅介绍国标“尺寸注法”（GB/T 4458.4—1984）中的一部分内容，其他规定将在有关章节中再作介绍。

2. 尺寸标注的基本规则

1）图样中（包括技术要求和其他说明）的尺寸，以mm为单位时，不需标注计量单位的符号或名称，如采用其他单位，则必须注明相应计量单位的符号或名称（如35°，30m等）。

2）图样上所注的尺寸数值为机件的真实大小，与图形的大小及绘图的准确度无关。

3）机件的每一尺寸，在图样中一般只标注一次。

4）图样中所标注的尺寸，为该机件的最后完工尺寸，否则应另加说明。

3. 尺寸标注的基本要素

（1）尺寸界线　尺寸界线表示所注尺寸的起止范围，用细实线绘制，并应由图形的轮廓线、轴线或对称中心线引出，也可利用轮廓线轴线或对称中心线作尺寸界线（图1-8a）。尺寸界线应超出尺寸线2～3mm。尺寸界线一般应与尺寸线垂直，必要时才允许倾斜，见表1-5中“光滑过渡处”标注的示例。

（2）尺寸线　尺寸线用细实线绘制。

标注线性尺寸时，尺寸线必须与所标注的线段平行。相同方向的各尺寸线之间的距离要均匀，间隔应8～10mm。

尺寸线不能用其他图线代替，一般也不得与其他图线重合或画在其延长线上，如图1-8b所示。

应避免尺寸线之间或尺寸线与尺寸界线之间的相交，如图1-8b所示。

（3）箭头　箭头的形式如图1-9a所示，适用于各种类型的图样。箭头尖端与尺寸界线接触，不得超出，也不得离开。图1-9b为正确画法，注意：无论尺寸大或小，箭头的大小必须一致。图1-9c为错误画法，不可采用。

一般情况，尺寸线与尺寸界线应相互垂直，特殊情况时，也允许尺寸线与尺寸界线不垂直。当尺寸数值较小时，采用箭头位置不够的情况下，允许用圆点代替箭头，见表1-5“狭

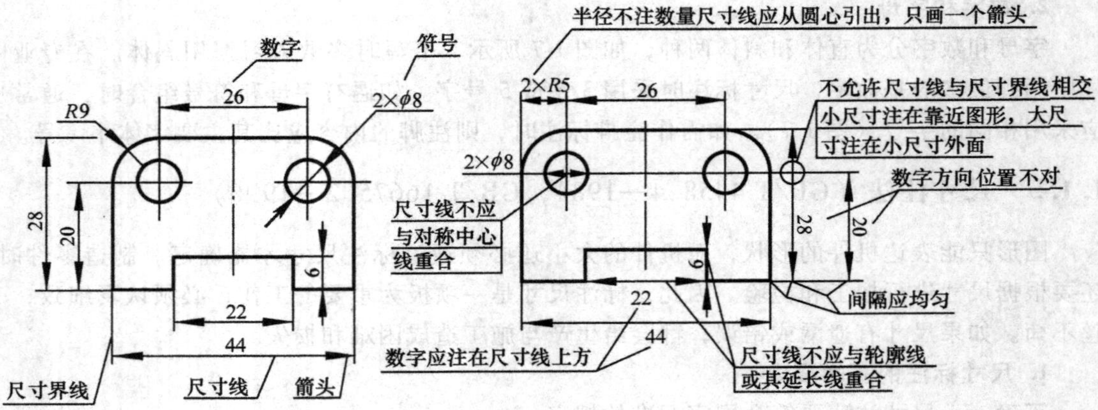

a)正确　　　　b)错误

图 1-8　尺寸线和尺寸界线的画法

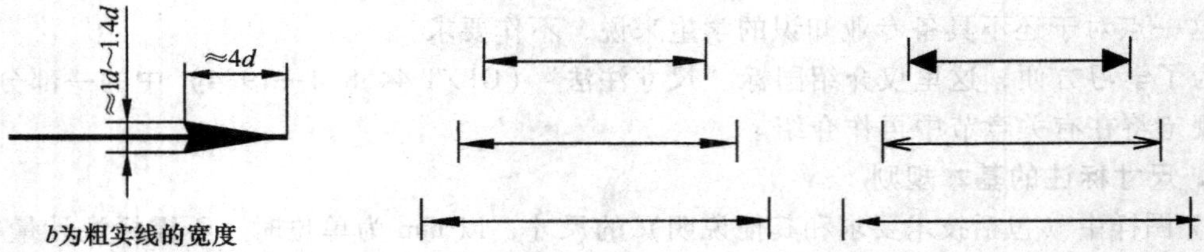

a)箭头形式　　　　b)正确画法　　　　c)错误画法

图 1-9　箭头的形式

小部位”的示例。

（4）尺寸数字　线性尺寸的数字一般注写在尺寸线的上方或左方，也允许注写在尺寸线的中断处。

线性尺寸数字的方向，按图 1-10 所示的方向注写，并尽可能避免在图示 30°范围内标注尺寸；当无法避免时，可按图 1-10b 的形式标注。

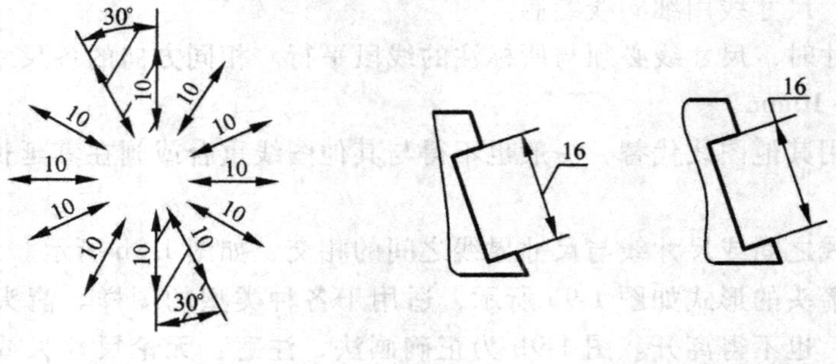

a)　　　　b)

图 1-10　尺寸数字标注的方向

尺寸数字的高度，在一张图内应一致。尺寸数字不可被任何图线所通过，否则必须将该图线断开，如图 1-11 所示。

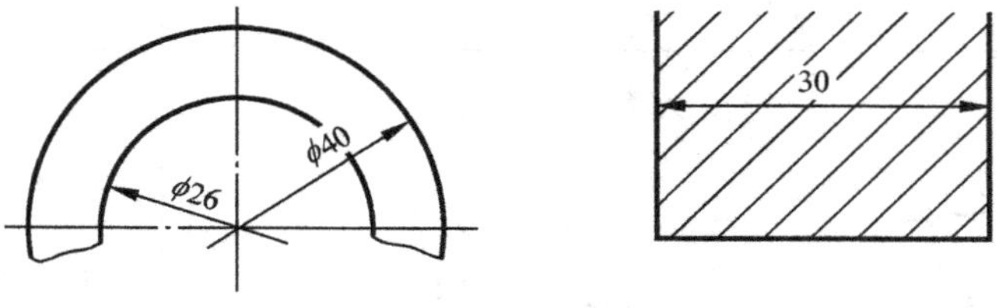

a)　　　　b)

图 1-11　尺寸数字的标注

3. 各类尺寸的标注形式和图例（见表 1-5）

表 1-5　尺寸标注示例

标注内容	图　　例	说　　明
角度	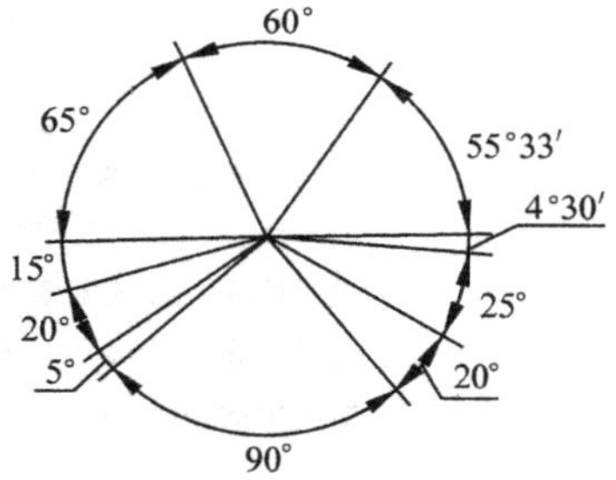 a) 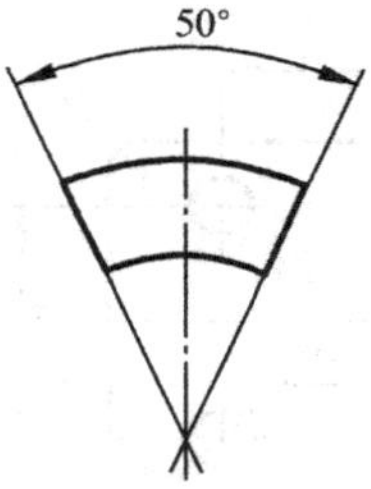 b)	1）角度的尺寸界线应沿径向引出 2）角度的尺寸线应画成圆弧，其圆心是该角的顶点 3）角度的尺寸数字一律写成水平方向，一般注写在尺寸线的中断处。必要时也可按图 a 下半部的形式标注
圆的直径	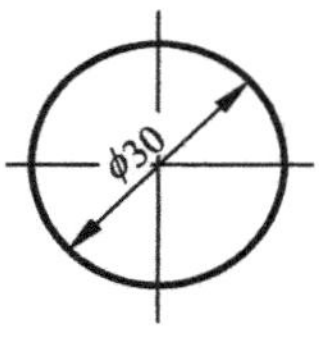 a) 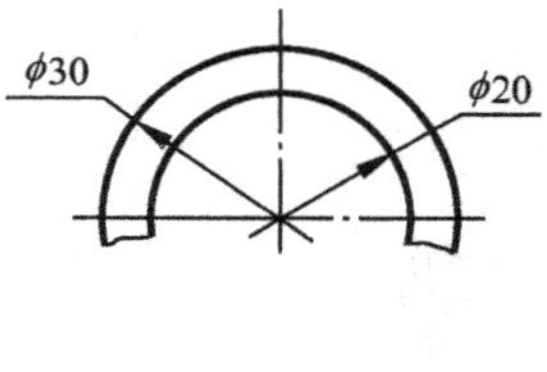 b) 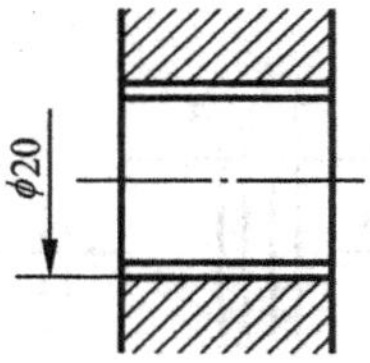 c)	1）圆的直径尺寸注在圆内时，尺寸线一定要通过圆心，尺寸线的终端应画成箭头，但不能与圆心定位线重合 2）在尺寸数字的前方加注直径符号“φ”
圆弧半径	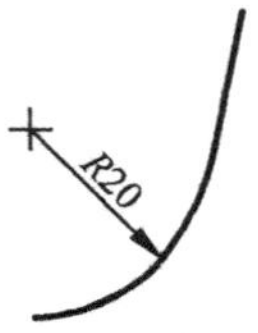 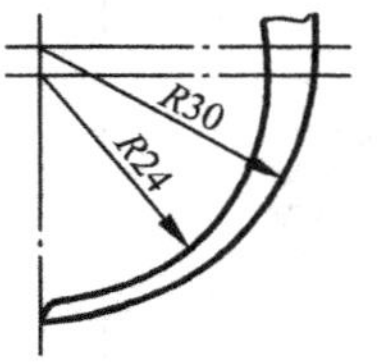 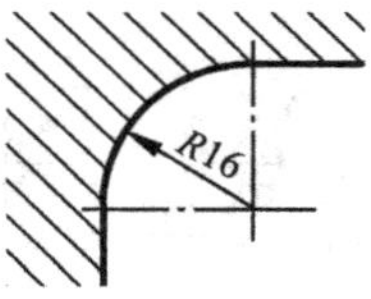	1）半圆或小于半圆的圆弧一般标注半径尺寸，在尺寸数字前方加注符号“*R*” 2）半径尺寸必须注在投影为圆弧图形上，且尺寸线从圆心引出，只在指向圆弧的一端画箭头

（续）

标注内容	图　　例	说　　明
大圆弧	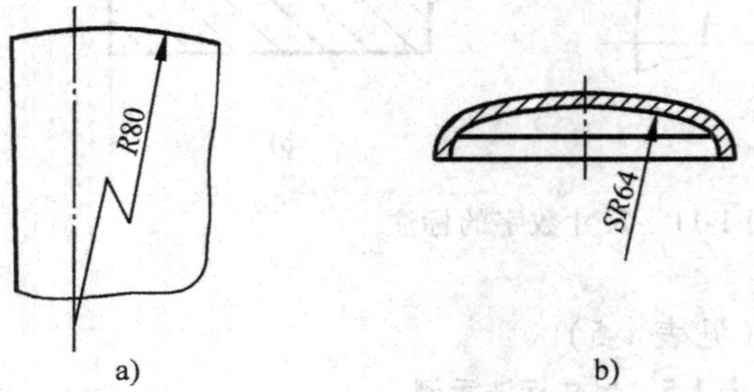 a)　b)	当圆弧的半径过大或在图纸范围内无法标出其圆心位置时，可按图 a 的形式标注。若不需要标出其圆心位置时，可按图 b 的形式标注
对称机件	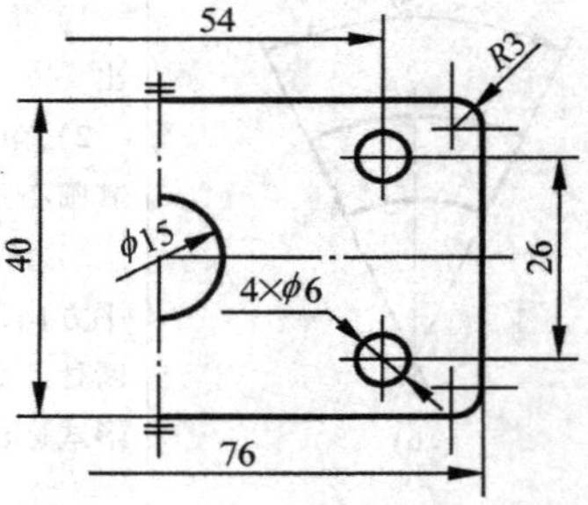	当对称机件的图形只画出一半或略大于一半时，尺寸线应略超过对称中心线或断裂处的边界线，此时仅在尺寸线的一端画出箭头，如图中的 $\phi15$、$\phi54$、$\phi76$ 等
狭小部位	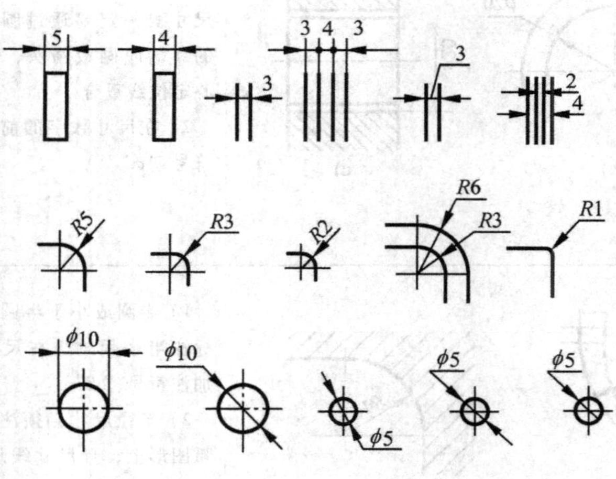	在没有足够的位置画箭头或注写数字时，可按图例的形式标注

（续）

标注内容	图例	说明
光滑过渡处	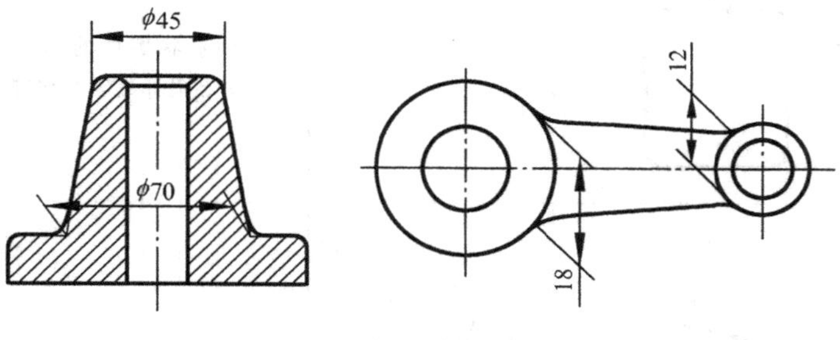	1）当尺寸界线过于靠近轮廓线时，允许倾斜画出 2）在光滑过渡处标注尺寸时，必须用细实线将轮廓线延长，从它们的交点处引出尺寸界线
弦长和弧长	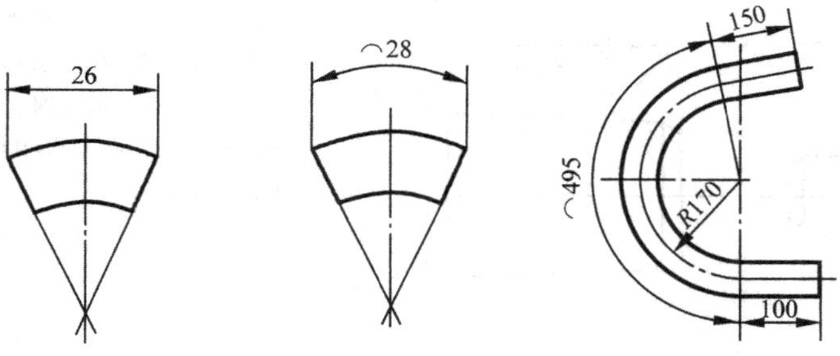 a)　b)　c)	1）标注弧长时，应在尺寸数字左方加注符号“⌒” 2）弦长或弧长的尺寸界线应平行于该弦的垂直平分线（图 a、b），当弧度较大时，可沿径向引出（图 c）
球面	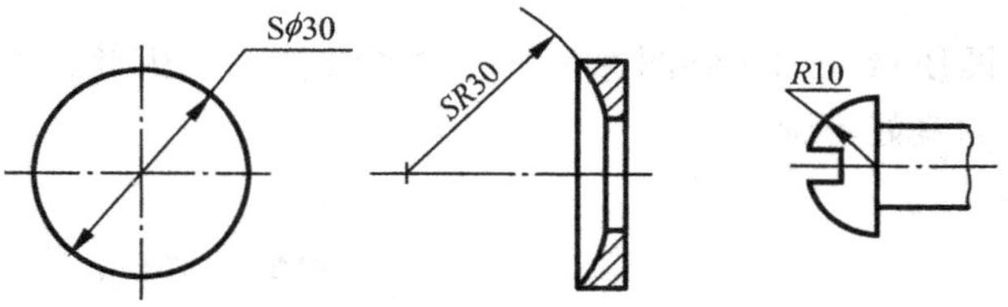 a)　b)　c)	标注球面的直径或半径时，应在符号“Φ”或“R”前再加注符号“S”（图 a、b）。对于螺钉，铆钉的头部，轴（包括螺杆）及手柄的端部，在不致引起误解的情况下可省略符号“S”（图 c）
正方形结构	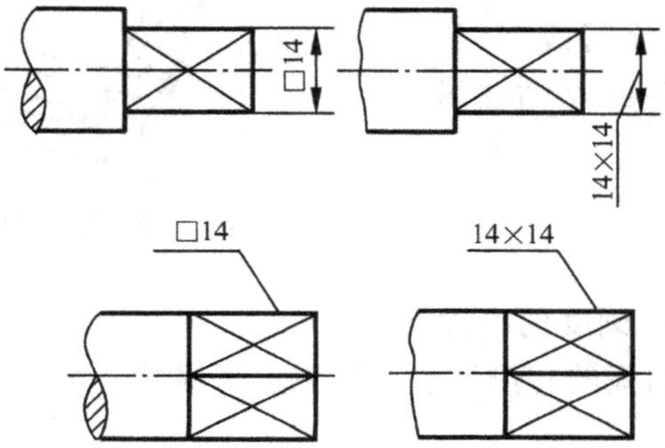	标注剖面为正方形结构的尺寸时，可在正方形边长尺寸数字前加注符号“□”或用“B×B”形式（B 为正方形的边长）注出

（续）

标注内容	图　　　　　　例	说　　明
板状零件	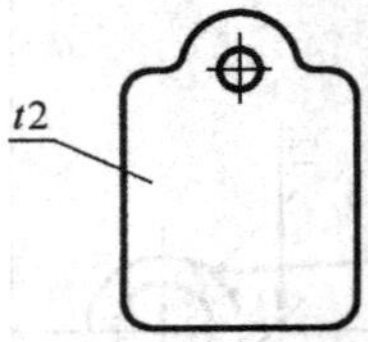	标注板状零件的厚度（均匀）时，可在尺寸数字前加符号“δ”
斜度和锥度	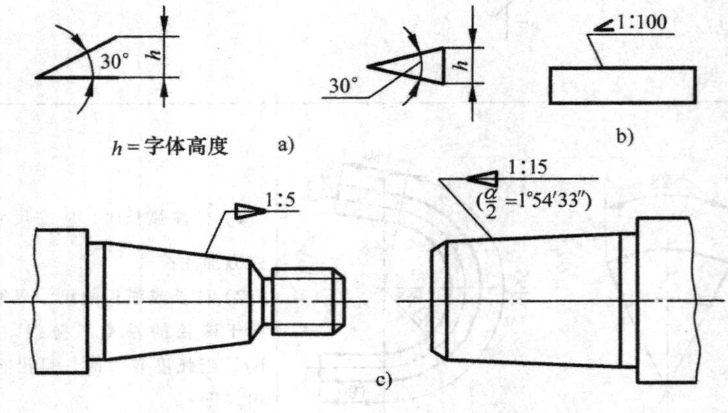	1）图 a 所示，为斜度和锥度的符号，符号的线宽为 h/10 2）标注斜度、锥度时，其符号的方向应与斜度、锥度的方向一致（图 b、c）。必要时，可在标注锥度的同时，在括号中注出其角度值（图 c）

1.2　绘图工具的使用方法

正确使用绘图工具是保证绘图质量和加快绘图速度的一个重要方面，因此，必须养成正确使用和经常注意维护绘图工具的良好习惯。

下面是几种常用的绘图工具。

1.2.1　图板

图板由富有弹性的胶合板制成，用来固定图纸。要求表面平整光洁；又因左边要作为导边，必须平直。不允许在板面或导边上随意涂写或刻划。安放图纸前要擦净板面，将图纸用胶带纸粘贴在图板上，如图 1-12 所示。

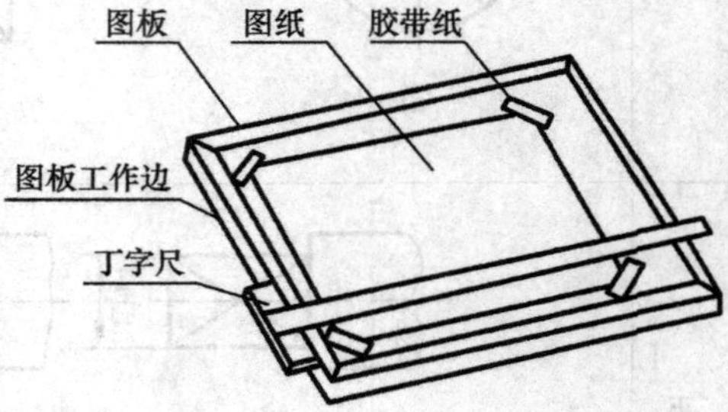

图 1-12　图板的用法

1.2.2　丁字尺

丁字尺是绘制水平线的长尺，带有刻度的一边为工作边，用其绘图时应使尺头紧靠图板的左侧导边，作上、下移动。水平线必须自左向右画。如图 1-13 所示。

丁字尺与三角板配合，可以绘制竖直线或特殊角度的斜线。

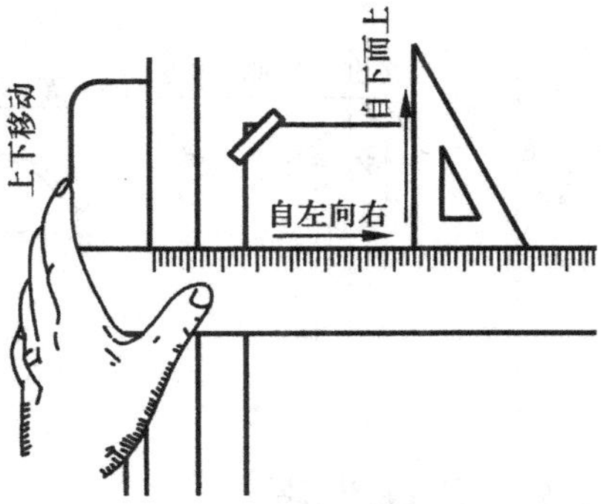

图 1-13 丁字尺的用法

1.2.3 铅笔、橡皮、擦图片

手工绘图要求用铅笔来画。铅笔的铅芯硬度以标号来区别，B、2B…表示软铅芯；H、2H…表示硬铅芯；HB 表示软硬适中铅芯。画底稿图样时通常用 2H 或 H，加深图线时用 HB 或 B。写字用 HB 的铅笔。

削木质铅笔时，笔尖铅芯的长度约为 6 ~ 8mm，应削成画线所需要的楔状，楔状断面的厚度即为画线的宽度。

用铅笔作图画线时用力要均匀，保证图线轻重粗细一致，铅笔与纸面的倾斜角度 80°左右为宜。由于铅芯在画线时要不断磨损，为保持线型一致应适时修磨笔芯。画图时应多备几支铅笔，削成不同粗细的铅芯，以方便作图。

橡皮用来擦去作图时的错线或多余的线，并保持图面整洁。橡皮宜选择质地柔软、浅色的为宜。

擦图片用来擦去小范围内邻近的图线，保留应有的图线。擦图片有不锈钢、塑料薄片两种。

1.2.4 三角板

三角板是一副，用来画特殊角度的斜线；一副三角板配合可以画平行线；与丁字尺配合可以画垂直线。

带有量角器的三角板可以量取角度；带有曲线板的三角板可以画非圆曲线。

1.2.5 圆规、分规

圆规用来画圆或圆弧。圆规的铅芯一端与钢针合拢时应略比钢针长 2mm 左右，画圆或圆弧时，用右手转动圆规手柄，顺时针方向画圆。需要加深圆弧图线时，应适当地增加对铅芯的压力。为了使图线一致，圆规上的铅芯应比画直线的铅笔软 1 ~2 号。

分规用来量取等分点比较精确。在没有分规的情况下，可以用圆规代替分规。

1.2.6 曲线板

图 1-14 曲线板

曲线板用来描绘非圆曲线，如图 1-14。绘图时，首先徒手用铅笔将已知曲线上的一系列点依次光滑地用细线连接起来，然后选用曲线板上曲率合适的部位，从曲率较大的一端开始，分段逐步描深。每两段曲线间应有一小段重叠，这样所描绘的曲线才能保证光滑无尖点，如图 1-15 所示。

在无曲线板时，非圆曲线也可以徒手绘制，连点描线，尽可能使曲线均匀一致。

除上述绘图工具外，常用的还有：铅笔刀、胶带纸、磨砂片、毛刷、绘图笔等。

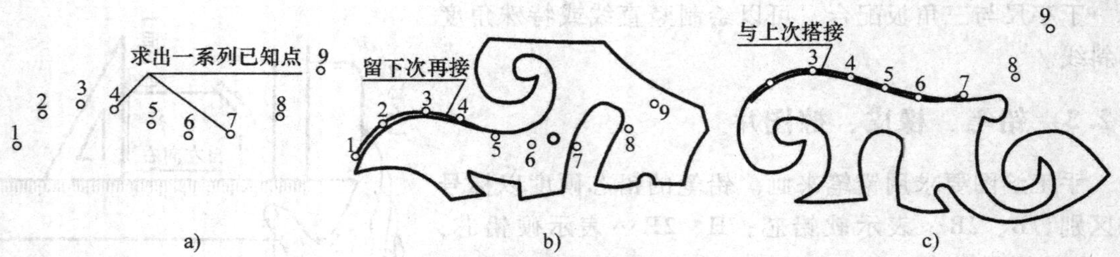

图 1-15　曲线板的用法

1.3　几何作图

机器零件的轮廓形状虽然是多种多样的，但基本上都是由直线、圆弧或其他曲线所组成的几何图形。因此，我们应当掌握这些图形的作图方法。

1.3.1　正多边形

正五边形的画法如图 1-16 所示。

已知正六边形的外接圆直径，作正六边形，如图 1-17 所示。

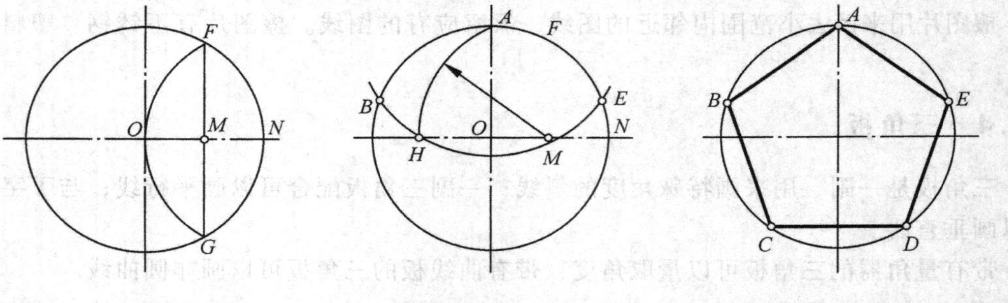

a) 以N为圆心，NO为半径作圆弧，交圆于F、G；连F、G，与ON相交得点M

b) 以M为圆心，过点A作圆弧，交水平直径于H；再以A为圆心，过H作圆弧，交外接圆于B、E

c) 分别以B、E为圆心，弦长BA为半径作圆弧，交得C、D；连A、B、C、D、E，即为五边形

图 1-16　圆内接正五边形画法

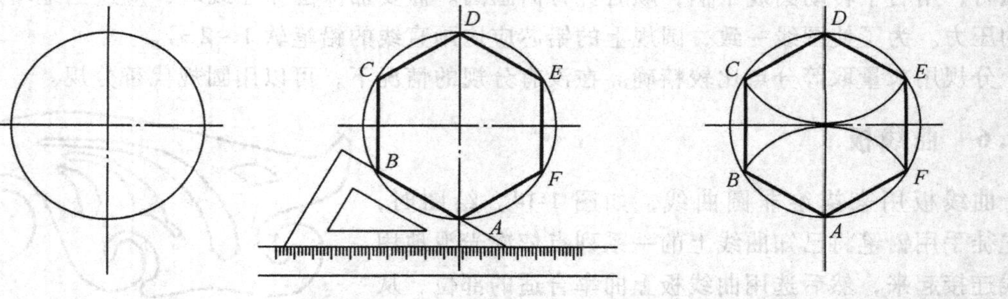

a)已知正六边形的外接圆

b) 使30°三角板的斜边靠紧丁字尺，30°角的邻边直角边与点A重合，该直角边与圆交于点B，A、B两点的间距为正六边形的边长，依次量取，得到各分点，并连线即为正六边形

c) 分别以点A、D为圆心，以已知外接圆半径画半圆弧，交圆周于B、C、E、F各点，依次连接即为正六边形

图 1-17　圆内接正六边形画法

1.3.2 斜度和锥度

1. 斜度

斜度是指一直线或平面对另一直线或平面的倾斜程度，其大小是用两直线或两平面间夹角的正切值表示，即斜度 $=\tan\alpha=\dfrac{H}{L}$，如图 1-18 所示。

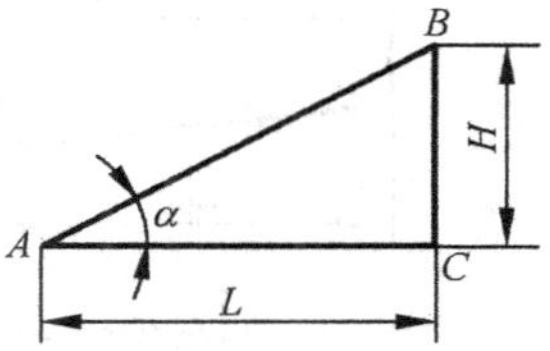

图 1-18 斜度的定义

通常在图样上都是以 1∶*n* 的形式标注。

作图方法及标注如图 1-19 所示。

2. 锥度

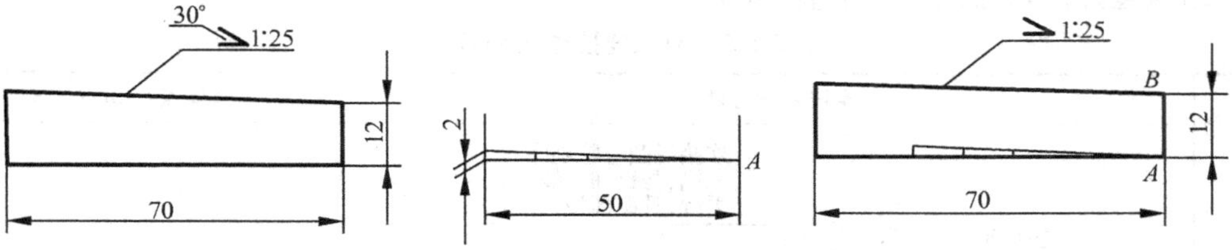

a)已知条件：如图　b)过已知点*A*作1:25的斜度线　c)过*B*点作斜度线的平行线，并完成作图

图 1-19 斜度的画法和标注

锥度是指正圆锥体底圆直径与圆锥高度之比；如果是圆锥台，则是两底圆直径之差与锥台高度之比，即锥度 $=\dfrac{D}{L}=\dfrac{D-d}{l}=2\tan\dfrac{\alpha}{2}$，如图 1-20 所示。

在图样上，锥度也以 1∶*n* 的形式标注。

作图方法及标注如图 1-21 所示。

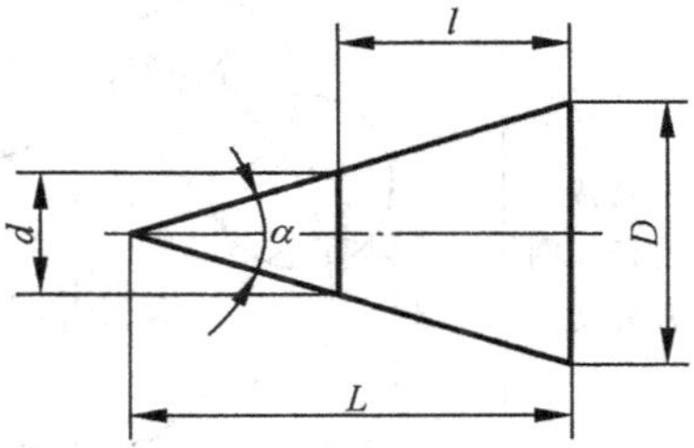

图 1-20 锥度的定义

1.3.3 圆弧连接

在工程图样中经常遇到直线与圆弧、圆弧与圆弧的光滑连接，统称为**圆弧连接**。

光滑连接，就是平面几何里讲的**相切**，连接点就是**切点**。连接已知直线（或圆弧）的圆弧称为**连接弧**。

圆弧连接作图时的**要点**是：根据已知条件，确定连接弧的圆心位置及其被连接弧或线段的切点位置。为使连接光滑，确定圆心和切点位置的作图必须准确。

常见的圆弧连接方式有：用一段圆弧连接两直线，直线间的夹角可为锐角、钝角或直角；用一段圆弧连接一直线和一圆弧或连接两圆弧，可内切连接，也可外切连接。

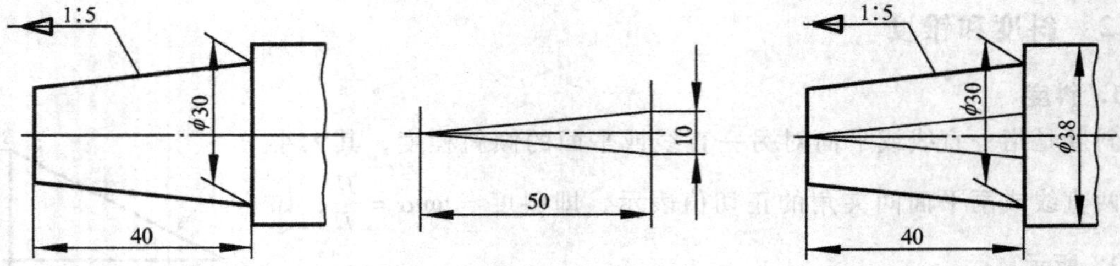

a) 已知条件:如图　　b) 作 1∶5 的锥度线　　c) 截取 40 和 ϕ30,作锥度线的平行线,并完成圆锥台的图形

图 1-21　锥度的画法和标注

1. 圆弧连接的作图原理（见表 1-6）

表 1-6　圆弧连接作图原理

连接形式	连接弧圆心轨迹	连接点（切点）K
连接弧与已知直线相切	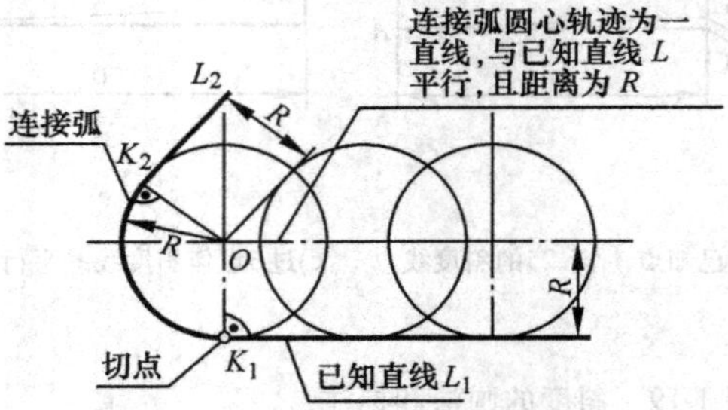	从圆心 O 向已知直线 L_1、L_2 分别作垂线，垂足即为 K_1、K_2
连接弧与已知圆弧外切	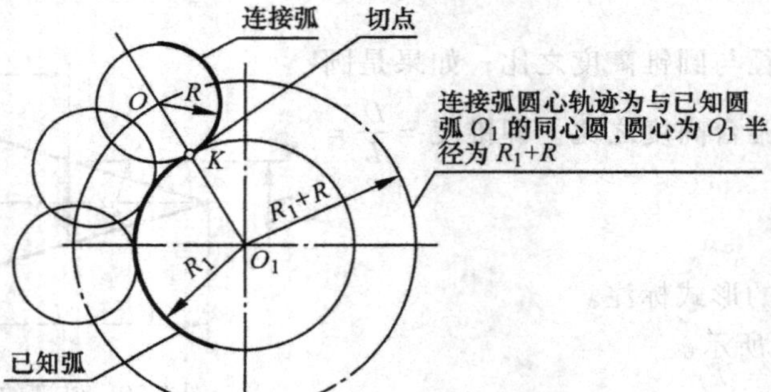	两圆弧的圆心连线 O_1O 与已知圆弧的交点即为 K
连接弧与已知圆弧内切		两圆弧圆心连线 O_1O 的延长线与已知圆弧的交点即为 K

2. 圆弧连接示例（见表 1-7）

表 1-7　圆弧连接示例

连接形式	图　　　例	作图步骤
圆弧连接两直线	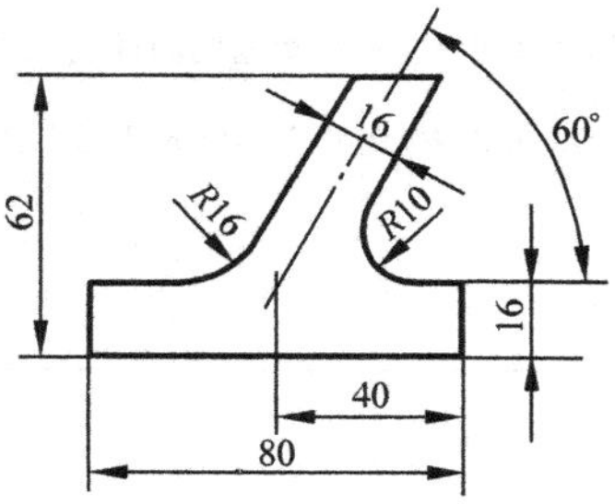	分析：图形中 *R*16、*R*10 为连接弧，其余为已知线段
	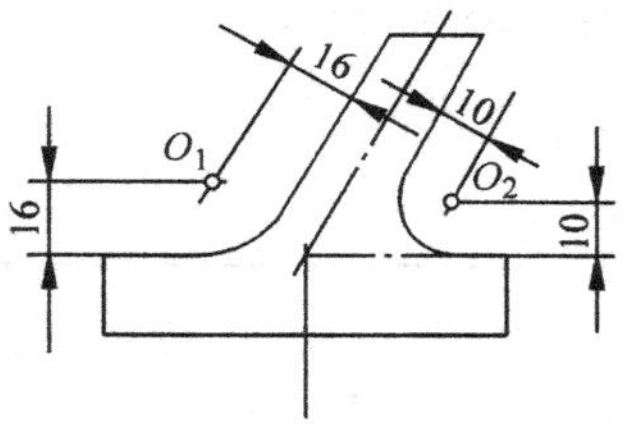	画出已知直线，并分别以 16、10 为间距，作已知直线的平行线，其交点 O_1、O_2 即为连接弧圆心
	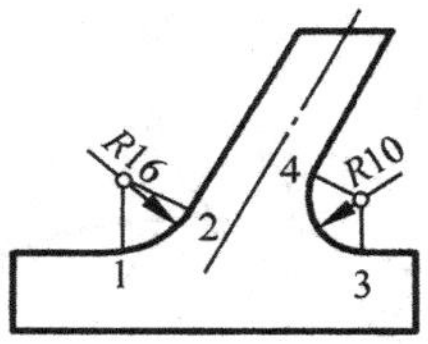	由圆心 O_1、O_2 分别作已知直线的垂线，其垂足 1、2、3、4 为连接点，最后分别以 *R*16、*R*10 画连接弧$\overset{\frown}{12}$、$\overset{\frown}{34}$
圆弧连接两圆弧	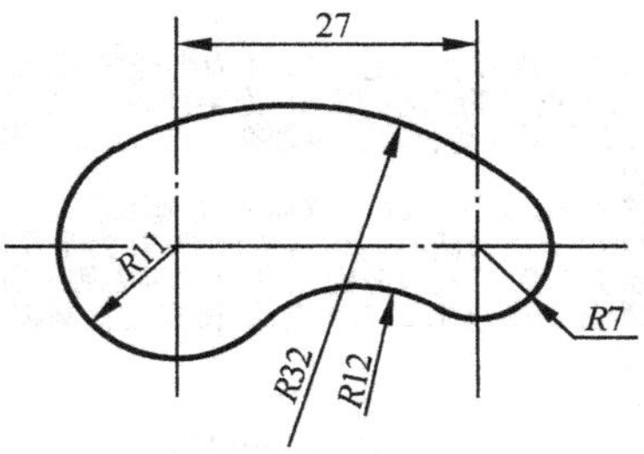	分析：图形中 *R*32、*R*12 为连接弧，其余为已知圆弧，其中 *R*12 圆弧与 *R*11、*R*7 圆弧为外切关系，*R*32 圆弧与 *R*11、*R*7 圆弧为内切关系

（续）

连接形式	图　　例	作图步骤
圆弧连接两圆弧	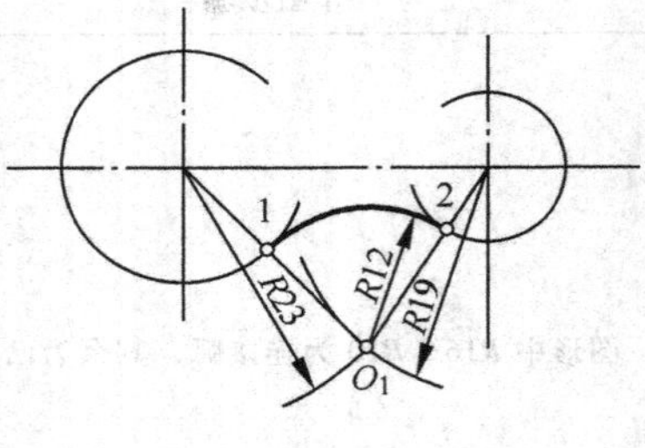	画出已知圆弧 R11、R7，根据两圆外切原理，求出圆心 O_1 和切点 1、2，并以 O_1 为圆心，以 R12 为半径作圆弧$\overset{\frown}{12}$
	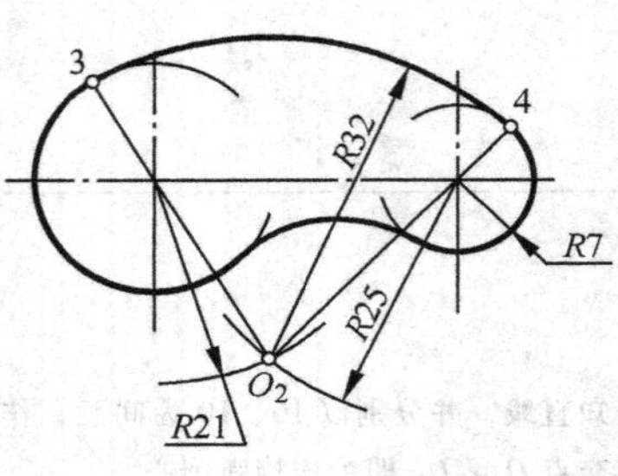	根据两圆内切原理，求出圆心 O_2 和切点 3、4，并以 O_2 为圆心，以 R32 为半径作圆弧$\overset{\frown}{34}$

1.3.4　常用平面曲线

零件的轮廓有时也会遇到非圆曲线，常见的有椭圆、阿基米德螺线、渐开线、抛物线等。下面介绍各种曲线的画法。

1. 椭圆的画法

(1) 同心圆法　已知长、短轴 *AB* 和 *CD*，作椭圆，如图 1-22a 所示。

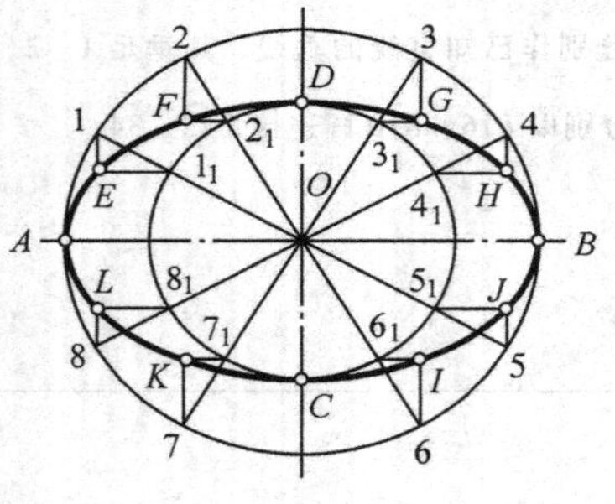

1) 以点 *O* 为圆心，以 *OA* 和 *OC* 为半径，分别作圆。
2) 将两圆作 12 等分。
3) 过大圆周上的各点 1、2、3、…作平行于 *CD* 的直线，过小圆周上的各点 1_1、2_1、3_1…作平行于 *AB* 的直线，则所作各线的交点即为椭圆上的点。
4) 用曲线板光滑地连接所得的各点（包括 *A*、*B*、*C*、*D*），即为所求椭圆

a) 同心圆法画椭圆

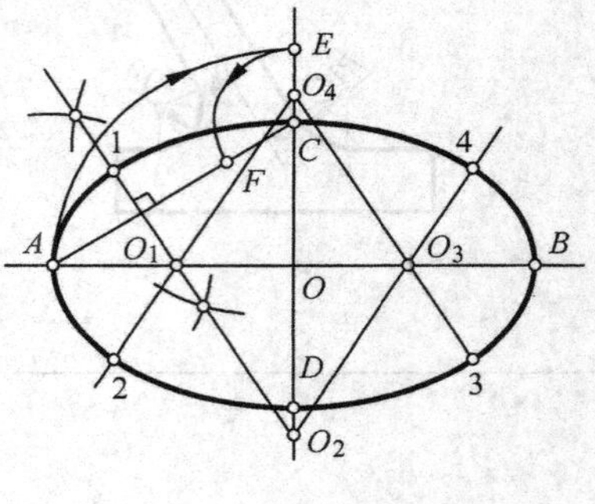

1) 连接 *AC*，并以点 *O* 为圆心，以 *OA* 为半径画弧，交 *OC* 延长线于点 *E*，再以点 *C* 为圆心，以 *CE* 为半径画弧，交 *AC* 于点 *F*。
2) 作 *AF* 的垂直平分线，与长、短轴交于点 O_1、O_2，作出各对称点 O_3、O_4。
3) 分别连接 O_1O_2、O_2O_3、O_3O_4、O_4O_1，并延长。
4) 分别以点 O_1、O_3 为圆心，以 O_1A（或 O_3B）为半径画弧，交 C 中各连线于 1、2、3、4；再分别以点 O_2、O_4 为圆心，以 O_2C（或 O_4D）为半径画弧至 1、2、3、4 点，即得到近似椭圆

b) 四心法画椭圆

图 1-22　椭圆的画法

（2）四心法　已知长、短轴 AB 和 CD，作椭圆，如图 1-22b 所示。一般在作图时，常采用四心法作近似椭圆。

2. 抛物线的画法

已知对称轴 OO_1，顶点 O，且 A、D 为所作抛物线上的点，如图 1-23 所示。

3. 阿基米德螺线

已知导程作阿基米德螺线，如图 1-24 所示。

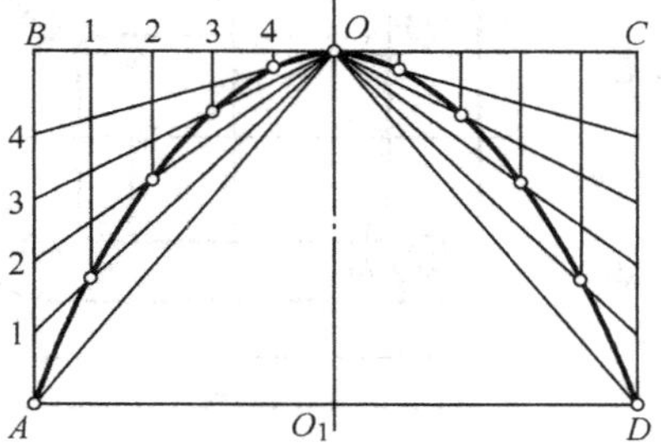

1）以轴 OO_1 为中线，点 A 为角点，作一矩形 $ABCD$，等分 AB、BO、OC、CD 为 5 等分；

2）将 AB、CD 线上的各分点与点 O 相连，再过 BO、OC 线上的各点作轴 OO_1 的平行线，对应各分点线的交点即为抛物线上的点；

3）依次圆滑地连接各交点，即为所求

图 1-23　抛物线的画法

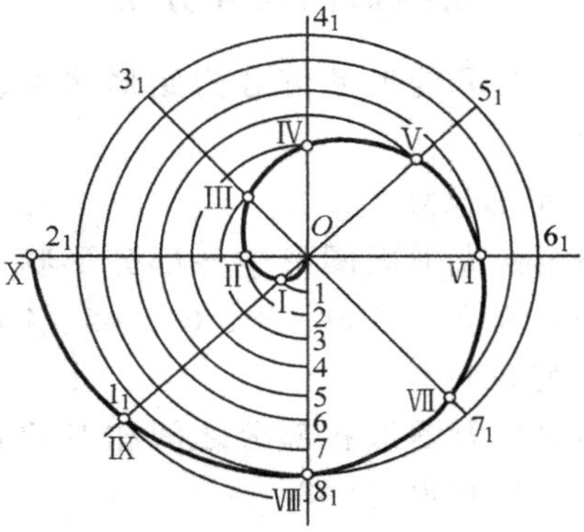

1）以导程 $O8_1$ 为半径画圆，将半径和圆都分成 8 等分。

2）分别以点 O 为圆心，以 01、02、…为半径画弧，与相应射线的交点 Ⅰ、Ⅱ、…，即为螺线上的点。

3）依次圆滑地连接各点，即为所求

图 1-24　阿基米德螺线的画法

4. 渐开线的画法

已知圆的直径为 D，作渐开线，如图 1-25 所示。

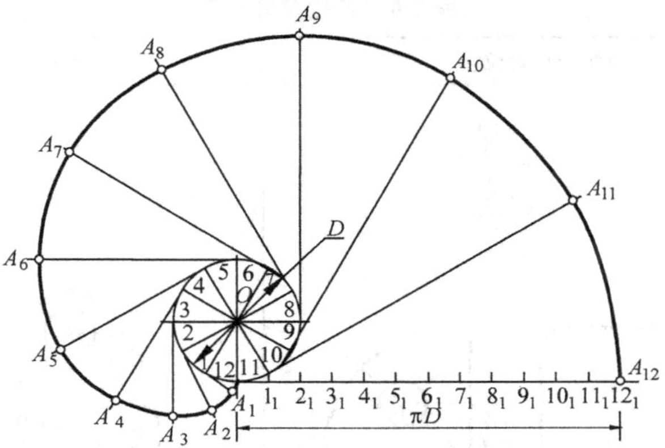

1）将已知圆分成 12 等分（可任意等分），过点 12 作圆的切线，在其上截取线段长度等于圆的周长 πD，并将其同圆周分成相同的等分（即 12 等分）；

2）过圆周上各点 1、2、3…按同方向作圆的切线；

3）在过点 1 所作的切线上截取周长的一个等分（即 $\pi D/12$），得点 A_1，在过点 2 所作的切线上截取周长的两个等分（即 $\pi D/6$），得点 $A_1A_2 \cdots A_{12}$。

4）用曲线板光滑地连接 A_1、A_2、…、A_{12}，即得到圆的渐开线

图 1-25　渐开线的画法

1.4 平面图形的绘图方法和尺寸标注

平面图形一般由一些平面几何图形所构成。因此，学习工程制图时，需要掌握几何图形的分析方法和正确地画出平面图形，并标注尺寸，从而提高绘图的质量与速度。

1.4.1 平面图形的尺寸分析

平面图形的尺寸可分为**定形尺寸、定位尺寸和总体尺寸**。

1. 定形尺寸

确定构成平面图形中各部分形状大小的尺寸，如图 1-26 中的尺寸 100、68、64、45、4 × ϕ8、R6、R10。

2. 定位尺寸

确定平面图形各部分之间相对位置的尺寸，如图 1-26 中的尺寸 80 和 48。

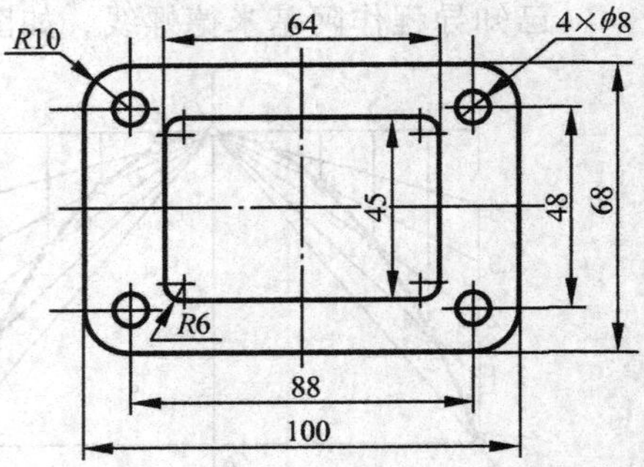

图 1-26 平面图形的尺寸标注（一）

3. 总体尺寸

确定平面图形外轮廓大小的总尺寸，如图 1-26 中的尺寸 100 和 68。

在平面图形的尺寸标注中规定：当图形的外轮廓为曲线时，不允许直接标注总体尺寸，仅注至中心定位线。

标注尺寸的起始点称为**尺寸基准**。一般将图形的对称中心线、较大圆弧的对称中心线或图形中的主要直线作为尺寸基准。标注尺寸应考虑尺寸基准。一般情况下，一个简单的平面图形需要两个方向的定位尺寸；如果某一图形的对称中心线在某一方向上与全图的对称中心线重合，则不可注该方向的定位尺寸，见表 1-8。

表 1-8 定位尺寸示例

所需尺寸	直角坐标定位	极坐标定位（点基准）
注二个定位尺寸	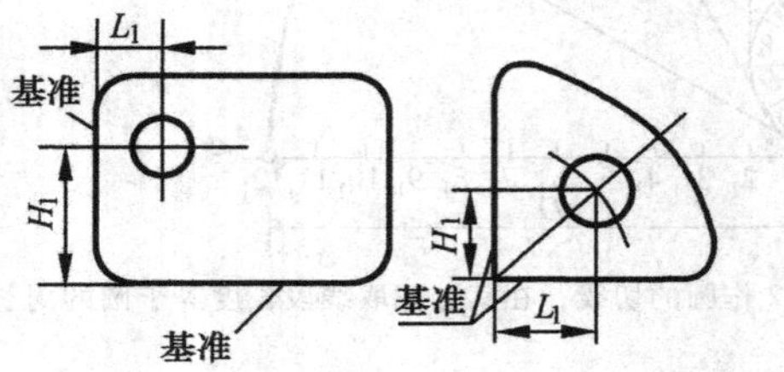	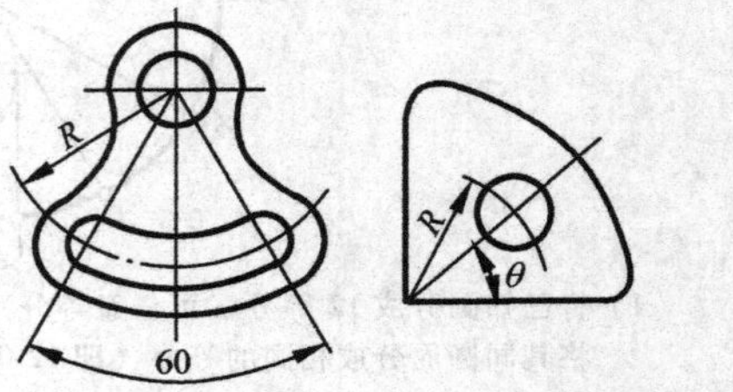

（续）

所需尺寸	直角坐标定位	极坐标定位（点基准）
注一个定位尺寸	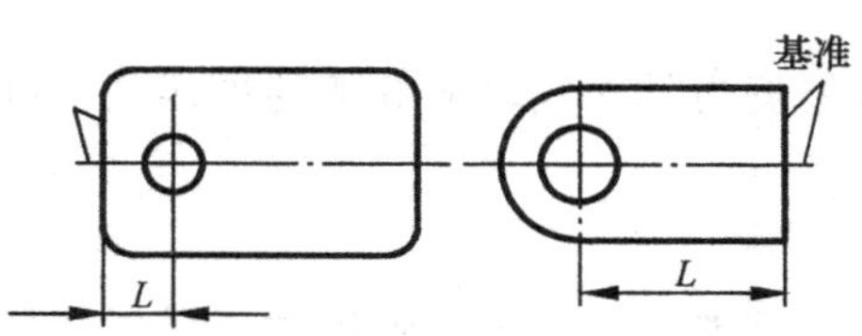	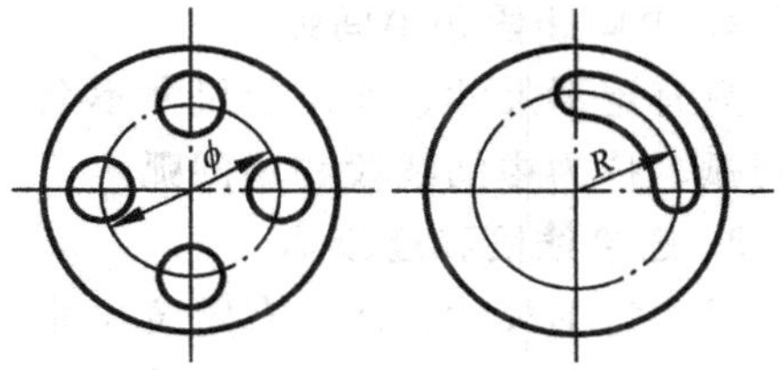
不需注定位尺寸	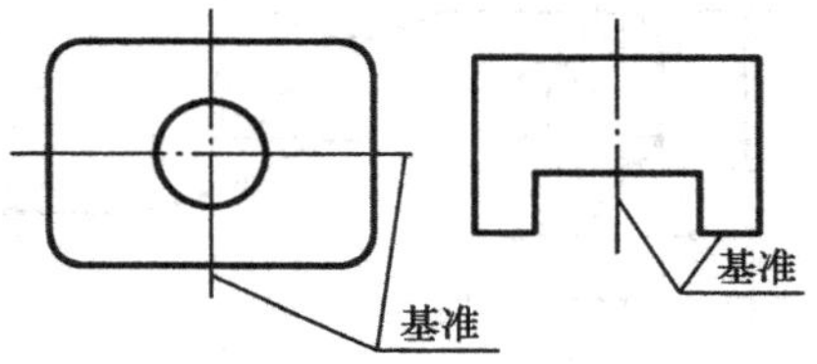	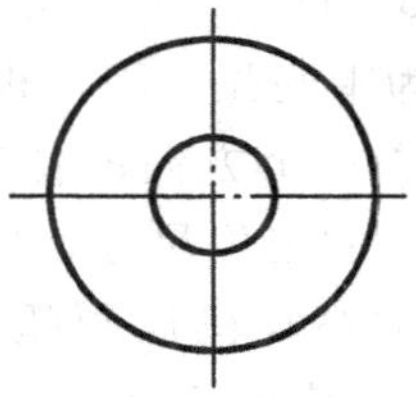

图 1-27 为平面图形尺寸标注的示例。

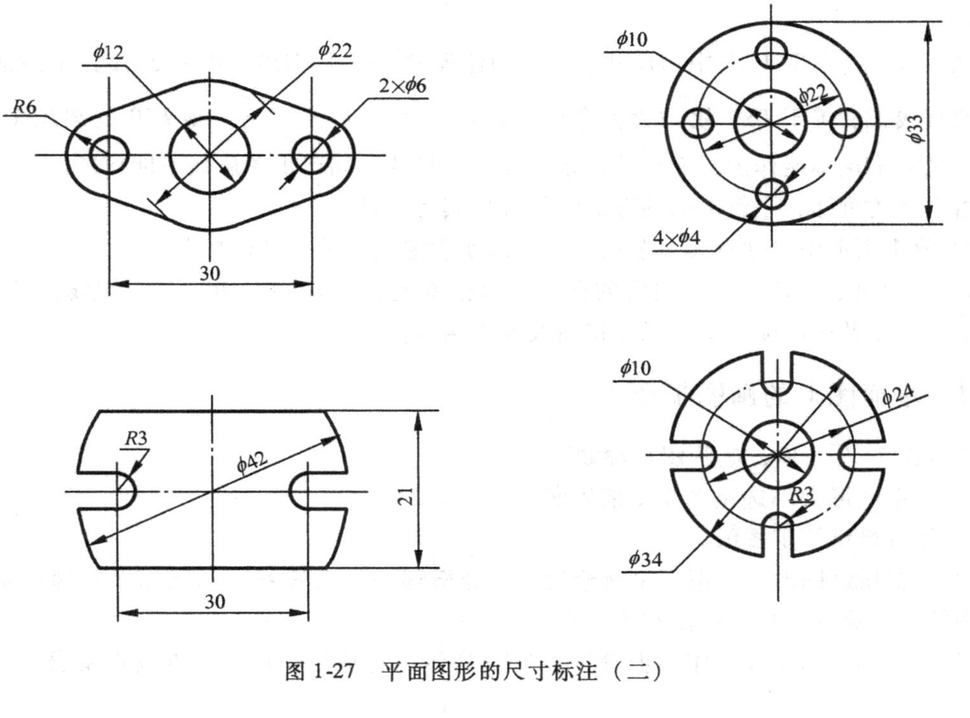

图 1-27　平面图形的尺寸标注（二）

1.4.2　平面图形的线段分析

平面图形是根据给定的尺寸绘制而成的。图形中线段与给定的尺寸密切相关，按它们之间的关系，平面图形中的线段可分为三类：

1. 已知线段和已知弧

具有全部定形尺寸和定位尺寸，可独立画出的线段或圆弧，称为**已知线段和已知弧**。

2. 中间线段和中间弧

只有定形尺寸，而定位尺寸不全，但可根据与其他线段或圆弧的连接关系可画出的线段或圆弧，称为**中间线段和中间弧**。

3. 连接线段和连接弧

只有定形尺寸，而没有定位尺寸，只能在其他线段和圆弧画出后，根据连接关系最后才能画出的线段或圆弧，称为**连接线段和连接弧**。

如图 1-28 所示，尺寸为 12、16 的直线段及 $\phi4$、$R5$ 的圆弧为已知线段和已知弧。$R40$ 的圆弧为中间弧，因为根据尺寸 18 可以确定该弧中心一个方向的位置，虽然它缺少一个水平方向的定位尺寸，但可根据它与 $R5$ 圆弧的相切关系作图。圆弧 $R10$ 与 $R2$ 仅有定形尺寸而无定位尺寸，故为连接弧；当 $R40$ 的圆弧画出之后，根据相切关系及与尺寸为 16 的直线段的相交关系即可画出 $R10$ 的圆弧。

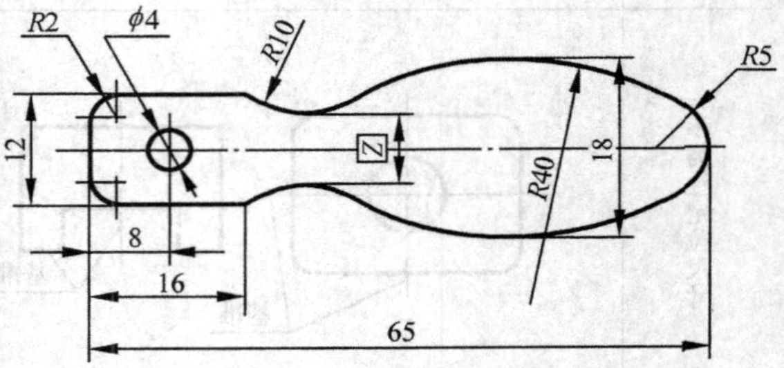

图 1-28　平面图形的线段分析

现在分析一下图 1-28 中的尺寸。如果加注尺寸 Z，则作出 $R10$ 的圆弧就不能保证与其相交的直线长度等于 16，故 Z 为多余尺寸。若尺寸 16 亦不注出，则 $R10$ 的圆弧无法画出。因此，尺寸不足不能作图，而尺寸多余，也会使尺寸之间产生矛盾而不能作图。

由上所述可知，了解平面图形的线段分析其目的是：

1）分析图形中尺寸有无多余或遗漏，以使确定图形是否可以画出。

2）分析图形中各线段及圆弧的性质，以便确定作图步骤：即先画已知线段及已知弧，再画中间线段及中间弧，最后画连接线段及连接弧。

1.4.3　平面图形的画图步骤

现以图 1-29 为例，其画图步骤如下：

1）根据图形大小选比例及图纸幅面。

2）用胶带纸固定图纸。

3）分析所画图形，根据图中所给尺寸，分析哪些是已知线段和已知弧，哪些是中间线段和中间弧，哪些是连接线段和连接弧。

4）画底稿用细实线，作图步骤如图 1-29 所示，完成底稿后，检查改正错误，擦去多余的图线。

5）标注尺寸，画尺寸界线、尺寸线及箭头，填写尺寸数字。

6）描深时，先描深圆及圆弧，后描深直线。

7）填写标题栏。

1.4.4 平面图形的绘图方法及尺寸标注

标注尺寸前，首先对图形中各线段和圆弧进行分析，哪些圆弧（或线段）需要用尺寸定位，哪些圆弧（或线段）由几何关系（相切、相交）定位，从而确定各线段或圆弧应标注哪些尺寸。请读者结合图 1-29 分析各尺寸的标注。

a)布置图形，画出图形的基准线（轴线、对称中心线）

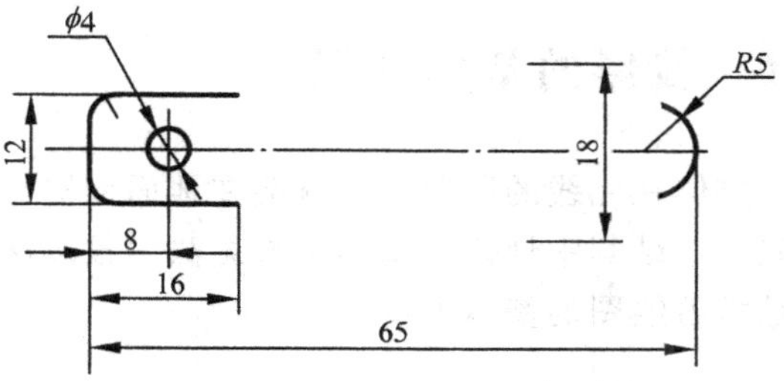

b)画已知线段、已知弧

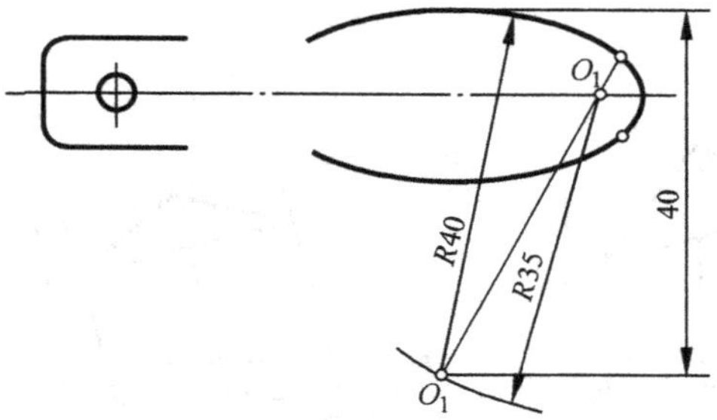

c) 求出圆心O_1和切点，画$R40$中间弧

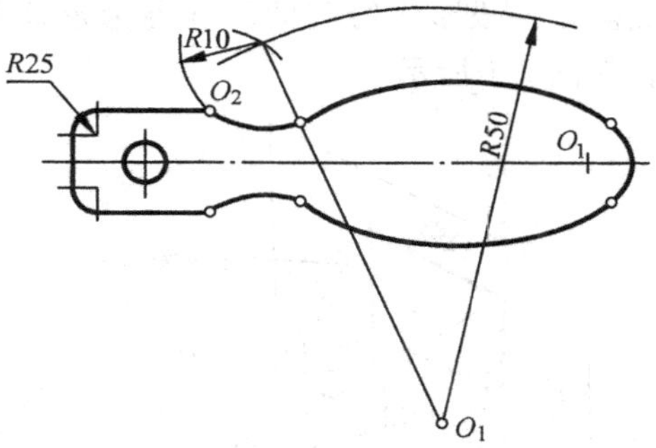

d) 求出圆心和切点，画$R10$、$R2$连接弧，完成全图的底稿

图 1-29 平面图形的画法

第2章　点、直线、平面的投影

2.1　投影的基本知识

物体在光线的照射下，就会在地面或墙面上产生投影，人们根据这种自然现象加以抽象研究，总结其中规律，提出了投影法。投影法可以简称为**投影**，用投影来表达空间形体的形状是学习绘图的基本方法。

2.1.1　投影法

1. 投影法的基本概念

投射线通过空间物体，并向所选定的平面投射而在该面上得到的物体投影的方法称为投影法。按照投影法绘制的图样称为形体的**投影图**（简称**投影**），绘制图样的平面称为投影面，如图 2-1 所示。

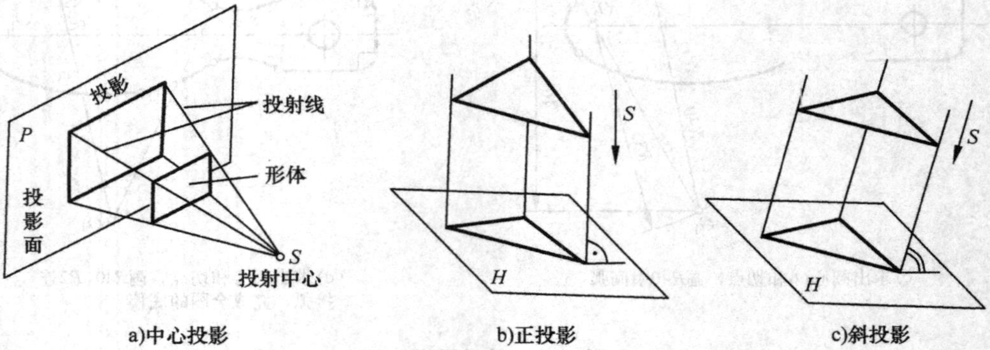

图 2-1　投影的形成和分类

空间物体的标号用大写字母，其投影用对应的小写字母。

2. 投影的分类

（1）**中心投影**　投射线汇交于一点所形成的投影称为**中心投影**，如图 2-1a 所示。

（2）**平行投影**　相互平行的投射线所形成的投影称为**平行投影**，如图 2-1b、c 所示；平行投影又分为正投影和斜投影。投影线垂直于投影面所形成的投影称为**正投影**（图 2-1b）。投射线倾斜于投影面所形成的投影称为**斜投影**（图 2-1c）。

工程图样一般都采用正投影绘制，因为采用这种投影方法绘图度量性好。以下学习内容中涉及的投影如无特殊说明均为正投影。

2.1.2　正投影的特性

1. 同素性

点的投影仍然是点，一般情况下直线的投影仍然是直线、平面的投影仍然是平面（特殊情况下例外，见“积聚性”），如图 2-2 所示。

2. 从属性

点如果在直线上，则点的投影一定在直线的同面投影上；点、直线如果在平面上，则点和直线的投影一定在平面的同面投影上。如图 2-2 所示，点 D 在直线 BC 上，则点 D 的投影在直线的投影 bc 上；直线 MN 在平面 Q 上，则直线的投影 mn 一定在平面的投影 q 上。

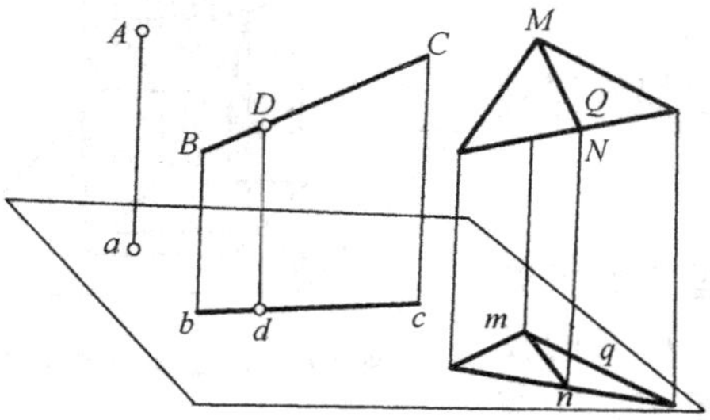

图 2-2　同素性、从属性、定比性

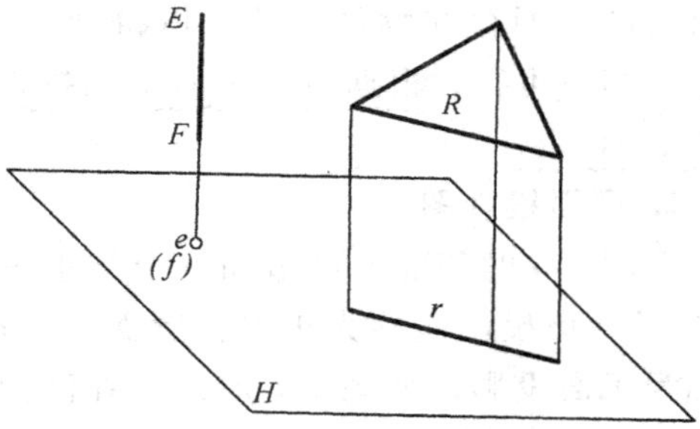

图 2-3　积聚性

3. 定比性

直线上的某一点将直线分割成任意两段，其两段的比值经过投影后不变，如图 2-2 所示，即 $BD/DC = bd/dc$。

4. 积聚性

直线如果垂直于投影面，则其在该投影面上的投影积聚为一点；平面如果垂直于投影面，则其在该投影面上的投影积聚为一直线。如图 2-3 所示，直线 EF 在水平面上的投影 ef 积聚为一点，点 E 在上，为可见；点 F 在下，为不可见，点为不可见时，其投影的字母需加括号。

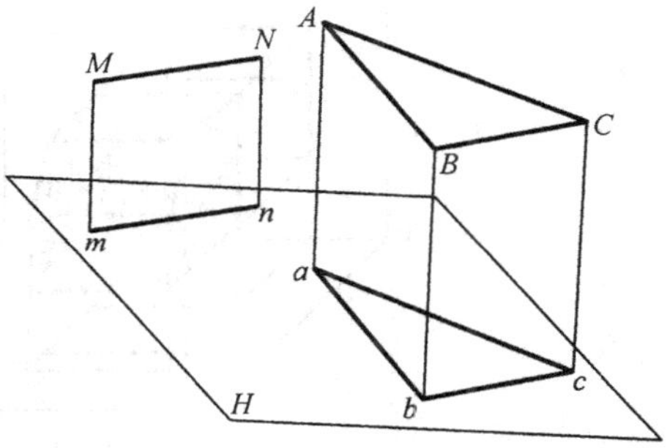

图 2-4　真实性

5. 真实性

直线如果平行于投影面，则其在该投影面上的投影反映真实长度，平面如果平行于投影面，则其在该投影面上的投影反映真实形状和大小，如图 2-4 所示，即直线的投影 $mn = MN$，$\triangle abc \cong \triangle ABC$。

6. 类似性

直线或平面如果倾斜于投影面，则其在该投影面上的投影小于实长或实形，如图 2-5 所示，即直线的投影 $ab < AB$；$\triangle def \backsim \triangle DEF$。

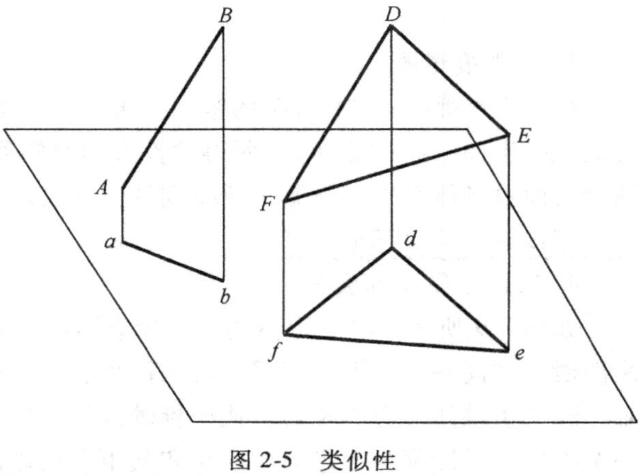

图 2-5　类似性

2.1.3 三面投影图的形成

为什么以图样表达物体必须采用三面投影图呢？我们来进行下面的观察和分析。

1. 单面投影图

如图 2-6 所示，将不同的两个形体向同一投影面“*H*”作投影（该投影面称为水平投影面，简称水平面），所得到的投影称为**水平投影**。从空间（三维）向平面（二维）作图是可行的，即存在物体，就可以得到其对应的投影；但是，反之，则不可行，根据该投影面上的投影无法惟一地确定物体的实际形状。

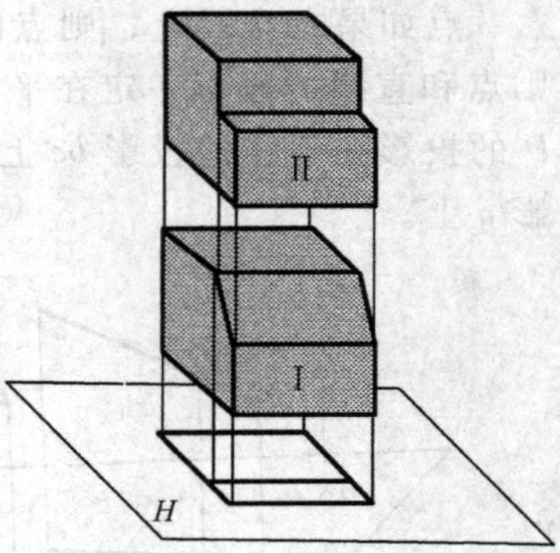

图 2-6　物体的单面投影

2. 两面投影图

在图 2-6 的基础上再增加一个与水平面相互垂直的投影面“*V*”（该投影面称为正立投影面，简称正面），所得的投影称为**正面投影**，如图 2-7 所示。在两面投影体系中，这两个物体的两面投影仍然完全相同。由此可见，对于某些物体仅仅依据两面投影也无法惟一地确定其实际形状。这样，就提出了三面投影体系。

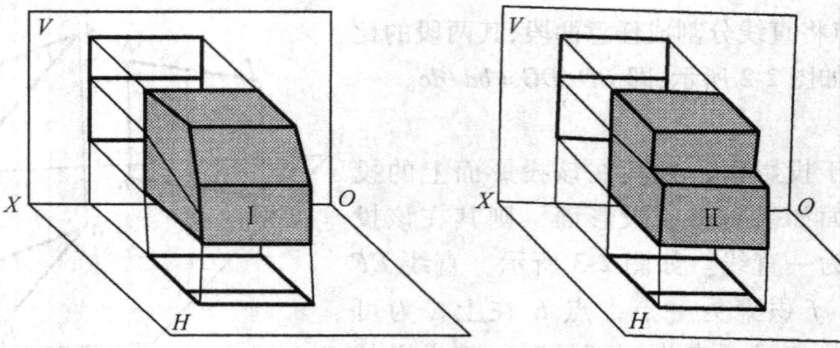

a）物体Ⅰ　　b）物体Ⅱ

图 2-7　物体的两面投影

3. 三面投影图

如图 2-8 所示，在图 2-7 的基础上再增加一个与之相互垂直的投影面“*W*”（该投影面称为侧立投影面，简称侧面），所得的投影称为**侧面投影**。仍是上述两个形体，现在分别在这两个三面投影体系作正投影，所得到的侧面投影完全不同。这样，每一组投影图就可以惟一地确定该物体的实际形状了。

4. 三面投影图的展开

如图 2-9 所示，将一形体的三面投影图展开就是将空间的三个投影面连同形体的三面投影图展平在同一平面上，即得到其三面投影图。投影面之间的交线分别称为：*OX*、*OY*、*OZ* 轴，这三条轴线可称为**投影轴**或**坐标轴**。从空间分析和投影图的形成我们可以观察到，任何一个物体的投影都与投影面的大小和其距离投影面的远近无关。为了作图简便，一般可以不绘制三投影面的边框，如图 2-9c 所示。但是，必须遵循物体三面投影之间的对应关系。

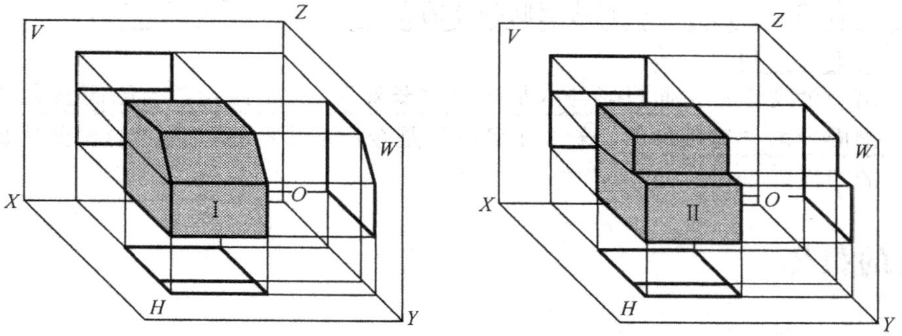

a) 物体Ⅰ　　b) 物体Ⅱ

图 2-8　物体的三面投影

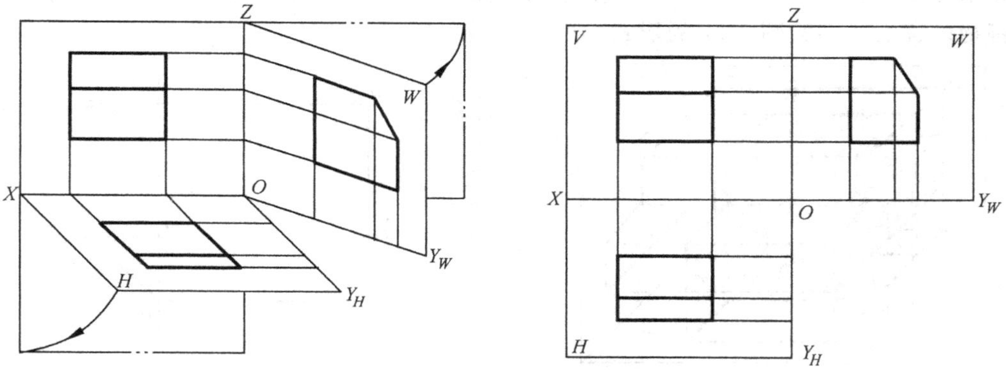

a)展开方式　　b)展开后的三面投影图

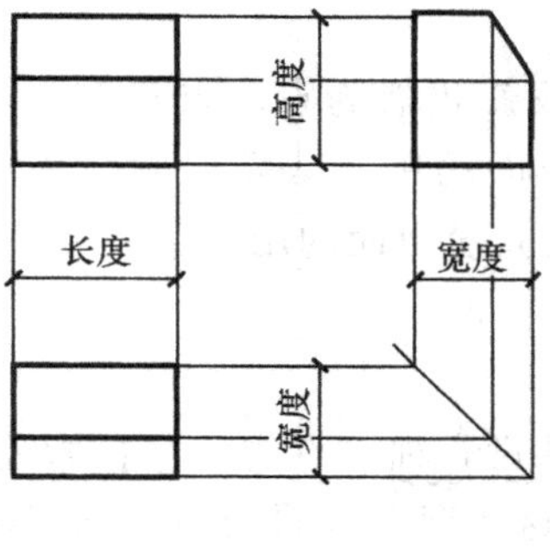

c)无投影面边框的三面投影图

图 2-9　三面投影图的形成及特性

2.1.4　三面投影图的特性

一个物体置于三面投影体系之中形成了三面投影图，每一面投影都反映了物体的位置关系。正面投影是从前向后投射得到的；水平投影是从上向下投射得到的；侧面投影是从左向右投射得到的。这样，物体在空间就具有六个方向，同时，还有 X、Y、Z 分别称为**长**、**宽**、**高**三个方向的尺寸。每一面投影都可以反映其四个方向和两个尺寸，即正面投影反映物体的上、下、左、右和长、高；水平投影反映物体的左、右、前、后和长、宽；侧面投影反映物体的前、后、上、下和宽、高。

从而得出一个规律：正面投影与水平投影"**长对正**"；正面投影与侧面投影"**高平齐**"；水平投影与侧面投影"**宽相等**"。这"九字诀"是今后从事绘图和读图的重要依据，也就是三面投影图的特性。

2.2　点的投影

2.2.1　点的三面投影

如果在图 2-10 中立体的左、前、上角取一点 A，将其向三面投影体系作正投影并展开，假想将物体移去，则为图 2-11 的形式。

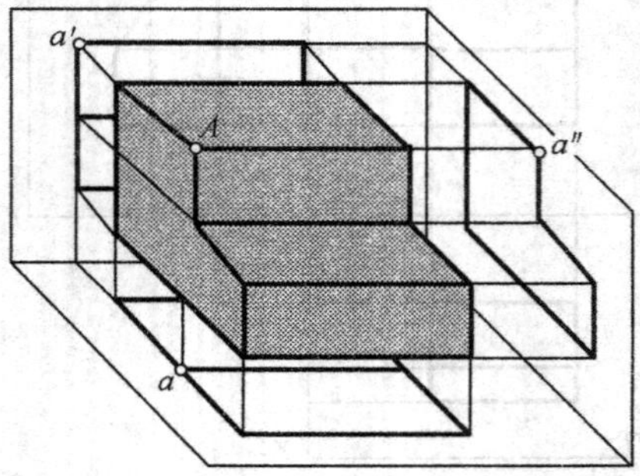

图 2-10　在物体上取点

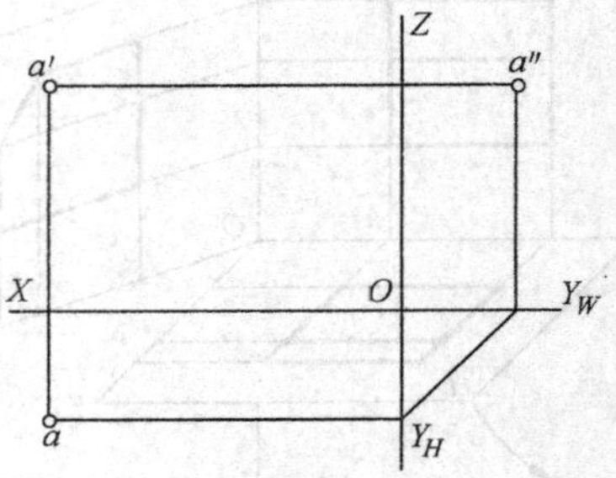

图 2-11　点的三面投影

从图 2-11 中可以观察到，点的投影仍然为点。点只有空间位置，无大小。点在三面投影体系中的投影分别记作：正立投影面的用 a'表示，称为该点的**正面投影**；水平投影面的用 a 表示，称为该点的**水平投影**；侧立投影面的用 a''表示，称为该点的**侧面投影**。

2.2.2　点的三面投影特性

（1）点的投影连线垂直于相应的投影轴　点的三面投影连线与投影轴的交点分别记作：a_x、a_y、a_z，作图时不必标出，并且这一交点（投射线与投影轴的交点）处不可画小圈。

（2）点的某一面投影到某一投影轴的距离反映该点（在空间）到某一投影面的距离　即点的正面投影到 X 轴的距离反映该点到 H 面的距离；点的水平投影到 X 轴的距离反映该点到 V 面的距离；点的正面投影到 Z 轴的距离反映该点到 W 面的距离。

【例 2-1】　如图 2-12 所示，已知点 B 的两面投影 b'、b，求第三面投影 b''。

作图步骤：

1）过 b'作 OZ 轴的垂线（投射线）。

2）在所作的垂线上截取 $b''b_z = bb_x$，即可求出 b''，如图 2-12b 所示。

※ 除上述作图方法外，还可以用图 2-12c 所示的方法：即过点 O 向右下方作 45°线，过

点 b 作 OY_H 轴垂线，交45°线后，再作 OY_W 轴垂线，与过点 b'作 OZ 轴垂线的交点为 b''。或如图2-12c过点 b 作 OY_H 轴垂线，与 OY_H 轴有一交点，过此点作45°线，交 OY_W 轴一点，再由此点向上作 OY_W 轴垂线与过点 b'作 OZ 轴垂线的交点为 b''。也可以如图2-11c以点 O 为圆心，以 bb_x 为半径作1/4圆，交 OY_W 轴上一点，由此点向上作 OY_W 轴垂线与过点 b'作 OZ 轴垂线的交点为 b''。以上四种方法在作图时可以采用任意某一种。

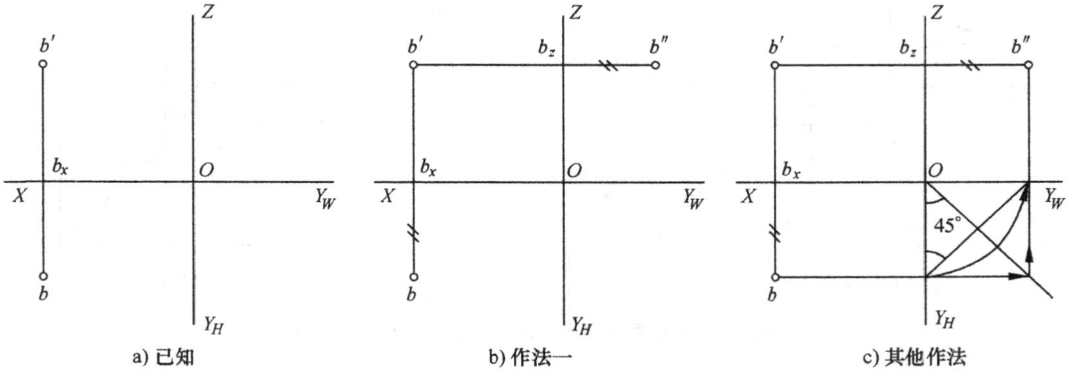

图2-12　点的“知二补三”作图

2.2.3　点的相关作图

1. 点与直角坐标之间的关系

如图2-13所示，将三面投影体系看作是直角坐标系。投影面相当于坐标面，投影轴相当于坐标轴，投影面的原点相当于坐标原点。

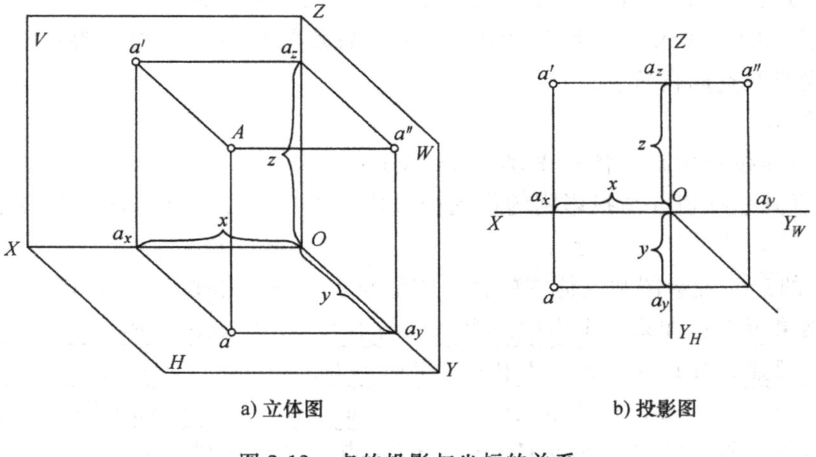

图2-13　点的投影与坐标的关系

空间点 A 到三个投影面的距离为：$|Aa''| = x$；$|Aa'| = y$；$|Aa| = z$。在投影图中，点 A 的每一面投影可由相应的坐标表示，即 a（x，y）、a'（x，z）、a''（y，z）。用坐标来表示点 A 的空间位置，可记作 A（x，y，z）。

x，y，z 的坐标值单位为mm，只能取正值或零，不可取负值。因为，按照我们国家标准的规定三面投影体系为第一分角。

【例 2-2】 已知空间点的坐标 A（10，5，20）、B（20，0，5）、C（0，0，10），求作三点的立体图和三面投影图（图 2-14）。

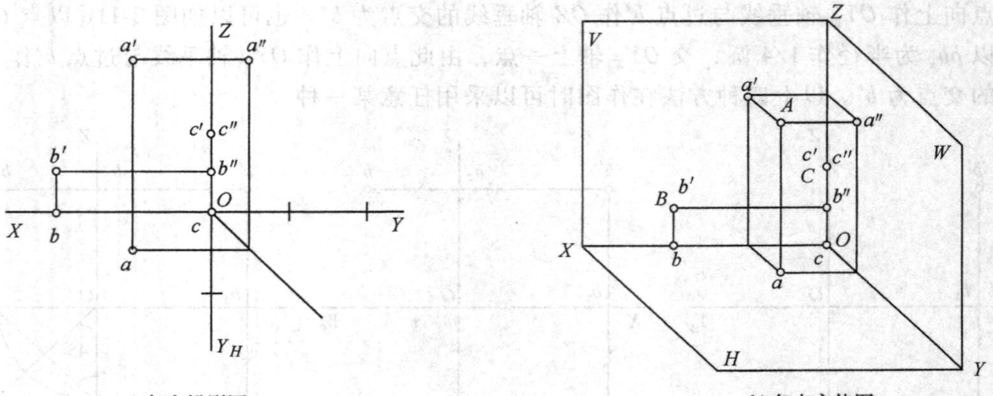

a) 各点投影图 b) 各点立体图

图 2-14 根据点的坐标作三面投影图和立体图

（1）作点的三面投影图（以点 A 为例）

作图步骤：

1）自原点 O 在 X 轴上量取坐标值 $x=10$，并作 X 轴的垂线。

2）在该垂线上自 X 轴向上量取坐标值 $z=20$。

3）向前量取坐标值 $y=5$（注意 y、z 的坐标值量取时，不要量错方向），即可确定点 A 的正面投影 a′和水平投影 a。

4）再根据点的"知二补三"作图规律作出点 A 的侧面投影 a″。

（2）作各点的立体图（以点 A 为例） 根据各点的标值，与相应的轴平行作线，定位各点的三面投影及空间位置。

作图步骤：

1）绘制三面投影体系（注意 Y 轴为 45°线）。

2）再根据其坐标值并与投影图的作图相似依次作出该点的立体图（需注意量取坐标值后所作的投影线与相应的轴平行）。

点 B、C 的三面投影图和立体图的作图方法与点 A 完全相似（不再重复叙述）。

由作图结果可知：如果一个点的三个坐标均不为零，则点位于体系的空间，这样的点称为**空间点或一般点**，如点 A；如果其中一个坐标为零，则点位于某投影面上，这样的点称为**面上的点**，如点 B（$y=0$，点 B 位于 V 面上）；如果其中二个坐标为零，则点位于投影轴上，这样的点称为**轴上的点**，如点 C（$x=y=0$，点 C 位于 Z 轴上）。

2. 两点的相对位置

两点的相对位置是指空间两点的左右、前后、上下的位置关系，即固定某一点，讨论另一点相对于该点的空间位置。

如图 2-15 所示，x 坐标值表示空间两点的左右关系，y 坐标值表示空间两点的前后关系，z 坐标值表示空间两点的上下关系，那么，坐标值大的点在左、前、上方，坐标值小的点在右、后、下方。所以，根据两点的坐标值可以确定两点的左右、前后、上下的位置关系。*V* 面投影反映左右、上下关系；*H* 面投影反映左右、前后关系；*W* 面投影反映前后、上下关系。

由图可见：点 *A* 在点 *B* 的左、前、下方；也可以说点 *B* 在点 *A* 的右、后、上方。

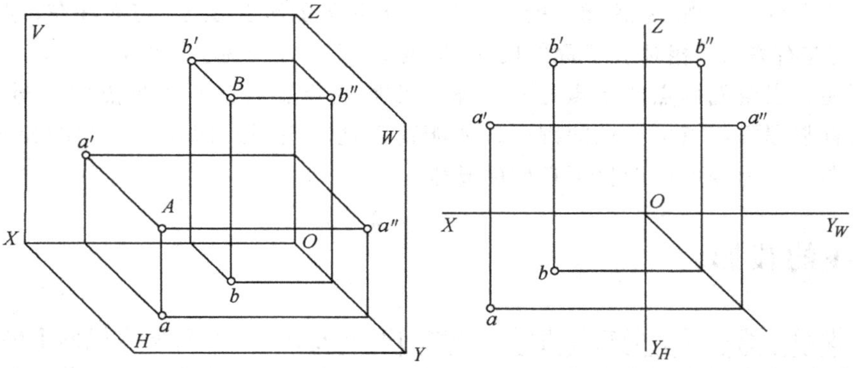

a) 立体图　　　　b) 投影图

图 2-15　两点的相对位置

3. 重影点

如果两个点在垂直于某一投影面的同一直线上，那么这两个点在该投影面上的投影重合为一点，把这两个点称为该投影面的**重影点**。如图 2-16 所示。

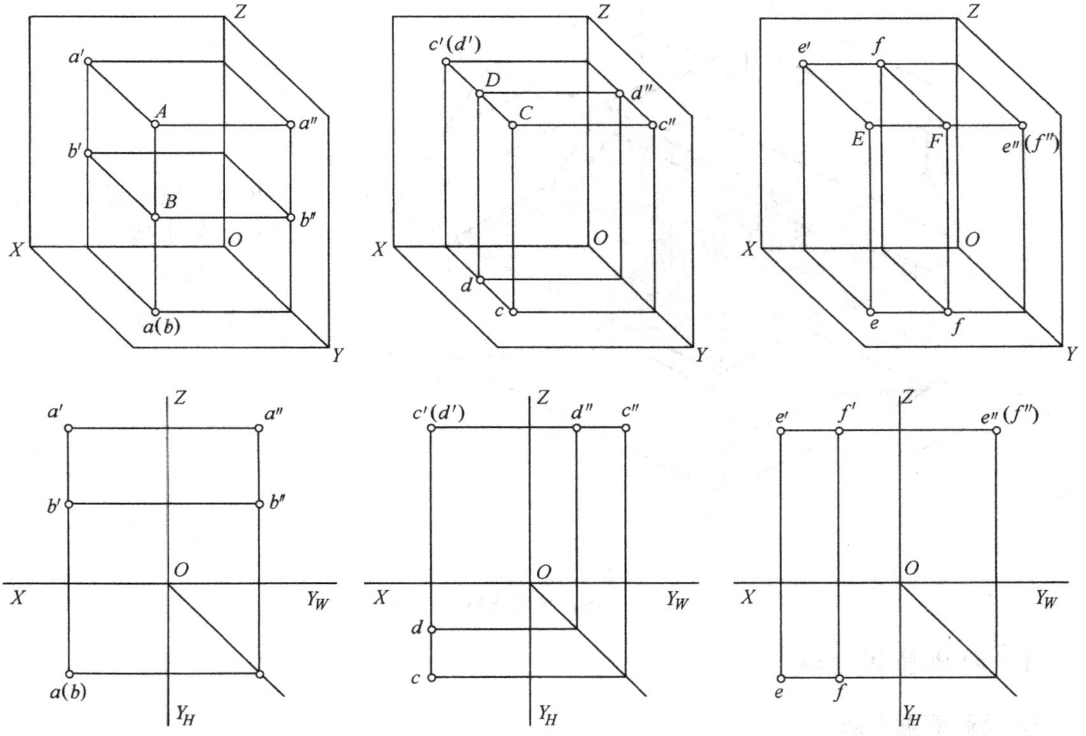

a) 水平重影点　　　　b) 正面重影点　　　　c) 侧面重影点

图 2-16　重影点

水平投影重合的两个点 *A*、*B* 称为**水平重影点**。点 *A* 在上，点 *B* 在下，反映两点之间的上下关系，相对于 *H* 面的投影 *a* 可见，(*b*) 不可见，记作 *a* (*b*)；正面投影重合的两个点 *C*、*D* 称为**正面重影点**。点 *C* 在前，点 *D* 在后，反映两点之间的前后关系，相对于 *V* 面的投影 *c′*可见，(*d′*) 不可见，记作 *c′* (*d′*)；侧面投影重合的两个点 *E*、*F* 称为**侧面重影点**。点 *E* 在左，点 *F* 在右，反映两点之间的左右关系，相对于 *W* 面的投影 *e″*可见，(*f″*) 不可见，记作 *e″* (*f″*)。

综上所述，当空间两点或多点相对于某一投影面重影时，不可见点的标号（字母）需加括号。只有掌握重影点可见性的判别，才能真正理解空间几何元素之间的相对位置关系，准确分析作图，并为今后读图打下良好的基础。

2.3 直线的投影

直线的投影一般情况下仍然为直线，特殊情况下为点。如果已知直线两个端点的三面投影，则将其同面投影连线，即为该直线的投影。空间直线相对于投影面各种位置可分为：

- 直线
  - 特殊位置直线
    - 投影面平行线：//*V* – 正平线、//*H* – 水平线、//*W* – 侧平线。
    - 投影面垂直线：⊥*V* – 正垂线、⊥*H* – 铅垂线、⊥*W* – 侧垂线。
  - 一般位置直线：倾斜于三个投影面的直线。

现以图 2-17 为例，分析空间直线相对于投影面各种位置的投影。

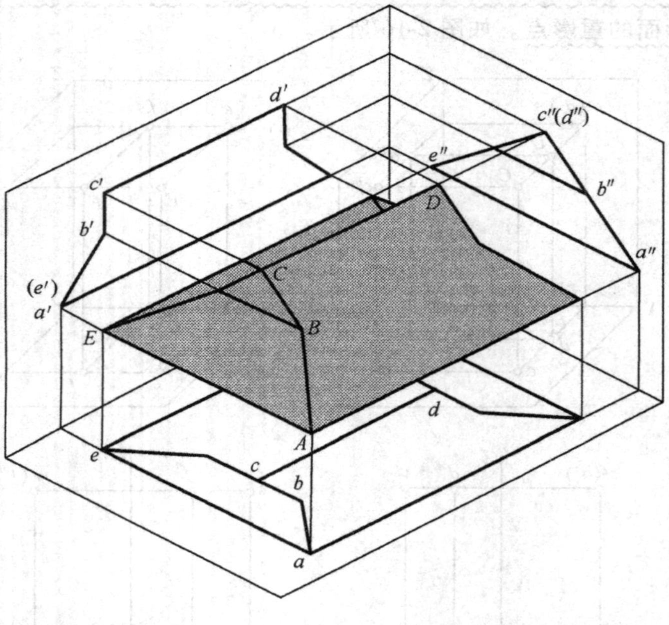

AB 为一般位置线
BC 为侧平线
CD 为侧垂线
AE 为正垂线

图 2-17 各种位置直线的立体图

2.3.1 特殊位置直线

1. 投影面垂直线

与某一个投影面垂直，与另外两个投影面平行的直线称为**投影面垂直线**（简称为垂直线），见表 2-1。

表 2-1　投影面垂直线

	立体图	三视图	投影图	投影特性
正垂线	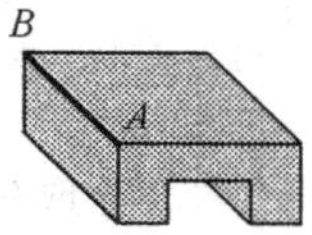	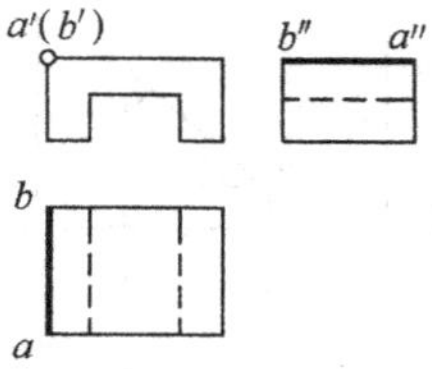	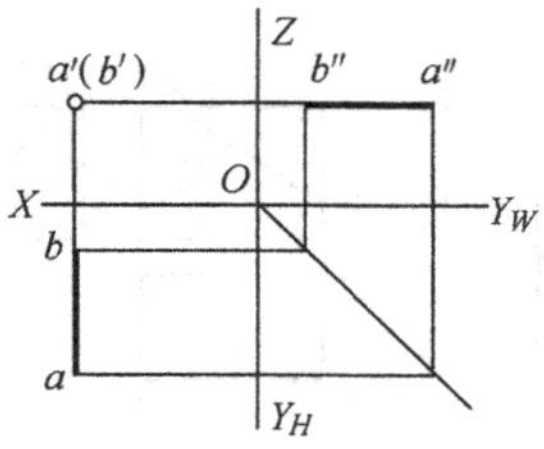	1. $a'b'$积聚成一点 2. $ab\ /\!/\ OY_H$，$a''b''\ /\!/\ OY_W$，并反映实长
铅垂线	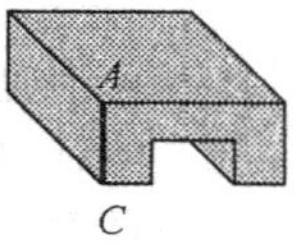	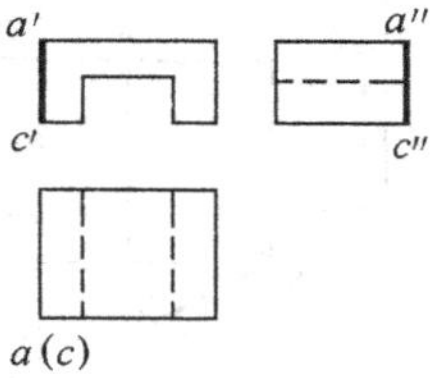	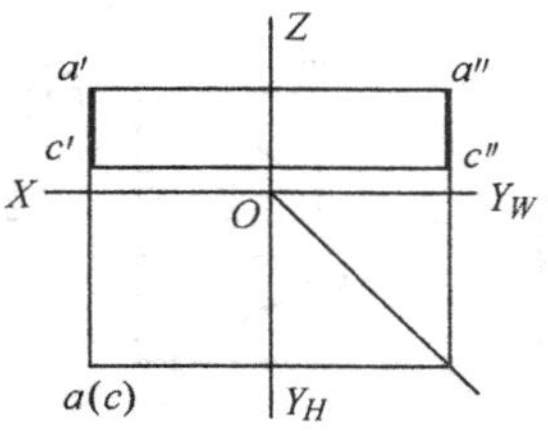	1. ac 积聚成一点 2. $a'c'\ /\!/\ OZ$，$a''c''\ /\!/\ OZ$，并反映实长
侧垂线	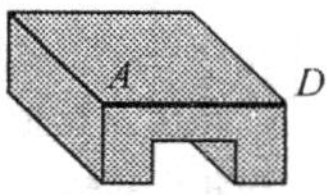	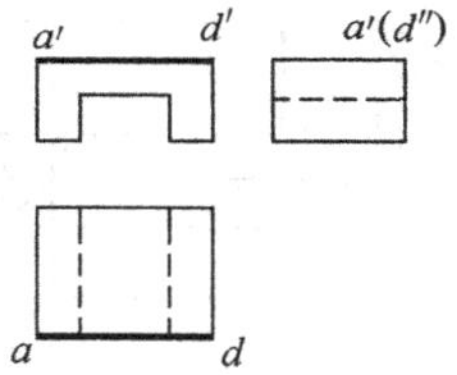	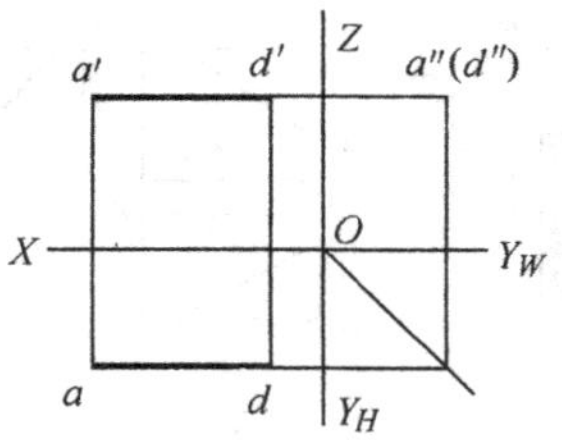	1. $a''b''$积聚成一点 2. $a'd'\ /\!/\ OX$，$ad\ /\!/\ OX$，并反映实长

投影面垂直线的投影特性可概括如下：

1）投影面垂直线在它所垂直的投影面上的投影积聚为一点。

2）投影面垂直线在另外两面的投影同时平行于某一投影轴，且反映该直线的实长。

3）投影面垂直线的 α、β、γ 角为 0°或 90°。

2. 投影面平行线

与某一个投影面平行，与另外两个投影面均倾斜的直线称为**投影面平行线**（简称为平行线），见表 2-2。

投影面平行线的投影特性可概括如下：

1）投影面平行线在它所平行的投影面上的投影倾斜于投影轴，并且反映该直线的实长；实长投影与投影轴的夹角反映直线与相应投影面的倾角实形。

2）投影面平行线在另外两投影面的投影同时垂直于某一投影轴，且均小于直线的实长。

投影面垂直线与投影面平行线统称为**投影面的特殊位置直线**。

※ 直线的投影作图一般只需作出任意两面投影则可确定直线的位置（相对于投影面的位置）。

表 2-2　投影面平行线

	立体图	三视图	投影图	投影特性
正平线	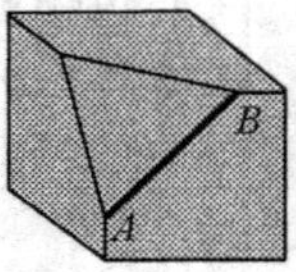	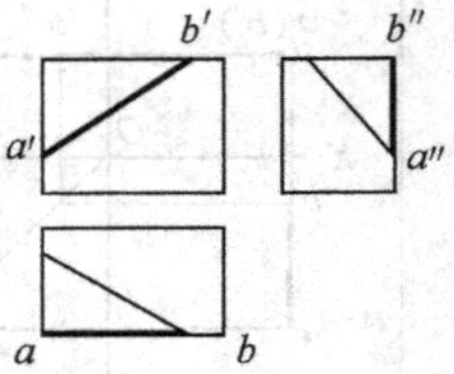	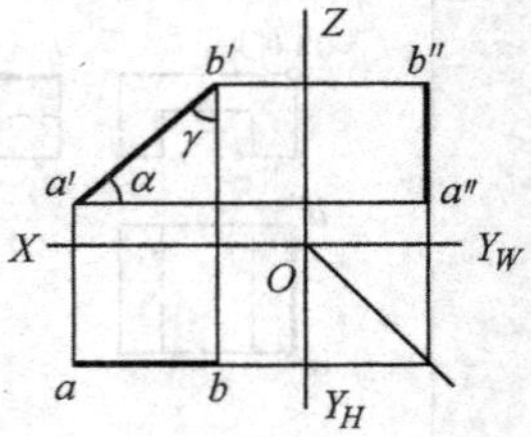	1. $a'b'$反映实长，且倾斜于轴，并反映 α、γ 角 2. 其余两面投影平行于相应的轴
水平线	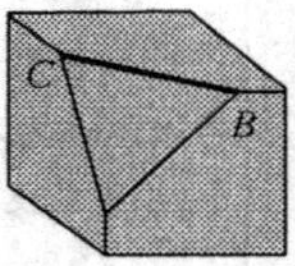	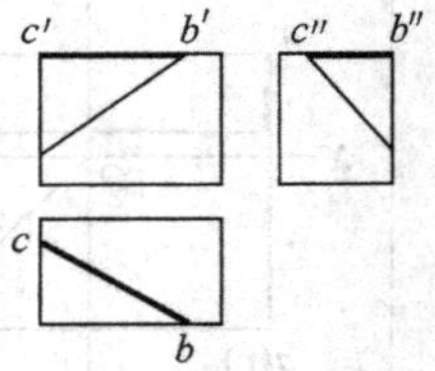	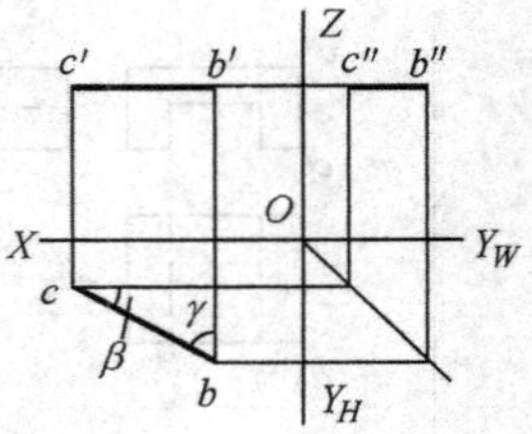	1. bc 反映实长，且倾斜于轴，并反映 β、γ 角 2. 其余两面投影平行于相应的轴
侧平线	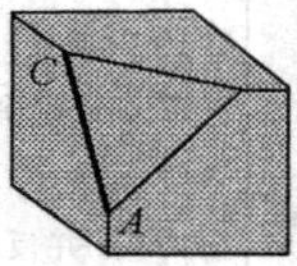	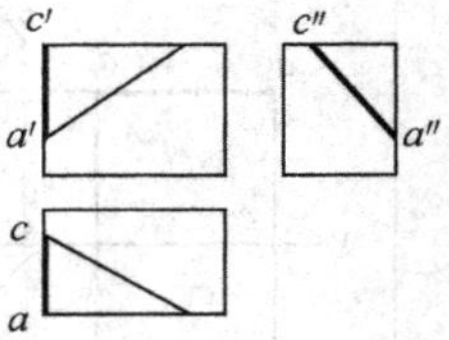	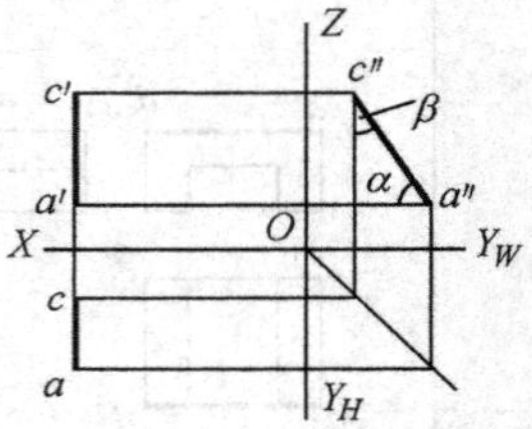	1. $a''c''$反映实长，且倾斜于轴，并反映 α、γ 角 2. 其余两面投影平行于相应的轴

2.3.2　一般位置直线

与各投影面均倾斜的直线称为**一般位置直线**（简称为一般线）。既然与投影面倾斜，那么就存在与投影面的倾角 α、β、γ，如图 2-18 所示。

一般位置直线投影特性可概括如下：

1）一般位置直线的投影均倾斜于投影轴，并均小于实长。

2）一般位置直线的投影不能反映其与投影面的真实倾角。

※ 一般位置直线的实长和倾角可以利用**直角三角形法**求解。

如图 2-19a 所示，首先观察直线的立体图，并进行空间分析。一般位置直线的实长及倾角的求解可以利用投影中的直角三角形来定位。

从图 2-19a 所示可以过 A 作直线$/\!/ab$，交 Bb 于 B_0，$\triangle AB_0B$ 为直角三角形，其中，一直角边 $AB_0=ab$；另一直角边 $BB_0=Bb-B_0b$，而 $B_0b=Aa$。

这样 $BB_0=Bb-Aa=b'b_x-a'a_x=\Delta Z_{AB}$，即 $BB_0=\Delta Z_{AB}$；其斜边 AB 为直线的实长。

由此，我们可以得出这样的结论：如果在投影图上作一个直角三角形，一直角边为该直线的水平投影，另一直角边为该直线两端点的高度差，那么，斜边一定为直线的实长。水平

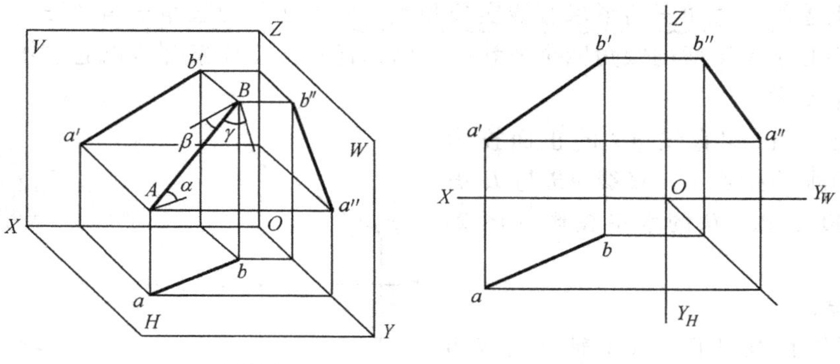

a) 立体图　　b) 投影图

图 2-18　一般位置直线的投影

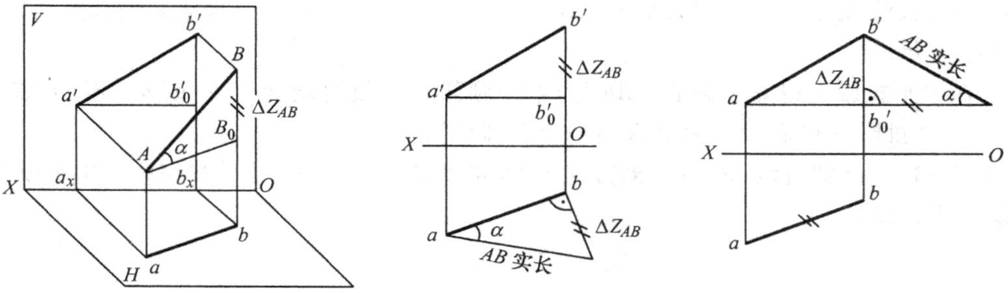

a) 立体图　　b) 作法一　　c) 作法二

图 2-19　求直线的实长和 α 角

投影与实长的夹角为 α，即直线 AB 与 H 面的倾角。

如图 2-19b 所示，ab 为一直角边，过 b 点作垂线垂直于 ab，在垂线上量取 ΔZ_{AB}，作直角三角形，则斜边为直线的实长；ab 与实长之间的夹角为 α。

图 2-19c 为求 α 的另一种作图方法。

同理，我们利用此方法可以求出直线与 V、W 面的倾角 β、γ。如图 2-20a 所示，一直角边为直线的正面投影 $a'b'$，另一直角边为该直线的宽度差 ΔY_{AB}，那么，斜边一定为直线的实长，正面投影与实长的夹角为 β，即直线 AB 与 V 面的倾角。

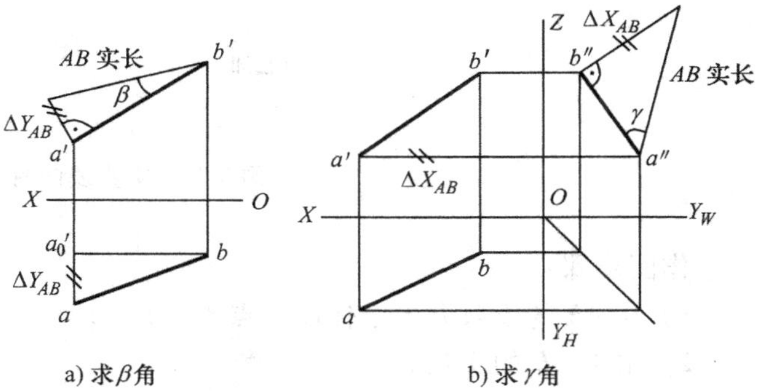

a) 求 β 角　　b) 求 γ 角

图 2-20　求直线的实长、β 和 γ 角

如图 2-20b 所示，一直角边为直线的侧面投影，另一直角边为长度差 ΔX_{AB}，那么，斜边一定为直线的实长，侧面投影与实长的夹角为 γ，即直线 AB 与 W 面的倾角。

我们把上述利用直角三角形求直线实长和倾角的方法称为**直角三角形法**。在坐标差、投影、实长和相对于投影面的倾角四个要素中，已知任意两个要素都可以通过作直角三角形来求出其余两个要素。

【例 2-3】 已知直线 AB 的正面投影 $a'b'$和点 A 的水平投影 a，直线 AB 与 H 面的倾角 $\alpha = 30°$，求 AB 的水平投影（图 2-21）。

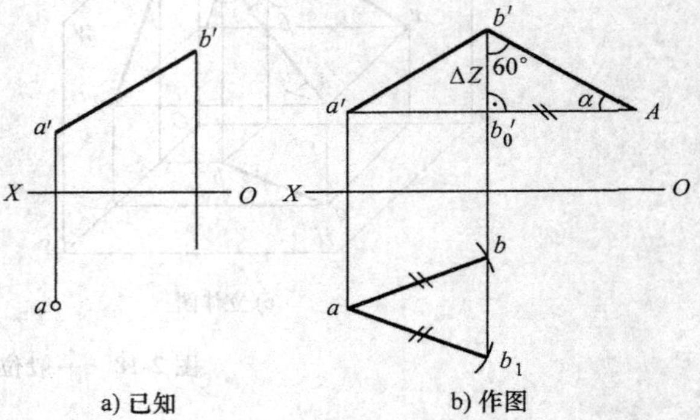

图 2-21 求直线的水平投影

作图步骤：

1）过 a'作直线平行于 OX 轴，交点 B 的投射线于 b_0'，则 $b'b_0'$即为 AB 两点的高度差 Δz。

2）过 b'作与 $b'b_0'$倾角为 60°的斜线，与 $a'b_0'$的延长线交于点 A，则 $\angle A = \angle\alpha = 30°$，$Ab_0' = ab$；

3）在水平投影上以 a 为圆心，Ab_0'为半径画弧，与投射线交于 b_1 或 b，连 ab 或 ab_1 即为 AB 的水平投影（做题时，只需求出一个解即可）。

【例 2-4】 已知直线 AB 的投射方向，AB 的实长为 20mm，求直线 AB 的水平投影和正面投影（图 2-22）。

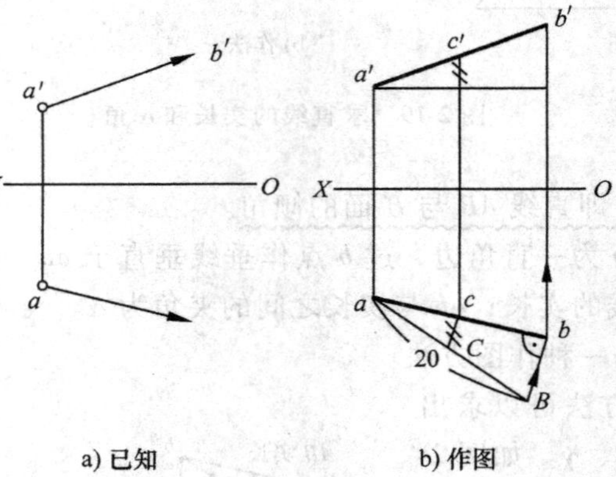

图 2-22 求直线的两面投影

作图步骤：

1）在 AB 的投射方向上任取一点 C（c'、c）。

2）求出 AC 的实长。

3）在 AC 的实长延长线上截取 $aB = 20\text{mm}$，过 B 作 ac 延长线的垂线，相交于 b。

4）过 b 向上引投射线交 $a'c'$延长线于 b'，则 ab、$a'b'$即为所求。

2.4 平面的投影

2.4.1 平面的表示方法

用几何元素表示平面，如图 2-23 所示。

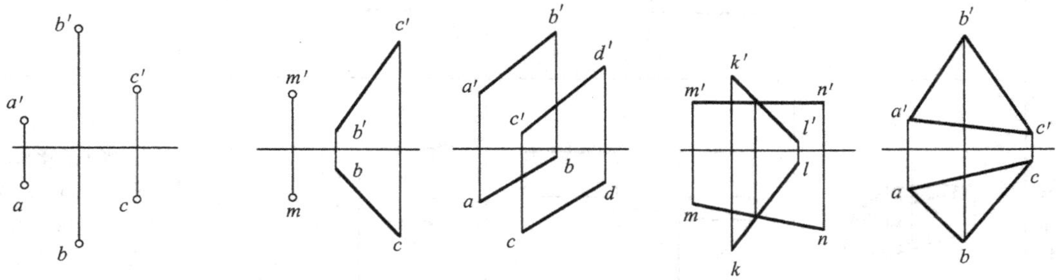

a) 不在同一直线上的三个点　b) 直线与线外一点　c) 两平行线　d) 两相交线　e) 平面图形

图 2-23　平面的表示方法

2.4.2 各种位置平面

平面的投影一般情况下仍然为平面，特殊情况下为直线。空间平面相对于投影面各种位置可分为：

平面
- 特殊位置平面
  - 投影面平行面：//V－正平面、//H－水平面、//W－侧平面。
  - 投影面垂直面：⊥V－正垂面、⊥H－铅垂面、⊥W－侧垂面。
- 一般位置平面：　倾斜于三个投影面的平面。

下面分析空间平面相对于投影面各种位置的投影。

1. 投影面平行面

与某一个投影面平行，与另外两个投影面垂直的平面称为**投影面平行面**（简称为平行面）。平行面分为三种，见表 2-3。

投影面平行面的投影特性可概括如下：

1）投影面平行面在其所平行的投影面上的投影反映实形。

2）投影面平行面另两面投影积聚为一直线，且该两直线同时垂直于某一个投影轴。

2. 投影面垂直面

与某一个投影面垂直，与另外两个投影面倾斜的平面称为**投影面垂直面**（简称为垂直面）。垂直面分为三种，见表 2-4。

投影面垂直面的投影特性可概括如下：

1）投影面垂直面在其所垂直的投影面上的投影积聚为一直线，该直线与投影轴的夹角反映平面对相应投影面的倾角实形。

2）投影面垂直面的另两面投影为小于实形的类似形。

投影面平行面和投影面垂直面统称为**投影面的特殊位置平面**。

表 2-3　投影面平行面

	立体图	三视图	投影图	投影特性
正平面		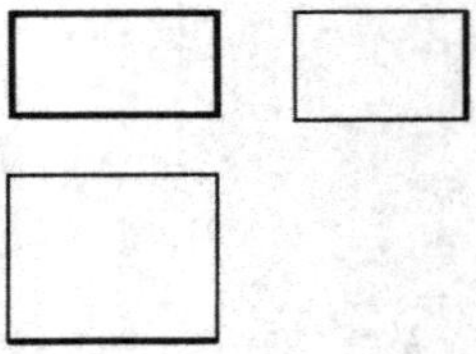	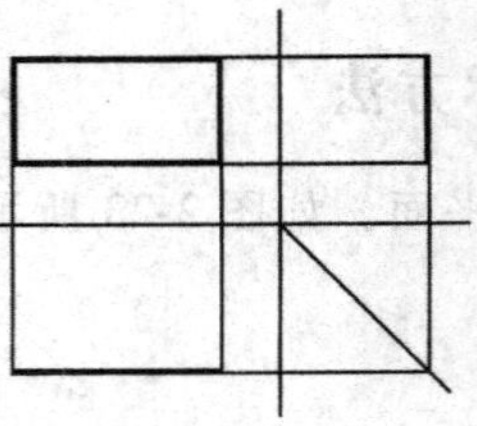	1. 正面投影反映实形 $\beta=0°$，$\alpha=\gamma=90°$ 2. 其余两面投影积聚为直线，且平行于相应的轴
水平面	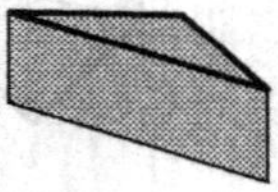	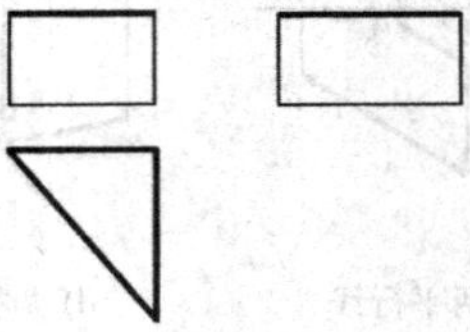	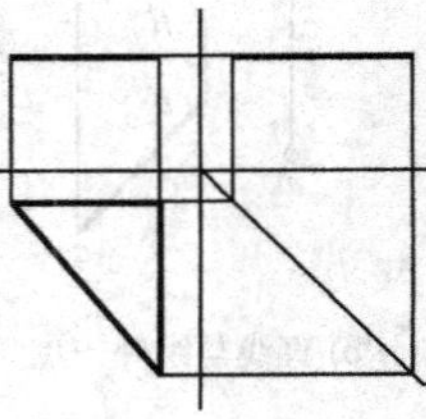	1. 水平投影反映实形 $\alpha=0°$，$\beta=\gamma=90°$ 2. 其余两面投影积聚为直线，且平行于相应的轴
侧平面	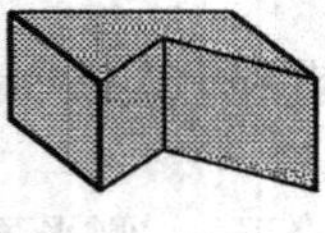	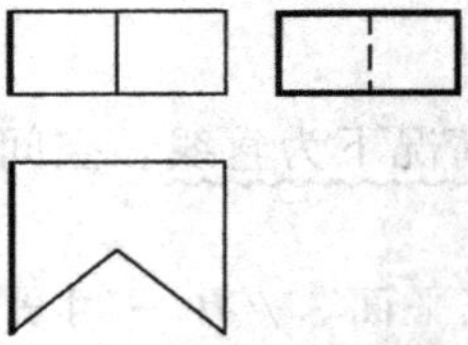	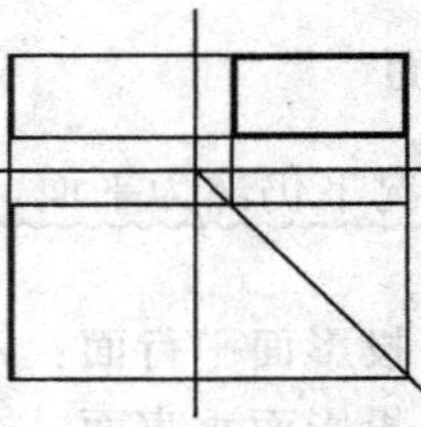	1. 侧面投影反映实形 $\gamma=0°$，$\alpha=\beta=90°$ 2. 其余两面投影积聚为直线，且平行于相应的轴

表 2-4　投影面垂直面

	立体图	三视图	投影图	投影特性
正垂面	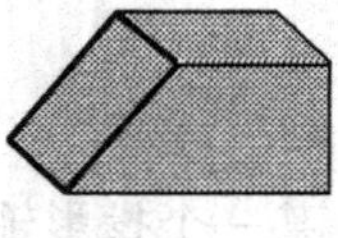	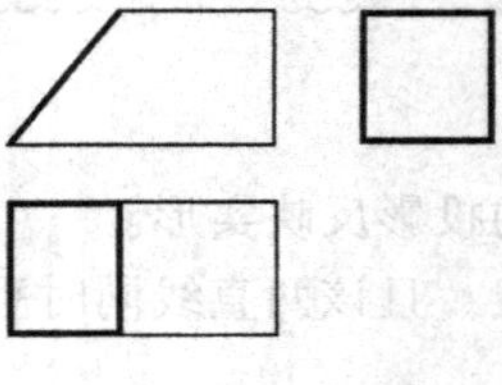	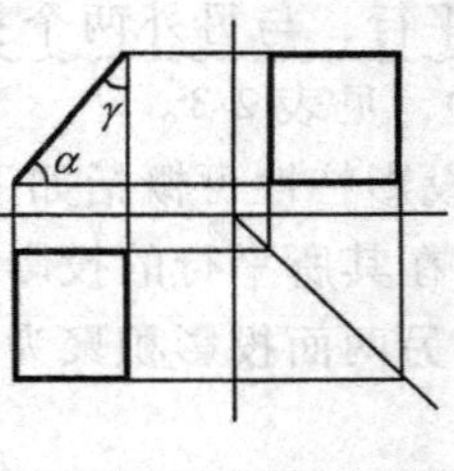	1. 平面的正面投影积聚为一直线，且倾斜于轴，并反映 α、γ 角实形 2. 其余两面投影为变小的类似形
铅垂面	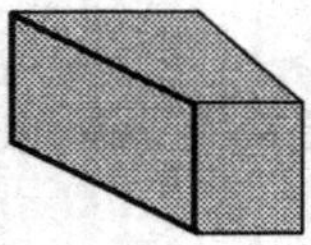	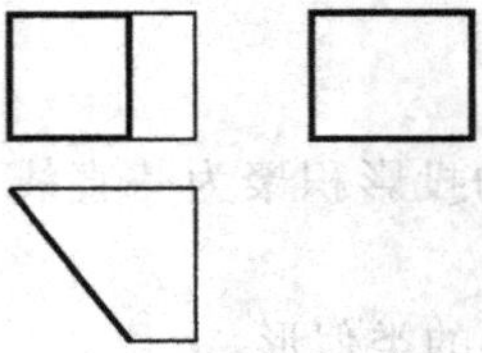	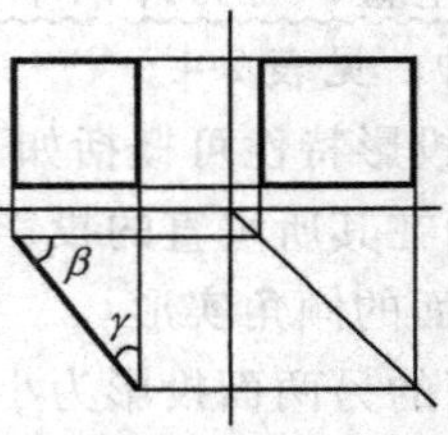	1. 平面的水平投影积聚为一直线，且倾斜于轴，并反映 β、γ 角实形 2. 其余两面投影为变小的类似形

（续）

	立体图	三视图	投影图	投影特性
侧垂面	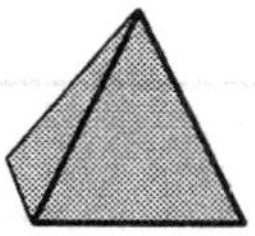	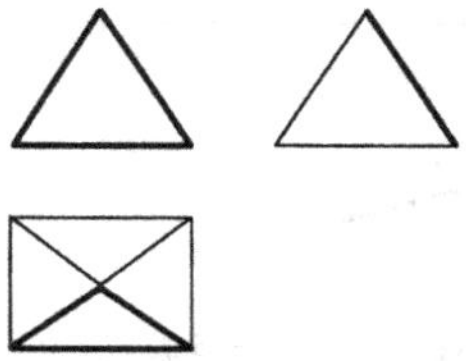	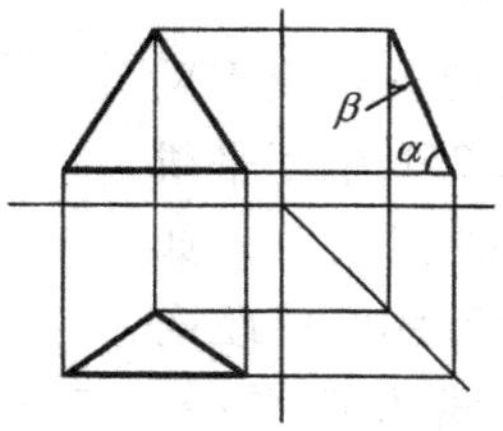	1. 平面的侧面投影积聚为一直线，且倾斜于轴，并反映 α、β 角实形 2. 其余两面投影为变小的类似形

2.4.3 一般位置平面

与三个投影面均倾斜的平面称为**一般位置平面**（简称为一般面），如图 2-24 所示。一般位置平面既然与投影面倾斜，那么，就存在与投影面的倾角。将平面与 H 面的倾角规定为 α，将平面与 V 面的倾角规定为 β，将平面与 W 面的倾角规定为 γ。

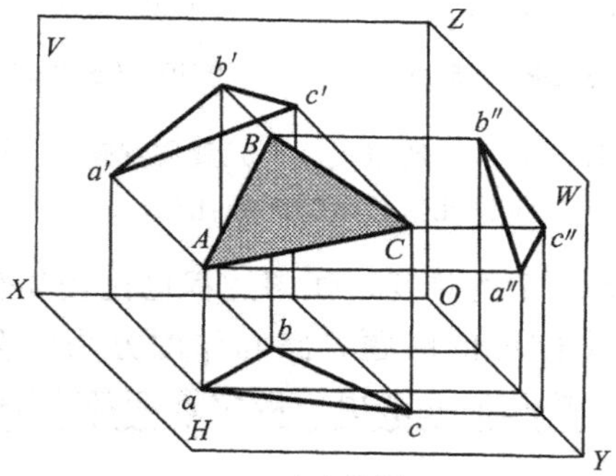

a) 立体图

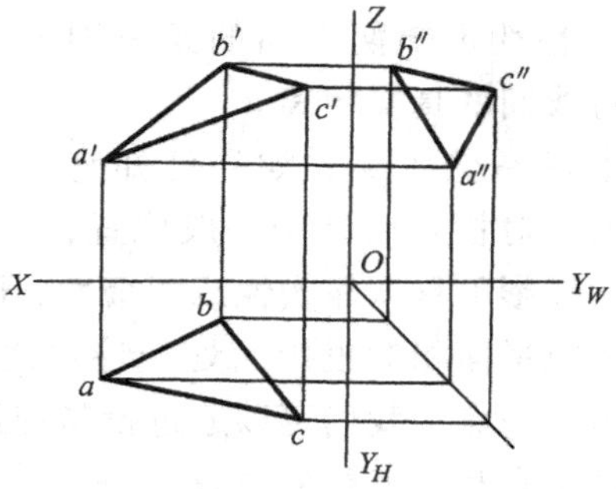

b) 投影图

图 2-24　一般位置平面的投影

一般位置平面的投影特性可概括如下：

1）一般位置平面的三面投影均为小于平面实形的类似形。

2）一般位置平面的投影不能反映其与投影面的真实倾角。

2.5 换面法

2.5.1 投影变换的目的

通过前面的学习讨论，我们知道在图解空间几何问题时（包括度量问题和定位问题），当几何元素与投影面的相对位置不同时，则会给图解问题带来有利的或不利的条件，如图 2-25 所示。

如果已知直线或平面相对投影面处于特殊位置，则可以利用投影的显实性或积聚性直接求出问题的答案，并使作图得到简化。

如图 2-25a 中一般位置直线不反映直线的实长；而图 2-25b 中正平线的正面投影反映直线的实长。又如图 2-25c 所示，求两平行线间的距离问题，尽管已知平行线为正平线，可以在其正面投影通过两直线的任意点作垂线，即为两直线间距离的正面投影，并按投影关系得到其距离的水平投影，但这两面投影均不反映该距离的实长，即该距离线段为一般位置直线，还需继续作图求解。如图 2-25d 所示，两直线为铅垂线，其水平投影有积聚性，利用积聚性这一特性可知两点间的距离即为两平行线间的真实距离。

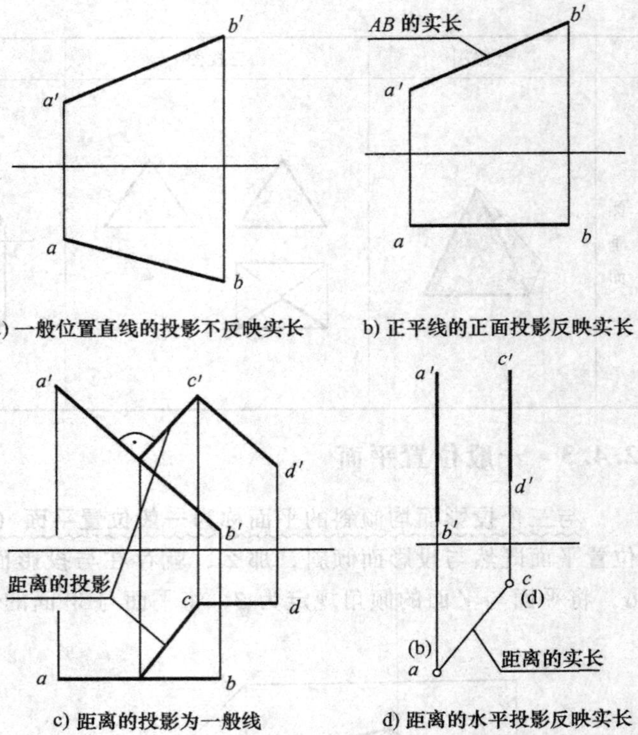

a) 一般位置直线的投影不反映实长　b) 正平线的正面投影反映实长

c) 距离的投影为一般线　d) 距离的水平投影反映实长

图 2-25　一般位置几何元素与特殊位置几何元素的解题比较

由上述举例可见，如果已知直线或平面相对投影面处于一般位置，则它们的投影不具有显实性或积聚性，图解时就有一定的难度，作图过程也比较复杂。如果已知直线或平面相对投影面处于特殊位置时，很多问题的解题思路和作图方法就会得到简化。基于这一点，我们可以通过投影变换的方法，将几何元素由一般位置变换成特殊位置，使它们处于有利于解题的位置。

2.5.2　投影变换的方法

投影变换的方法通常有两种。

1. 换面法

在两面投影体系中，保持几何元素的位置不动，用一新的投影面去替换其中的某一投影面，使几何元素相对新投影面处于特殊位置，这种变换方法称为**换面法**。新的投影面和保留的投影面必须相互垂直，构成新的两面投影体系，如图 2-26a 所示，用 V_1 面替换 V 面，可把一般位置直线 AB 变换成 V_1 面的平行线。

2. 旋转法

在两面投影体系中，保持投影体系不动，让几何元素绕某一定轴（一般为投影面的垂直线）进行旋转，使几何元素旋转至相对于投影面处于特殊位置，这种变换方法称为**旋转法**。如图 2-26b 所示，一般位置直线 AB 绕轴线（过点 A 的铅垂线）旋转，可把它变换成 V 面的平行线（本小节省略此方法）。

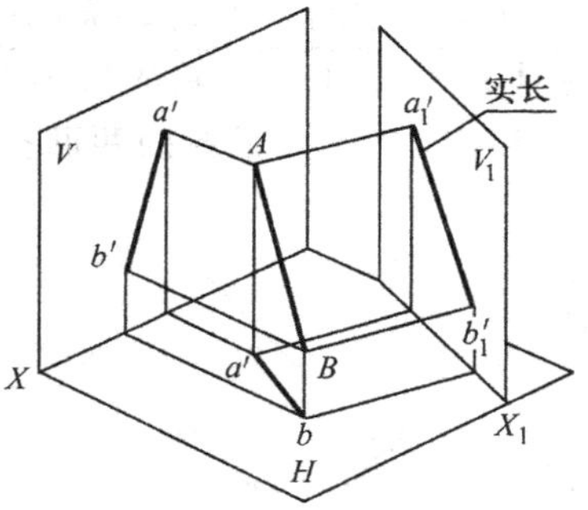

a) 换面法

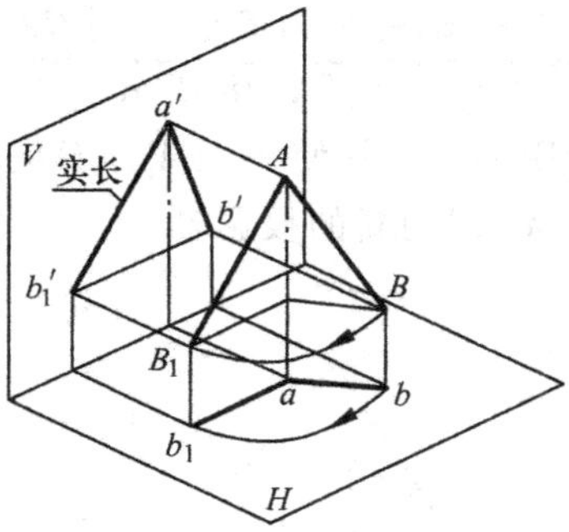

b) 旋转法

图 2-26　投影变换的方法

2.5.3　换面法的基本作图原理

根据换面法的基本概念，首先讨论点的变换规律。

1. 点的一次变换

（1）变换 V 面　如图 2-27 所示，在两面投影体系 V/H 中，用新的投影 V_1 替换原来的投影面 V，保留投影面 H，并使 V_1 垂直 H。于是，投影面 H 和 V_1 就形成了新的两面投影体系 V_1/H，其交线 O_1X_1 即为新的投影轴，OX 为旧的投影轴。

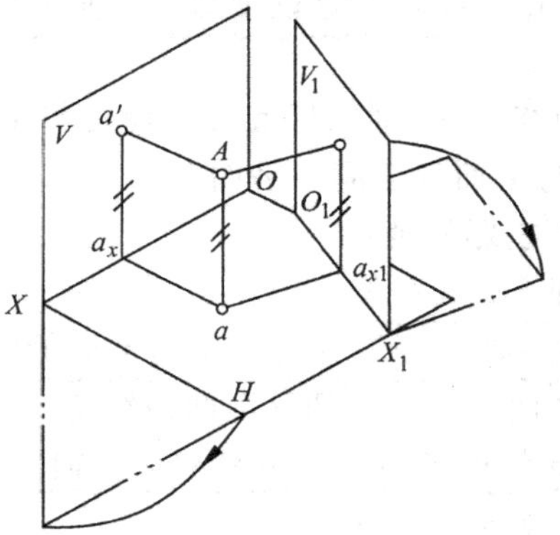

a) 立体图

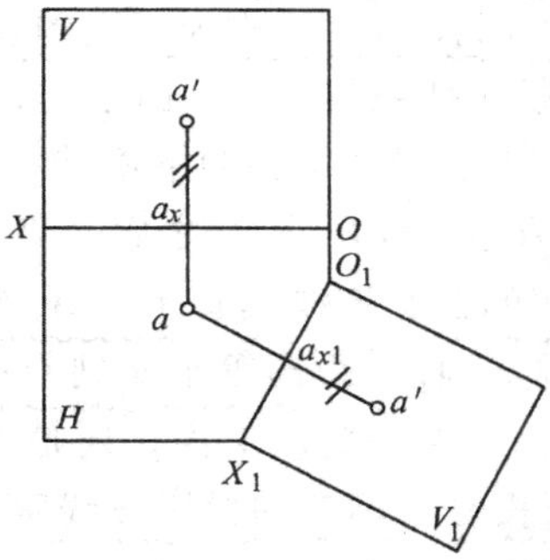

b) 投影图

图 2-27　变换 V 面

图 2-27 中，点 A 在 V_1 面上的投影，记作 a_1'，称为点的**新投影**；在 V 面上的投影 a'，称为**旧投影**；在 H 面上的投影 a，称为**不变的投影**。

将该投影体系展开，V/H 面不动，V_1 面绕 O_1X_1 轴向下旋转，使之与 H 面处于同一平面上，然后，V 面不动，H 面连同 V_1 面一同绕 OX 轴向下旋转，使其与 V、H、V_1 面处于同一平面。

当投影面 V、H、V_1 展开之后，再根据已经学习和掌握的点的投影特性，我们可以了解到，经投影变换后，其**投影特性**不变，即

1）a_1'与 a 的投影连线垂直于 O_1X_1 轴，即 $a_1'a \perp O_1X_1$。

2）a_1'到 O_1X_1 轴的距离等于 a'到 OX 轴的距离（等于空间 A 点到 H 面的距离）。

（2）变换 H 面　如图 2-28 所示，在两面投影体系 V/H 中，用新的投影面 H_1 替换投影面 H，保留投影面 V，并使 $H_1 \perp V$。于是投影面 V 和 H_1 就形成了新的两面投影体系 V/H_1，它们的交线 O_1X_1 即为新的投影轴。

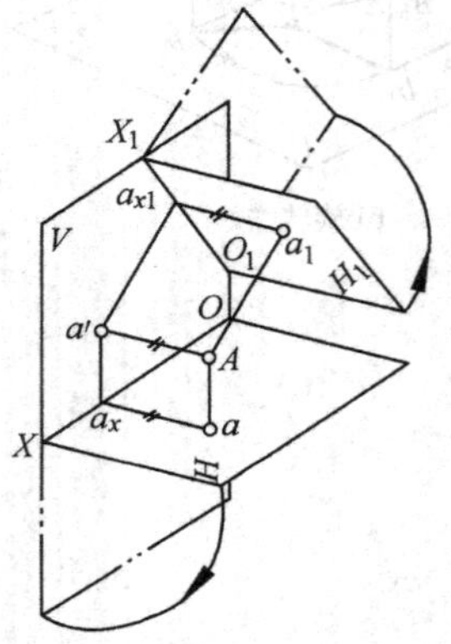

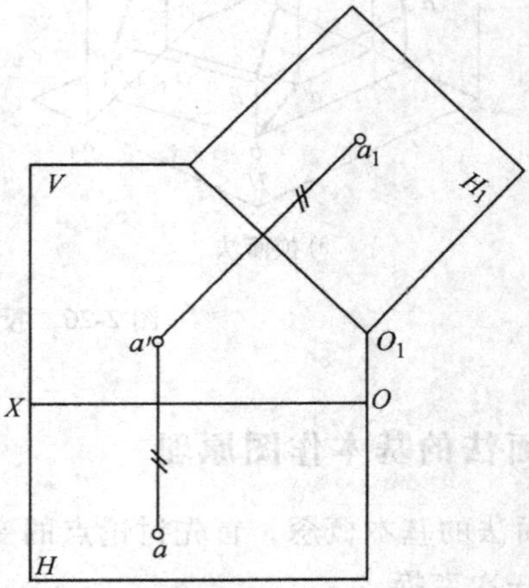

图 2-28　变换 H 面

此时，空间点 A 在 H_1 面上的投影，记作 a_1，称为点的**新投影**；H 面上的投影 a，称为**旧投影**；V 面上的投影 a'，称为**不变的投影**。

将空间的投影体系展开，V 面不动，H_1 面绕 O_1X_1 轴向后旋转，使之与 V 面处于同一平面，V 面不动，H 面绕 OX 轴向下旋转，使之与 V 面处于同一平面。

当投影面 H、V 和 H_1 展开之后，仍有如下**投影特性**：

1）a_1 与 a'的投影连线垂直于 O_1X_1 轴，即 $a_1a' \perp O_1X_1$。

2）a_1 到 O_1X_1 轴的距离等于 a 到 OX 轴的距离（等于空间 A 点到 V 面的距离）。

综上所述，无论是变换 V 面，还是变换 H 面，均可得到下面两条结论：

1）点的新投影与不变的投影连线垂直于新的投影轴（以下简称为新轴）。

2）点的新投影到新轴的距离等于点的旧投影到旧轴的距离。

※ 这两条结论，就是我们作投影变换的依据。

【例 2-5】　如图 2-29a 所示，已知点 A 的两个投影 a 和 a'以及新轴 O_1X_1（即为新投影面 V_1 的位置)，求其在 V_1 面上的新投影 a_1'。

作图步骤（图 2-29b)：

1）自点 a 向 O_1X_1 作垂线（即作投射线）。

2）在垂线上截取 $a_1'a_{x_1}=a'a_x$，即得新投影 a_1'。(注：作图时可以省略投影轴的代号)

2. 点的二次换面

在实际解题中，有时一次换面往往还不能达到解题的目的，这时就需要进行二次（或多次）换面。如图 2-30 所示，在 V/H 体系中，第一次用 V_1 面替换 V 面，保留 H 面，形成 V_1/H 体系（V_1 垂直于 H，投影轴为 O_1X_1)；第二次再用 H_2 面替换 H 面，保留 V_1 面，形成 V_1/H_2 体系（H_2 垂直 V_1，投影轴为 O_2X_2)。

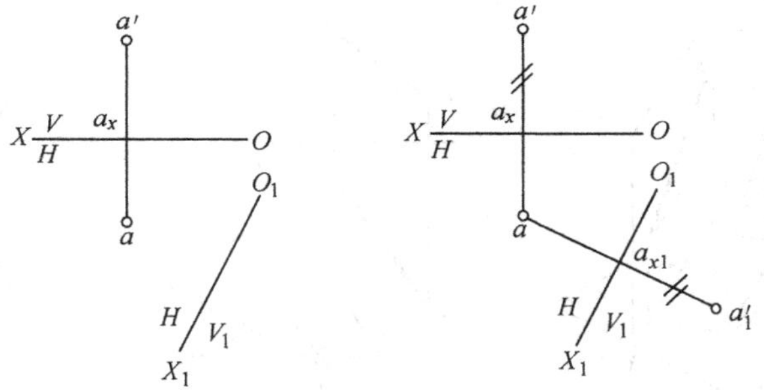

a) 已知　　b) 作图

图 2-29　点的一次换面

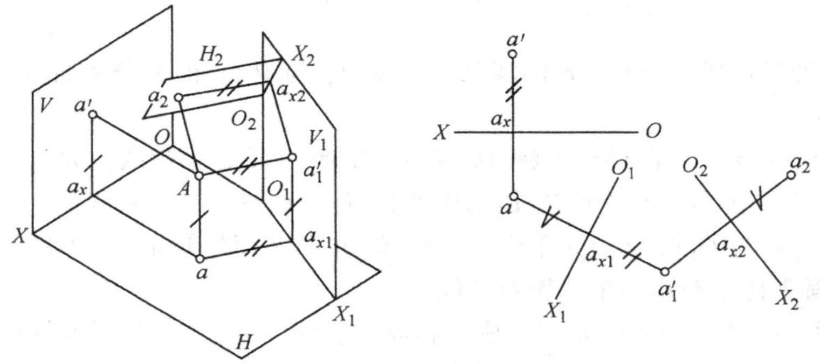

a) 立体图　　b) 投影图

图 2-30　点的二次换面

将空间的投影体系展开，V、H、V_1 面不动，H_2 面绕 O_2X_2 轴向后旋转，使之与 V_1 面处于同一平面；再连同 V_1 面绕 O_1X_1 轴向后旋转，使之与 H 面处于同一平面；最后连同 H 面一起绕 OX 轴向后旋转，使之与 V 面处于同一平面。

无论点作几次换面，其投影作图都必须遵循上述的两条结论。

2.5.4　换面法的基本作图

在用换面法解题时，必须掌握以下六个基本作图。

1. 将一般位置直线变换为投影面平行线

一般位置直线经一次换面，变换成投影面的平行线，可得到该直线的实长和倾角（相对于某一投影面）。

如图 2-31 所示，可用 V_1 面变换 V 面，并使 $V_1 \perp H$、$V_1 /\!/ AB$（**注意**：新轴必然与直线的水平投影平行，即 $O_1X_1 /\!/ ab$），直线 AB 在 V_1/H 体系中即为 V_1 面的平行线。

作图步骤：

1）设新轴 O_1X_1，使 $O_1X_1 /\!/ ab$（O_1X_1 与 ab 的距离可随意决定）。

2）分别作出 A、B 两点在 V_1 面上的新投影 a_1'和 b_1'（作图方法与图 2-29 相同）。

3）连接 $a_1'b_1'$，即为 AB 直线在 V_1 面上的新投影。

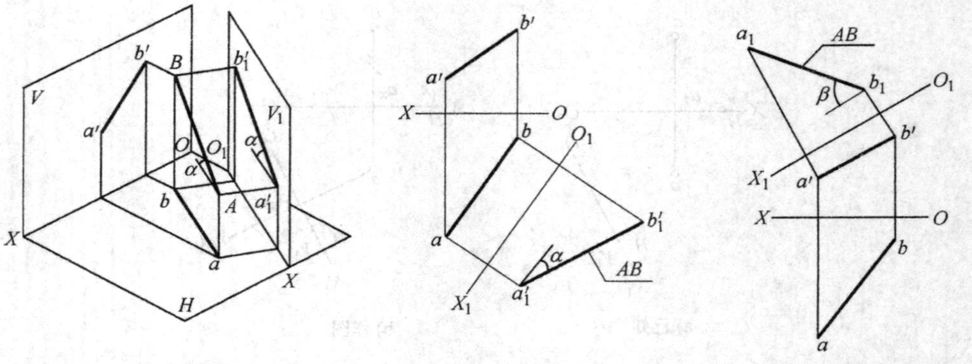

a) 立体图　　b) 求 AB 和 α　　c) 求 AB 和 β

图 2-31　一般位置直线变换成平行线

投影 $a_1'b_1'$的长度等于线段 AB 的实长，且 $a_1'b_1'$与 O_1X_1 的夹角为直线 AB 与 H 面的倾角 α，如图 2-31b 所示。

也可用 H_1 变换 H 面，同样可以将 AB 直线变成投影面的平行线，此时 $H_1 \perp V$、$H_1 /\!/ AB$（新轴 $O_1X_1 /\!/ a'b'$），直线 AB 在 V/H_1 体系中即为 H_1 面的平行线，新投影 a_1b_1 的长度为直线 AB 的实长，且 a_1b_1 与 O_1X_1 轴的夹角应反映直线 AB 与 V 面的倾角 β，如图 2-31c 所示。

2. 将投影面平行线变换为投影面垂直线

如图 2-32 所示，将水平线 AB 变换成投影面垂直线，必须用 V_1 面去替换 V 面，并使 $V_1 \perp H$、即 $V_1 \perp AB$，直线 AB 在 H/V_1 体系中即为 V_1 面的垂直线。

作图步骤：

1）设新轴 O_1X_1，使 $O_1X_1 \perp ab$（距离可随意确定）。

2）作出 A、B 两点在 V_1 面上的新投影 a_1'和 b_1'（积聚成一点），即为 AB 直线在 V 面上的积聚投影。

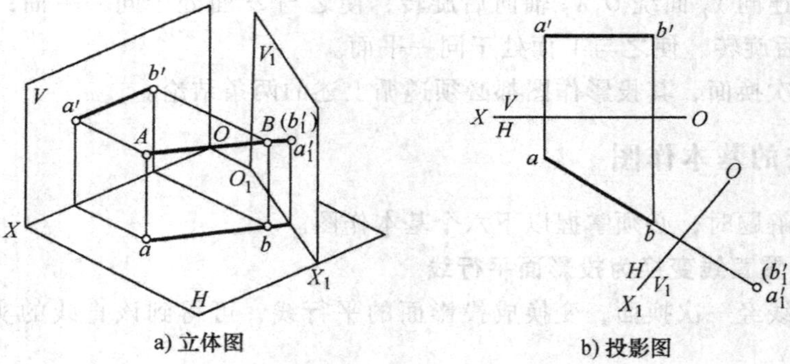

a) 立体图　　b) 投影图

图 2-32　投影面平行线变换成垂直线

3. 将一般位置直线变换为投影面垂直线

如图 2-33 所示，将一般位置直线变换成投影的垂直线，必须经过两次换面。第一次换面将一般位置直线变换成投影面平行线（作图方法见图 2-31），第二次换面再将投影面平行线变换成投影面垂直线（作图方法见图 2-32）。单一的直线变换成积聚点无实际意义。

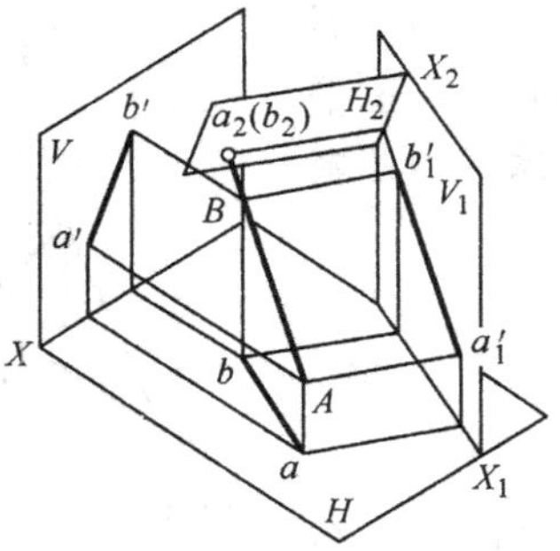

a) 立体图

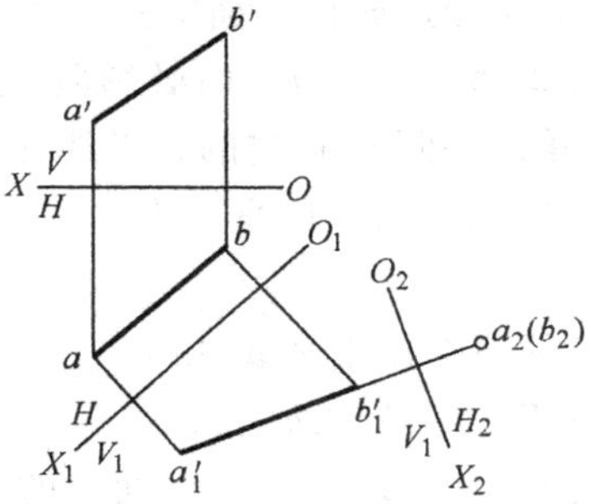

b) 投影图

图 2-33　一般位置直线变换成垂直线

4. 将一般位置平面变换为投影面垂直面

将一般位置平面变换成投影面垂直面的目的是求解一般位置平面相对于某一投影面的倾角。

分析：如图 2-34 所示，将平面 ABC 变换成投影面的垂直面，必须用 V_1 面替换 V 面。此时 V_1 面应垂直于平面上的一水平线。因为只有这样，平面 ABC 内的水平线在 V_1/H 体系中积聚一点，则平面随之积聚为 V_1 的垂直面。

作图步骤：

1）在△ABC 平面上作水平线 CD。

2）设新轴 O_1X_1 （$O_1X_1 \perp cd$）。

3）分别作出 A、B、C 三点在 V_1 面上的新投影 a_1'、b_1'、c_1'（位于一直线上）。

4）连接 $a_1'b_1'c_1'$，即为 ABC 平面在 V_1 面上的积聚投影，显然，其积聚投影 $a_1'b_1'c_1'$与 O_1X_1 轴的夹角即为平面 ABC 与 H 面的倾角 α。

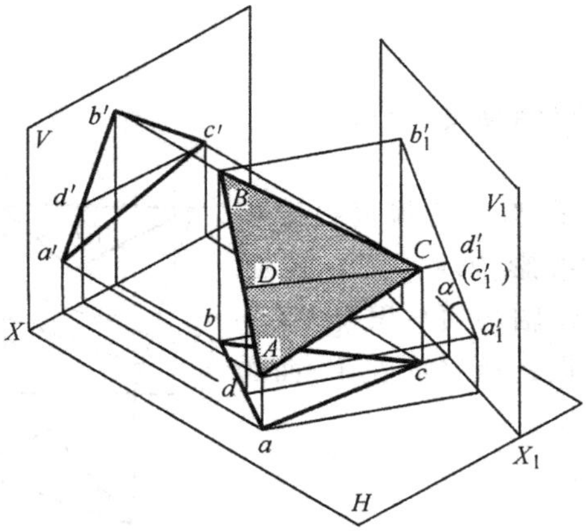

a) 立体图

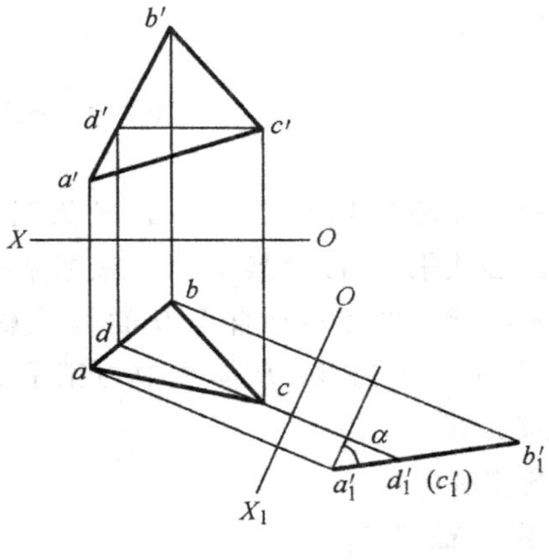

b) 投影图

图 2-34　一般位置平面变换成正垂面

将一般位置平面变换成投影面的垂直面，也可以用 H_1 面替换 H 面。如图 2-35 所示，H_1 面必须垂直于平面内一正平线，因为只有这样，平面 ABC 内的正平线在 V/H_1 体系中积聚一点，则平面随之积聚为 H_1 的垂直面。

作图步骤：

1）在△ABC 平面上作正平线 AE。

2）设新轴 O_1X_1（$O_1X_1 \perp a'e'$）。

3）分别作出 A、B、C 三点在 V_1 面上的新投影 a_1、b_1、c_1（位于一直线上）。

4）连接 $a_1b_1c_1$，即为 ABC 平面在 H_1 面上的积聚投影，显然，其积聚投影 $a_1b_1c_1$ 与 O_1X_1 轴的夹角即为平面 ABC 与 V 面的倾角 β。

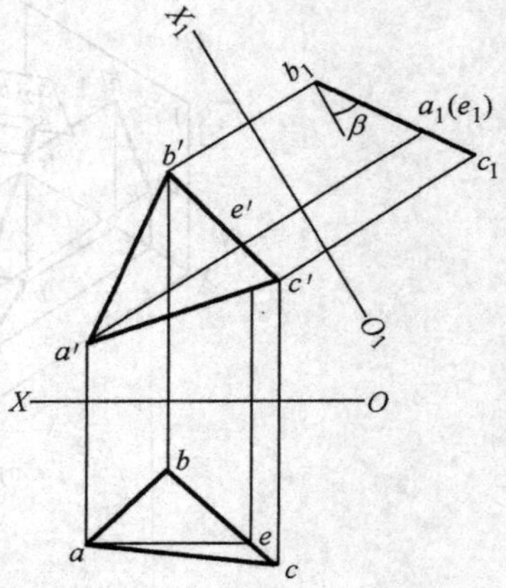

图 2-35 一般位置平面变换成铅垂面

5. 将投影面垂直面变换为投影面平行面

将投影面垂直面变换成投影面平行面的目的是求解平面的实形。

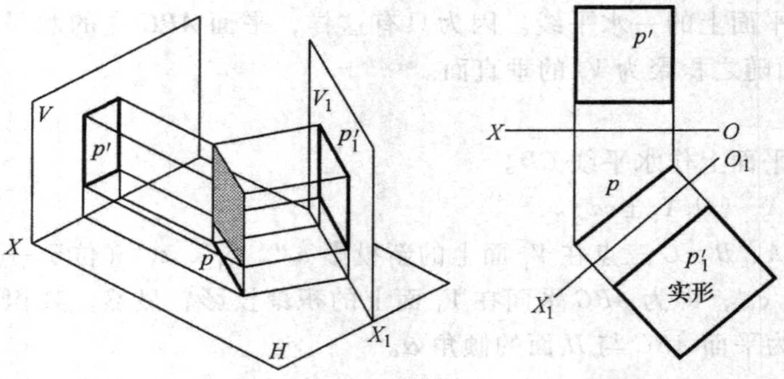

a) 立体图　　b) 投影图

图 2-36 投影面垂直面变换成正平面

分析：如图 2-36 所示，平面 P 为铅垂面，若将其变换成投影面平行面，必须用 V_1 面替换 V 面，根据平行面的投影特性，只要 V_1 面平行于平面 P，也必然垂直于 H 面（**注意**：O_1X_1 轴必须与积聚投影 p 平行），则平面 P 在 V_1/H 体系中为正平面，所以，该平面在 V_1 面的投影即为实形。

作图步骤：

1）设新轴 O_1X_1（$O_1X_1 /\!/ p$）。

2）分别作出四边形各顶点在 V_1 面上的新投影。

3）将各点连成四边形，即为平面 P 在 V_1 面上的新投影 p_1'，即为该平面的实形。

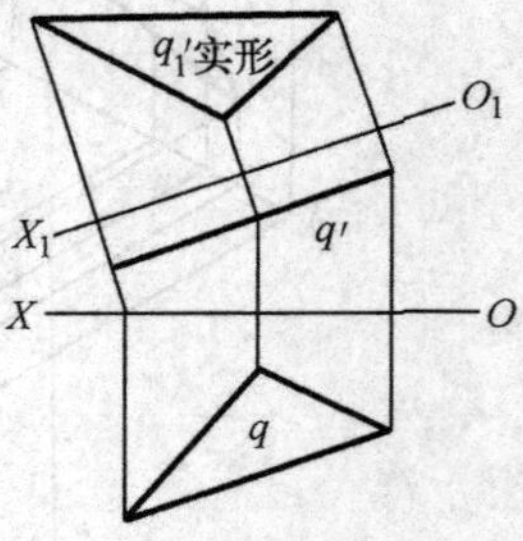

图 2-37 投影面垂直面变换成水平面

同理，将正垂面变换成投影面的平行面，必须用 H_1 面替换 H 面，只要 H_1 平行于平面

Q，则可以将平面变换成 V/H_1 体系中的水平面，如图 2-37 所示。

注意：作图时 O_1X_1 轴应平行于平面的积聚投影，则变换后的投影即为平面的实形（作图步骤略）。

6. 把一般位置平面变换为投影面平行面

将一般位置平面变换成投影面平行面必须经过两次换面。第一次换面可将平面变换成投影面垂直面，第二次换面再将投影面垂直面变换成投影面平行面，其具体作图方法恰好是**基本作图 4**（图 2-34）和**基本作图 5**（图 2-36）的综合。

根据上面分析，并结合图 2-38，请读者自行分析。

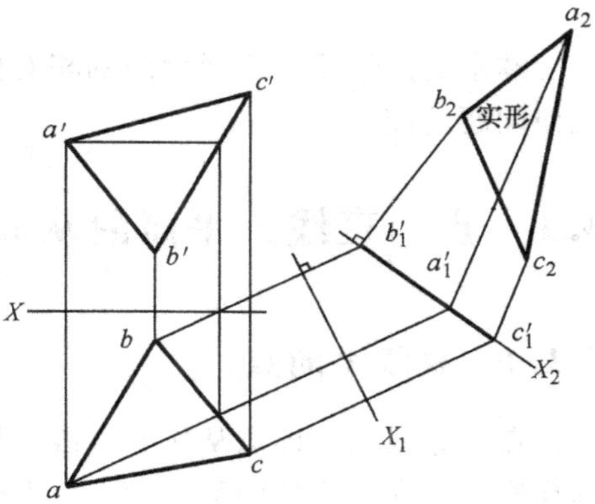

图 2-38　一般位置平面变换成投影面平行面

2.5.5　应用举例

【例 2-6】　求两平面的夹角 θ 的真实大小。

分析：由图 2-39 可知，两平面的交线 AB 为已知，且为水平线。当两平面相对于某一投影面同时垂直时，两平面的交线为该投影面的垂直线，其投影为一积聚点。这样两平面在该投影面上的投影均为积聚线，两积聚线的夹角就反映两平面夹角的真实大小。

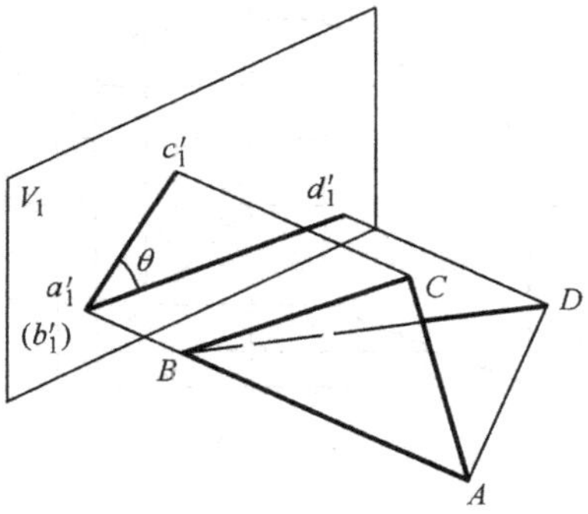

a) 立体图

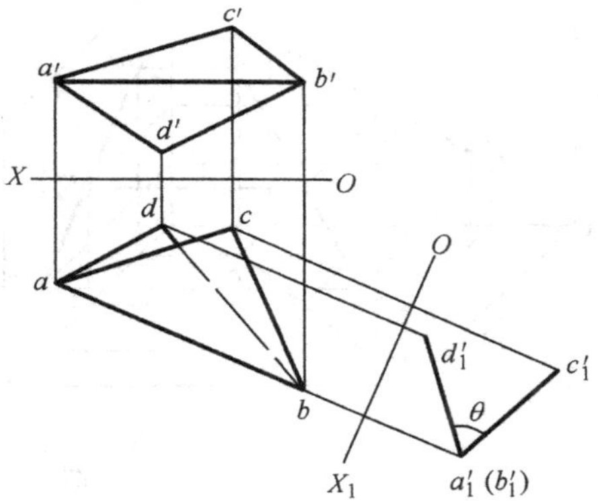

b) 投影图

图 2-39　求两平面的夹角 θ

作图步骤：

1）作 O_1X_1 轴 $\perp ab$，变换得 a_1'、(b_1')、c_1'、d_1'。

2）两平面在 V_1 面上的投影均积聚为直线，两直线间的夹角 θ 即为所求。

第3章　点、直线、平面的相对位置

本章重点学习几何元素间的相对位置的判别及作图，其目的是建立空间概念，培养图解几何问题的能力。

3.1　点、直线、平面的从属关系

3.1.1　直线上的点

点在直线上，即点从属于直线。根据平行投影的**从属性**和**定比性**可知：点在直线上，点的投影一定在直线的同面投影上；点分直线所成的比例等于点的投影分直线同面投影所成的比例。

如图3-1，点 C 在 AB 上，则点 c 在 ab 上，c' 在 $a'b'$ 上，c'' 在 $a''b''$ 上，并且 $AC/CB = ac/cb = a'c'/c'b' = a''c''/c''b''$。

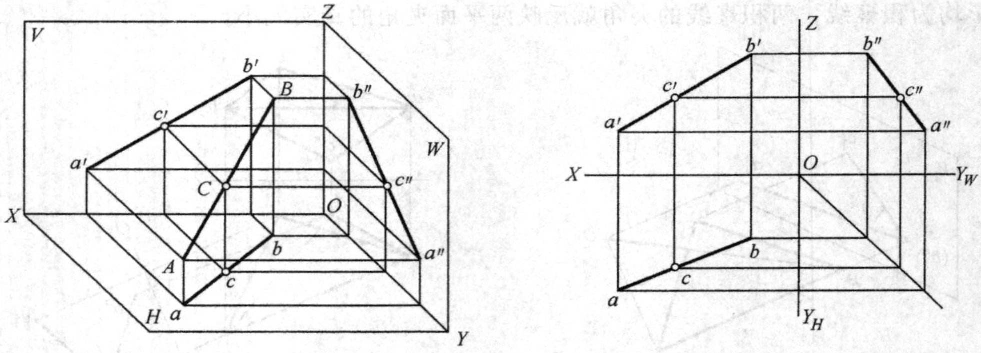

图3-1　直线上的点

【例3-1】　如图3-2所示，点 K 在侧平线 AB 上，已知点 K 的正面投影 k'，求 k。

此题解法有两种：第一种解法是借助于直线的侧面投影，根据点在直线上的从属性，利用线上定点的方法作图（请读者自行完成）。

第二种解法是根据定比性 $ak/kb = a'k'/k'b'$，在 H 面投影上用定比法作图。

作图步骤：

1）过点 a 作辅助线（与 ab 成任意角度）。

2）在辅助线上分别自点 a 截取 $a'k'$ 和 $k'b'$。

3）连接辅助线上终点与点 b。

4）过辅助线上的分点作其终点连线的平行线，该平行

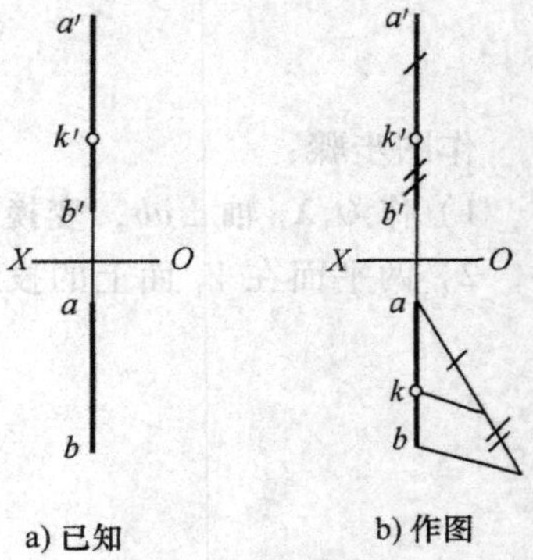

图3-2　在侧平线上定点

线与 ab 的交点 k 即为所求。

【例 3-2】 如图 3-3 所示，已知点 K 在水平线 MN 上，点 K 到 V 面的距离为 15mm，求点 K 的两面投影。

作图步骤：

1）在 H 面上作与 OX 轴相距为 15mm 的平行线，该平行线与 mn 的交点为 k。

2）自 k 向上作投影线，在直线的正面投影 $m'n'$ 上求出 k'。

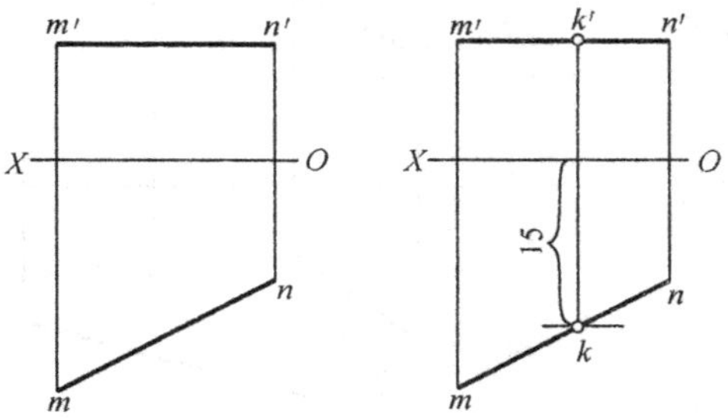

a) 已知　　b) 作图

图 3-3　在水平线上定点

3.1.2　平面上的直线和点

从平面几何中可知，直线和点在平面上的**几何条件**是：

如果一条直线通过平面上的两个点，或通过平面上一个点且平行于平面上的一条直线，那么，这条直线一定位于该平面上。

如果一个点位于平面内一条直线上，那么，这个点一定位于该平面上。

如图 3-4a 所示，点 K 在直线 BC 上，则点 K 在△ABC 上；直线 AK 通过△ABC 上两个点 A、K，那么，直线 AK 一定在△ABC 上。点 G 在平面内平行于 BC 边的一直线上，那么，点 G 一定在△ABC 上。在图 3-4b 中，直线 MN 通过△ABC 上一个点 M，并且 MN∥BC，那么，直线 MN 一定在△ABC 上。

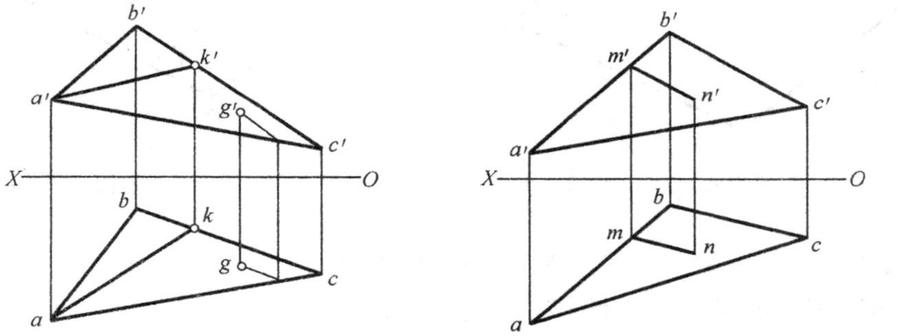

a) 平面内的点和直线　　b) 通过平面内一已知点，且平行平面内一直线

图 3-4　平面上的点和直线

【例 3-3】 已知投影如图 3-5 所示，求五边形 $ABCDE$ 的 H、V 面投影。

作图步骤：

1）连接 ae、bc、$b'c'$、ae 与 bc 交于点 1，过点 1 向上作投影线交 $b'c'$于点 1′。

2）连接 a'1′并延长，与点 e 向上所作投影线交于点 e'，连 $b'e'$、$e'd'$。

3）连接 $b'd'$与 $a'e'$，交于点 2′，过点 2′向下作投影线，交 ae 于点 2。

4）连接 b2 并延长，与点 d'向下作投影线交于点 d，连 cd、de，即完成了五边形 $ABCDE$ 的 V、H 面投影。

【例 3-4】 如图 3-6a 所示，“K”字形在四边形 $ABCD$ 上，求“K”字形的水平投影。

作图步骤：

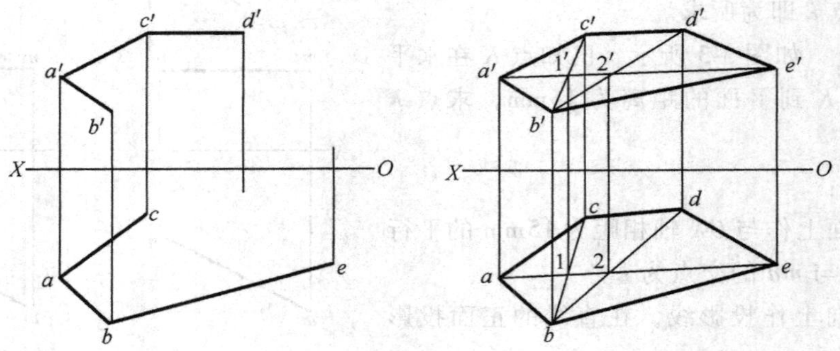

a) 已知　　　　b) 作图

图 3-5　五边形的两面投影

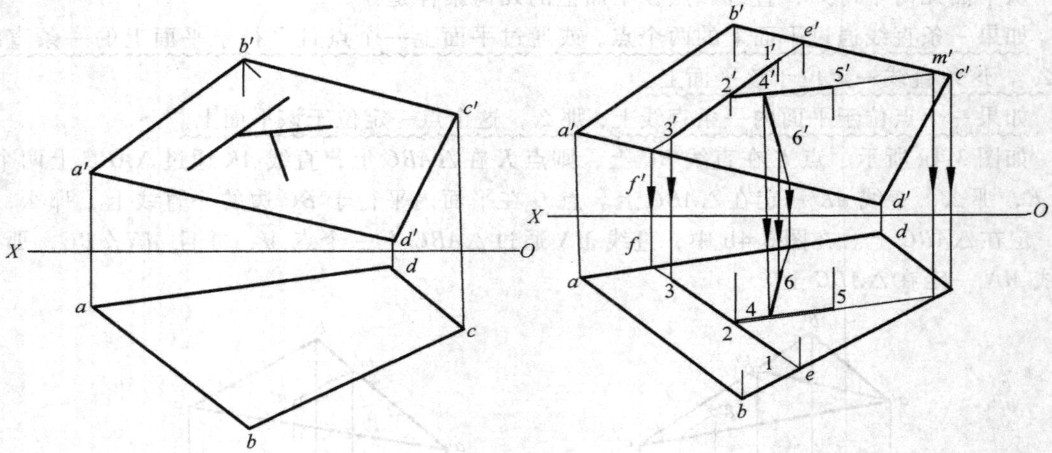

a) 已知　　　　b) 作图

图 3-6　平面内定线

1）在“K”字形各端点标出 $1'$、$2'$、$3'$、$4'$、$5'$、$6'$。

2）延长 $1'2'$ 分别交 $a'd'$ 和 $b'c'$ 于点 e'、f'，求作点 e、f，在 ef 线上求作点 1、2、3。

3）延长 $2'5'$ 交 $b'c'$ 于点 m'，求作点 m，连接 $m2$，在 $m2$ 上作出点 4、5。

4）以同样的方法求作点 6，即完成所求。

【例 3-5】　应用换面法求图 3-7a 的 $\triangle ABC$ 平面的外接圆圆心 D 的 V、H 面投影。

分析：由图 3-7a 知，求平面 $\triangle ABC$ 的外接圆圆心的 V、H 面投影，必须求作平面 $\triangle ABC$ 的实形，则在平面的实形内求作外接圆圆心。由于 $\triangle ABC$ 平面是一般位置平面，因此，必须经两次换面。

作图步骤（图 3-7b）：

1）在 $\triangle ABC$ 平面上作水平线 CE。

2）设 O_1X_1 轴（$O_1X_1 \perp ce$），作点 A、B、C 在 V_1 面上的投影 a_1'、b_1'、c_1'，并连接 $a_1'b_1'c_1'$，即为 ABC 平面在 V_1 面上的积聚投影。

3）再设 O_2X_2 轴（$O_2X_2 /\!/ a_1'b_1'c_1'$），分别作点 A、B、C 在 H_2 面上的投影 a_2、b_2、c_2，

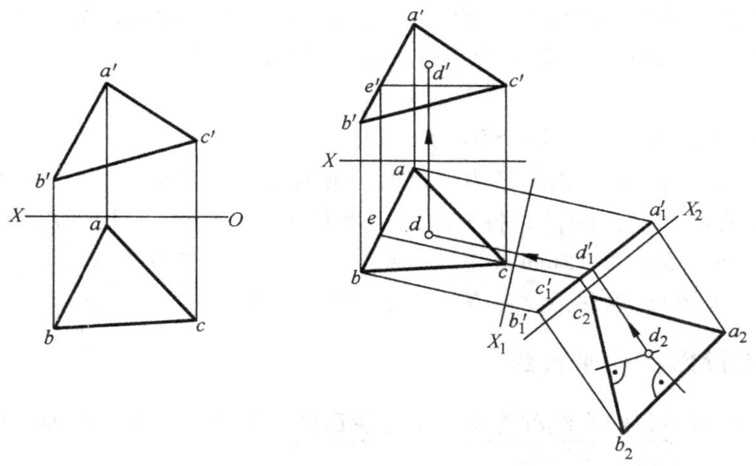

a) 已知　　　　　　　　b) 投影图

图 3-7　求平面△ABC 的外接圆圆心

则△$a_2b_2c_2$ 即为△ABC 的实形。

4）作 a_2b_2、b_2c_2 边的垂直平分线，交得 d_2 点，即为平面实形中的外接圆圆心。

5）按变换规律将 d_2 返回作图，求得 d_1'、d、d'，即为△ABC 平面的外接圆圆心的 V、H 面投影。

［**注：** 平面内定点返回的作图方法不仅可以用点的投影变换规律（量取）定位，也可以利用平面内的辅助线定位（请读者自行分析）］。

【例 3-6】　在图 3-8 中的△ABC 内确定一点 M，使其距 AB、BC 边均为 15mm。

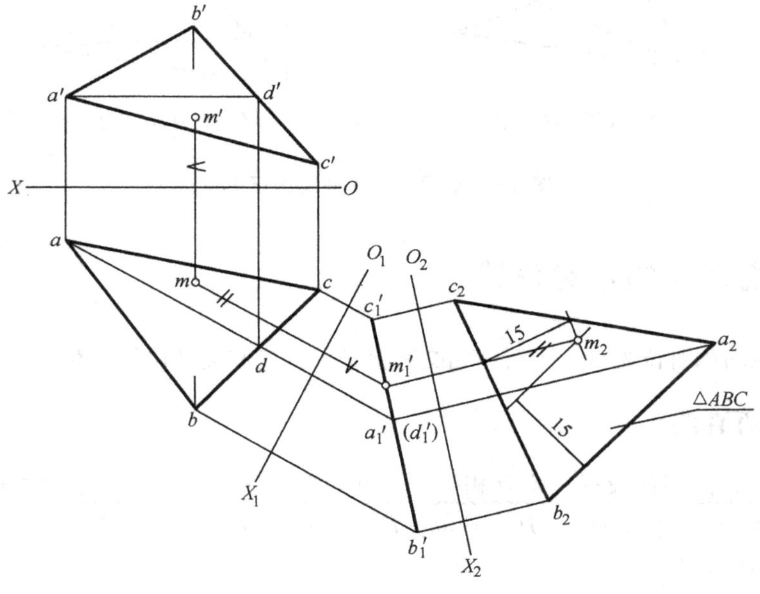

图 3-8　利用换面法在平面内定点

分析： 在平面内确定一点，使其到平面的两边等距离，则必须求作平面的实形，然后在平面的实形内按已知条件分别与 AB、BC 边相距 15mm 作其平行线，两平行线的交点即为点 M。由图 3-8 可知，$\triangle ABC$ 为一般位置平面，故需要两次换面。

作图步骤：

1）在 $\triangle ABC$ 内过点 A 作一水平线 $a'd'$、ad。

2）作 O_1X_1 轴 $\perp ad$，将平面变换为垂直面，得到积聚投影 $a_1'b_1'$、c_1'（d_1'）。

3）作 O_2X_2 轴 $/\!/ a_1'b_1'c_1'$（d_1'），将平面变换为平行面，$\triangle a_2b_2c_2$ 即为 $\triangle ABC$ 的实形。

4）分别距 a_2b_2、b_2c_2 线 15mm 作其平行线，两平行线的交点为 m_2。

5）依变换规律将 m_2 返回至 V_1、H、V 面，得到其投影 m_1'、m、m'。

3.1.3 平面上投影面的平行线

平面上与投影面平行的直线称为**平面上投影面的平行线**。它分为平面上的水平线、平面上的正平线和平面上的侧平线三种。

平面上投影面的平行线具有平面上直线和投影面平行线的双重特性，如图 3-9 分别为 $\triangle ABC$ 平面上过点 A 的水平线和过点 C 的正平线。平面上相对于某一投影面同一方位的平行线有无数条，它们相互平行——平面上投影面的平行线的投影特性。

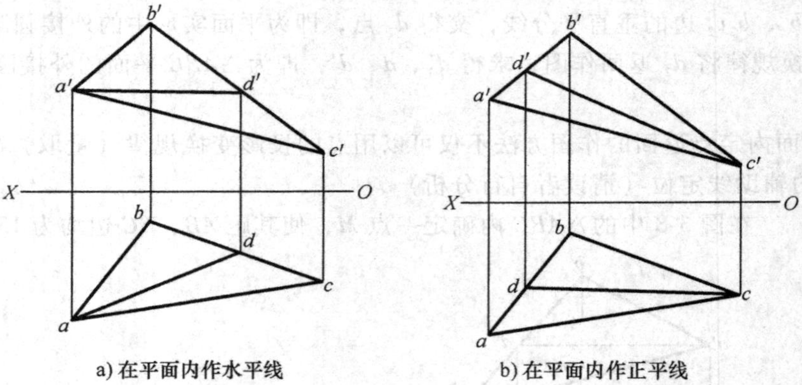

a) 在平面内作水平线　　b) 在平面内作正平线

图 3-9　平面上的水平线和正平线

3.2 两直线之间的相对位置

空间两直线的相对位置有：平行、相交和交叉，相交和交叉位置则存在垂直的特殊情况。

3.2.1 平行两直线

两直线平行，则同面投影一定互相平行，并且两直线长度之比等于同面投影长度之比。

如图 3-10 所示，直线 $AB /\!/ CD$，则 $ab /\!/ cd$，$a'b' /\!/ c'd'$，$a''b'' /\!/ c''d''$，且 $AB/CD = ab/cd = a'b'/c'd' = a''b''/c''d''$。

在投影图中，两一般位置直线只要任意两面投影对应平行，则两直线一定平行。如果已知侧平线 V、H 两投影面时，两直线是否平行，则需要作图判别。如图 3-11 所示，侧平线 AB、CD 的水平投影和正面投影对应平行，但侧面投影不平行。因此，判别两侧平线是否平

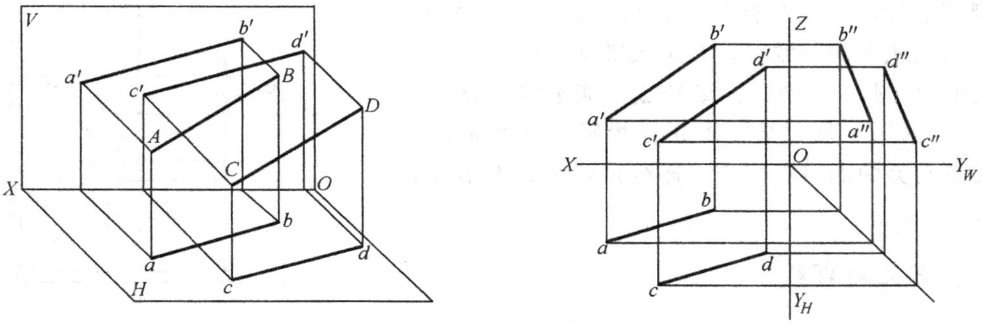

a) 已知　　　　b) 作图

图 3-10　平行两直线

行有两种方法：一种是补作 W 面投影；另一种是当两直线方向一致时，判别水平投影之比和正面投影之比是否相等。从图 3-11 中可以看出 $ab/cd \neq a'b'/c'd'$，所以两直线不平行。

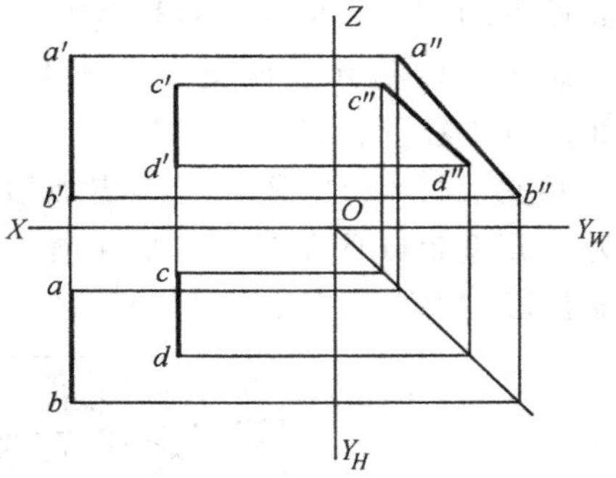

图 3-11　判别两侧平线是否平行

3.2.2　相交两直线

根据正投影的从属性和定比性可知：两直线相交，则同面投影一定相交，水平投影与正面投影的交点连线一定垂直于 OX 轴，且交点分直线之比等于交点的投影分直线同面投影之比。

如图 3-12 所示，AB 和 CD 相交于点 K，则 $a'b'$和 $c'd'$交于 k'，ab 和 cd 交于 k；k'和 k 的连线垂直于 OX 轴；$AK/KB = ak/kb = a'k'/k'b'$，$CK/KD = ck/kd = c'k'/k'd'$。依此可判别直线 AB 和 CD 必相交。

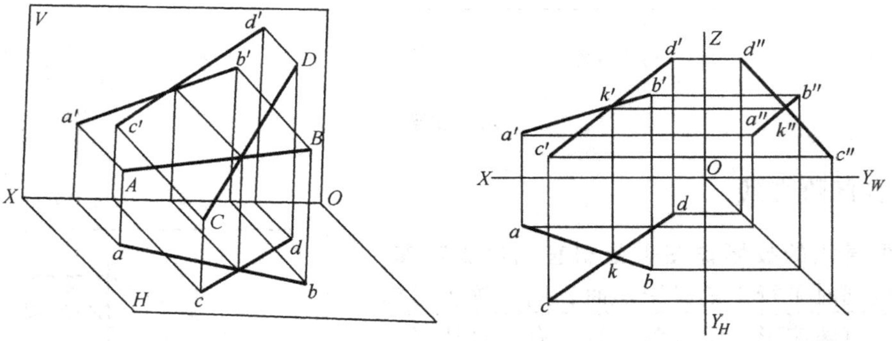

a) 立体图　　　　b) 投影图

图 3-12　相交两直线

如果两直线中有一条直线为侧平线，另一直线为一般线。如图 3-13 所示，AB 和 CD 的水平投影和正面投影均“相交”，两面投影“交点”连线垂直于 OX 轴，从 W 面投影可以看出两直线虽“相交”，但“交点”连线不垂直于 OZ 轴，所以，两直线不相交。

判别这种情况下两直线是否相交的方法有两种：其一是当直线方向一致时，判别投影交点分侧平线是否成比例（图 3-13 中，投影交点分侧平线所成比例其比值不相等）；其二是补作 *W* 面投影，看其 *W* 面投影的交点与另两面投影的交点连线是否垂直于相应的投影轴。

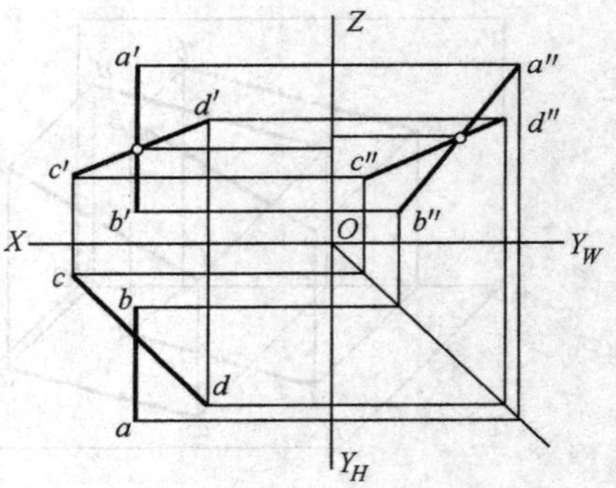

图 3-13　判别两直线是否相交

3.2.3　交叉两直线

两直线既不平行，也不相交称为**交叉两直线**。交叉直线也可称为**相错直线**或**交错直线**。交叉两直线的投影特征是多种多样的，常见的有某一面投影两直线平行，而另一面投影两直线不平行；或同面投影均相交，但两面投影的交点的连线一定不垂直于相应的投影轴。

如图 3-14 所示，两交叉直线 *AB* 和 *CD* 的水平投影“交”于一点，此点为水平重影点Ⅰ和Ⅱ，点Ⅰ在上，1′位于 *c′d′* 上；点Ⅱ在下，2′位于 *a′b′* 上，因此，从上向下看：水平投影“1”可见，“（2）”不可见，需加括号。两直线 *AB* 和 *CD* 的正面投影也“交”于一点，此点为正面重影点Ⅲ和Ⅳ，点Ⅲ在前，3 在 *ab* 上，点Ⅳ在后，4 在 *cd* 上，因此，从前向后看：正面投影“3′”可见，“（4′）”不可见，也需加括号。

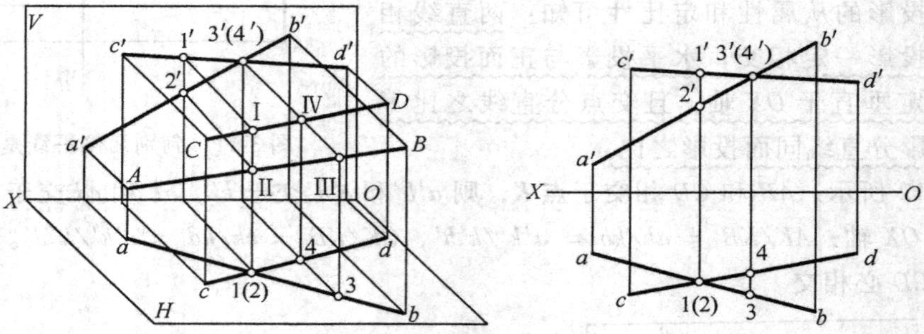

a) 立体图　　b) 投影图

图 3-14　交叉两直线

3.2.4　垂直两直线

垂直两直线的投影作图需依据**直角投影定理**：垂直两直线同时平行于某投影面时，则在该投影面的投影反映直角实形；垂直两直线中有一直线平行于某投影面时，则在该投影面的投影也反映直角实形。

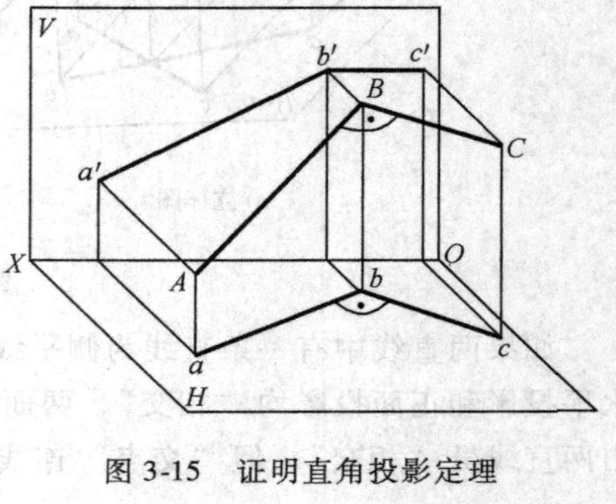

图 3-15　证明直角投影定理

如图 3-15 所示，设 $AB \perp BC$ 且交于点 *B*，$BC /\!/ H$ 面，证明：$ab \perp bc$。

证明：$\because Bb \perp H$ 面，$\therefore Bb \perp BC$（$\because BC /\!/ H$ 面）；

又∵ $AB \perp BC$，∴ $BC \perp ABba$ 平面；

∴ $bc \perp ABba$ 平面；

则 $ab \perp bc$。

如果两直线垂直交叉，其中有一直线为平行线，那么，两直线在平行线所平行的投影面仍反映直角。

图 3-16 所示为两直线中其一为水平线或正平线垂直相交或垂直交叉的情况。

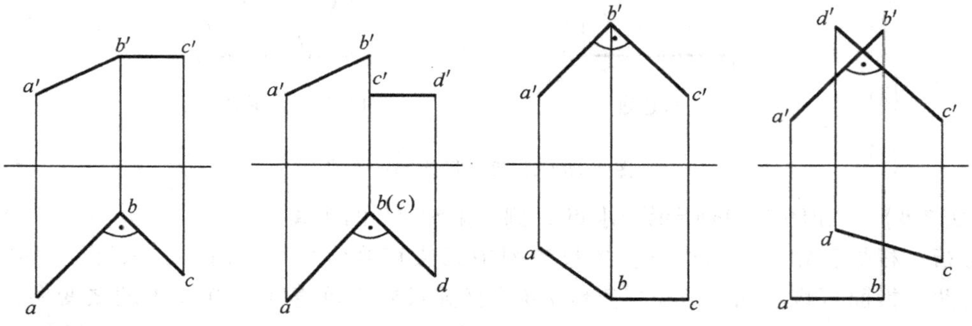

a) 与水平线垂直相交　b) 与水平线垂直交叉　c) 与正平线垂直相交　d) 与正平线垂直交叉

图 3-16　直角的投影

【例 3-7】　如图 3-17a 所示，求点 K 到水平线 AB 的距离。

作图步骤：

1）过 k 作直线垂直于 ab，交 ab 于点 l。

2）自 l 向上作投影线，交 $a'b'$ 于 l'，连 $k'l'$。

3）利用直角三角形法或换面法求 KL 的实长，即为点到直线的距离。

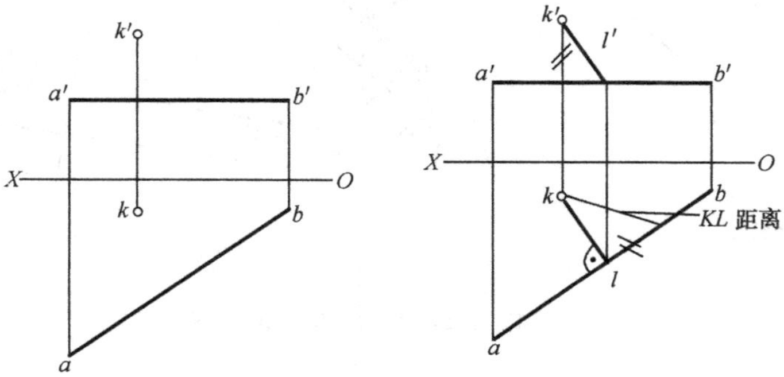

a) 已知　b) 直角三角形法

图 3-17　求点到直线的距离

【例 3-8】　如图 3-18a 所示，求两平行线（正平线）间的距离。

作图步骤：

1）在直线 AB 上任取一点 K，得到 k 和 k'。

2）过 k'作 $c'd'$的垂线，交 $c'd'$于 l'，即 $k'l' \perp c'd'$，$k'l' \perp a'b'$。

3）过 l'向下引投影线，交 cd 于 l，连 kl。

4）利用直角三角法或换面法求 KL 的实长，即两正平线间的距离。

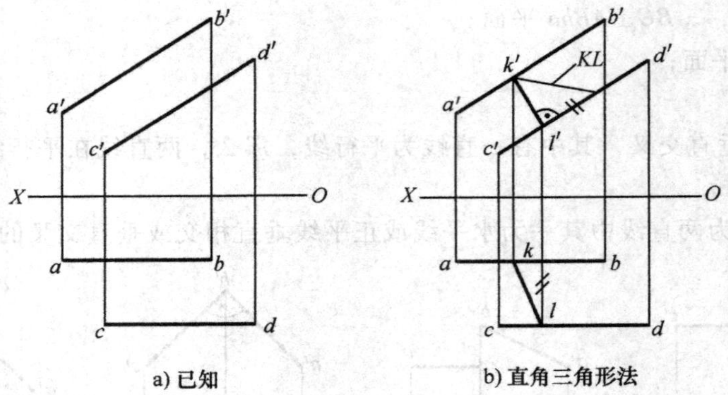

图 3-18　求两平行线间的距离

【例 3-9】　如图 3-19a 所示，求点 K 到一般线 AB 的距离。

分析：根据已知直线的位置，再投影图中无法直接作垂直，所以，只能应用换面法解题。经两次换面可将已知一般位置直线 AB 变换成投影面垂直线，点 K 也随之变换，垂直线积聚点的投影与变换后点 K 的投影的连线即为点 K 到直线 AB 的距离实长，如图 3-19b 所示。因为，当直线垂直于某一投影面时，由点向其所作的垂线即为该投影面的平行线。

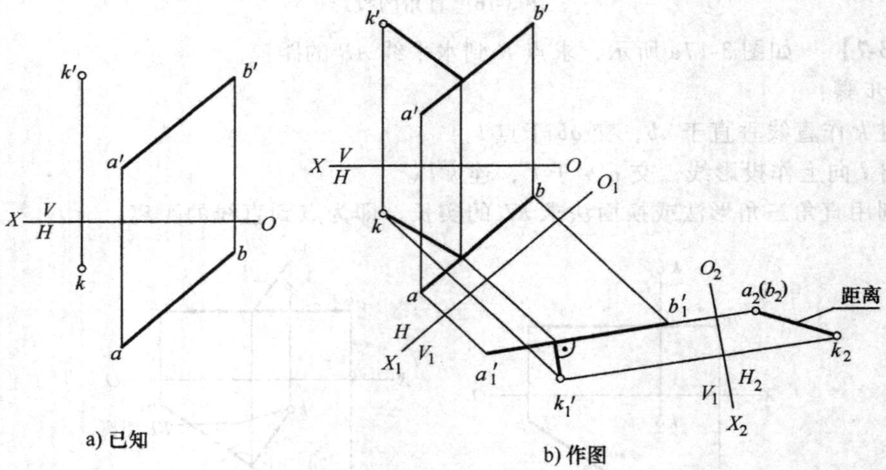

图 3-19　求点 K 到一般线的距离

作图步骤：

1）设新轴 O_1X_1（$O_1X_1 /\!/ ab$）。

2）作出直线 AB 在 V_1 面上的新投影 $a_1'b_1'$及点 K 在 V_1 面上的新投影 k_1'。

3）设新轴 O_2X_2（$O_2X_2 \perp a_1'b_1'$）。

4）作出直线 AB 和点 K 在 H_2 面上的新投影 a_2（b_2） 及 k_2。

5）连接 a_2（b_2） 和 k_2，即为点 K 到直线 AB 的距离实长。

该距离的 V、H 面投影的作图请读者自行分析，想一想，为什么过点 k_1'作 $a_1'b_1'$的垂线？

【例 3-10】　如图 3-20a 所示，求两交叉直线 AB、CD 的最短距离。

分析：由图 3-20b 可知，两交叉直线的距离是指它们之间公垂线方向上的线段长度。当两条直线中有一条直线垂直于投影面时，其公垂线必然平行于该投影面，公垂线在该投影面上的投影则反映它们的距离实长。从图 3-20a 中可以看到，两已知直线均为一般位置直线，因此，需两次换面才可将其中一条直线变换成投影面垂直线。

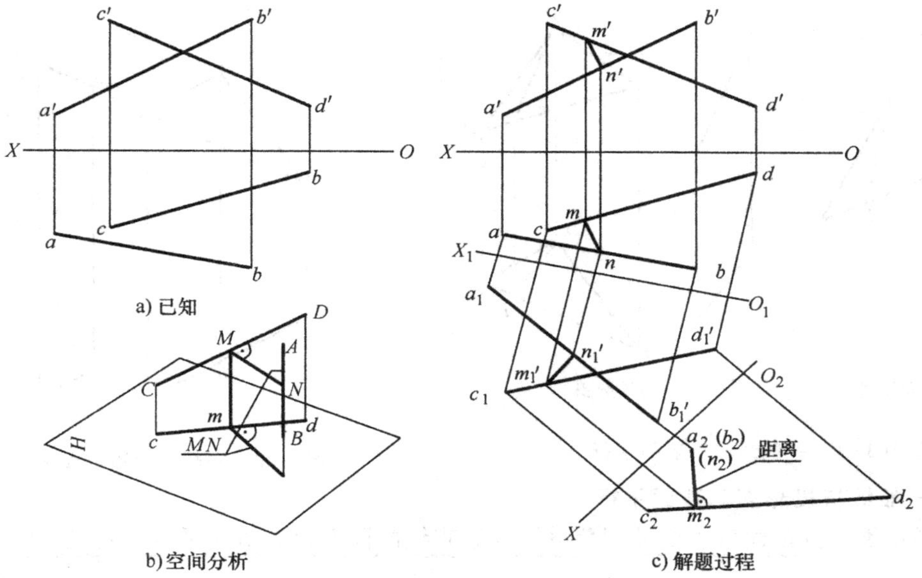

图 3-20　求两交叉直线的最短距离

作图步骤：

1）设新轴 O_1X_1（$O_1X_1 /\!/ ab$）。

2）分别作出 AB、CD 两直线的新投影 $a_1'b_1'$，$c_1'd_1'$。

3）设新轴 O_2X_2（$O_2X_2 \perp a_1'b_1'$）。

4）分别作出 AB、CD 两直线的新投影 $a_2(b_2)$，c_2d_2。

5）过点 $a_2(b_2)$ 作 c_2d_2 的垂线 $m_2(n_2)$ 即为距离 MN 的实长。

6）将 $m_2(n_2)$ 返回，求作该距离的 V、H 投影。由点 m_2 作 O_2X_2 轴的垂线，交 $c_1'd_1'$ 于 m_1' 点，再由 m_1' 点作 O_2X_2 轴的平行线，交 $a_1'b_1'$ 于 n_1' 点。

由 $m_1'n_1'$ 按变换规律返回作图，可得出 mn 和 $m'n'$，即为两交错直线 AB、CD 的公垂线 MN 的 V、H 投影。

3.3　直线与平面、两平面之间的相对位置

直线与平面两平面的相对位置有：平行、相交和垂直。

3.3.1　直线与平面平行

直线与平面平行的**几何条件**：若直线与平面内某一直线平行，则该直线与该平面必平行。

1. 一般线与一般面平行

投影特性：直线的各面投影与平面内一直线的同面投影对应平行，则该直线与该平面必

平行。

判别直线与一般面是否平行，看其在一般面内能否作一直线与已知直线平行，如图 3-21 所示。一般线 *EF* 与一般面△*ABC* 上的直线 *BD* 平行，所以，直线 *EF* 与△*ABC* 平面平行。

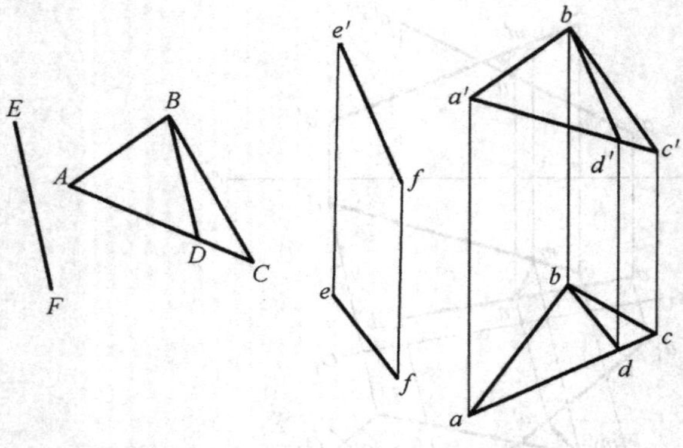

a) 立体图　　b) 投影图

图 3-21　一般线与一般面平行

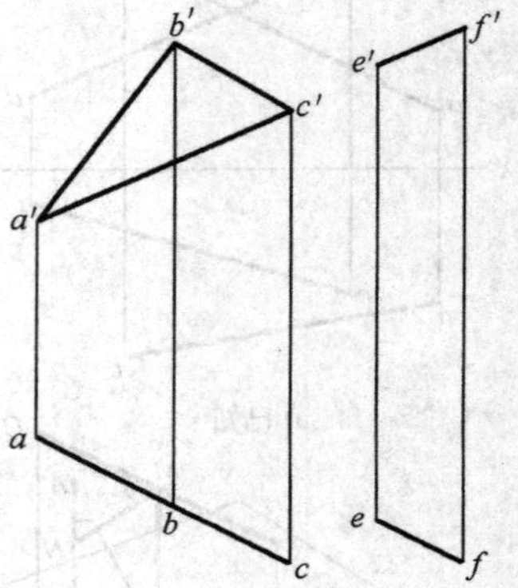

图 3-22　一般线与铅垂面平行

2. 一般线与投影面垂直面平行

投影特性：投影面垂直面的积聚投影与该直线的同面投影对应平行，则该直线与该平面必平行。

判别一般线与投影面垂直面是否平行，看其投影面垂直面的积聚投影与该直线的同面投影是否平行即可。如图 3-22 所示，铅垂面△*ABC* 的 *H* 面积聚投影 *abc* 与一般位置直线 *EF* 的 *H* 投影 *ef* 平行，所以，直线 *EF* 与△*ABC* 平面平行。

【例 3-11】　如图 3-23a 所示，已知直线 *AB*、*CD*，过直线 *AB* 作一平面，使该平面平行于直线 *CD*。

作图步骤：

过 b' 作 $b'e' /\!/ c'd'$，过 b 作 $be /\!/ cd$，则用一对相交线（*AB*、*BE*）所表示的平面平行于直线 *CD* [平面的表示形式可以是任意的]。

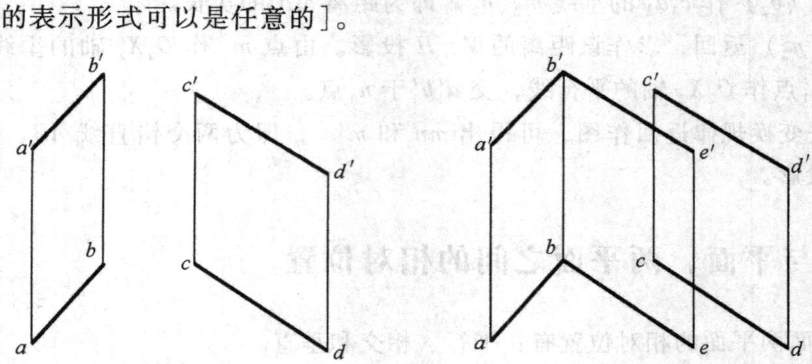

a) 已知　　b) 作图

图 3-23　过直线作平面与已知直线平行

【例 3-12】　如图 3-24a 所示，过点 *D* 作水平线 *DF* 平行于△*ABC*。

作图步骤：

1）在△ABC 平面上作水平线 $AE(ae、a'e')$。

2）过 D 作水平线 DF 平行于 AE、$DF(df、d'f')$，即为所求（图 3-24b）。

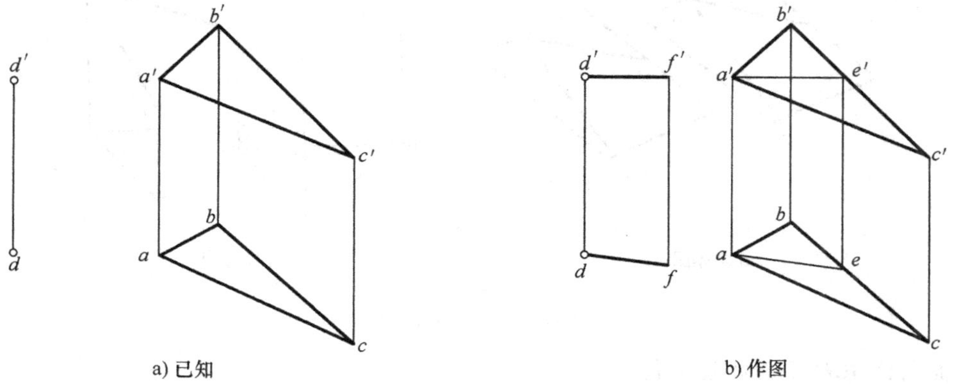

图 3-24　过点作水平线与已知平面平行

3.3.2　两平面平行

两平面平行的**几何条件**：一个平面内如果有两相交直线分别与另一个平面内的两相交直线平行，则两个平面相互平行。

1. 两投影面垂直面平行

投影特性：若两投影面垂直面的同面积聚投影对应平行，则两平面必平行。

如图 3-25 所示，两铅垂面 P 和 Q 相互平行时，则它们的积聚投影（即它们与该投影面的交线）也相互平行。**请注意**：这种情况下其积聚投影的距离等于两平面间距离的实长。

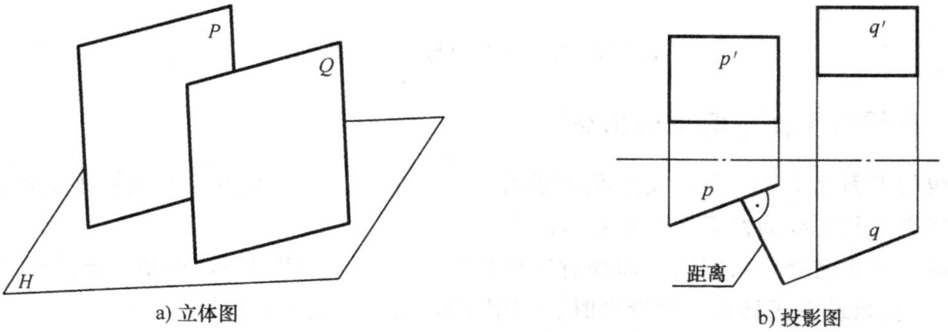

图 3-25　两铅垂面平行

2. 两一般面平行

根据两平面平行的几何条件，在图 3-26 中，平面 P 上的一对相交直线 AB、BC，分别平行于平面 Q 上的一对相交直线 DE、EF，所以平面 P 与平面 Q 相互平行。

平面上相交两直线的长度对判别两平面的平行关系无影响。

【例 3-13】　如图 3-27a 所示，过点 A 作平面与△BCD 平行。

作图步骤：

过 A 点作两条直线 AE、AF，分别平行于直线 BC 和 BD，则一对相交线（AE、AF）表

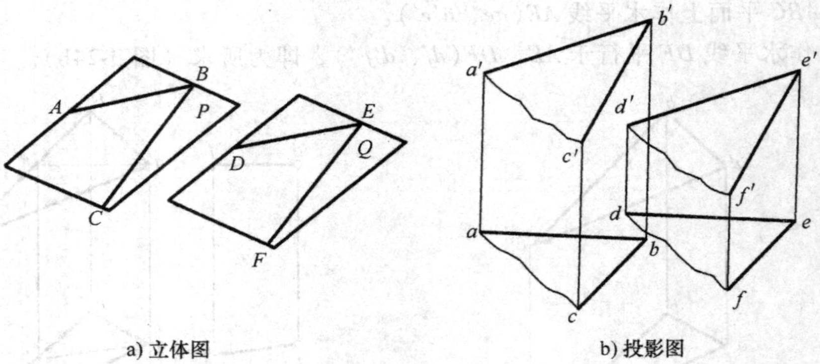

图 3-26　两一般面平行

示的平面与△*BCD* 平面相互平行。

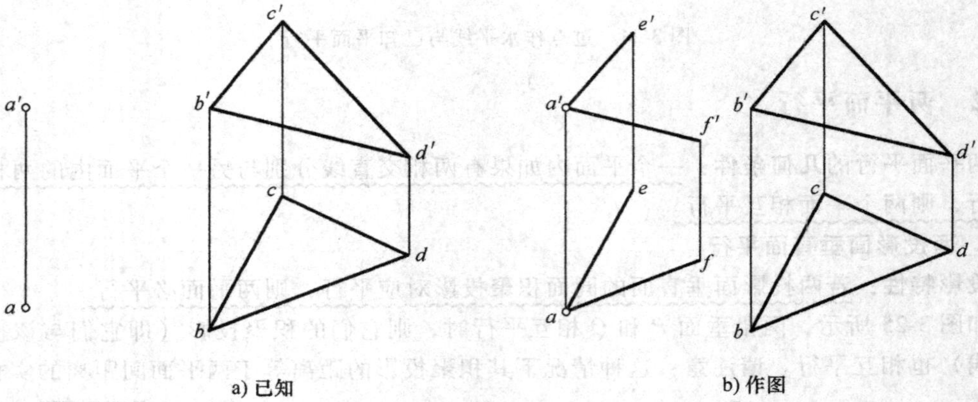

图 3-27　过点作平面与已知平面平行

3.3.3　直线与平面、两平面相交

直线与平面相交于一点，交点既在平面上，又在直线上，交点为直线和平面的共有点。两平面相交，其交线为两平面的共有线。

直线与平面的交点根据线、面相对于投影面的位置可以用以下两种基本方法求作：

1）当直线或平面具有积聚投影时，利用积聚投影求交点或交线。

2）当直线或平面无积聚投影时，利用辅助平面求交点或交线。

下面分别讨论求交点或交线的作图问题。

1. 一般线与特殊面相交

一般线与特殊面相交，可利用特殊位置平面的积聚投影确定平面与直线的交点在该投影面的投影，利用直线上定点的方法，则可以求作交点的另一面投影。

【例 3-14】　如图 3-28a 所示，求一般线 *AB* 和铅垂面 *P* 的交点 *K*。

作图步骤：

1）直线的水平投影 *ab* 与平面的积聚投影 *p* 的交点 *k* 则是线与面交点 *K* 的水平投影。

2）自 *k* 向上作投影线与 *a'b'*的交点 *k'*则是交点 *K* 的正面投影。

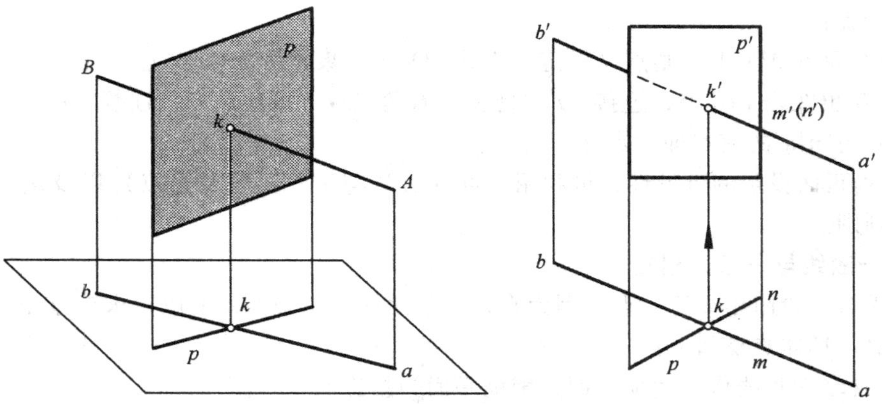

a) 立体图　　b) 投影图

图 3-28　求一般线与特殊面的交点

3）判别正面投影的可见性，有两种方法：直观法和重影点法。

直观法：在图 3-28 中，从水平投影中可以看到直线 *AB* 以交点为分界点，点 *k* 以右在平面的前方，为可见的，用粗实线绘制；交点 *k* 以左被平面遮挡的一段不可见，用细虚线绘制。

重影点法：在图 3-28 中，利用直线 *AB* 与平面右边的重影点 *M*、*N* 来判别，直线 *AB* 上的点为 *M*，平面边上的点为 *N*，由于点 *M* 位于点 *N* 的前方，故由前向后看时，点 *M* 可见，而它所在的直线以点 *K* 为分界点，右段为可见，因此，*k'a'* 应绘制粗实线，*k'* 以左被平面遮挡的部分应绘制细虚线。水平投影不需判别可见性。

2. 特殊线与一般面相交

投影面垂直线与一般面相交，首先利用直线的积聚投影确定交点在该面的投影，再利用平面上定点的方法，则可以求作交点的另一面投影。

【例 3-15】　如图 3-29a 所示，已知铅垂线 *MN* 和一般面△*ABC* 的投影，求交点 *D*。

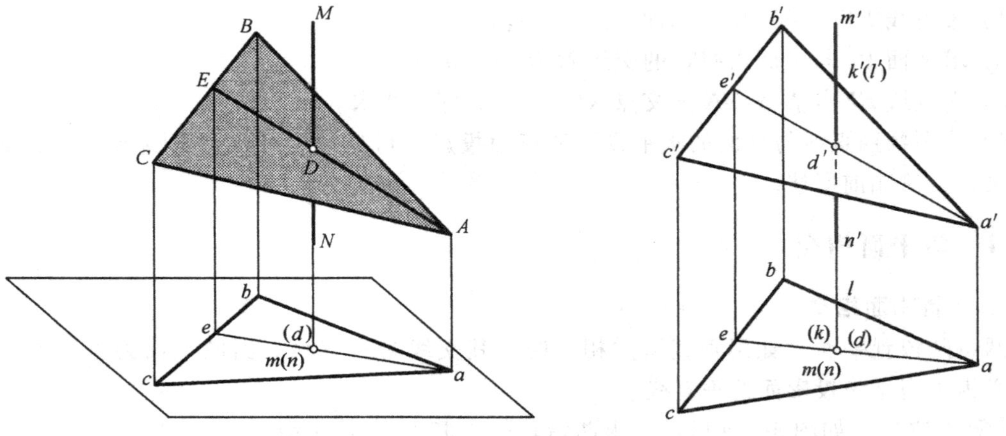

a) 立体图　　b) 投影图

图 3-29　求铅垂线与一般面的交点

作图步骤：

1）交点 D 在 MN 上，则点 d 一定在直线 MN 的积聚投影 $m(n)$ 上。

2）点 D 也在 $\triangle ABC$ 上，连接 ad 并延长交 bc 于点 e，求作点 e'，连接 $a'e'$。

3）$a'e'$ 与 $m'n'$ 的交点即为点 d'。

4）判别正面投影的可见性：可利用交点（可见与不可见的分界点）以及重影点的特性作依据来判别。

※3. 一般线与一般面相交

一般线与一般面相交于一点，因为直线和平面均无积聚性，所以，求交点需采用辅助平面法来求解，具体步骤如下：

1）包含已知直线作一辅助平面，辅助平面为投影面垂直面。

2）求辅助平面与一般面的交线。

3）求交线与已知直线的交点，即为所求交点。

【例 3-16】 如图 3-30 所示，求平面 $\triangle ABC$ 与直线 EF 的交点 K。

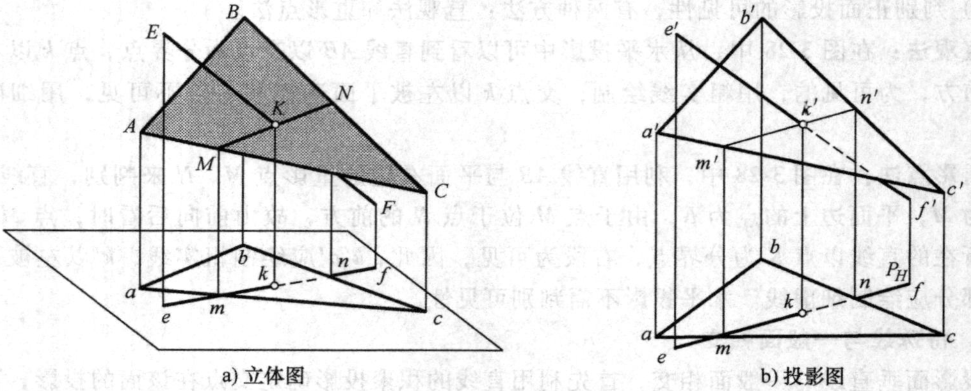

图 3-30 求一般线与一般面的交点

作图步骤：

1）过直线 EF（ef）作铅垂面 P_H，即为辅助平面。

2）求平面 P_H 与平面 $\triangle ABC$ 的交线 MN（mn、$m'n'$）。

3）求直线 EF 与直线 MN 的交点 K（k'、k），即为所求。

4）分别判别直线与平面的水平投影和正面投影的可见性，可利用直线与平面的重影点来判别，方法如前所述。

3.3.4 两平面相交

1. 两特殊面相交

两特殊位置平面（如两垂直面）相交时，其交线为一直线。当两平面为垂直面时，其交线必为垂直于该投影面的垂直线。

【例 3-17】 如图 3-31a 所示，求两铅垂面 P 和 Q 的交线 KL。

作图步骤：

1）两铅垂面的交线为铅垂线，在 P 和 Q 面的积聚投影的交点处标出交线的 $k(l)$。

2）自点 $k(l)$ 向上作投影线，交两平面的公共部分得点 k'、l'。

3）连接点 $k'l'$，即为交线的正面投影。

4）利用水平投影中的 p 和 q 的前后位置判别正面投影的可见性，交线 $k'l'$ 为分界线，左部分 P 平面在前，可见，Q 平面在后，不可见；右部分可见性与之相反。

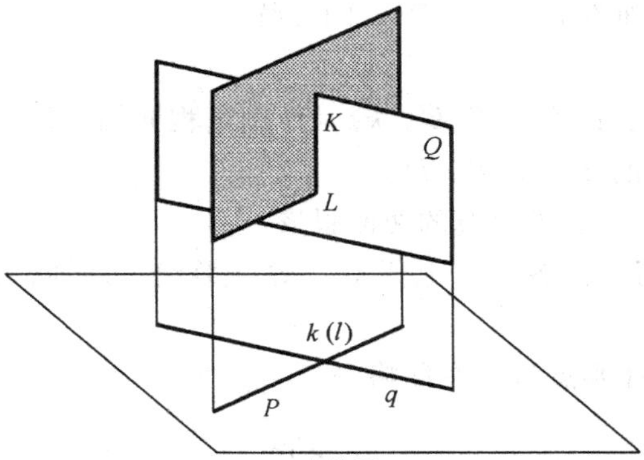

a) 立体图

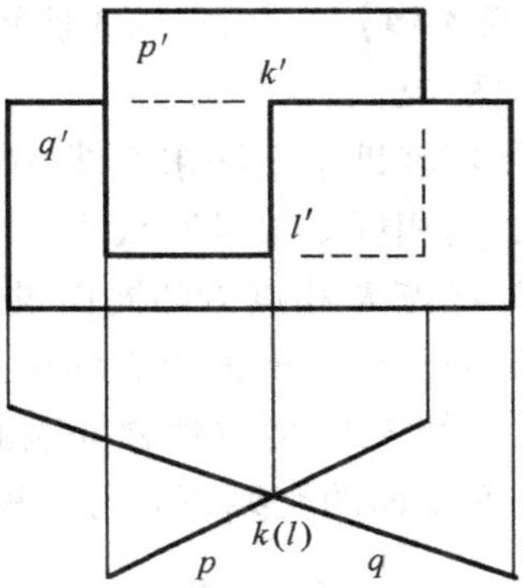

b) 投影图

图 3-31　求两铅垂面的交线

2. 一般面与特殊面相交

一般面与特殊面相交，可利用特殊位置平面的积聚投影确定两平面交线在该投影面上的投影，再利用平面上定线的方法，则可以求作交线的另一面投影。

【例 3-18】　如图 3-32 所示，求一般面 $\triangle ABC$ 和铅垂面 P 的交线 KL。

作图步骤：

1）铅垂面 P 的水平投影积聚为直线，则平面 P 与 $\triangle ABC$ 交线的水平投影 kl 可直接求得。

2）自点 k、l 分别向上作投影线，在 $a'b'$、$a'c'$ 上得点 k'、l'。

3）连接 $k'l'$，即为交线的正面投影。

4）利用水平投影中 $\triangle abc$ 与 p 的前后位置来判别正面投影的可见性，$\triangle abc$ 以 kl 为分界线，右前部分在 P 平面之前，因此可见，即 $\triangle k'a'l'$ 用粗实线绘制，左后部分在 P 平面之后，因此被平面 P 遮挡的部分不可见，用细虚线绘制。

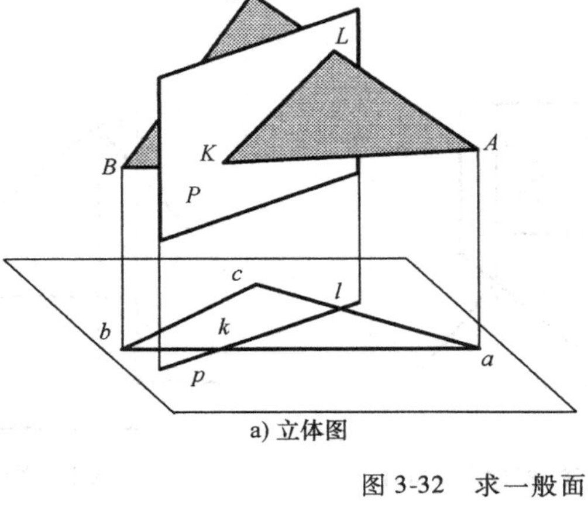

a) 立体图

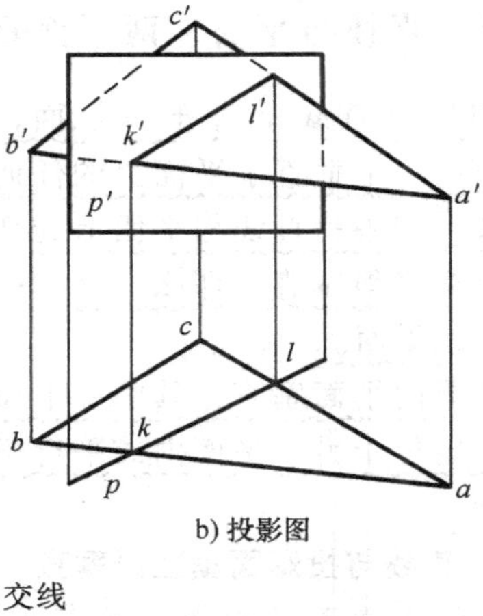

b) 投影图

图 3-32　求一般面与铅垂面的交线

※3. 两一般面相交

一平面全部穿入另一平面，即交线的两端点位于同一平面，这样相交的两平面称为**全互交**；两平面只有一部分相交，即交线的两端点分别位于两平面，这样相交的两平面称为**半互交**。

两一般面相交，其交线为一般线。作图时首先求两平面上参与相交的两条边线与另一平面的两个交点，然后将两个交点连成直线，即为两一般面的交线。

【例 3-19】 如图 3-33 所示，求两一般面△ABC 与△DEF 的交线。

作图步骤：

1）用辅助平面法求直线 AC 与△DEF 平面的交点 $K(k'、k)$，作图过程同图 3-30。

2）用相同方法求直线 EF 与平面△ABC 的交点 $L(l'、l)$。

3）将点 K 和点 L 的同面投影相连接，即为所求交线的两面投影。

4）分别判别两面投影的可见性，利用两平面各边线上任意一对重影点来判别，方法如前所述。图 3-33 的方法称为**线面交点法**。

求两平面的交线还有另一种方法称为**三面共点法**，在此略去。

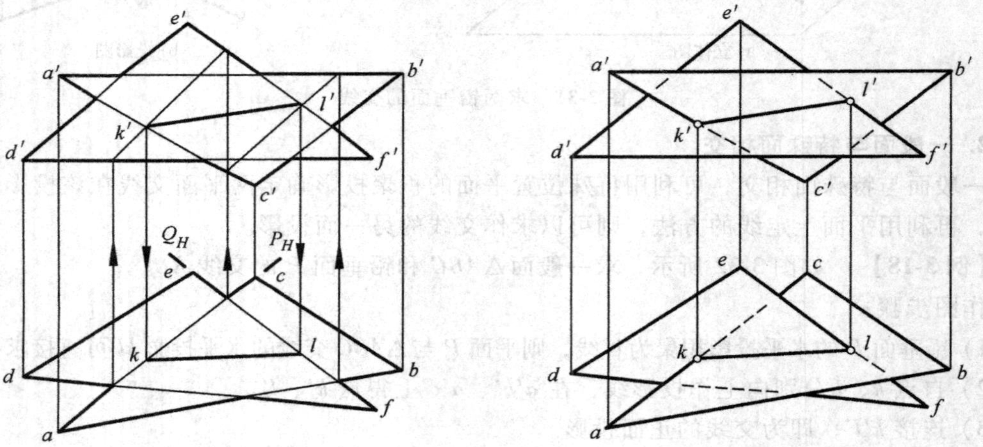

a) 求交线　　b) 判别可见性

图 3-33　求两一般面的交线

3.3.5　直线与平面、两平面垂直

如果一直线垂直于一平面，那么，直线一定垂直于平面上的任何一条直线；如果一直线与平面上的任何一对相交直线垂直，那么，直线一定垂直于该平面。

如果两平面垂直，其中一平面的垂线一定位于另一平面内或平行于另一平面。

1. 直线与投影面垂直面垂直

直线垂直于某投影面垂直面时，它必然是该投影面的平行线，且该垂

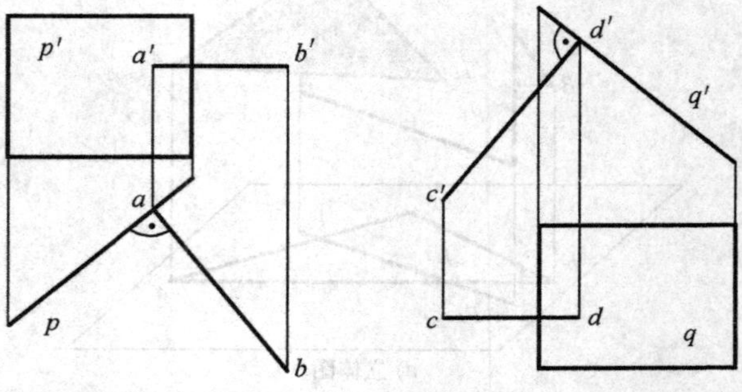

a) 直线AB与铅垂面垂直　　b) 直线CD与正垂面垂直

图 3-34　直线与投影面垂直面垂直

直面的积聚投影与该垂线的同面投影垂直。如图 3-34 所示，与铅垂面 P 垂直的直线 AB 为水平线，且 $ab \perp p$；与正垂面 Q 垂直的直线 CD 为正平线，且 $c'd' \perp q'$。

【例 3-20】 求图 3-35a 中点 K 到平面△ABC 的距离及其 V、H 面投影。

分析： 如图 3-35 所示，如果将△ABC 变换成投影面的垂直面，则过点向平面的积聚投影所作的垂线即为距离的实长。

作图步骤：

1）在△ABC 平面上作水平线 CD。

2）设 O_1X_1 轴（$O_1X_1 \perp cd$）。

3）分别作出 K 点及 A、B、C 三点在 V_1 面上的新投影 k_1' 及 a_1'、b_1'、c_1'（位于一直线上）。

4）连接 $a_1'b_1'c_1'$，即为 ABC 平面在 V_1 面上的积聚投影。

5）过 k_1' 作 $a_1'b_1'c_1'$ 的垂线，与 $a_1'b_1'c_1'$ 的交点为 n_1'，$k_1'n_1'$ 即为点到平面△ABC 的距离。

6）将 $k_1'n_1'$ 返回，求作距离的 V、H 投影。由点 n_1' 作 O_1X_1 轴的垂线，再由点 k 作 O_1X_1 轴的平行线，交点 n_1' 与 O_1X_1 垂直的投影线于 n 点。

7）由 k、n 按变换规律返回作图，可得出 $k'n'$，即为点 K 到平面△ABC 的距离的 V、H 投影。

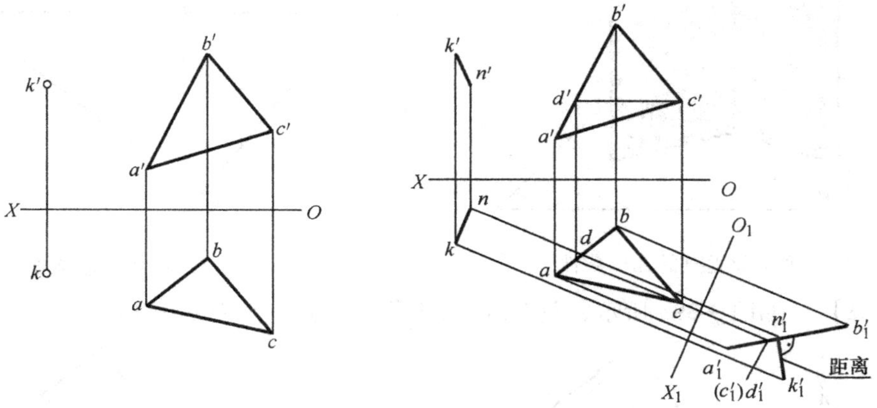

a)已知　　b)投影图

图 3-35　求点到一般面的距离

2. 直线与一般面垂直

如图 3-36 所示，直线 MN 垂直于平面△ABC，那么，MN 一定垂直平面上任何一条直线；又知平面△ABC 上有两条相交直线 AB 和 AC，其中 AB 为正平线，AC 为水平线。因此，直线 MN 与 AB、AC 均垂直。根据直角投影定理可得到如下结论：$mn \perp ac$，$m'n' \perp a'b'$，即：如果直线垂直于一般面，那么，该直线为一般线，直线的水平投影垂直于平面内水平线的水平投影，直线的正面投影垂直于平面内正平线的正面投影。

3. 两平面垂直

从几何学可知：如果一直线垂直于一已知平面，那么，通过该直线的所有平面均垂直于已知平面。如图 3-37 所示，直线 AB 垂直于平面 H，那么，通过直线 AB 的平面 P 和 Q 均垂直于平面 H。

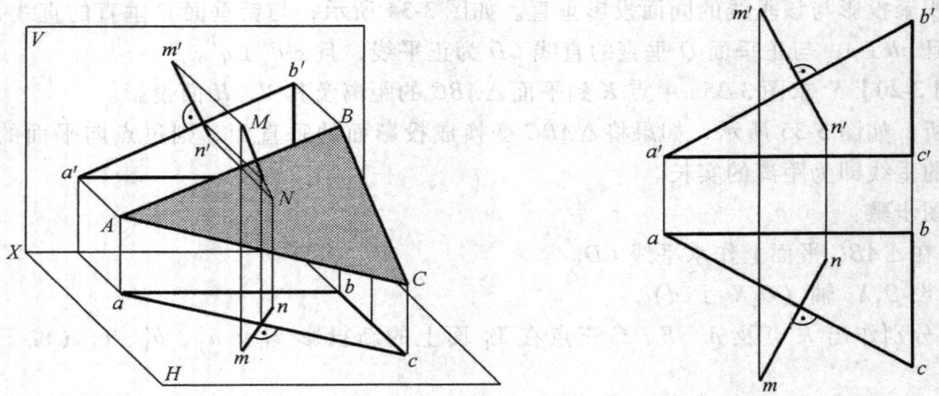

a)立体图　　　　b)投影图

图 3-36　直线与一般面垂直

在特殊情况下，两平面均为同一个投影面的垂直面时，那么，两平面的积聚投影一定垂直，如图 3-38 所示。

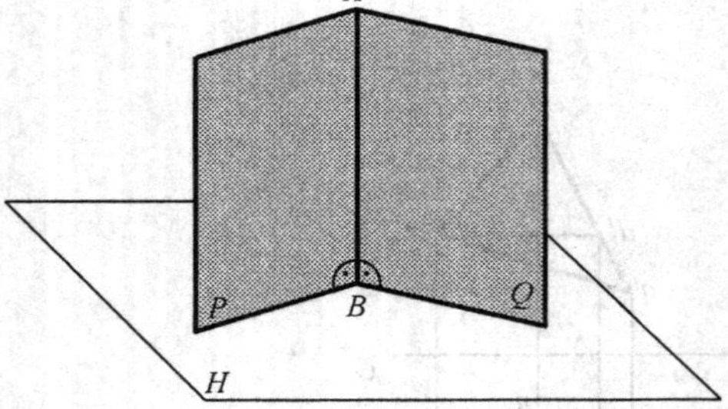

图 3-37　两平面垂直的几何条件

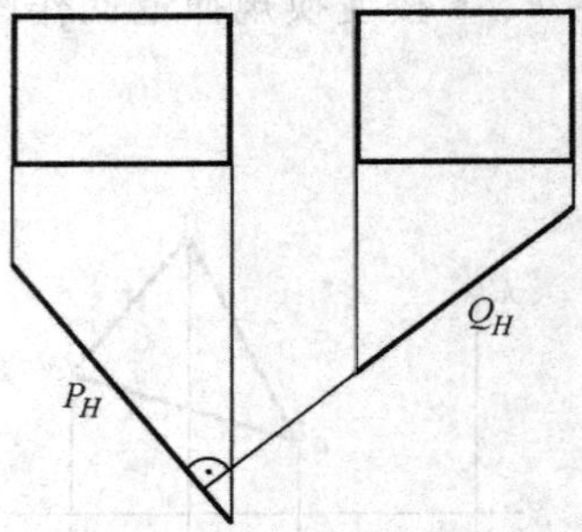

图 3-38　两铅垂面垂直

【例 3-21】　如图 3-39a 所示，包含直线 AB 作平面垂直平面△DEF。

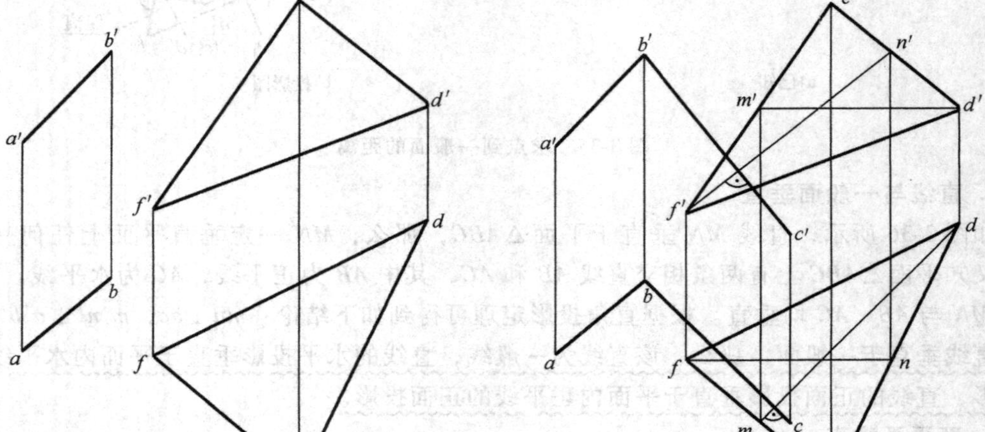

a)已知　　　　b)作图

图 3-39　包含直线作平面垂直于已知平面

作图步骤：

1）在△*DEF* 上作水平线 *DM*（$d'm'$、dm）和正平线 *FN*（$f'n'$、fn）。

2）过点 *B* 作 $b'c' \perp n'f'$，$bc \perp dm$。

3）直线 *AB* 与 *BC* 这一对相交线构成的平面一定垂直于△*DEF*。

【例 3-22】 如图 3-40a 所示，包含点 *M* 作铅垂面与 *ABCD* 平面垂直。

分析：根据两平面垂直的几何条件，通过点 *M* 向已知平面作垂线，再包含该垂线作铅垂面即可。

作图步骤：

1）由点 *M* 向 *ABCD* 平面作垂线 *MN*（因为 *AB* 边是水平线，*BC* 边是正平线，所以 $mn \perp ab$，$m'n' \perp b'c'$）。

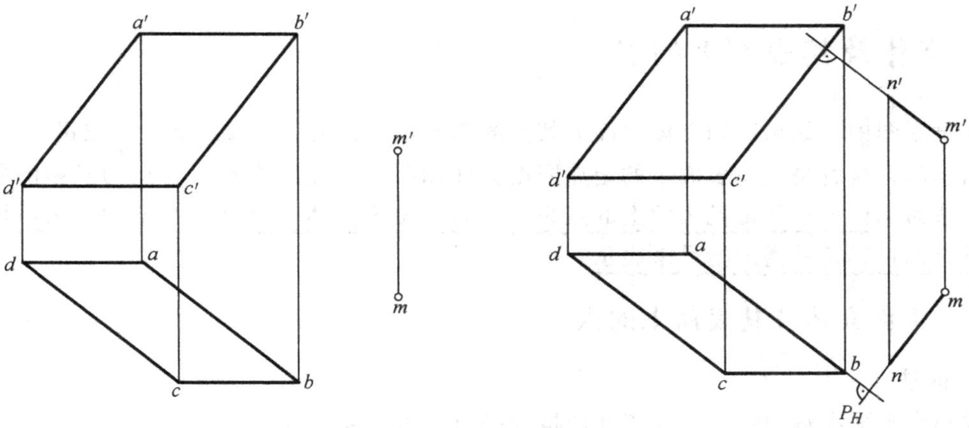

图 3-40　过点作铅垂面与已知平面垂直

2）包含 *MN* 作铅垂面 *P*，其水平积聚投影 P_H 应与垂线的水平投影 mn 重合，而正面投影除平面的垂线 $m'n'$外，可以任意作一直线与其相交构成一平面（因为，包含已知平面的垂线所作的平面均与其垂直），即为所求。

第4章 立体的投影

立体按其表面特征可分为两类：**平面立体和曲面立体**。

平面立体——立体的表面均由平面组成。最基本的几何体包括棱柱和棱锥（台）。

曲面立体——立体的表面由曲面或平面和曲面组成。最基本的几何体包括圆柱、圆锥（台）、圆球等。

本章重点学习立体的投影及其有关的作图，提高空间想象和空间分析能力。

4.1 立体及其表面上的点

在投影图中，如果已知立体表面上某点的单面投影，则依据该点所在的位置可以求作其另两面投影，这就是立体表面上的定点问题。作图时，应注意判别所求点的投影的可见性。**判别方法为：**位于立体可见表面上的点为可见点，位于立体不可见表面上的点为不可见点，不可见点的投影符号需加括号来表示。

4.1.1 平面立体及其表面上的点

1. 棱柱

棱柱由棱面和端面组成，其表面的棱线必有一组相互平行。

（1）投影　图4-1a为正六棱柱，其上、下底面是水平面，为正六边形。图4-1b为该六棱柱的三面投影图。上、下底面的水平投影反映实形，其正面、侧面投影均积聚为水平直线段。六个棱面均垂直于水平投影面，所以，其水平投影积聚成六边形的六条边。六个棱面中，前后两个棱面为正平面，其正面投影反映实形，侧面投影积聚成线段。另外四个棱面均

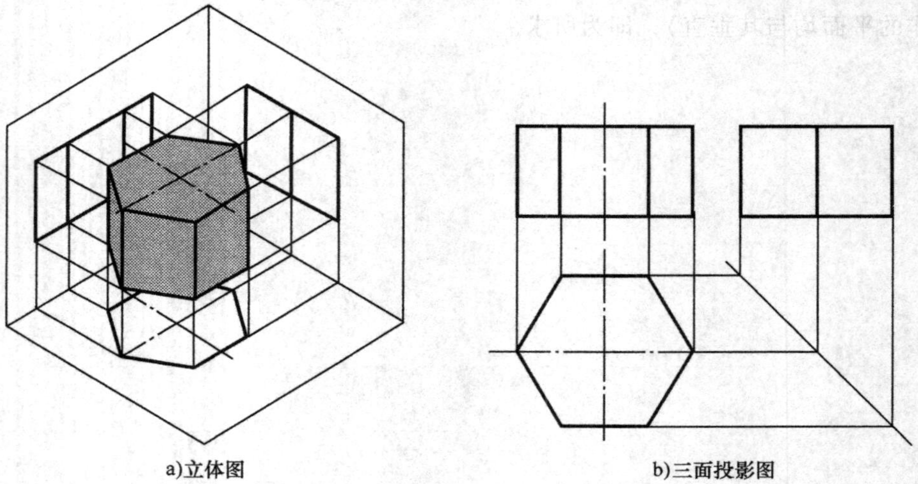

a)立体图　　b)三面投影图

图4-1　正六棱柱的投影

为铅垂面，其正面、侧面投影均为类似形。

（2）表面定点　棱柱体表面上定点，可以利用其表面投影的积聚性进行作图求得。

【例 4-1】　如图 4-2a 所示，已知五棱柱表面上点Ⅰ、Ⅱ、Ⅲ的正面投影 1′、（2′）、（3′），求作各点的另两面投影。

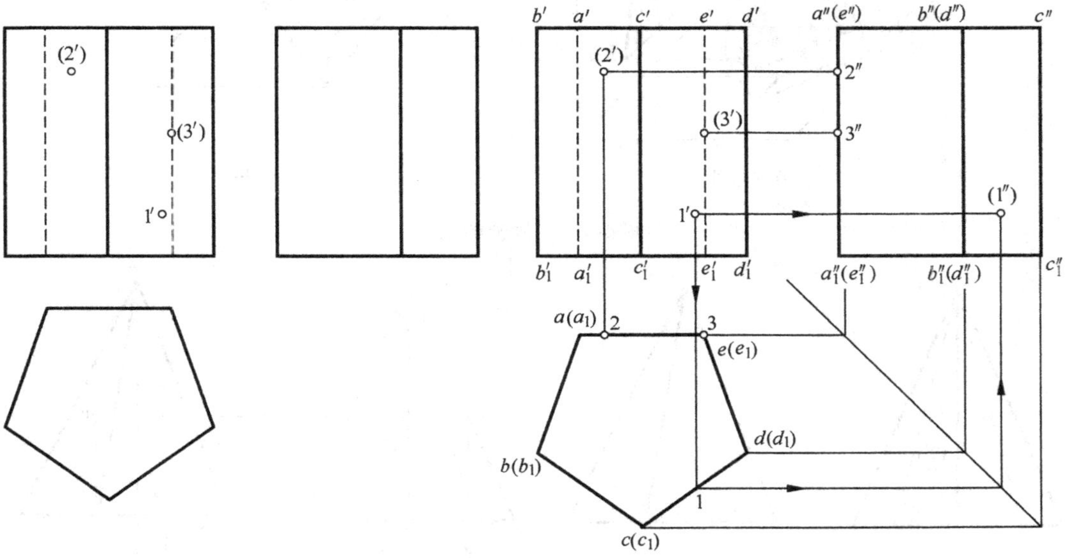

a)已知　　　b)作图

图 4-2　五棱柱表面定点

由已知条件可知：点Ⅰ在五棱柱的右前方棱面 CDD_1C_1 上，可利用该棱面在水平投影的积聚投影求作点Ⅰ的水平投影 1，再依据“二补三”求作其侧面投影（1″），（1″）不可见。点Ⅱ在后面棱面 AEE_1A_1 上，该棱面为正平面，可利用其水平投影、侧面投影的积聚性，直接求得点Ⅱ的水平投影 2 和侧面投影 2″。点Ⅲ在 EE_1 棱线上，可利用直线上定点，在 e（e_1）上求得 3，在（e''）（e_1''）上求得 3″。

需要指明：图 4-2b 中的点 2、2″，由于其正上方，正左方无任何点，所以视为可见点，点 3、3″同理。

2. 棱锥

棱锥由几个棱面和一个底面所组成，棱面上各条棱线交于一点，称为锥顶。

（1）投影　图 4-3a 为三棱锥，其底面为水平面，三个棱面均为一般位置平面。图 4-3b 是该三棱锥的三面投影图。三棱锥底面的水平投影反映实形，另两面投影积聚为线段。除底面外的三个棱面的三面投影均为三角形，且不反映实形。

（2）表面定点　对于棱锥表面上定点的问题，可这样分别作图：当棱锥表面的投影具有积聚性时，可利用其积聚投影定点；当棱锥表面的投影无积聚性时，则在棱锥表面上通过已知点的投影作辅助线，然后利用辅助线的投影求作点的未知投影，其实质与一般位置平面上定点的作图方法相同，最后要注意判别其各点投影的可见性。

【例 4-2】　如图 4-4a 所示，已知五棱锥表面上点Ⅰ、Ⅱ、Ⅲ的一面投影 1′、（2′）、3 求作各点的另两面投影。

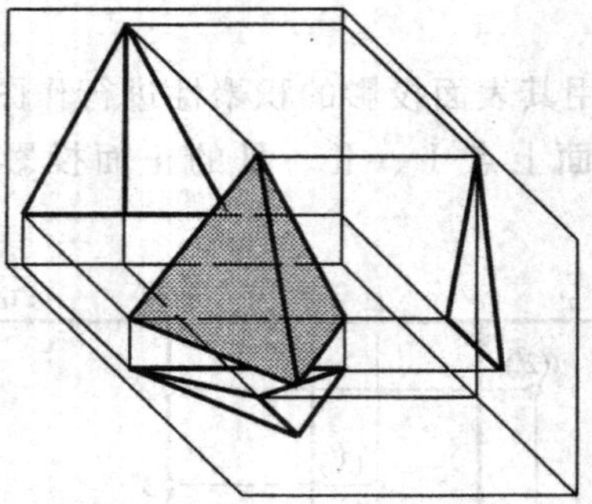

a) 立体图

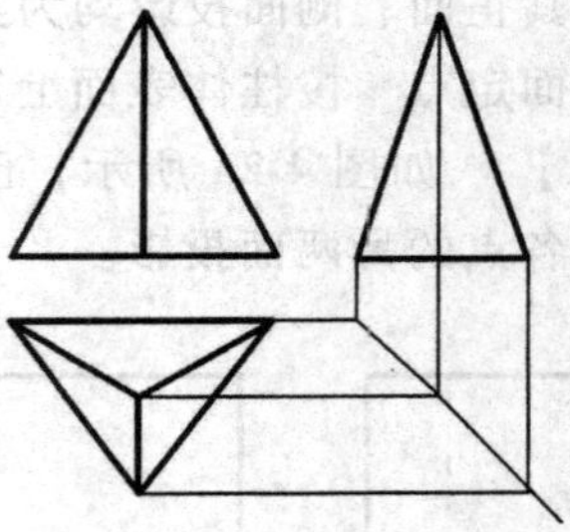

b) 投影图

图 4-3　三棱锥的投影

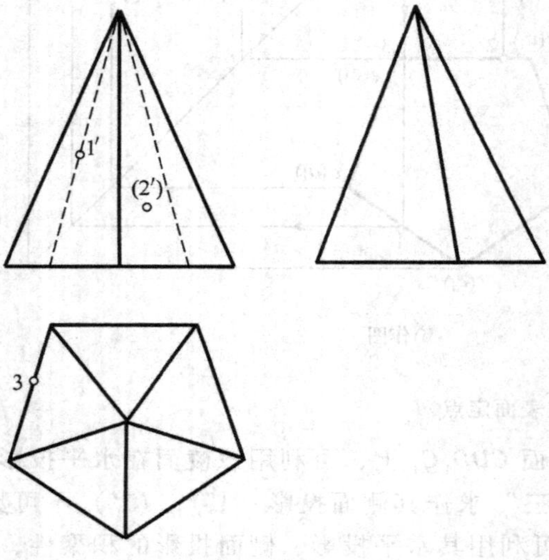

a)已知

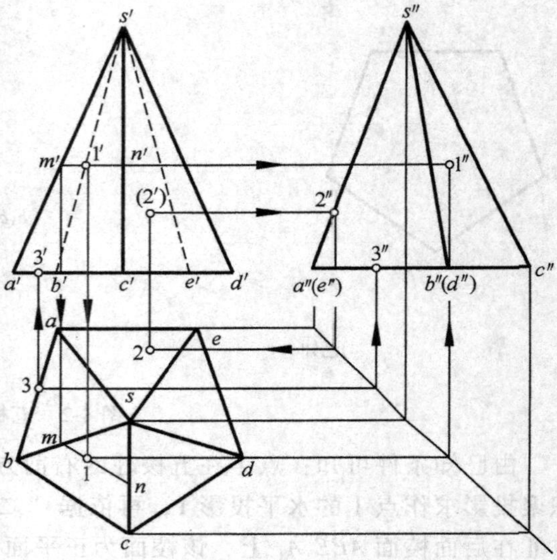

b)作图

图 4-4　五棱锥表面定点

由已知条件可知：点Ⅰ在前方左棱面 *SBC* 上，该棱面为一般面，需要作辅助线才能求出点 1 和 1″。如图 4-4b 所示，过点 1′作辅助线 *m′n′*∥*b′c′*，依此向下引投影连线交 *sb* 于 *m*，过 *m* 作 *mn*∥*bc*，再由点 1′向下引投影连线交 *mn* 于点 1，再依据“二补三”求得点 1″。点Ⅱ在后棱面 *SAE* 上，该棱面为侧垂面，可利用其侧面投影的积聚性先求点 2″，再依据“二补三”求点 2。点Ⅲ在底边 *AB* 上，可利用直线上定点，在 *a′b′*上确定点 3′，在 *a″b″*上确定点 3″。

4.1.2　曲面立体及其表面上的点

1. 圆柱体

圆柱由一个圆柱面和上、下底平面所组成。圆柱面是由一条直线（母线）绕一条与其平行的直线（轴线）旋转一周所形成的回转曲面，如图 4-5 所示。上、下两底面为圆，且与轴线垂直。

（1）投影　图 4-6 为轴线垂直于水平投影面的正圆柱的投影图。从投影图中可以看出，圆柱的水平投影为圆，反映上、下底平面的实形。由于圆柱面垂直于水平投影面，所以，其水平投影积聚为圆周。这是圆柱面惟有的积聚性。圆柱的正面、侧面投影都是矩形。其中矩形的上、下两边分别为圆柱上、下底面的积聚投影。正面投影中的左、右两边分别为圆柱面上最左、最右轮廓素线的投影，它们在侧面投影中与轴线重合，不应绘制为粗实线。同理，侧面投影中的前、后两边分别为圆柱面上最前、最后轮廓素线的投影，它们的正面投影也与轴线重合，也不应绘制为粗实线。

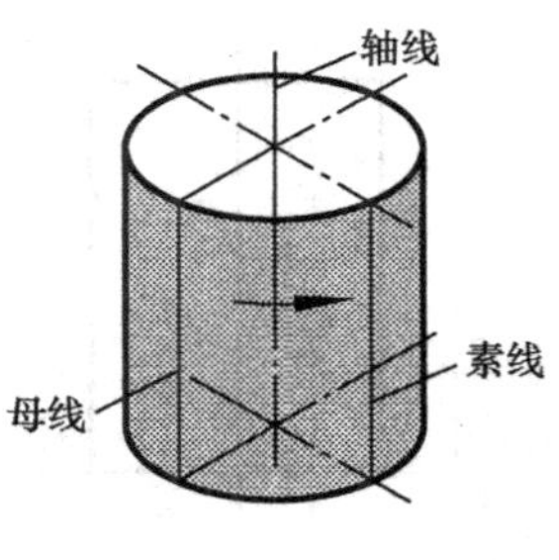

图 4-5　回转面的形成

注意：在圆柱的投影图中必须用细单点长画线绘制圆心定位线和圆柱面轴线。

（2）表面定点　在圆柱体表面上定点，实质上与在棱柱体表面上定点的作图方法相同，即利用圆柱体表面投影的积聚性进行作图。

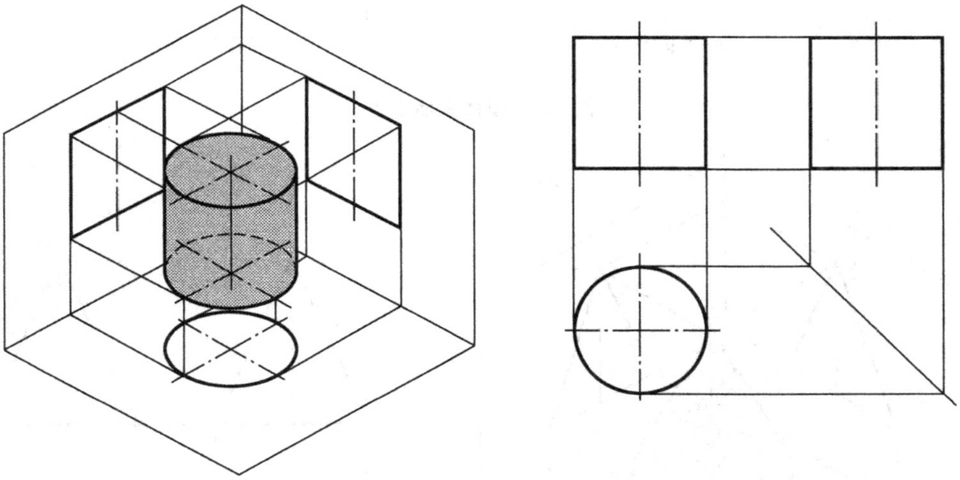

a)立体图　　b)三面投影图

图 4-6　圆柱的投影

【例 4-3】　如图 4-7 所示，已知圆柱表面上点Ⅰ、Ⅱ的正面投影，求作各点的另两面投影。

由已知条件可知，点Ⅰ、Ⅱ均在圆柱面上，点Ⅰ在圆柱右侧轮廓素线上，点（2′）不可见（已知），故点Ⅱ在左、后半圆柱上，两点的水平投影必在圆柱面的积聚投影圆周上，可利用其积聚性由点 1′和点（2′）向下投射直接求得点 1 和点 2，再依据“二补三”作图，求作点（1″）和点 2″。其中，由于点Ⅰ位于圆柱的最右素线上，其侧面投影点（1″）与轴线重叠且不可见；点Ⅱ位于左半柱面上，点 2″可见。

2. 圆锥体

圆锥由一个圆锥面和一个底平面所围成。圆锥面是由一条直线（母线）绕一条与其相交的直线（轴线）旋转一周所形成的回转曲面。底面为垂直轴线的圆。

（1）投影　图 4-8 为轴线垂直于水平投影面的正圆锥的投影图。从投影图中可以看出，圆锥的水平投影为圆，反映底平面圆的实形。圆锥的正面、侧面投影为大小相同的等腰三角

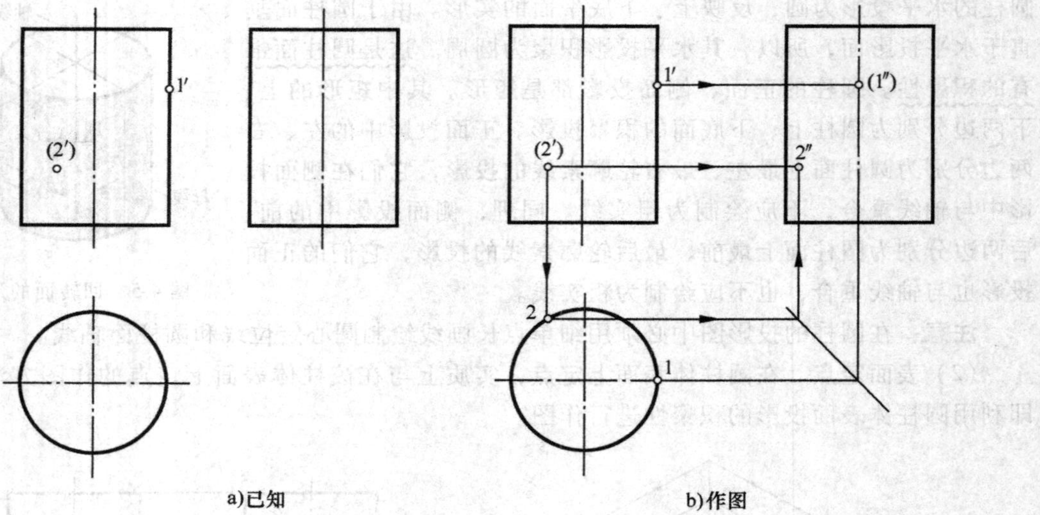

图 4-7　圆柱表面定点

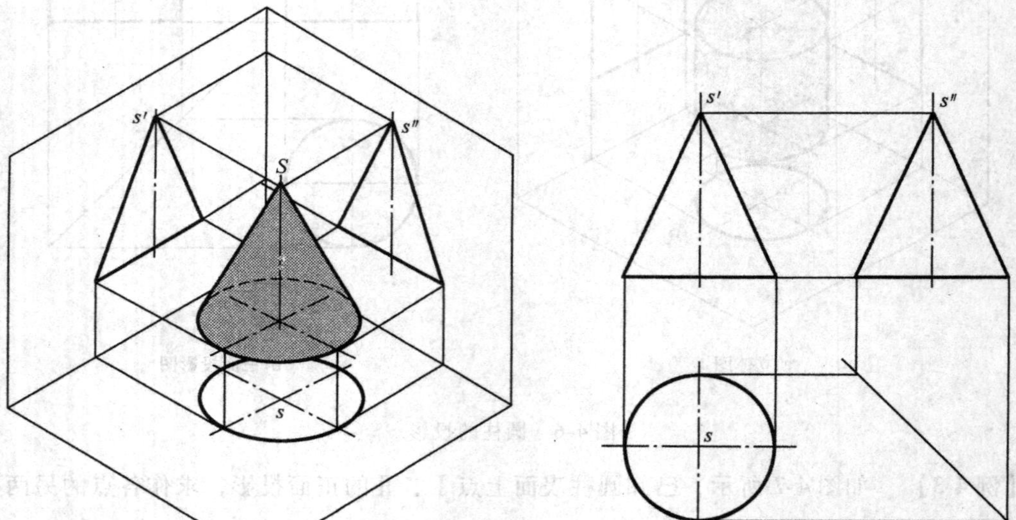

图 4-8　圆锥的投影

形。其中等腰三角形的底边为底平面圆的积聚投影。正面投影中的左、右两腰线分别为圆锥面上最左、最右轮廓素线的投影，其侧面投影与轴线重合，不应绘制为粗实线。同理，侧面投影中的前、后两腰线分别为圆锥面上最前、最后轮廓素线的投影，其正面投影也与轴线重合，也不应绘制为粗实线。

注意：在圆锥的投影图中也必须用细单点长画线绘制圆心定位线和圆锥面的轴线。

（2）表面定点　圆锥面的投影无积聚性，则表面上定点可以利用锥面上过该点且连接锥顶的直素线或过该点作平行锥底面的纬圆作为辅助线进行作图，这两种作图方法分别称为**“素线法”**和**“纬圆法”**。

【例 4-4】 如图 4-9a 所示，已知圆锥表面上点Ⅰ、Ⅱ、Ⅲ的正面投影 1′、2′、（3′），求各点的另两面投影。

如图 4-9b 所示，由于点Ⅰ在圆锥的最左素线 *SA* 上，因此，过点 1′向下、向右引线至 *sa*，*s″a″*上即得点 1 和点 1″，均为可见。对于点Ⅱ，用**“素线法”**来求，先过点 2′作辅助素线 *s′m′*，在底圆相应的投影上求得 *m* 和 *m″*，可连得素线 *sm* 和 *s″m″*，然后在 *sm* 上定点 2，为可见；在 *s″m″*上定点 2″，也为可见。

再看图 4-9c，用**“纬圆法”**求点Ⅲ。首先过点（3′）作一直线段垂直于轴线，并与轮廓素线相交，这就是纬圆的正面积聚投影，线段长度 *d′e′*等于该纬圆的直径；在水平投影上，以轮廓圆的中心为圆心，以 *d′e′*/2 为半径，作纬圆的水平投影，然后由点（3′）向下引线至纬圆上求得点 3（**应注意**：由于（3′）不可见，说明点Ⅲ在右、后半锥面上，所以点 3 应投影在后半纬圆上），为可见；再依据“二补三”求作点（3″），为不可见（因为点Ⅲ位于右半锥面上）。

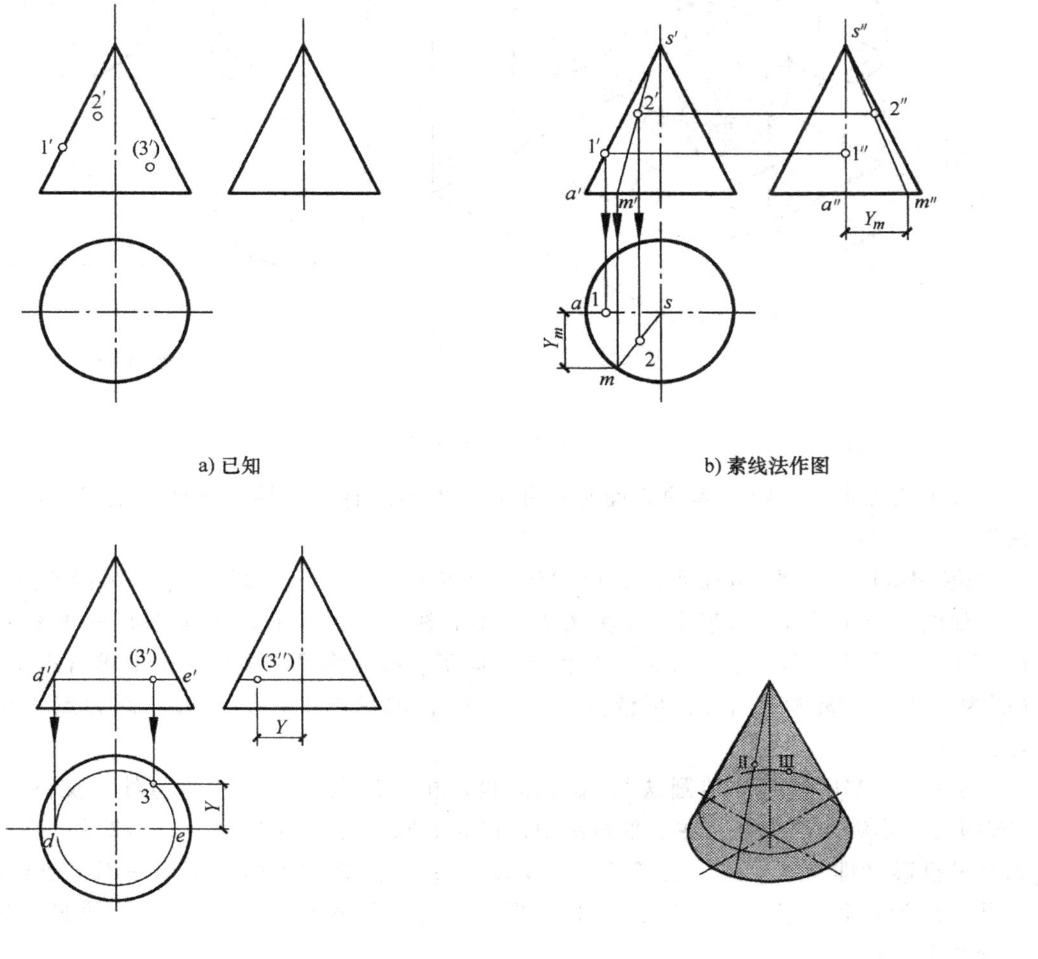

a) 已知　　b) 素线法作图

c) 纬圆法作图　　d) 立体图

图 4-9　圆锥表面定点

3. 圆球体

圆球由圆（曲线）绕其一条直径（轴线）旋转一周形成的曲面体。

（1）投影　如图 4-10 所示，圆球的三面投影均为圆，其直径等于球的直径，并且为球面上三个不同位置最大圆的投影。正面投影轮廓圆为圆球前、后半球的分界线，其水平、侧面投影分别与投影圆的中心线重合；水平投影轮廓圆为圆球上、下半球的分界线，其正面、侧面投影分别与投影圆的中心线重合；侧面投影轮廓圆为圆球左、右半球的分界线，其正面、水平投影分别与投影圆的中心线重合，与中心线重合的投影不应绘制为粗实线。**注意：**在圆球的投影图中也必须用细单点长画线绘制各投影圆的圆心定位线。

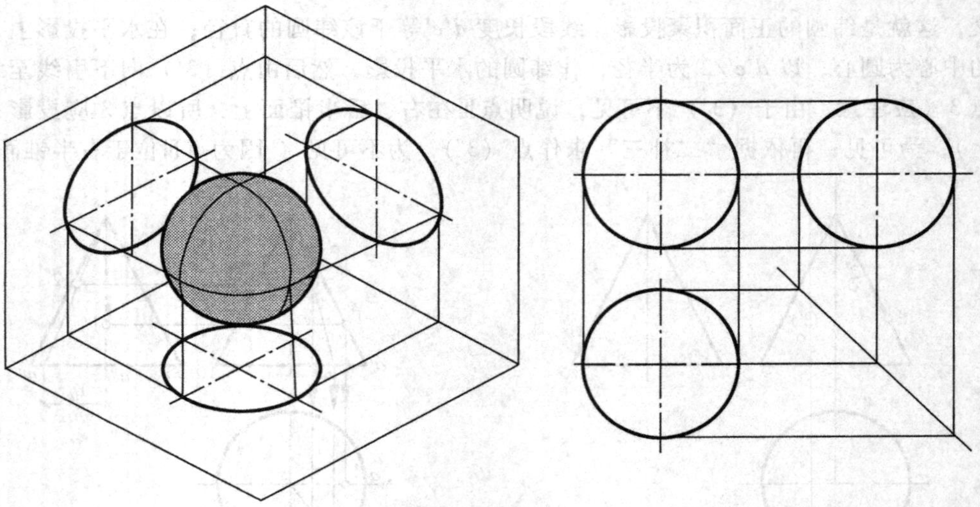

a)立体图　　b)三面投影图

图 4-10　圆球的投影

（2）表面定点　圆球体的表面都是曲面，投影没有积聚性。球面上定点只能用**“纬圆法”**。

【例 4-5】　如图 4-11a 所示，已知球面上点Ⅰ、Ⅱ的正面投影，求作另两面投影。

如图 4-11b 所示，由于点（1′）在横向中心线上，则点 1 必在球的水平投影轮廓圆上，点 1″也在横向中心线上，作图时，先由点 1′向下引线至水平投影轮廓圆上求得点 1，为可见（因为点Ⅰ位于轮廓圆上）；再依据“二补三”，求得点 1″，为可见（因为点Ⅰ位于左半球）。

求点 2、2″只能用**“纬圆法”**。在正面投影中，过点 2′作一水平直线，交圆于 *a′*、*b′*，*a′b′*即为所作纬圆的直径；在水平投影中，以轮廓圆中心为圆心，以 *a′b′*/2 为半径，作纬圆的水平投影（即为水平圆，也可只画一段圆弧）；过点 2′向下引线至该纬圆上求得点 2，为可见（因为点Ⅱ位于前、上半球）；再依据“二补三”求得点（2″），为不可见（因为点Ⅱ位于右半球）。

另外，此球面上定点也可用正平圆或侧平圆作纬圆求得点 2、2″，作图方法请读者自行思考。

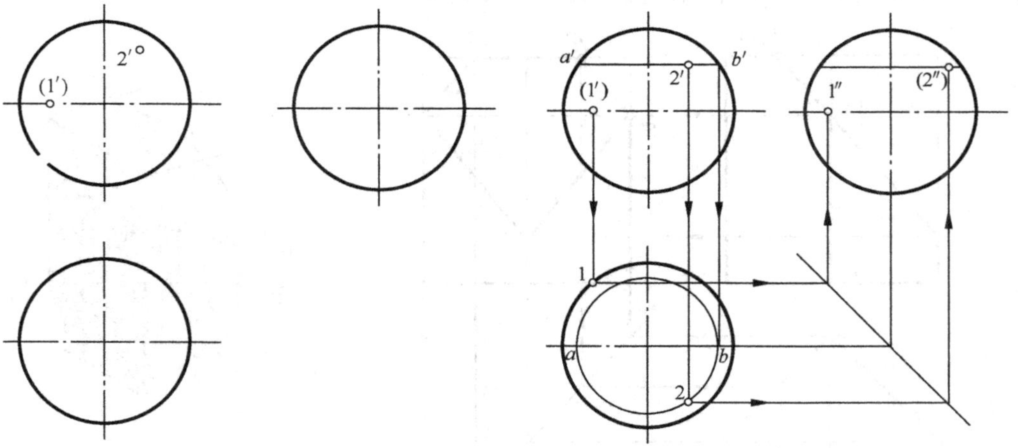

a)已知　　　　b)作图

图 4-11　圆球表面定点

4.2　平面与立体相交

平面与立体相交，可看作是立体被平面所截，该平面称为**截平面**，如图 4-12 所示，截平面与立体表面的交线称为**截交线**，截交线所围成的平面图形称为**断面**。**截交线是截平面和立体表面的共有线**。下面重点学习在投影图中求作截交线的方法。

4.2.1　平面与平面立体相交

平面与平面立体相交所得的截交线为封闭的平面折线，其断面为平面多边形。如图 4-12 中，平面 P 截切三棱锥 $S-ABC$，截交线为三角形ⅠⅡⅢ。截交线三角形的顶点为平面立体的棱线与截平面的交点，三角形的各边为平面立体的棱面与截平面的交线。因此，求平面立体截交线的方法可采用**交点法**或**交线法**。

交点法即为先求出立体上被截切到的棱线与截平面的交点，然后将各交点依次连接，即求得截交线。**注意**：连点时，只有位于立体同一棱面上的两点方可相连。

交线法即为直接求出立体上被截切到的各棱面与截平面的各段交线，即求得截交线。

截交线的可见部分用粗实线绘制，不可见部分用细虚线绘制。

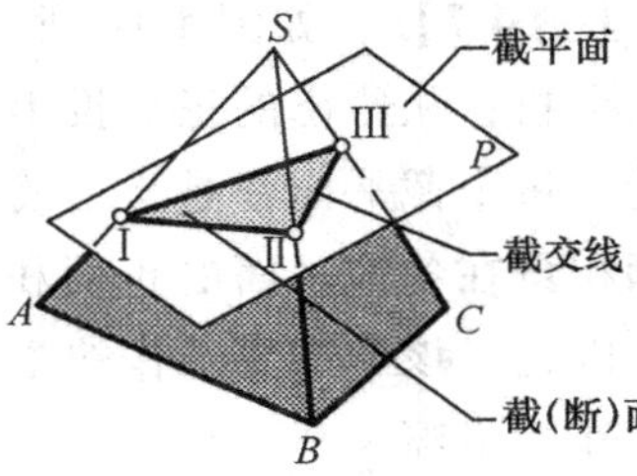

图 4-12　平面与立体相交

1. 平面与棱柱相交

棱柱的表面投影有积聚性，求截交线时应充分利用这一特性。

【例 4-6】　如图 4-13 所示，求四棱柱被正垂面 P 截切后的水平投影和侧面投影。

分析：由图 4-13 中的正面投影可知，直立四棱柱的四个棱面及上顶面均被正垂面 P 所截，因此，截交线为五边形。可先求出被截到的三条棱线与 P 平面的交点Ⅰ、Ⅱ、Ⅴ（交点法），再求出上顶面与 P 平面的交线Ⅲ、Ⅳ（交线法），即可完成作图。

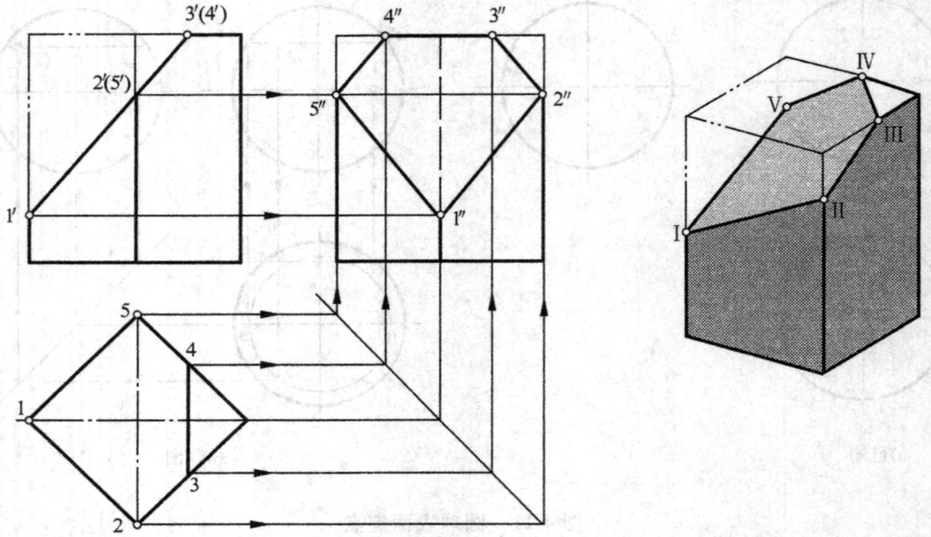

图 4-13　正垂面切割四棱柱

作图步骤：

1）求截交线各折点：利用已知标出各折点的正面投影 1′、2′（5′）、3′（4′），利用棱线及棱面的水平积聚投影求出 1～5 各点，再依据“二补三”，求出 1″～5″各点。

2）连线并判别可见性：将位于同一棱面上两点的同面投影依次连接，得到截交线的 H、W 面投影，均为可见。

3）整理形体各棱线，可见线段为粗实线，不可见线段为细虚线。

实际上，一个几何形体通常不仅被一个截平面所截切，也可被多个平面所截切，从而产生切口，如图 4-14 所示，这类形体被称为**切割体**。求作切割体投影图的关键是作出切口线的投影，而切口线主要就是各截平面与立体表面相交的截交线。另外，还要求作相交的各截平面之间的交线，最后，再整理形体的各棱线（曲面体为轮廓线）的投影。

【例 4-7】　如图 4-14 所示，求切口三棱柱的水平投影和侧面投影。

分析：从给出的正面投影可知，三棱柱的缺口是由两个正垂面 P、Q 和水平面 R 截切而成的，每个截平面都是与三棱柱前、后两个棱面相交，各有两段表面截交线。切口线的正面投影积聚在各截平面的正面积聚投影上，其侧面投影则积聚在三棱柱棱面的侧面积聚投影上，因此，该题需要求作的主要是水平投影。

作图步骤：

1）求切口的表面截交线。首先，在正面投影上标出切口线的各折点 1′、2′（3′）、4′（5′）、6′。其次，在棱柱表面的侧面积聚投影上，对应找到各折点的侧面投影 1″（6″）、2″（4″）、3″（5″）。再依据“二补三”作图，求作各折点的水平投影 1、2、3、4、5、6。最后，将各点依次连线，即得棱柱前后两棱面上切口表面交线的水平投影，均为可见。

2）求各截平面之间的交线。画出 P、R 截平面的交线ⅡⅢ，Q、R 面的交线ⅣⅤ，其水平投影和侧面投影均不可见，且侧面投影重叠。

3）整理形体各棱线。将立体切割后剩余的棱线绘至截交线的各折点，注意可见性。

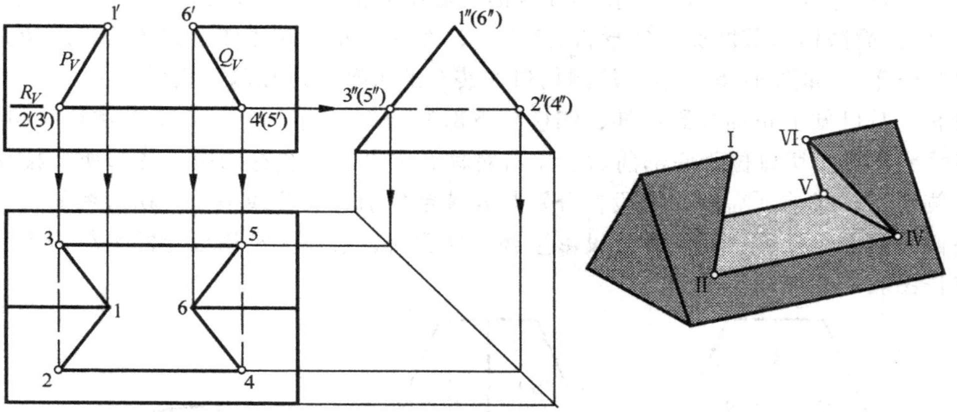

图 4-14　棱柱切割体

2. 平面与棱锥相交

【例 4-8】　如图 4-15 所示，已知三棱锥被正垂面 P 所截，求其截交线和断面实形。

分析：由图 4-15 中正面投影可知，截平面 P 与三棱锥的三个棱面相交，截交线为三角形。可用**交点法**求出三条棱线与正垂面 P 的交点Ⅰ、Ⅱ、Ⅲ后，再依次连成截交线。截交线的正面投影积聚在 P 平面上，只需求其水平投影和侧面投影。

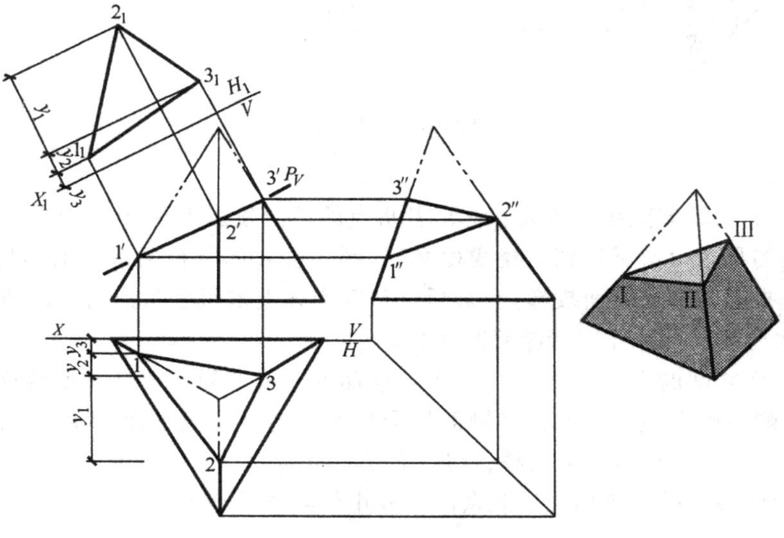

图 4-15　正垂面切割三棱锥

作图步骤：

1）求截交线各折点。首先，利用 P_V 正面投影的积聚性标出三个折点的正面投影 1′、2′、3′，再分别过其作投影到相应的棱线上。**注意：**棱线为侧平线上的折点Ⅱ，应先求出点 2″，再由点 2′、2″，求出点 2。

2）连线并判别可见性。将位于同一棱面上的两折点依次连线，求得截交线的水平投影和侧面投影，均为可见。

3）整理形体各棱线。将水平投影和侧面投影中未被截切的棱线用粗实线画至各折点。

4）用换面法作出截断面的实形$\triangle 1_1 2_1 3_1 1_1$，即△ⅠⅡⅢ（作图请读者自行思考）。

【例 4-9】 如图 4-16 所示，绘制切口四棱台的水平投影和侧面投影。

分析：从已知的正面投影可知，四棱台下部的切口是由一个水平面 *P* 和两个侧平面 *Q*、*R* 截切而形成的。切口位于底部前后、左右对称。水平切口线有四段，各与所在棱面的底边平行；侧平切口线前、后各有两段，分别与四棱台的前、后棱线平行。切口线的正面投影积聚在各截平面上，且前、后两部分投影重叠。作图时，应充分利用以上的平行关系。本题用**交线法**作图。

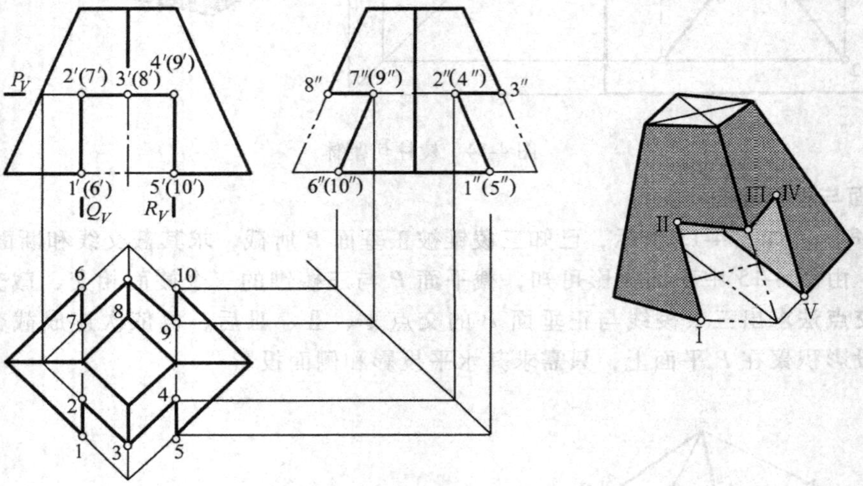

图 4-16 棱台切割体

作图步骤：

1）求切口的表面截交线。首先，标出各折点的正面投影 1′～10′。然后，将各截平面扩大（将截平面的积聚投影延长到与棱线相交），利用各自的平行关系，求其与四棱台的截交线（先作水平投影，再求侧面投影）。最后，从截交线上求得各折点对应的投影 1～10 和 1″～10″，并依次连线，具体作图请参阅图 4-16。

2）求截平面之间的内部交线。求作 *P* 与 *Q* 面的交线ⅡⅦ，*P* 与 *R* 面的交线ⅣⅨ，它们的水平投影和侧面投影均不可见，且侧面投影重叠。另外，截平面 *Q* 和 *R* 与棱台底面也有交线，即ⅠⅥ、ⅤⅩ，只是投影重叠，请读者自行分析。

3）整理形体各棱线。将切割后剩余的棱线用粗实线绘至各折点。

4.2.2 平面与曲面立体相交

平面与曲面立体相交所得截交线一般为平面曲线。截交线上的每一点均为截平面和曲面体表面的共有点。因此，只要求作足够的共有点，依次连成光滑曲线，即求得截交线。这里**需要注意**：求共有点时，应先求出各特殊点，即位于曲面体投影轮廓线上的点、截平面之间交线上的点、椭圆曲线长、短轴的端点等，然后，再均匀地求作一对或两对一般点。求共有点的基本方法有**素线法、纬圆法和辅助平面法**。

1. 平面与圆柱相交

根据截平面与圆柱轴线的相对位置不同，圆柱的截交线具有矩形、圆和椭圆三种形状，见表 4-1。

表 4-1 圆柱截交线

截平面位置	平行于轴线	垂直于轴线	倾斜于轴线
立体图	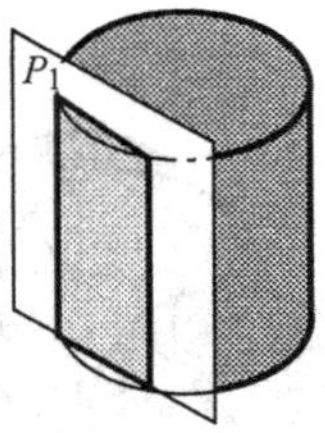	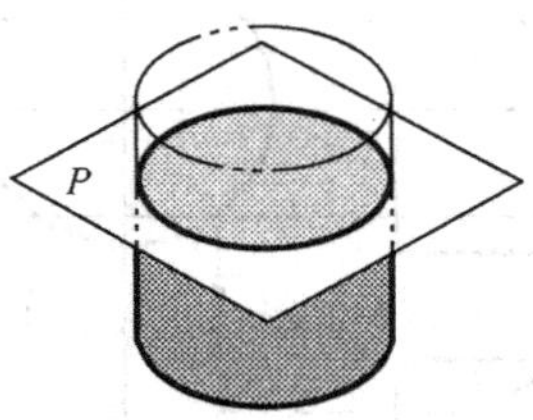	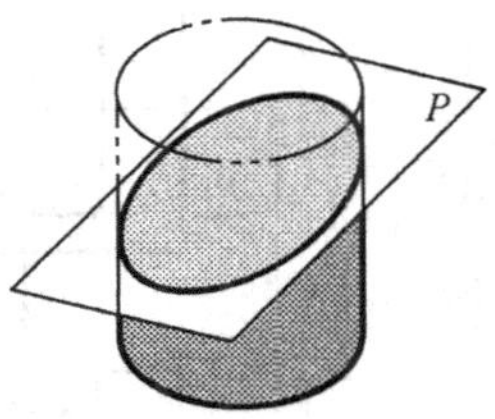
投影图	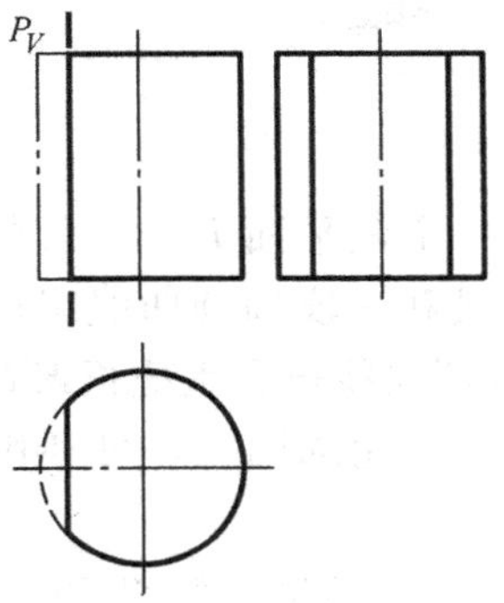	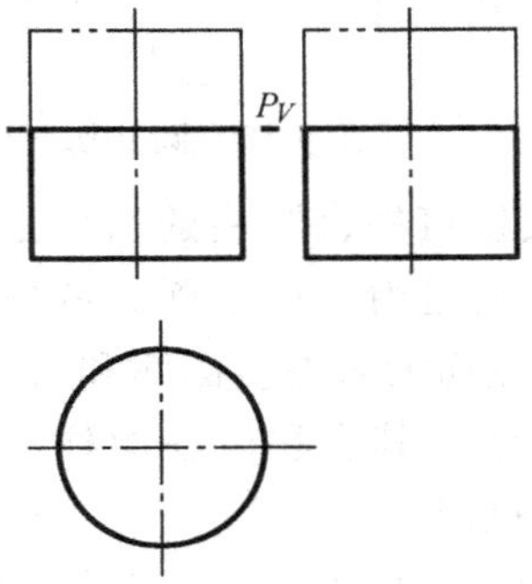	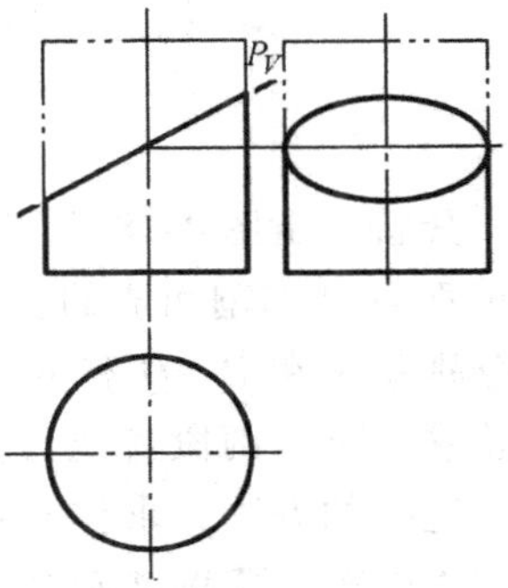
截交线形状	矩形	圆	椭圆

【例 4-10】 如图 4-17 所示，求圆柱被正垂面 P 所截后的水平投影和侧面投影。

分析： 由图 4-17 中正面投影可知，截平面 P 与圆柱轴线倾斜，截交线应为一个椭圆。椭圆的正面投影积聚在 P 上，水平投影则积聚在圆柱面的水平投影轮廓圆上，只需求其侧面投影。侧面投影为不反映实形的椭圆，作图时，可求作曲线上八个点的投影，依次连接成光滑曲线即可。根据图 4-17 中 P 平面的位置可观察到：正平线Ⅰ、Ⅱ为投影椭圆的短轴，正垂线Ⅲ、Ⅳ为投影椭圆的长轴，点Ⅰ～Ⅳ为特殊点，点Ⅴ～Ⅷ为一般点。

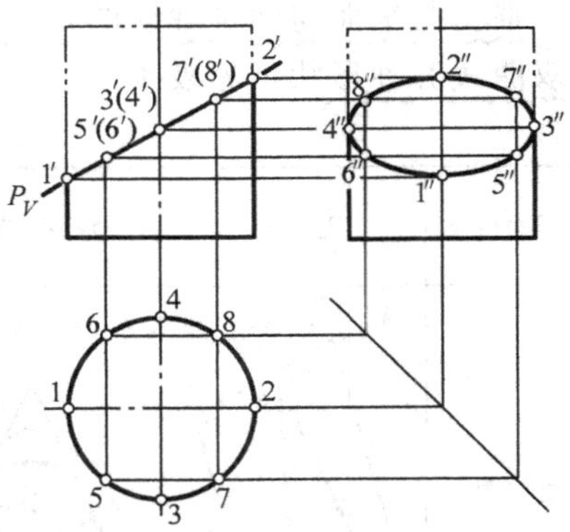

图 4-17 正垂面切割圆柱

作图步骤：

1）在椭圆曲线的正面积聚投影上，标出其长、短轴端点的投影 1′、2′、3′（4′），再均匀、对称地选取两对一般点 5′（6′）和 7′（8′）。

2）利用圆柱体表面上定点的方法，先求作各点的水平投影，再依据“二补三”求出其侧面投影。

3）将各点依次光滑连接，并整理轮廓线，即求得被切割圆柱的侧面投影。

【例 4-11】 如图 4-18 所示，求圆柱切割体的水平投影和侧面投影。

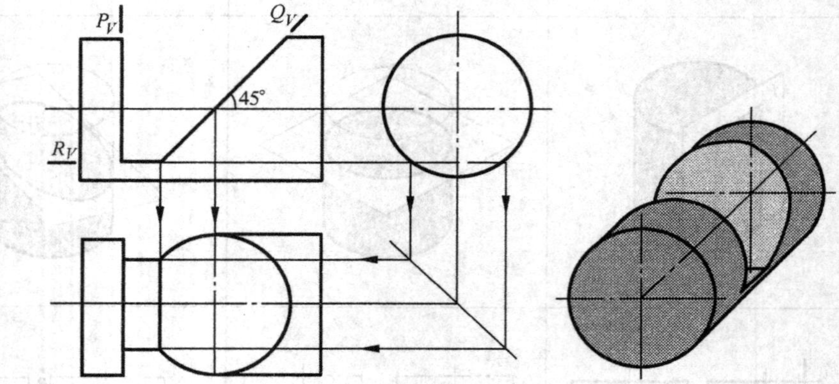

图 4-18 圆柱切割体

分析：由图 4-18 中正面投影可知，圆柱的切口是由一个侧平面 P、一个水平面 R 和一个正垂面 Q 切割而成的。切口线是由一段圆弧、两段直线和一段椭圆曲线组成，其正面投影分别积聚在 P、Q 和 R 上，侧面投影左侧圆弧和右侧椭圆曲线投影重叠积聚在圆柱侧面投影轮廓圆上，两段直线为侧垂线，其也积聚在圆柱侧面投影轮廓圆上。可利用圆柱面上定点、定线的方法，求作其水平投影。

作图时，**需要特别注意**：由于题中已知的正垂面 Q 与圆柱的轴线倾斜 45°角，此时求得截交线为椭圆的长、短轴的水平投影长度相等，均等于该圆柱的直径，也就是说此椭圆的水平投影为圆（圆心在轴线上，半径为该圆柱的半径），作图时必须用圆规绘制。作图步骤略。

2. 平面与圆锥相交

根据截平面与圆锥轴线的相对位置不同，圆锥上的截交线具有直线、圆、椭圆、抛物线和双曲线五种形状，见表 4-2。

表 4-2 圆锥截交线

截平面位置	过顶点	垂直于轴线	倾斜于轴线	平行于一条素线	平行于轴线
立体图	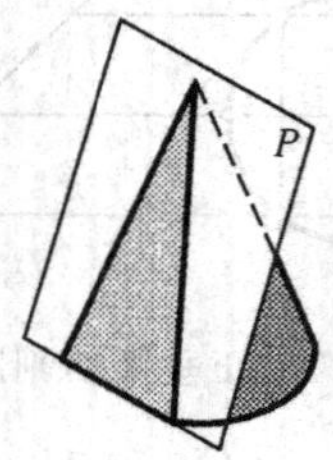	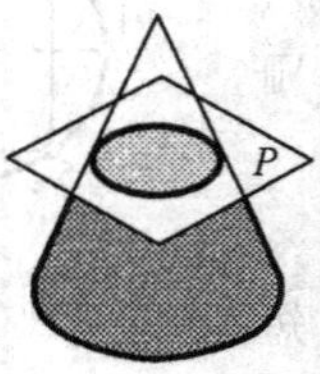	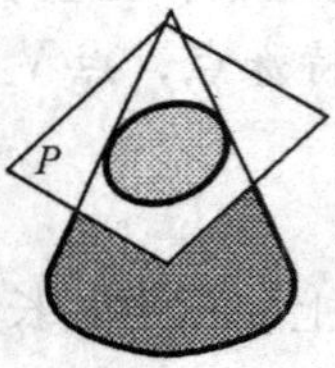	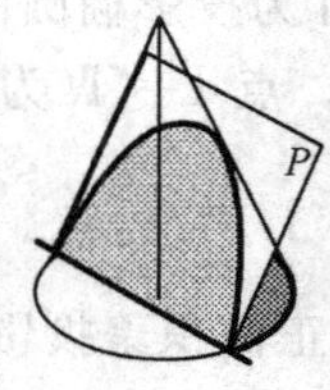	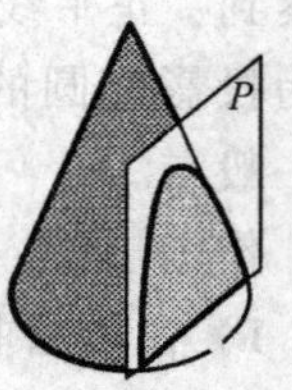

（续）

截平面位置	过顶点	垂直于轴线	倾斜于轴线	平行于一条素线	平行于轴线
投影图	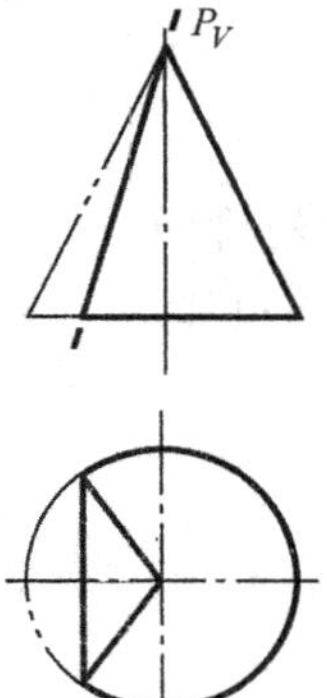	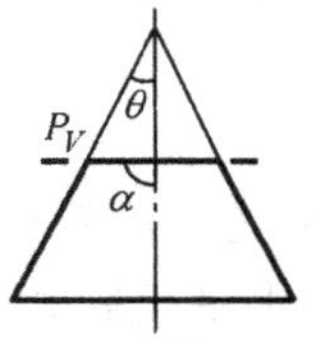 $\alpha=90°$	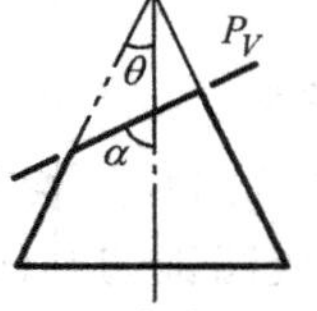 $\alpha>\theta$	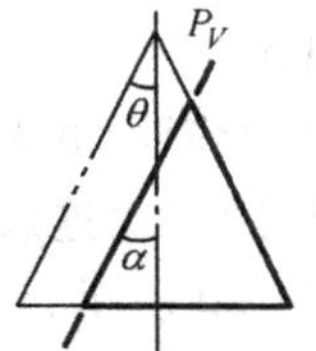 $\alpha=\theta$	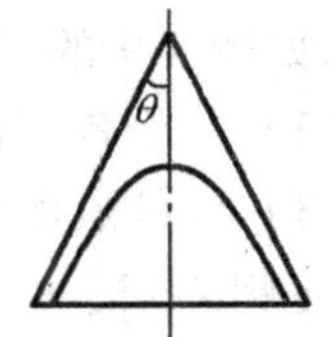 $\alpha=0$
截交线形状	两条素线	圆	椭圆	抛物线	双曲线（一叶）

求作圆锥上截交线的投影，需利用圆锥面上定点的作图，即利用**素线法**或**纬圆法**求作截交线上若干个点的投影后，依次连线，并判别可见性，最后，整理轮廓线。

【例 4-12】 如图 4-19 所示，求圆锥被正垂面 P 截切后的水平投影和侧面投影。

分析：由图 4-19 中正面投影可知，截平面 P 与圆锥的所有素线都相交，截交线为椭圆。椭圆的正面投影积聚在 P 平面上，为一段直线，水平投影和侧面投影仍为椭圆，但不反映

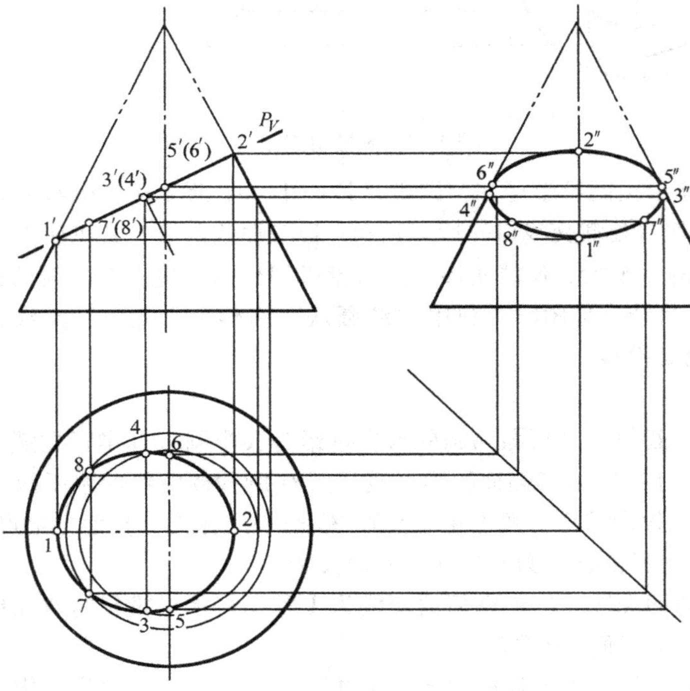

图 4-19　正垂面切割圆锥

实形，需求作各点，并连线。

作图步骤：

1）在正面积聚投影上，确定特殊点：1′、2′、3′、(4′)为长、短轴的端点（点3′、(4′)位于1′2′连线的中点）；5′(6′)为圆锥侧面投影轮廓线上的点。再求作一对一般点7′(8′)，作图如图4-9的**“纬圆法”**。

2）求作各点的水平投影和侧面投影。

3）将各点的同面投影依次连成光滑曲线，均为可见，最后整理轮廓线。

【例4-13】 如图4-20所示，完成圆锥切割体的水平投影和侧面投影。

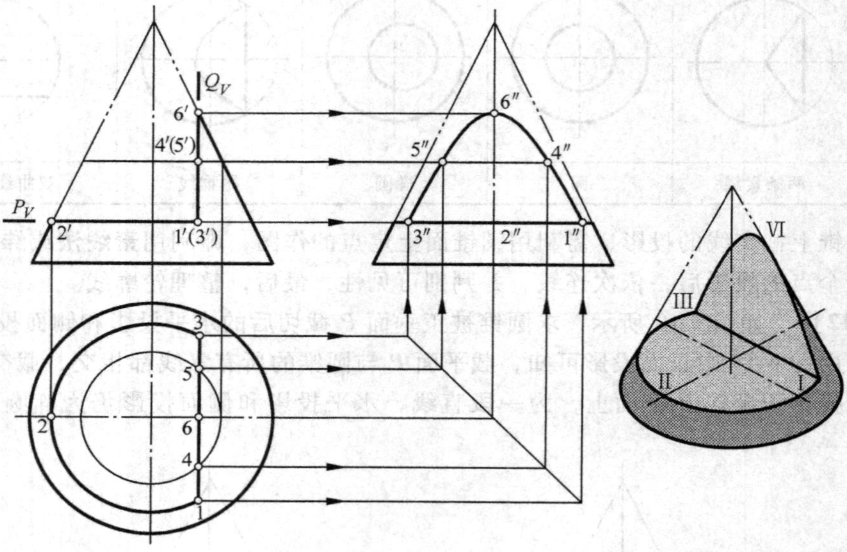

图4-20 圆锥切割体

分析：由图4-20中正面投影可知，圆锥是被一个水平面P（⊥轴线）和一个侧平面Q（∥轴线）所切割。切口处截交线由一段圆弧和一段双曲线组成，其正面投影分别积聚在P_V和Q_V上。圆弧曲线的水平投影反映实形、侧面投影积聚为直线；双曲线的侧面投影反映实形、水平投影积聚为直线。作图时，利用**“纬圆法”**在锥面上定点、定线，即可完成该切割体的水平投影和侧面投影。

作图步骤：

1）求作截交线。截平面P所截纬圆的水平投影为大半圆，其半径在截平面上从轴线量至点2′，再依据“二补三”求其侧面投影；截平面Q所截双曲线的水平投影（积聚为直线段），根据其正面积聚投影求作一般点4′（5′），依据“二补三”锥面上定点求得点4″、5″及各点，并依次连成光滑曲线即为双曲线的侧面投影。

2）求截平面之间的交线。P与Q面的交线为ⅠⅢ，其水平投影与双曲线的水平投影重叠，侧面投影与圆弧的侧面投影重叠。

3）整理形体的轮廓线。水平投影中锥底轮廓圆是完整的，侧面投影中圆锥的前、后轮廓线从底面到水平圆弧截交线为止。

3. 平面与圆球相交

无论截平面与球的相对位置如何，平面与球面相交所得截交线只有圆一种形状。

当截平面与投影面平行时，截交线圆在该投影面上的投影反映实形，其他两面投影积聚为直线段，线段长度等于截交线圆的直径。

当截平面与投影面倾斜时，截交线圆在该投影面上的投影为椭圆。作图时，只能利用**“纬圆法”**在球面上定点，求作椭圆上若干个点的投影，依次光滑连接即可。

【例 4-14】 如图 4-21 所示，求作球面被正垂面 P 截切后的水平投影和侧面投影。

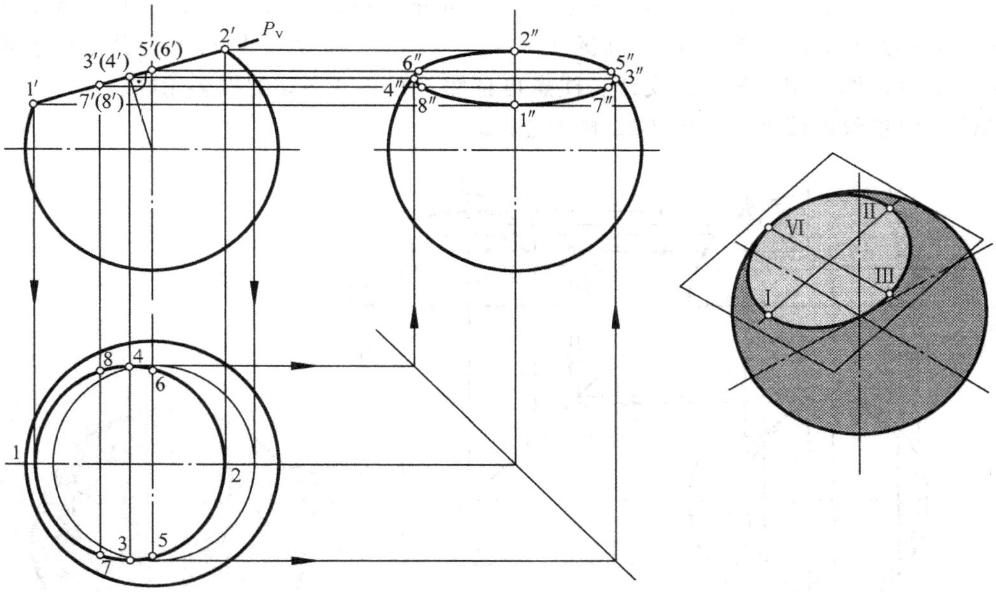

图 4-21　正垂面切割圆球

分析：由图 4-21 中正面投影图可知，截平面 P 为正垂面，它与球面相交所截交线圆的正面投影积聚在 P 上，该积聚投影与球的正面投影轮廓线的交点 1′、2′连线长等于截交线圆的直径；截交线圆的水平投影和侧面投影均为椭圆。作图时，可在其正面积聚投影上标出所有特殊点和两个一般点，用球面上定点的方法（即**“纬圆法”**），求作各点的水平投影和侧面投影，再将它们的同面投影依次连成椭圆曲线。

作图步骤：

1）在截交线圆的正面积聚投影上确定特殊点 1′、2′、3′、(4′)（长、短轴的端点）；5′(6′)（侧面投影轮廓线的点）以及一般点 7′(8′)。

2）依据特殊点 1′、2′求作点 1、2 在横向中心线上，点 1″、2″在竖向中心线上；而点 3、4 和点 3″、4″需用**“纬圆法”**求作；点 5″、6″在侧面投影轮廓圆上，5、6 在竖向中心线上，点 7、8 和点 7″、8″的作图与求作点 3、4 的方法相同。

3）将所求各点的同面投影依次连成椭圆曲线，即求得截交线圆的水平投影和侧面投影。

4）整理形体的轮廓线。球的水平投影轮廓圆未被切割，应绘制完整的粗实线圆；侧面投影轮廓圆绘至点 5″、6″为止。

【例 4-15】 如图 4-22 所示，求作半球切割体的水平投影和侧面投影。

分析：由图 4-22 中正面投影图可知，半球切口由一个侧平面 P、一个水平面 Q 和一个正垂面 R 切割而成。左侧截交线为一段侧平圆弧，其侧面投影为实形，水平投影积聚为直线段；水平截交线为前、后对称的两段水平圆弧，其水平投影为实形，侧面投影积聚为直线段；右侧截交线为一段正垂圆弧，其水平投影和侧面投影均为椭圆曲线。各段截交线的正面投影分别积聚在 P、Q 和 R 上。另外，截平面 P 面与 Q 面、Q 面与 R 面之间的两条交线，均为直线，其水平投影可见，为粗实线；侧面投影重叠，且不可见，为细虚线。

作图时，对于水平圆弧和侧平圆弧反映实形的投影，要注意其圆心（球心）和半径大小的确定，并用圆规直接绘制。对于正垂圆弧，可先在正面积聚投影上标出特殊点（Ⅰ ~ Ⅴ）和一对一般点（Ⅵ、Ⅶ），用**"纬圆法"**求其各点，再连线，即可求得其水平投影和侧面投影。最后，作出切口的内部交线，注意可见性，并整理半球的投影轮廓线。

具体作图步骤请读者结合图 4-22 自行分析。

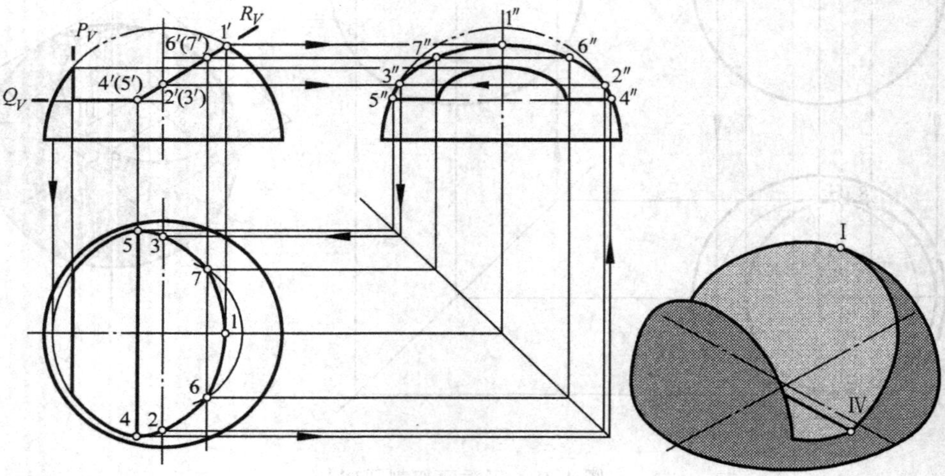

图 4-22　半球切割体

4.3　两立体相交

两立体相交，也称为**相贯**，其表面交线称为**相贯线**。

相贯线是两立体表面的共有线，相贯线上的点是两立体表面的共有点，并且相贯线又是两立体的分界线。

不同性质的两立体相贯，其相贯线的形状、作图方法也不相同。两立体相交包括：两平面立体相交、平面立体与曲面立体相交、两曲面立体相交。在此仅学习两曲面立体相交时投影图中相贯线的求法。

两曲面立体相交所求得相贯线，一般情况下为光滑封闭的空间曲线，特殊情况下为平面曲线或直线。下面分别来讨论这两种情况下相贯线的求法。

4.3.1　两曲面立体相交的一般情况

两曲面立体相交，在一般情况下相贯线为空间曲线，其投影仍为曲线。因此，求作相贯线时，首先，求出相贯线上一系列点（两曲面体表面的共有点）的投影，然后依次连成光滑曲线，其次，判别可见性（即只有两个可见面的交线才可见；否则，为不可见）；最后，整理曲面体轮廓线的投影。

※**应注意**：在求作一系列共有点时，必须首先求作相贯线上的特殊点，如所求曲线投影的可见性分界点、最高点和最低点、最前点和最后点、最左点和最右点以及与轮廓线的点等。

一般来说，特殊点位于参与相贯的曲面体投影轮廓线以及公共对称平面（由两回转体轴线相交或平行时所构成的平面，即将两立体及其相贯线分成对称的两部分）上。除特殊点外，至少还应求作一至两个（对）一般点，以便光滑、准确地求作相贯线的各面投影。

由于立体表面性质不同，求相贯线上共有点的方法可归纳为以下两种。

1. 利用立体表面投影的积聚性

如轴线垂直于投影面的圆柱与其他曲面立体相交时，可直接利用圆柱的积聚性确定相贯线上的各特殊点和一般点，然后，利用曲面立体表面上定点的方法，求作这些点的其他投影。

【例 4-16】 如图 4-23 所示，求轴线垂直相交、直径不等的两圆柱的相贯线。

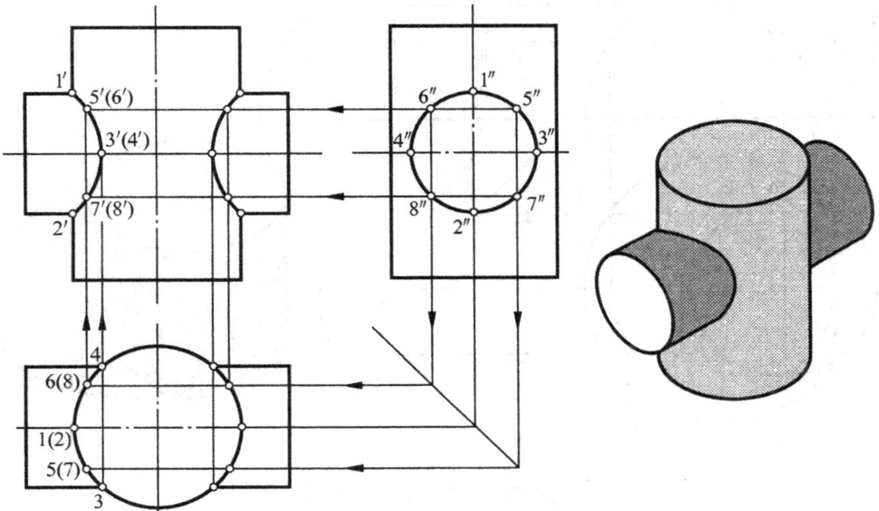

图 4-23 两圆柱相贯

分析：由图 4-23 可知，大、小两圆柱轴线垂直相交，小圆柱完全贯穿于大圆柱，称为**全贯**。相贯线是两组相同的空间曲线，且前后、上下对称。

由于大圆柱的水平投影及小圆柱的侧面投影均有积聚性，所以相贯线的水平投影积聚在小圆柱穿过的大圆柱之处的左、右两段圆弧上，其侧面投影积聚在小圆柱的侧面投影轮廓圆上。因此，只需求作相贯线的正面投影。由于相贯线前、后对称，且公共对称平面平行正面，所以，相贯线的正面投影前、后重叠。

作图步骤：（以下称大、小圆柱）

1）求特殊点。首先在相贯线的水平投影和侧面投影中，标出左侧相贯线上的最上、最下、最前、最后点 1（2）、3、4 和点 1″、2″、3″、4″；再依据“二补三”求作其正面投影点 1′、2′、3′（4′）。右侧相贯线上的各点与之完全对称。

2）求一般点。在相贯线的水平投影和侧面投影中，标出前、后、上、下对称的四个一般点 5（7）、6（8）和点 5″、6″、7″、8″，利用圆柱体表面上定点的方法，依次求作其正面投影点 5′（6′）、7′（8′）以及各对称点。

3）连线并判别可见性。将各点光滑连线（可见的一半与不可见的一半投影重叠）。

由于正面投影中两圆柱轮廓线之交点（1′、2′及对称点）就是所求相贯线上的点，因此，无需补绘轮廓线。

【例 4-17】 如图 4-24 所示，求圆柱与半球的相贯线。

分析：由图 4-24 可知，圆柱的水平投影有积聚性，其相贯线的水平投影则积聚在半球范围内之圆柱水平投影轮廓圆处，且前、后对称。需求作其正面投影和侧面投影。

因相贯线为两立体表面的共有线，现已知相贯线的水平投影，可利用球面上定点、定线的方法来求解。

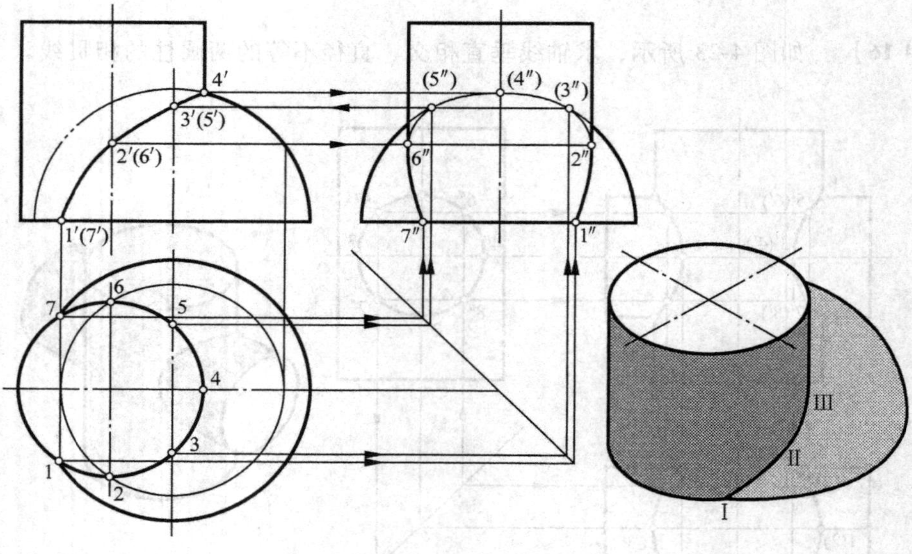

图 4-24　圆柱与半球相贯

由于圆柱和半球**共底互贯**，因此，该相贯线为一组不封闭的空间曲线。又因其公共对称平面平行正面，则相贯线的正面投影将前、后重叠。

作图步骤：

1）求特殊点。在水平投影中标出相贯线与中心线及半球投影轮廓线的交点 1～7，共七个特殊点。用**“纬圆法”**在立体表面上求作各点的另两面投影。

2）求一般点。在特殊点之间适当取一至两对一般点，同样用**“纬圆法”**在立体表面上求作其投影。

3）连线并判别可见性。在正面投影中，光滑连接点 1′—2′—3′—4′，为可见，并与不可见的线段投影重叠；在侧面投影中，光滑连接点 1″—2″和点 6″—7″，为可见，其余为不可见。

4）整理两立体的轮廓线。在正面投影中，参与相贯的圆柱最右轮廓素线与半球的投影轮廓线相交于点4′为止；在侧面投影中，圆柱的最前、最后轮廓素线从上至下分别交至点2″、6″贯入半球中，而半球的侧面投影轮廓线前、后分别从（3″）、（5″）贯入圆柱中，根据两立体的相交位置分析：圆柱轮廓在左，为可见，半球轮廓线在右，为不可见。

2. 利用辅助平面法

根据三面共点的原理，如图4-25所示，求作相贯线上的一系列共有点。

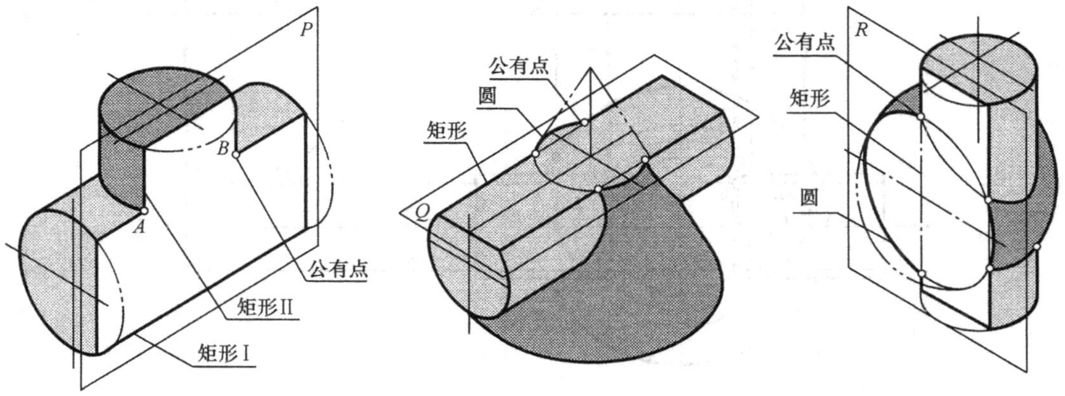

a) 同时平行于两柱轴线

b) 既平行于柱轴线又垂直于锥轴线

c) 同时平行于柱、球轴线

图4-25 辅助平面法

为了使作图既简单又准确，选择辅助平面时，必须使其与两个曲面立体所产生的截交线投影为直素线或圆。具体步骤如下：

1）在两立体相贯的公共部位，作一辅助平面（一般为投影面的平行面或垂直面）。

2）求辅助平面与两立体的截交线。

3）求两截交线的交点，即为共有点，也就是所求相贯线上的点。

重复以上步骤，则可以求作一系列共有点，即可求得相贯线。

※**需要注意**：为了准确求作某些特殊点，应首先考虑将辅助平面设在通过立体轮廓线或公共对称平面等位置上。

【例4-18】 如图4-26所示，求圆柱与圆锥的相贯线。

分析：由图4-26可知，圆柱与圆锥为**全贯**，则相贯线为两组相同的空间曲线，其侧面投影积聚在圆柱的侧面投影轮廓圆上，需求其水平投影和正面投影。由于两立体的公共对称平面平行正面，所以，相贯线的正面投影必前、后重叠，水平投影为两组完全相同的封闭曲线。

此题可选择辅助平面法求共有点。首先，选择过圆锥和圆柱轴线的正平面P（公共对称平面）作为辅助平面，这也是惟一可选的正平辅助面，其与两立体的截交线是它们各自的正面投影轮廓线，其交点是最高、最低共有点。其次，选择水平面作其他辅助平面最为合适，因为水平面与圆锥和圆柱的截交线是水平圆和直素线，其交点就是所求相贯线上的共有点。

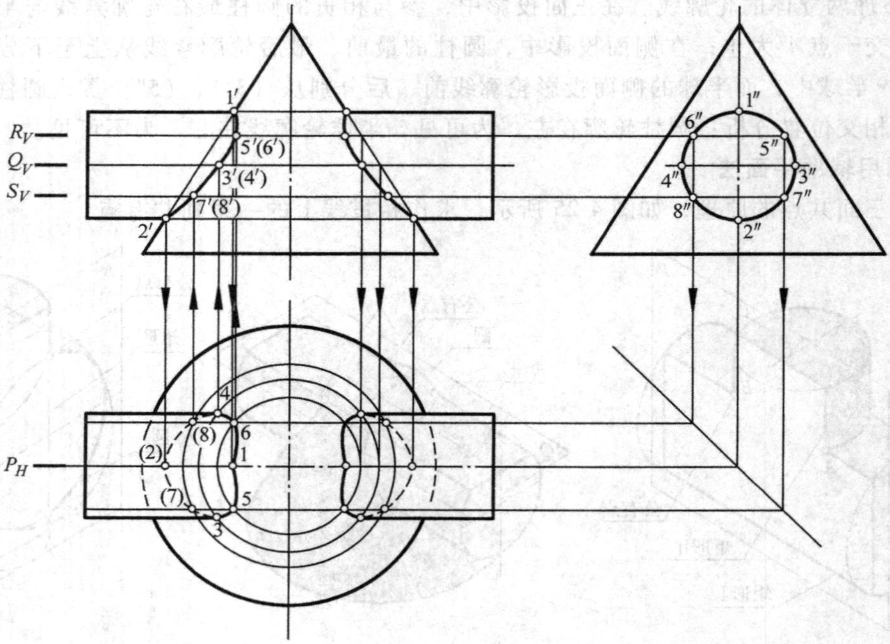

图 4-26　圆柱和圆锥相贯

作图步骤：

1）求特殊点。首先，过公共对称平面作正平面 P_H，截得两立体的正面投影轮廓线，其交点为 1′和 2′（只标注左侧这组相贯线，右侧同时对称作出），向下引线至 P_H 上得 1 和（2）。其次，再过圆柱的轴线作水平面 Q_V，得到点 3″、4″，Q_V 截圆柱为其水平投影轮廓线、截圆锥为水平纬圆，该纬圆与圆柱水平投影轮廓线相交得一对特殊点 3、4，向上引线至 Q_V 上得点 3′（4′）。

2）求一般点。在特殊点之间适当的位置作水平面 R_V，通过侧面投影求得 R_V 面与圆柱所截两条直素线（点 5″、6″）以及与圆锥所截纬圆水平投影，其相交得一对共有点 5、6，向上引线至 R_V 得点 5′（6′）。同理，再作与 R_V 面上下对称的另一水平面 S_V，可求得另一对共有点（7）、（8）和点 7′（8′）。

3）连线并判别可见性。在正面投影中，光滑连接点 1′—5′—3′—7′—2′为可见，并与之不可见的线段重叠。在水平投影中，光滑连接点 1—5—3—（7）—（2）—（8）—4—6—1，其中 3—（7）—（2）—（8）—4 段为不可见，其余为可见，点 3、4 为可见性分界点；

4）整理两立体的轮廓线。圆柱的水平投影轮廓素线从左侧自点 3、4 贯入圆锥，至右侧其对称点穿出，且投影可见。圆柱、圆锥的正面投影轮廓线均至交点 1′、2′及对称点为止。

4.3.2　两曲面立体相交的特殊情况

两曲面体相贯在特殊情况下相贯线为平面曲线或直线。下面介绍两种常见的情况。

1. 两回转体轴线重合（即同轴）

两回转体轴线重合时，相贯线为垂直于轴线的圆。如图 4-27 所示，当回转轴平行于某投影面时，相贯线纬圆在该投影面上的投影为连接两回转体投影轮廓线交点的直线段，且垂

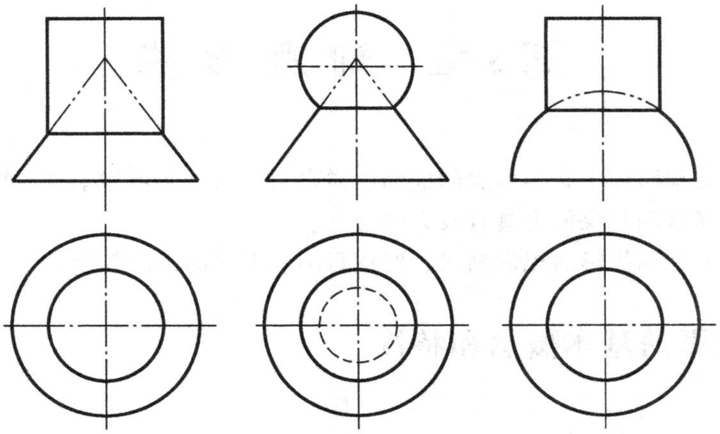

a) 锥、柱相贯　　b) 锥、球相贯　　c) 球、柱相贯

图 4-27　两回转体同轴相贯

直于轴线。

2. 两回转体轴线相交（正交或斜交）

两回转体轴线相交，且公切一球面时，相贯线为平面曲线——椭圆，如图 4-28 所示。图 4-28a 为两圆柱直径相等，轴线斜交的情况，相贯线为两个短轴相等、长轴不等的椭圆，椭圆的水平投影积聚在直立圆柱的水平投影轮廓圆上，其正面投影积聚为连接两圆柱正面投影轮廓交点的直线段。图 4-28b 为圆柱与圆锥轴线正交，且公切一球面，相贯线为两个大小相等的椭圆，其正面投影同样也积聚为连接其投影轮廓线交点的直线段，水平投影为不反映实形的椭圆，**注意**：其可见性的分界点为相贯线的正面投影与圆柱前、后轮廓线（轴线位置）的交点，圆柱上半部分相贯线的水平投影为可见（粗实线）；其下半部分相贯线的水平投影为不可见（细虚线）。

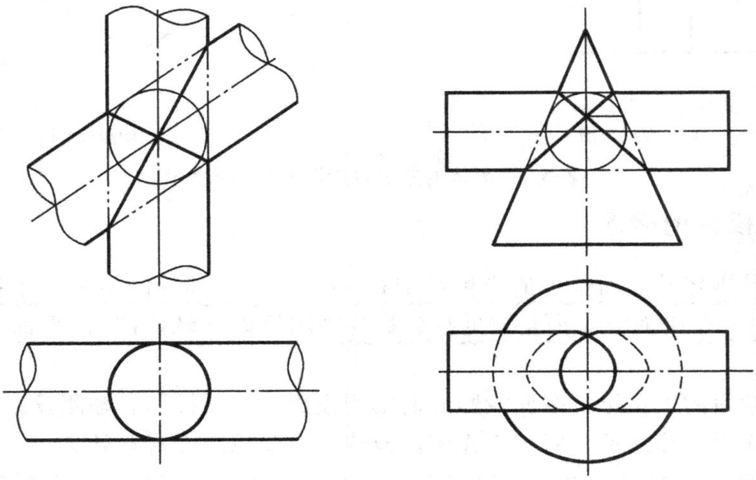

a) 两圆柱　　b) 锥与柱

图 4-28　两回转体公切于同一球面相贯

第5章 轴测投影

轴测投影是工程图样中必不可少的辅助图样之一。对于学习和掌握二维平面与三维空间的相互转化，提高空间想象能力具有较大的帮助。

本章重点学习轴测投影的规定画法，要注意不同形体的绘图技巧。

5.1 轴测投影的基本概念和特性

5.1.1 轴测投影的基本知识

工程上通常采用的图样表达方法是用正投影法绘制的多面正投影图，如图 5-1a 所示。这种图样画法简单，能够正确地显示形体各个侧面的形状和尺寸，便于施工。但这种多面正投影图立体感差，读图较难。图 5-1b 是该物体的立体图，容易读图，立体感强，但不能真实地反映形体形状和大小，所以，工程上常以立体图作为辅助图样来弥补多面正投影图的不足，以帮助读者分析读懂正投影图。

在实际工程投、招标过程中，必须绘制建筑构造的立体图，给人以直观、易读的最佳效果。

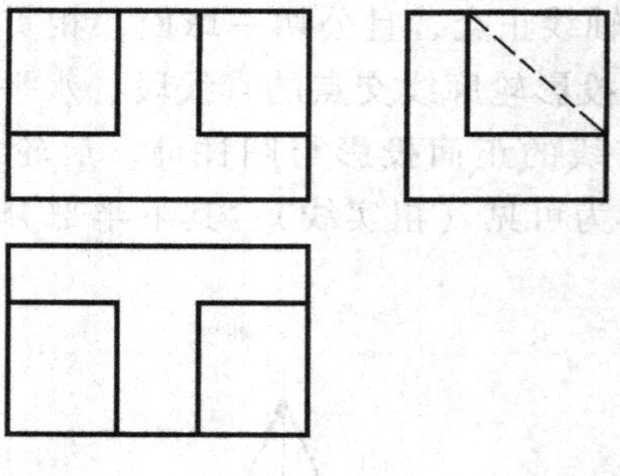

a)三面投影图

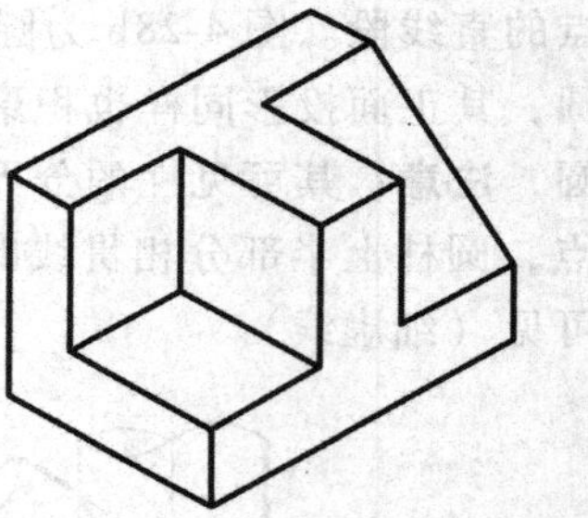

b)轴测投影图

图 5-1 形体的三面投影图和轴测投影图

5.1.2 轴测投影的概念

将形体连同确定其空间位置的坐标系 OX、OY、OZ 一起，沿不平行于任一坐标平面的方向 S，投射到一个平面 P 上所得到的投影称为**轴测投影**（轴测图）。平面 P 称为**轴测投影面**。

前面已经学习的正投影是多面投影，而轴测投影是单面投影。轴测投影绘制步骤比较麻烦，但掌握其作图规律之后，对徒手作图以及建立空间思维大有益处。

如图 5-2a 所示，当投射方向 S 垂直投影面 P 时，所得的投影称为**正轴测投影**（正轴测图）。如图 5-2b 所示，当投射方向 S 与投影面 P 倾斜时，所得投影称为**斜轴测投影**（斜轴测图）。

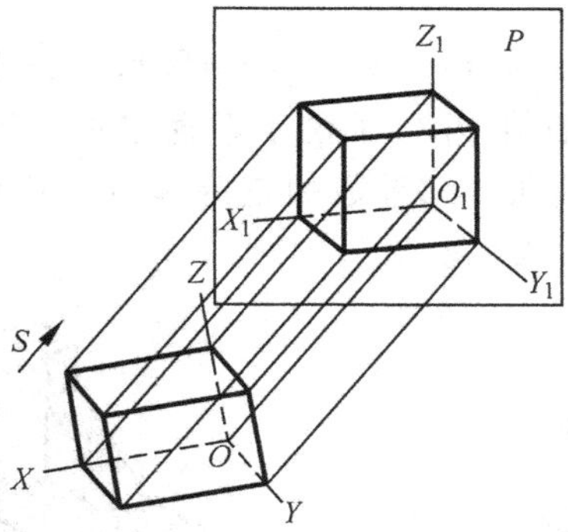

a)正轴测图

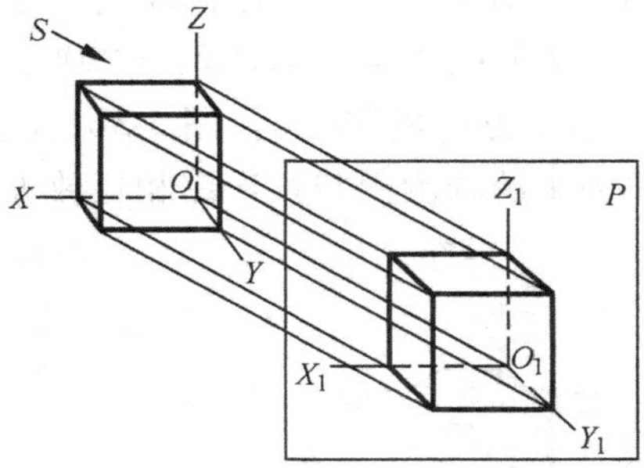

b)斜轴测图

图 5-2　轴测图的分类

5.1.3　轴间角和轴向伸缩系数

在轴测投影中，轴测投影面 P 上的 O_1X_1、O_1Y_1、O_1Z_1，称为**轴测轴**。轴测轴之间的夹角 $\angle X_1O_1Y_1$、$\angle Y_1O_1Z_1$ 和 $\angle X_1O_1Z_1$ 称为**轴间角**。在形体的长、宽、高三个方向轴测轴的单位长度和空间坐标轴的单位长度之比称为**轴向伸缩系数**，分别用 p、q、r 表示，即 $p=O_1X_1/OX$　$q=O_1Y_1/OY$　$r=O_1Z_1/OZ$

轴间角和轴向伸缩系数是轴测投影中的重要参数，当空间坐标轴 O-XYZ 与投影面 P 的倾角发生变化，或者投射方向与投影面夹角发生变化时，轴间角和轴向伸缩系数都将发生变化。不同的轴间角和轴向伸缩系数对应不同的轴测图。因此，确定轴间角和轴向伸缩系数是绘制轴测投影图的关键。

5.1.4　轴测投影的特性

轴测投影不仅是单面投影，而且属于平行投影，所以平行投影中的基本性质（如平行性、从属性、度量性和定比性等）在轴测投影中是不变的，绘图时应该充分利用这些性质。

5.2　正轴测投影

当投射方向 S 与轴测投影面 P 垂直，三个坐标面 XOY、YOZ 和 XOZ 与轴测投影面 P 倾斜的角度都相等，这种条件下所得的投影称为**正轴测投影**。在正轴测投影中，如果三个轴向伸缩系数都相等（即 $p=q=r$），则称为**正等轴测投影**（简称正等测）；如果两个轴向变形系数相等，一个与之不等（即 $p=q\neq r$ 或 $p\neq q=r$ 或 $p=r\neq q$），称为**正二测轴测投影**（简称正二测）；如果三个轴向伸缩系数都不相等（即 $p\neq q\neq r$），则称为**正三测轴测投影**（简称正三测）。

工程上常用的轴测投影为正等测图，它的画法简单，立体感强。作图时应重点掌握正等测的轴间角、轴向伸缩系数和正等测图的画法。

5.2.1 正轴测投影的轴间角和轴向伸缩系数

如图 5-3a 所示，在正等测条件下，三个轴向伸缩系数相等 $p=q=r\approx 0.82$，三个轴间角 $\angle X_1O_1Y_1=\angle Y_1O_1Z_1=\angle X_1O_1Z_1=120°$。画图时，一般将 O_1Z_1 轴位于竖直方向，O_1X_1 轴和 O_1Y_1 轴与水平方向成 30°角。图 5-3b、c 为采用不同轴向伸缩系数的正等测图。显然，两者之中系数为 1 的轴测图与投影图相比放大了 1/0.82 = 1.22 倍。

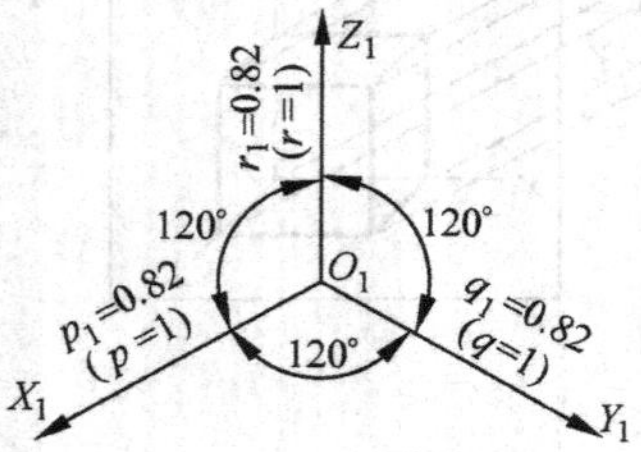

a)轴间角和轴向伸缩系数

b)系数为0.82的正等测图

c)系数为1的正等测图

图 5-3　正等测投影

5.2.2 正等测图的画法

绘图时，首先确定形体在空间的坐标原点及坐标轴，其次选择投射方向，即确定从哪个角度来观察形体更有利于表达清楚。下面举例说明正等测图的画法。

1. 坐标法

根据形体的正投影图确定形体各点、线的尺寸，再将相应的各部分绘制到轴测体系中，最后完成全部作图。这种绘制轴测图的方法称为**坐标法**。

【例 5-1】 如图 5-4 所示，作三棱锥的正等测图。

作图步骤：

1）把坐标原点 O 定于三棱锥底面的右角点，OX、OY、OZ 轴如图 5-4a 所示。

2）绘制正等测轴测体系，如图 5-4b 所示。

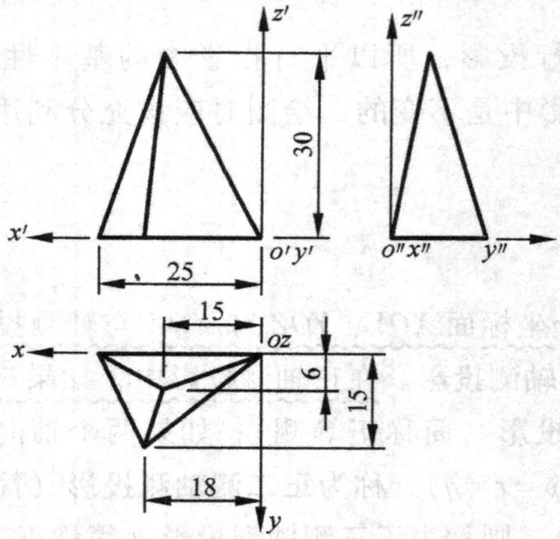

a) 确定坐标系，并量取各点坐标

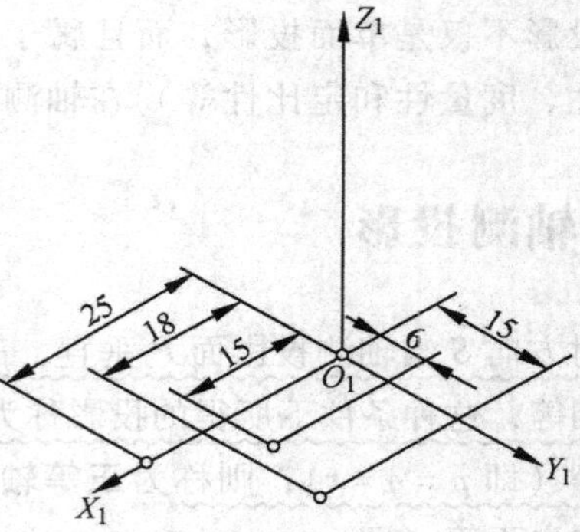

b) 绘制轴测轴，确定底面各点

图 5-4　坐标法绘制三棱锥的正等测图

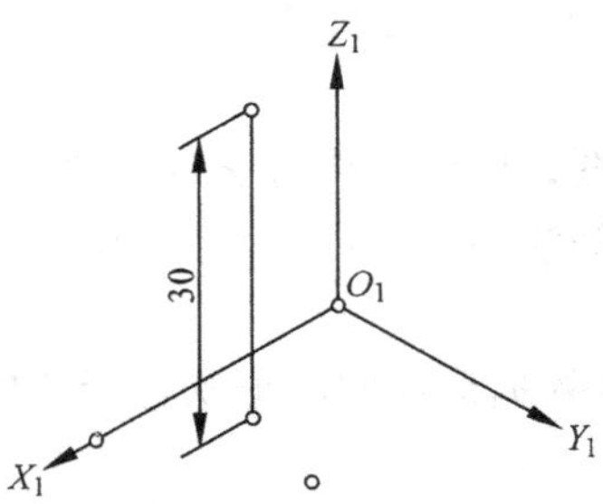

c) 确定锥高

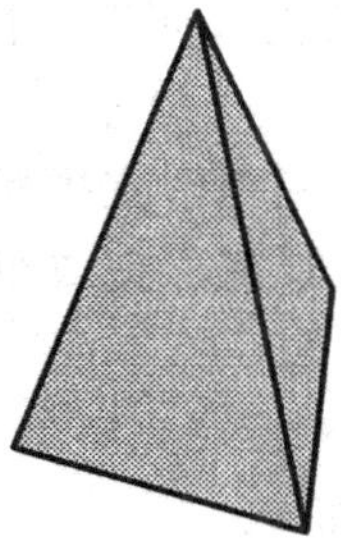

d) 连接各点，完成作图

图 5-4　（续）

3）根据三棱锥底面的长、宽坐标，绘制其四个角点的正等测图，根据棱锥的高度，通过锥顶点在锥底面的竖直向上量取其高，如图 5-4c 所示。

4）连接三棱锥的各角点，擦去多余图线，并加深可见的图线，如图 5-4d 所示。

2. 叠加法

将比较复杂的组合体采用形体分解成若干部分，依次将各个部分绘制而成。这种绘制轴测图的方法称为**叠加法**。

【例 5-2】　如图 5-5a 所示，作组合体的正等测图。

图 5-5a 所示的形体是由几个基本几何体叠加而成的组合体，采用叠加法绘图比较容易理解，即先由形体的下部至上部或由大块形体到小块形体叠加的方法绘制。

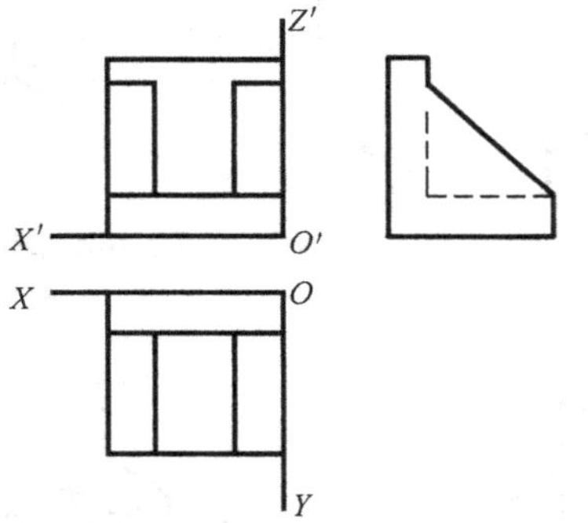

a) 正投影图

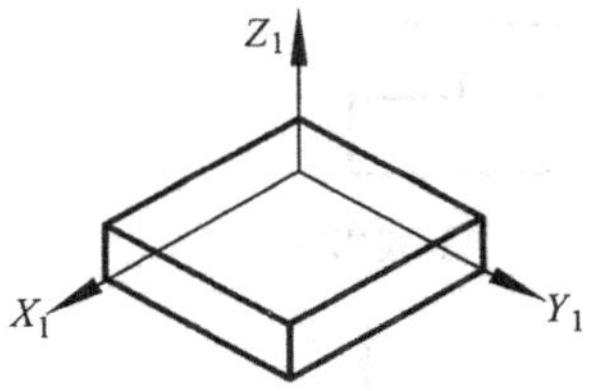

b) 绘制底板

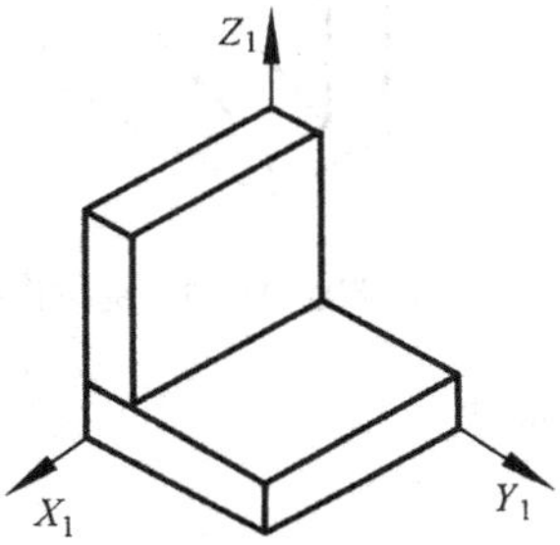

c) 绘制竖板

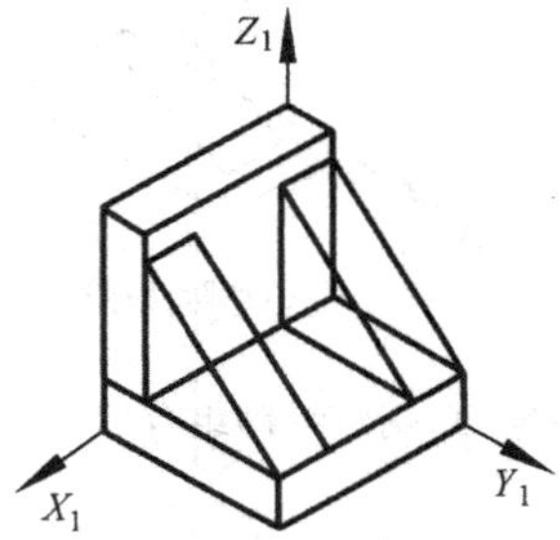

d) 绘制支撑板

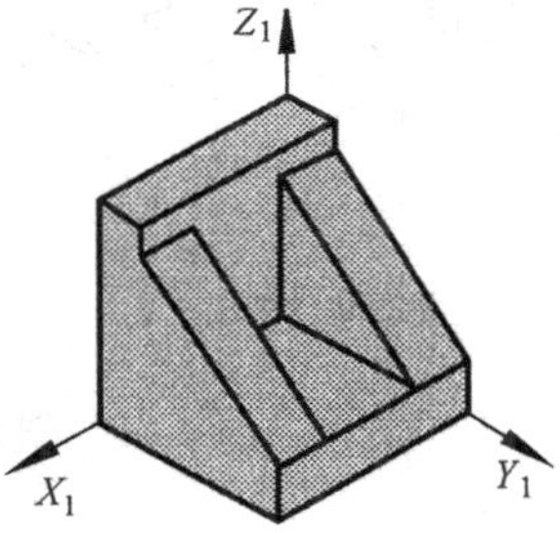

e) 完成作图

图 5-5　叠加法绘制组合体的正等测图

作图步骤：

1）绘制矩形底板的正等测图，如图 5-5b 所示。

2）绘制矩形竖板的正等测图，注意与底板的相对位置（左、右、后三面靠齐），如图 5-5c 所示。

3）绘制左、右两侧三角形支撑板的正等测图，同样要注意它的位置，如图 5-5d 所示。

4）擦去多余线条，加深、完成组合体的正等测图，如图 5-5e 所示。

3. 切割法

将形体按其总体尺寸绘制完整的几何体，在依据形体实际形状进行相应的切割。这种绘制轴测图的方法称为切割法。

【例 5-3】 切割体的正投影图如图 5-6a 所示，作切割体的正等测图。

图 5-6a 所示组合体是由长方体经过切割而形成的，其轴测图可以采用切割法绘制。

作图步骤：

1）确定组合体的尺寸，如图 5-6b 所示。

2）根据组合体的总体尺寸绘制四棱柱的正等测图，如图 5-6c 所示。

3）用正垂面和正平面截切长方体，如图 5-6d 所示。

4）再根据该组合体的形状继续切割，切除后半部分中间的槽，如图 5-6e 所示。

5）擦去多余的线条、加深图线，完成组合体的正等测图，如图 5-6f 所示。

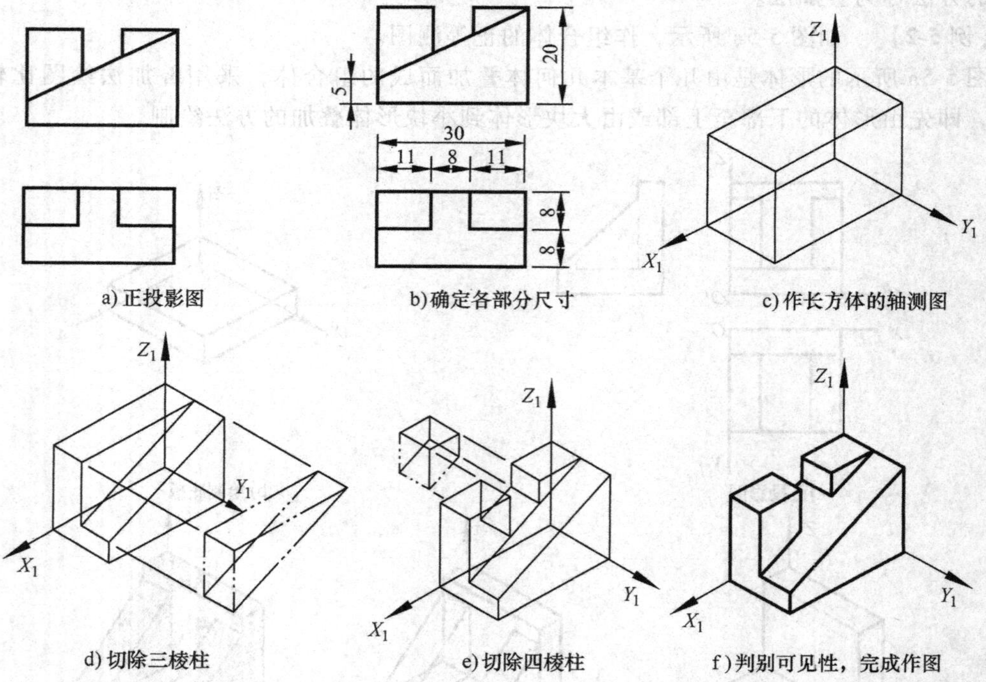

a) 正投影图　　b) 确定各部分尺寸　　c) 作长方体的轴测图

d) 切除三棱柱　　e) 切除四棱柱　　f) 判别可见性，完成作图

图 5-6　切割法绘制组合体的正等测图

5.3　圆的正等测投影

1. 平行于坐标面的圆的正等测图

平行于坐标面的圆的正等测图是椭圆，其最常用的方法是“以方求圆”，即作已知圆的

外接正方形，首先作正方形的正轴测图，然后应用“四心法”绘制内切圆，如图 5-7 所示。

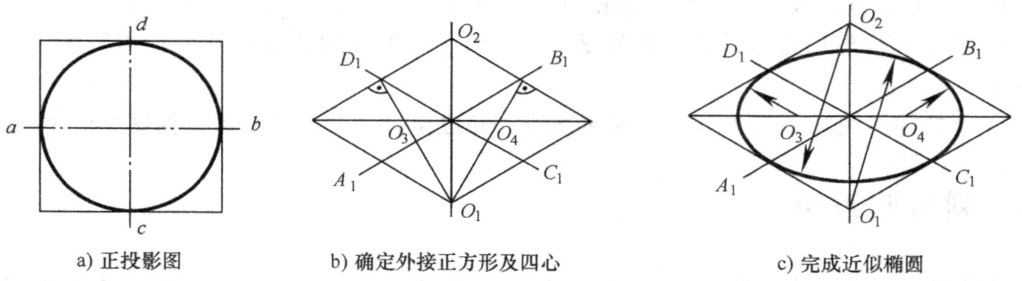

图 5-7　水平圆的正等测图

圆所平行的投影面不同，其形状都是椭圆，但是它们长、短轴的方向不同。如图 5-7 所示，水平圆对应的椭圆的长轴垂直于 O_1Z_1 轴；又如图 5-8 所示，正平圆对应的椭圆的长轴垂直于 O_1Y_1 轴；侧平圆对应的椭圆的长轴垂直于 O_1X_1 轴。

轴测投影为椭圆的画法除了采用图 5-7 的“四心法”以外，还可以采用“八点法”，这些方法已在前面学习过。

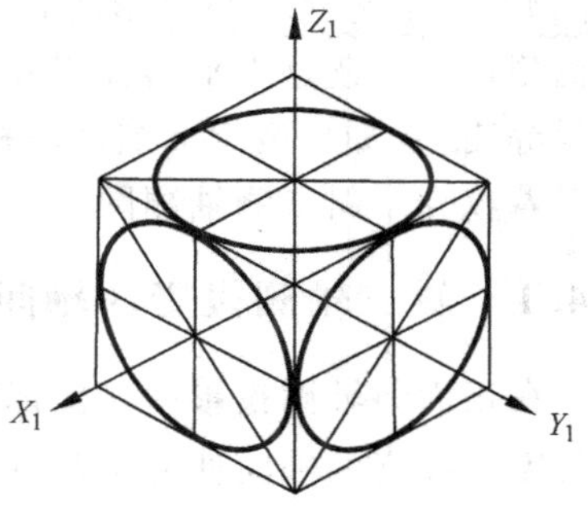

图 5-8　平行于不同投影面圆的正等测

2. 圆柱组合体的正等测图

【例 5-4】　组合体的正投影图如图 5-9a 所示，作组合体的正等测图。

分析：组合体由底板和竖板两部分组成。底板前方的两个圆角均为 1/4 水平圆弧，立板半圆柱和圆孔均为正平圆。

作图步骤：

1）作底板的正等测图，用四心近似椭圆法（求两个圆心）作两侧圆角，圆角部分的曲线应画至切点，并作出形体右前角的公切线，如图 5-9b 所示。

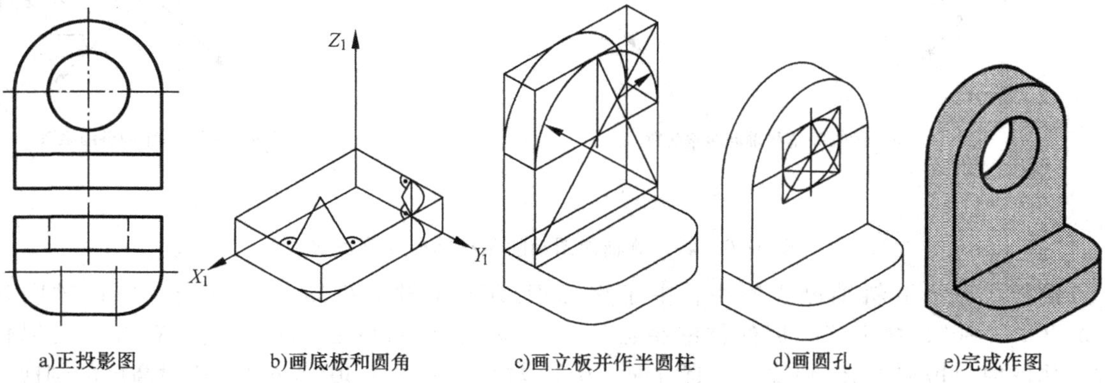

图 5-9　组合体的正等测图

2）作立板的正等测图，确定圆心位置，用四心近似椭圆法（求两个圆心）作半圆柱的正等测图，右上方的圆柱面的轮廓线应为与 Y_1 轴平行的切线，如图 5-9c 所示。

3）作圆孔的外切正方形的正等测图，再用四心近似椭圆法作圆孔的正等测图，如图 5-9d 所示。

4）去除不可见线及辅助线，加深轮廓线，完成组合体的正等测图，如图 5-9e 所示。

5.4 斜轴测投影

当投射方向 S 与轴测投影面 P 倾斜，坐标面 XOZ（即物体的正立面）与投影面 P 平行时，所得的平行投影称为**正面斜轴测投影**；当投射方向 S 与投影面 P 倾斜，坐标面 XOY（即物体的水平面）与投影面 P 平行时，所得的平行投影称为**水平斜轴测投影**。不论是正面斜轴测投影，还是水平斜轴测投影，如果三个伸缩系数都相等，则称为**斜等轴测投影**（简称斜等测）；如果两个伸缩系数相等，一个与之不等，则称为**斜二轴测投影**（简称斜二测）。这里着重介绍斜二测轴测图。

5.4.1 斜二轴测投影的轴间角和轴向伸缩系数

在正面斜轴测投影中，坐标面 XOZ 平行于轴测投影面 P，所以轴间角 $\angle X_1O_1Z_1=90°$，且长度、高度的轴向伸缩系数 $p=r=1$；宽度的轴向伸缩系数 $q\approx0.47$，作图时简化为 0.5（即轴测图中的宽度为正投影图中的一半）。一般规定，O_1X_1 轴位于水平方向，O_1Z_1 轴位于竖直方向，O_1Y_1 轴与水平方向成 135°（或 45°），O_1Y_1 轴可以选择四个方位之一，如图 5-10b 所示。而轴间角 $\angle X_1O_1Y_1$ 可以随着投射方向 S 与轴测投影面 P 的倾角变化而变化。

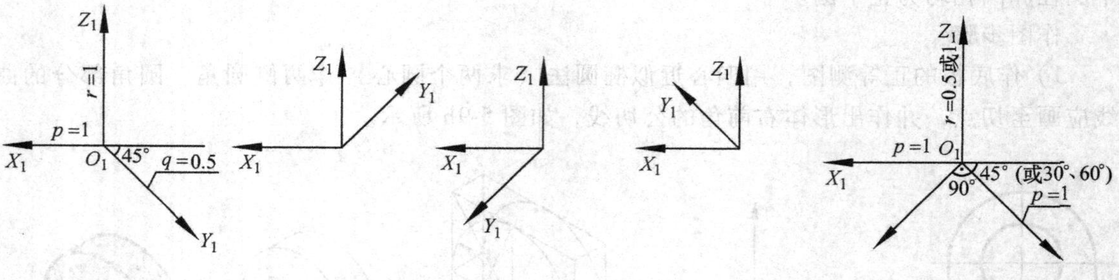

a) 斜二测轴间角和轴向伸缩系数　　b) 斜等测轴间角和轴向伸缩系数

图 5-10　斜二测轴测图轴间角和轴向伸缩系数

同样，在水平斜轴测投影中，由于坐标面 XOY 与轴测投影面 P 平行，所以轴间角 $\angle X_1O_1Y_1=90°$，规定简化后的伸缩系数为 $p=q=1$，轴间角 $\angle Y_1O_1Z_1$ 或 $\angle X_1O_1Z_1$ 可以任取。作图时一般使 O_1Z_1 轴位于竖直方向，O_1Y_1 与水平方向成30°或60°，这时高度的轴向伸缩系数 r 取为 0.5（即高度比形体的正投影图中的高度缩短一半）。水平斜轴测投影图常用于建筑小区的鸟瞰图，如图 5-11、图 5-12 所示。

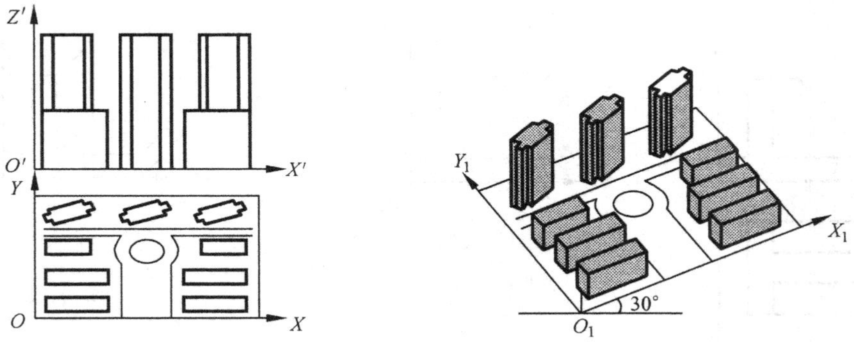

a)正投影图　　b)水平斜二测投影

图 5-11　建筑小区鸟瞰图（斜二测）

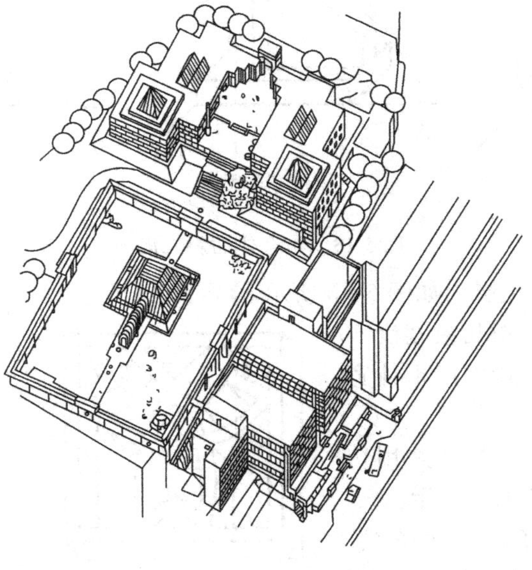

图 5-12　建筑小区鸟瞰图（斜等测）

5.4.2　斜二测图的画法

绘制斜二测图的方法与正等测图相似，由于斜二测图正面（XOZ 面）形状不变，因此应将形体较为复杂的一面作为正面。同时还要根据形体的结构特点，适当地确定 O_1Y_1 轴的方向。

【例 5-5】　组合体的正投影图如图 5-13a 所示，作组合体的斜二测图。

图 5-13a 所示形体由三块板组成，右侧立板平行 Y 轴，选择轴间角 $\angle X_1O_1Y_1$ 为 45°，所绘制的轴测图如图 5-13e 所示；而如果换另一位置，如图 5-13f 所示，立体效果就不好。

作图步骤：

1）首先在正投影图中确定坐标轴，如图 5-13a 所示。

2）根据轴间角绘制轴测轴 O_1X_1、O_1Y_1、O_1Z_1，并作出形体底板、立板前端面的正投影

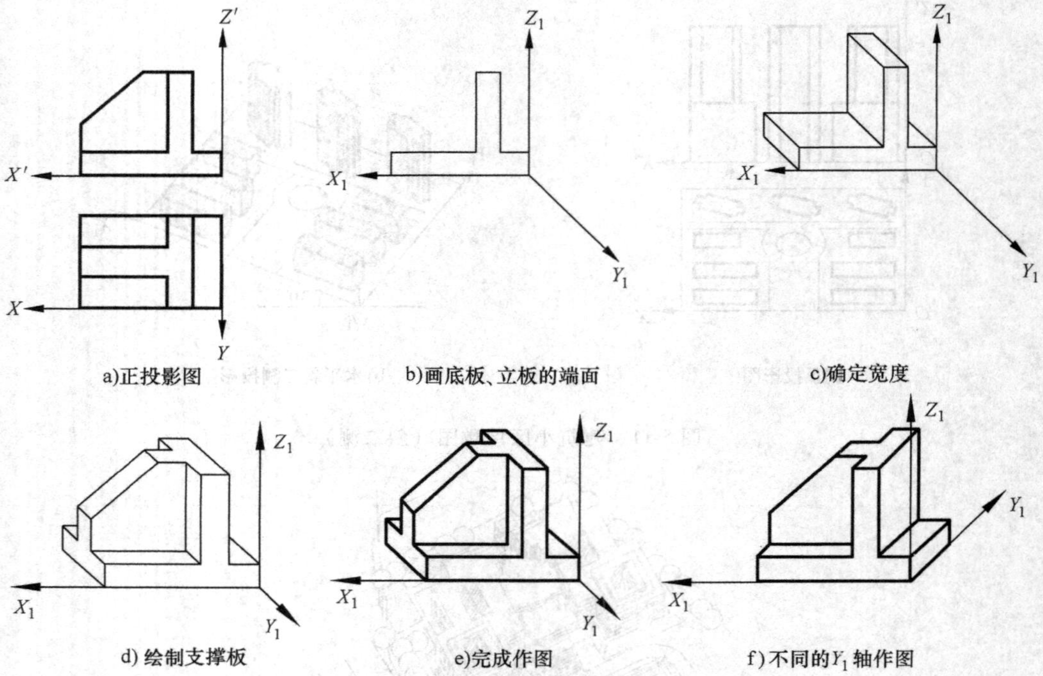

图 5-13　组合体的斜二测图

在 $X_1O_1Z_1$ 面上的斜二测投影，如图 5-9b 所示。

3）沿 Y_1 轴向左后方作几组宽度方向的平行线，并量取正投影图中形体宽度的一半，如图 5-13c 所示。

4）作平行 X 轴的支撑板，并用切割法切去左上角，如图 5-13d 所示。

5）擦去多余的线条、加深图线，完成形体的斜二测图，如图 5-13e 所示。

图 5-14　花格砖的斜二测图

图 5-35f 为不同方向的 Y_1 轴所作的该形体的斜二测图，这个方向的 Y_1 轴形体表达不佳，立体效果差。

又如图 5-14 所示，观察花格砖的斜二测图会发现，只有一面形状较为复杂的形体作斜二测很简便，因为它具有一定的规律性，且立体感很好。

5.4.3　圆及圆柱的斜二测图的画法

平行于坐标平面的圆的斜二测图具有一个突出的特点，即平行于 XOZ 平面的圆不发生形状的变化，如图 5-15 所示，作图时尽量选择圆的方向作为平行于 XOZ 平面的方向，而平行于另外两个坐标面的圆的斜二测均不反应实形，伸缩后的近似椭圆可采用八点法绘制比较简便。

“八点法”作椭圆的作图步骤：

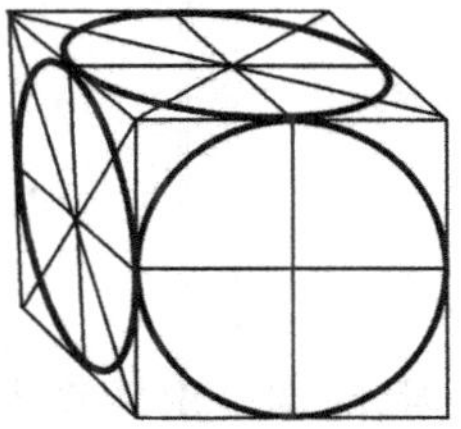

图 5-15　平行面上圆的斜二测图

1）作圆的外切正方形 $ABCD$ 与圆相切于点 1、3、5、7，连接正方形对角线与圆相交于点 2、4、6、8，如图 5-16a 所示。

2）根据点 1、3、5、7 的位置，在轴测图上定出点 1_1、3_1、5_1、7_1 的位置，并作出外切正方形的斜二测图——平行四边形，如图 5-16b 所示。

3）连接平行四边形的对角线，以 A_17_1 为底作等腰三角形，并以点 7_1 为圆心，以图中的 E_17_1 为半径画弧交 A_1D_1 边得到两个点，通过这两个点作 A_1B_1 的平行线，交平行四边形的对角线于点 2_1、4_1、6_1、8_1，如图 5-16b 所示。

4）用曲线光滑地连接点 1_1、2_1、…、8_1、1_1，即为所画的椭圆。

侧平圆斜二测图同水平圆斜二测图的画法完全相似，只是椭圆长、短轴的方向有所不同（作图略）。

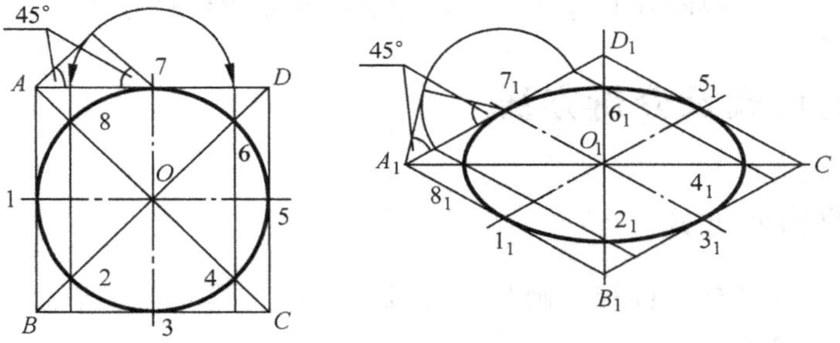

a)投影图　　b)八点法作图

图 5-16　“八点法”绘制水平圆的斜二测图

【例 5-6】　作图 5-17 所示开孔圆柱的斜二测图。

作图步骤：

1）首先设置斜二测轴测体系，作前端面外轮圆和内孔较大半径的圆。

2）在倾斜的 Y_1 轴上自前端面圆心向右后方量取 m_1 的一半定一点，以此点为圆心，绘制内孔较大半径的圆和较小半径的圆。

3）在倾斜的 Y_1 轴上自前端面圆心向右后方量取 m_2 的一半定一点，确定形体后端面轮廓圆的圆心，并作该圆。

4）作两个最大轮廓圆的公切线，并加深图线，完成作图。

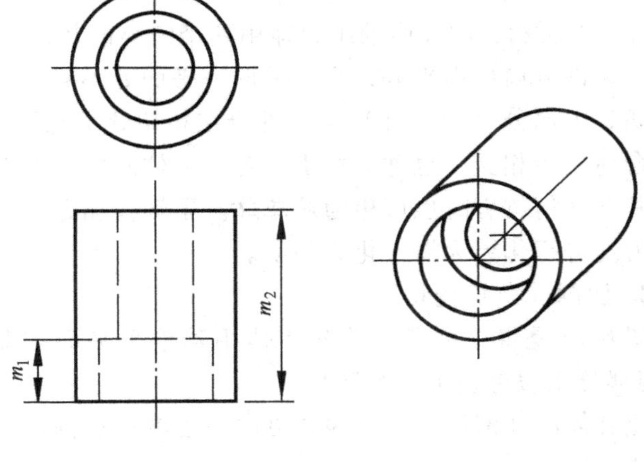

图 5-17　开孔圆柱的斜二测图

第6章 组 合 体

组合体是由两个及以上的几何体或简单体按一定方式组合而成。学习组合体的投影及尺寸标注，是为了进一步增加空间思维能力的培养和训练。任何形体的实际结构和形状是多种多样的，尽管如此，都可以看作是组合体，为了能够正确、完整、清晰地将不同的组合体通过图样来表示，就必须熟练地掌握绘制和阅读组合体视图（视图即为投影的另一种命名）的方法。

组合体投影图也可以称为视图，正面投影可称为主视图，水平投影可称为俯视图，侧面投影可称为左视图。所以，三面投影图也可以称为**三视图**。

本章重点学习组合体视图及其尺寸标注，为学习专业图样打好基础。

6.1 组合体的构成及分析方法

6.1.1 组合体的构成方式

将基本几何体（如棱柱、棱锥、圆柱、圆锥、圆球、圆环等）通过一定的组合方式组合而成的形体均为**组合体**。

观察一个组合体，首先要了解它的结构特点，仔细分析它由哪些基本几何体组成，每一个几何体是否完整；有无空腔和切槽，腔体的内表面是平面，还是曲面，或是两者的结合；相邻两个几何体间相对位置如何，分界线有何特点，是否存在截交线或相贯线；然后综合起来想象其整体形状，再按投影规律作图，这样才能够真正看懂组合体。

1. 叠加（也称堆积）

图6-1所示，图a中的组合体由两个完整的几何体（四棱柱和圆柱）组成；图b的组合体上下两部分前后面平齐，平齐的同一平面处不存在分界线（即无实线）；图c的组合体处于相切，上部分（半圆柱）与下部分在相切处是光滑过渡，在投影图中规定切线不画；图d的组合体处于相交，也称为相贯。各几何体间的表面交线，应按投影规律绘制。

基本几何体有时也可称为**简单体**。了解叠加方式之后，我们就可以将组合体按其组合方式人为地进行化繁为简，化难为易。

2. 切割（也称挖切）

图6-1e是将一个完整的几何体用若干个平面和曲面进行不同位置的切割后而形成的（切割部分用假想线示意绘制）。

组合体的开槽和挖孔是很常见的，也就是切割。分析其投影图时应着重注意内、外表面的交线。

6.1.2 形体分析法和线面分析法

既然组合体是由两个或两个以上的基本几何体组合而成，那么，分析组合体或绘制投影

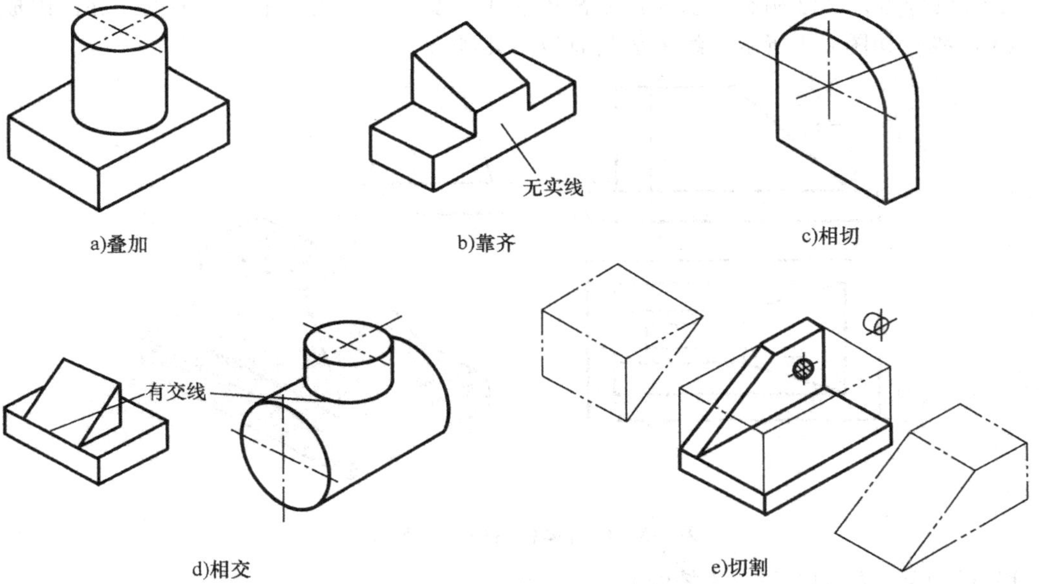

图 6-1　组合体常见的组合方式

图时，则可以人为地将一个组合体按照其形状特征分解为两个或两个以上基本几何体，再分别绘制出它们各自的视图，同时注意各基本几何体之间的相对位置。

1. 形体分析法

将比较复杂的组合体分解成两个或几个基本几何体的方法称为**形体分析法**（又称为形体分析）。

现以图 6-2 水槽为例分析一下组合体的视图。

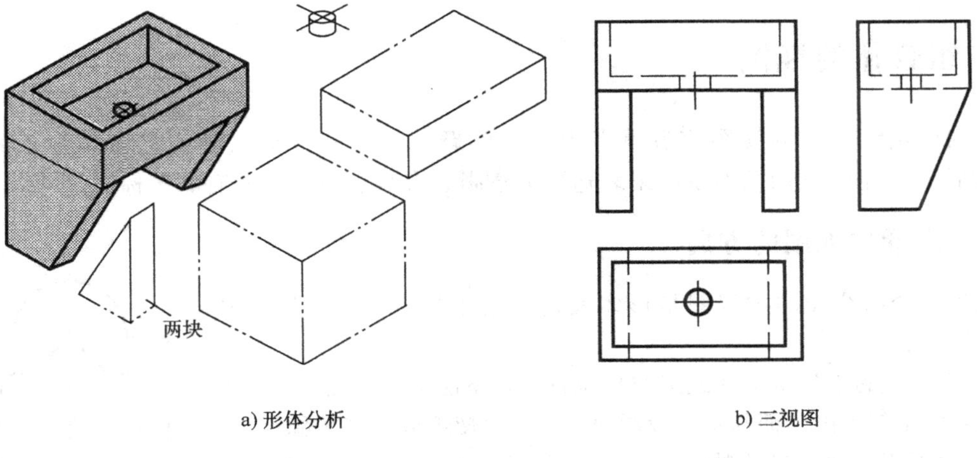

图 6-2　水槽立体图和三视图

该水槽由上、下两部分组成，上部分为四棱柱，中间挖切一个尺寸较小的四棱柱，形成一个长方形的槽，槽的底面又挖切一个小圆柱体，形成一个圆柱孔；下部分为两个斜四棱柱的支撑板，其形成是中间挖切一个四棱柱，两侧再分别挖切两个三棱柱。

2. 线面分析法

任何组合体，其结构和形状无论是简单、还是复杂，都是由不同类型的线和面组成。

（1）线　如图 6-3 所示，线一般具有以下几种含义：

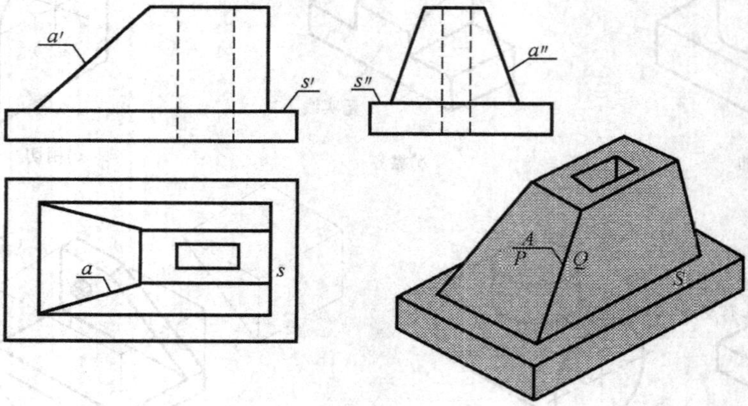

图 6-3　组合体视图中线、面的性质

1）线为某一棱的投影（*A* 棱线）。

2）线为两个面的交线（*P*、*Q* 面的交线 *A*）。

3）线为某一面的积聚投影（*S* 平面为水平面，其 *V*、*W* 面投影积聚为两条直线 s'、s''）。

（2）面　面在图中即为封闭线框，封闭线框可能完全由直线组成，也可能由直线与曲线组成，还可能完全由曲线组成，如图 6-3 所示，面一般具有以下几种含义：

1）面为某一面的实形。图 6-3 中的 *S* 平面，其俯视图为实形。

2）面为某一面的类似形。图 6-3 中的 *P*、*Q* 平面，*P* 平面为正垂面，其俯视图和左视图为平面的类似形；*Q* 平面为侧垂面，其主视图和俯视图为平面的类似形。

6.2　组合体的视图

如何确定组合体的视图应着重考虑两个问题：一是应选择从哪一方向作为正面投影（主视图）；二是选择用几面视图来表达更为清晰、合理、可读，并有利于标注尺寸。

6.2.1　选择主视图的方向

任何一个组合体的主视图是形体表达方案中最重要的视图。其选择原则是：

1）组合体的正常使用（或工作）位置，在不能确定其位置时，可选择组合体中较大的平面与水平投影面平行，以使组合体“放稳”。

2）根据组合体的结构特点以及复杂程度选择比较合适的绘图方向，尽量达到按图示方向绘图能够无或较少虚线，这样便于读图和想象实形。

3）能够反映组合体主要形状特征的方向作为主视图，如图 6-4 所示，把半圆形及多边形作为主视图为好。

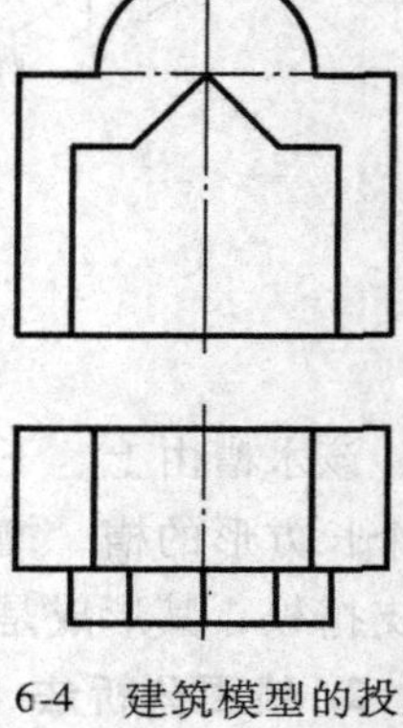

图 6-4　建筑模型的投影

而图 6-5 所表达的组合体将具有半圆槽的方向作为主视图，体现了其形状特征；形体的水平投射方向外轮廓呈长腰圆形，也具有形状特征，但同时也要考虑其工作位置和“平稳”原则。这一点对于初学者来说，即在分析组合体的使用位置有困难时，可选择较大的平面与 H 面平行的方向作投影（即将组合体放稳），这就是“平稳”原则。

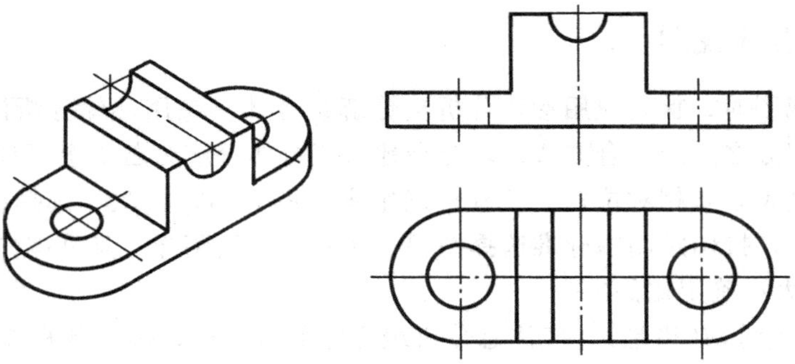

图 6-5　主视图的选择

6.2.2　确定视图数量

一个组合体需要用几面视图来表达的依据则应依据其结构形状的复杂程度而定。如图 6-6 所示，两个组合体的形状大致相似，依据形体分析均可分为下部底板和上部开孔棱柱，两面视图则可以表达清楚两者的不同之处，一是开孔棱柱与底板的后端面平齐，左右对称的中间部分为实线；二是开孔棱柱与底板的前端面平齐，左右对称的中间部分为虚线。

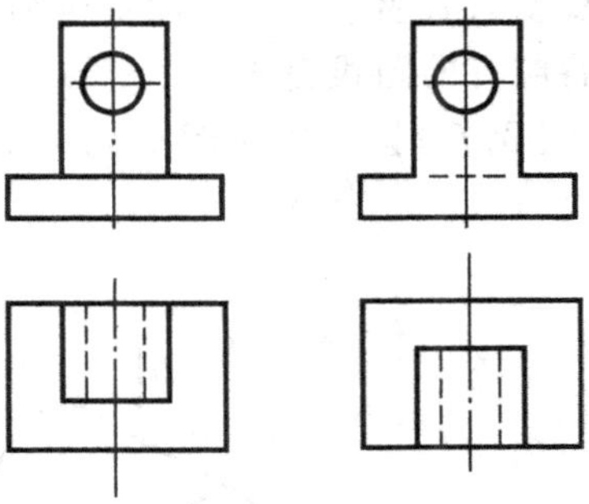

图 6-6　视图数量的选择（一）

但从图 6-7 观察分析，组合体大体形状相同，而细部结构完全不同，由于正前方开槽结构不同，如果仅仅以主视图和俯视图来表达其形状，则无法准确地表达其结构形状，因此，必须增加左视图。读者是否还可以想象出其他形状的开槽？

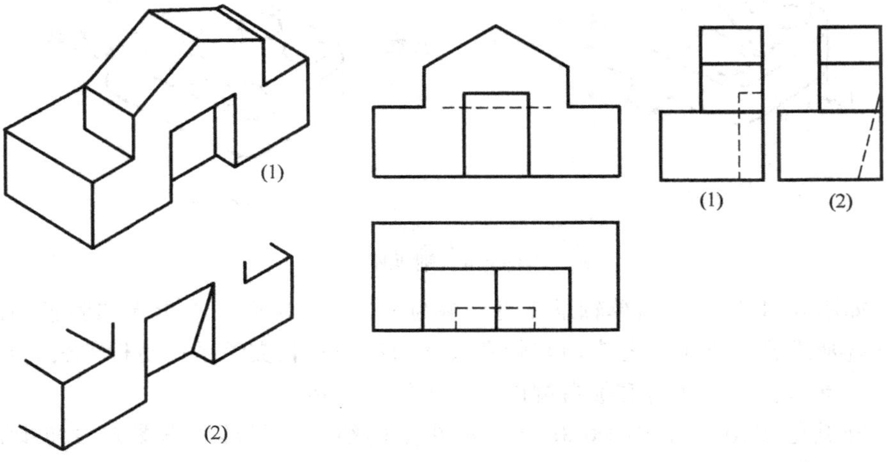

图 6-7　视图数量的选择（二）

6.3 绘制和阅读组合体视图

6.3.1 绘制组合体视图

绘制组合体视图时，首先应用形体分析法分解组合体。应用形体分析法时要注意两点：一是综合考虑各部分之间的组合方式，较合理地将组合体分解为若干个简单体；二是分析各简单体之间的连接关系和相对位置。其次，确定主视图方向；再次，选择视图数量。最后，根据组合体的尺寸，按国家制图标准选择图幅、比例，绘制图样，其具体作图方法如下：

1）根据图幅大小确定比例。

2）绘制底图（用 $2H$ 铅笔）。应注意分析组合体形状特征，确定各视图之间位置时必须遵循主、俯视图长对正；主、左视图高平齐；俯、左视图宽相等的“三等”关系。先绘制主要部分，后绘制次要部分；可从外到内，也可从内到外；先分析考虑实线对应部分，再仔细思考对照找出虚线对应部分。

3）检查底图，对照组合体的立体图检查图中是否有错，并加以改正，再标注尺寸。

4）加深（用 B 或 $2B$ 铅笔），线型要符合国家标准，应先绘制细线，后绘制粗线；应注意线型只有粗细之分，而不应细线轻、粗线重。加深图线应按自上而下，自左向右的顺序依次将应有的图线完成。

【例 6-1】 绘制图 6-8 所示轴承座的三视图。

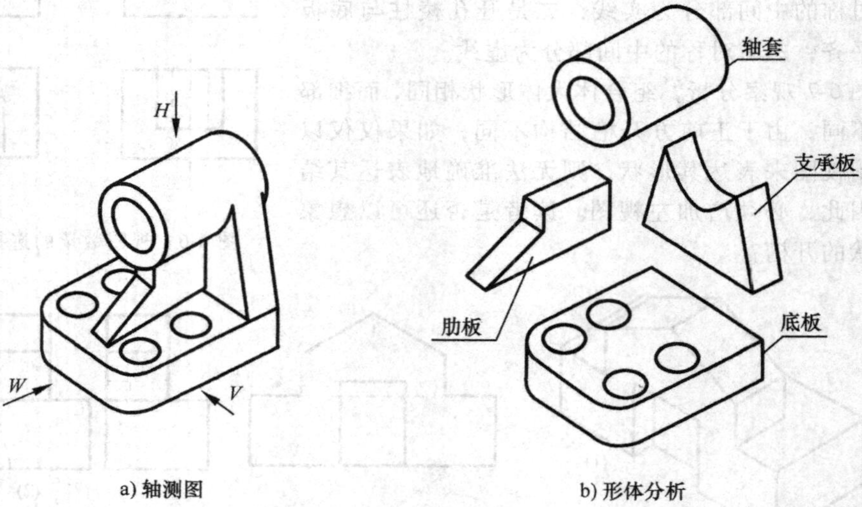

图 6-8 轴承座

分析 如图 6-8b 所示，简单轴承座可分解为由底板、轴套、支承板和肋板四部分组成，它们之间是叠加组合。支承板各表面与轴套表面为相切和相交关系；肋板各表面与轴套表面是相交关系；支承板右侧面与底板右端面是靠齐结合关系。

主视图和其他视图，可按图 6-8a 所示箭头方向绘制。其具体作图方法和步骤见表 6-1（注：此表中图样未注尺寸）。

表 6-1　简单轴承座的绘制步骤

1）绘制基线，布置图面

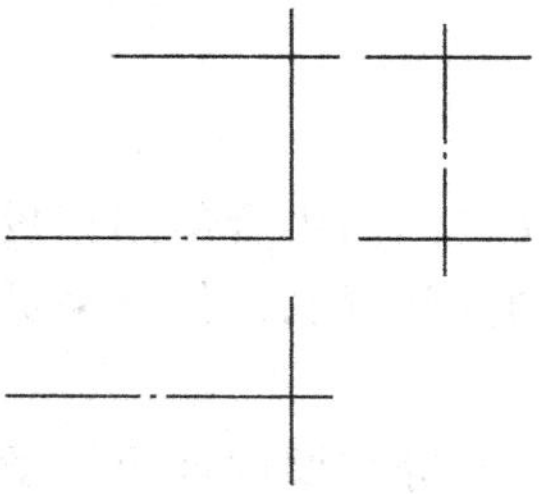

2）绘底板

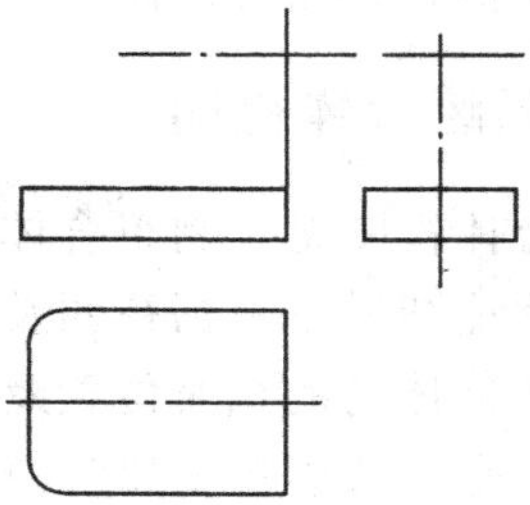

3）绘制轴套

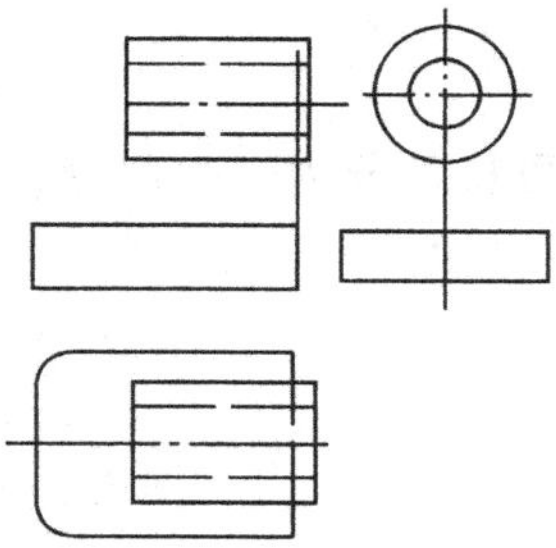

4）绘制支承板

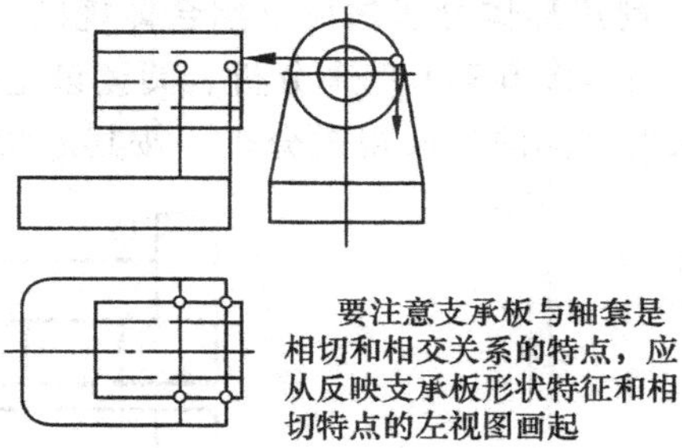

5）绘制肋板

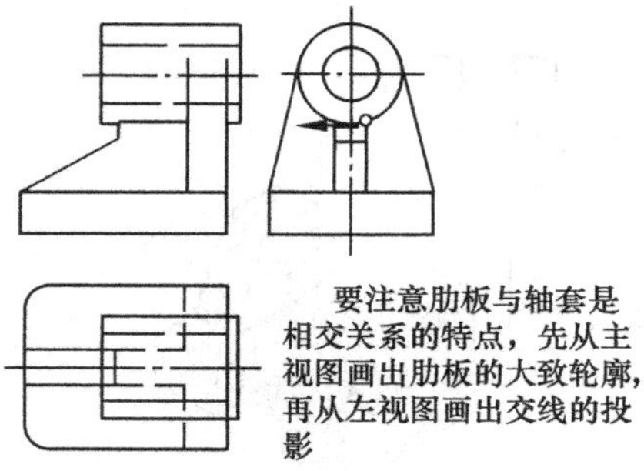

6）绘制底板小孔，检查，加深，完成全图

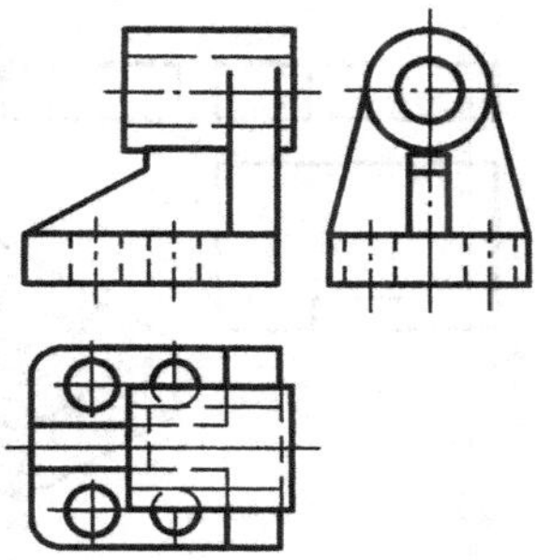

（1）选比例，定图幅　绘图时，尽量选用 1∶1 的比例，这样从图上可直接看出物体的真实大小。选定比例后，由物体的长、宽、高尺寸，计算出三个视图所占的图幅面积，并在视图之间留出标注尺寸的位置和适当间距。根据估算结果，选用合适的标准图幅。

（2）布置图面　先固定好图纸。然后，根据各视图的大小和位置，绘制基准线（对称中心线、轴线和确定主要表面的基线）。基准线是绘制图时测量尺寸的基准，每个视图应绘制两个方向的基准线。

（3）绘制底稿　绘图时，要先用细实线绘制出各视图的底稿。绘制底稿的顺序是：先绘制主要形体，后绘制次要形体；先绘制外形轮廓，后绘制内部细节；先绘制可见部分，后绘制不可见部分。对称中心线和轴线可用细单点长画线直接绘制，不可见的虚线也可直接绘制，即不必绘制底稿线。

（4）标注尺寸　绘制底稿后，可标注组合体的定形尺寸和定位尺寸以及总体尺寸。

（5）检查、描深，完成全图　绘制底稿后，对各视图逐个检查，并纠正错误和补充遗漏。检查无误后，再用标准图线加深，填写标题栏，完成全图。

6.3.2　阅读组合体视图

阅读组合体视图是绘制组合体视图的逆过程。绘图是将空间的组合体用正投影法表示在平面上，而阅读图样是根据视图及其规律，想象出组合体的空间形状，依此来进一步了解组合体中基本几何体间的相对位置及组合方式。

阅读图样是本课程的主要学习任务之一，它与绘图居于同等重要的地位。学习阅读组合体的投影是为了今后更清晰地阅读和了解专业图样。阅读图样时主要用形体分析法，也可用线面分析法，分析组合体内外表面的棱线及平面、曲面的投影关系来看懂图样。

1. 利用形体分析法阅读组合体视图

下面以图 6-9 为例来分析、阅读该组合体视图。

从组合体的三面视图分析，按其形状特征和投影关系可将其分为三个部分：底板、左右

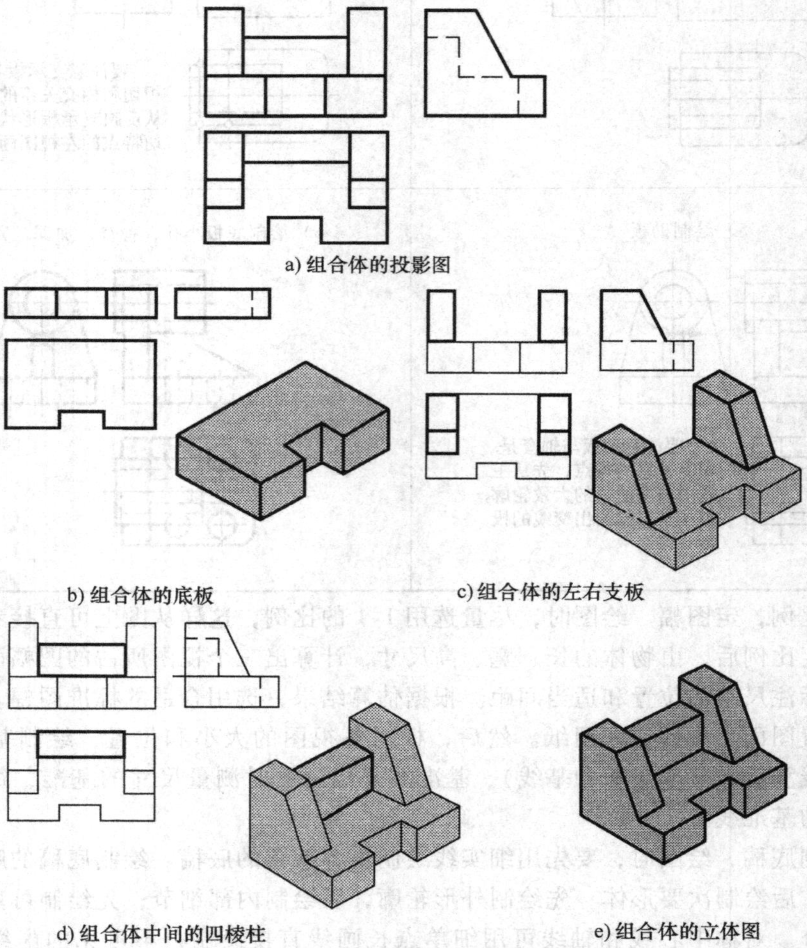

a) 组合体的投影图

b) 组合体的底板　　c) 组合体的左右支板

d) 组合体中间的四棱柱　　e) 组合体的立体图

图 6-9　形体分析法阅读组合体视图

支板、中间四棱柱，如图 6-9 中 b、c、d 所示。

按上述分析的三个部分一一想象出其实际形状，然后，再根据各部分之间的相对位置综合起来想象出组合体的整体形状，如图 6-9e 所示。

1）底板为开有矩形槽的四棱柱。

2）左右支板为斜四棱柱，它们与底板左右外侧面及后端面靠齐。

3）四棱柱底面在底板的上端面，其后面也与底板的后端面靠齐。

整个组合体左右对称，所有的表面均为平面，属于平面立体。

绘图时，先从哪一部分入手绘制都可以，图 6-9 首先绘制底板，其形状特征反映在水平投影中，开槽向前，使其主视图无虚线。然后绘制左右支板，根据底板的投影位置所限以及两块支板与底板的相对位置，支板的形状特征反映在左视图中，由于其与底板左右外侧面及后端面靠齐，因此，两者接触表面的左视图中无实线。最后绘制中间的四棱柱，满足其与底板和两侧支板的相对位置。

2. 利用线面分析法阅读组合体视图

阅读组合体视图，对于比较复杂的组合体依其视图不易迅速分解成若干部分时，可根据前面曾经学习的直线、平面的投影特性来分析组合体的表面与棱线及相对位置，然后将这些线面综合起来想象出其空间形状，即应用线面分析法来阅读图样，如图 6-10 所示。

1）粗实线一般为可见的轮廓线，或是平面与平面、或平面与曲面的交线，也可以是某一平面（或曲面）的积聚投影。

2）细单点长画线用于回转体的中心轴线或组合体的对称线。

3）一般封闭的线框为单一平面（或曲面）的视图，或通孔的视图。

若要分析清楚组合体视图，还必须将多面投影对应观察和阅读，加深对图样的理解。

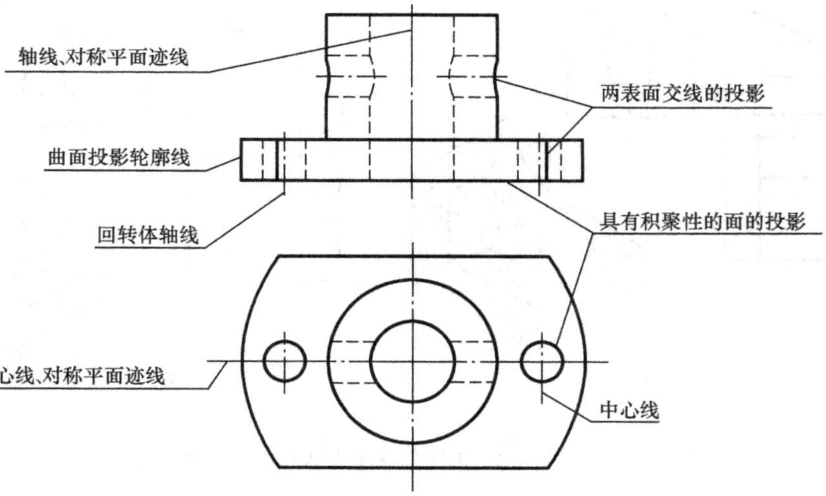

图 6-10　线面分析法阅读组合体视图

3. 阅读方法的概括

综上所述，阅读组合体视图无论应用哪一种方法都不是独立的，而是相互渗透的。因此，阅读图样的方法总括如下：

（1）纵观投影分部分　我们知道，“单面投影不能惟一地确定形体的形状和大小”，所以，阅读图样时必须将多面视图对应起来，用形体分析法、线面分析法把整体进行分解，如图 6-11 所示。平面 R 为水平面；平面 S 为铅垂面；平面 T 为铅垂面（柱面）。分析不同位置平面的投影以利于空间想象与空间形体的形成。

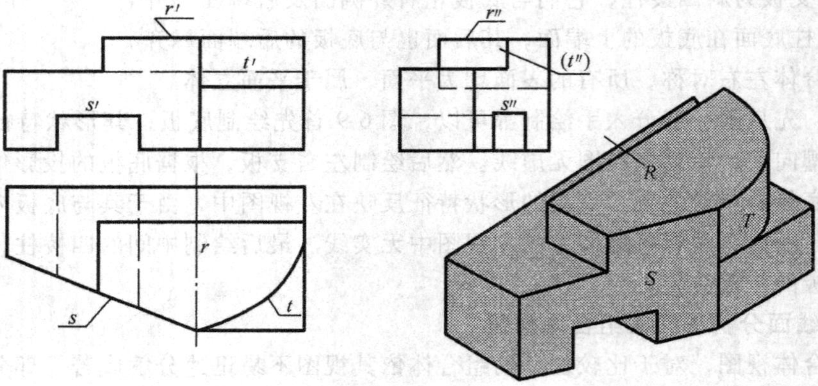

图 6-11　组合体视图中面的性质

（2）分析投影想形状　首先抓住主视图，仔细分析组合体上相邻表面的相对位置（见图 6-12a），主视图中三角形肋板与底板相接处为粗实线，说明它们表面不是平齐，再结合其他视图对应分析，判断出只有一块肋板，并且位于组合体的中间；而图 6-12b 中，主视图中三角形肋板与底板相接处为细虚线，说明它们表面是平齐的，再结合阅读其他视图，判断出有两块肋板，并且分别与底板的前后面平齐。试想一下是否还有其他结构形式吗？

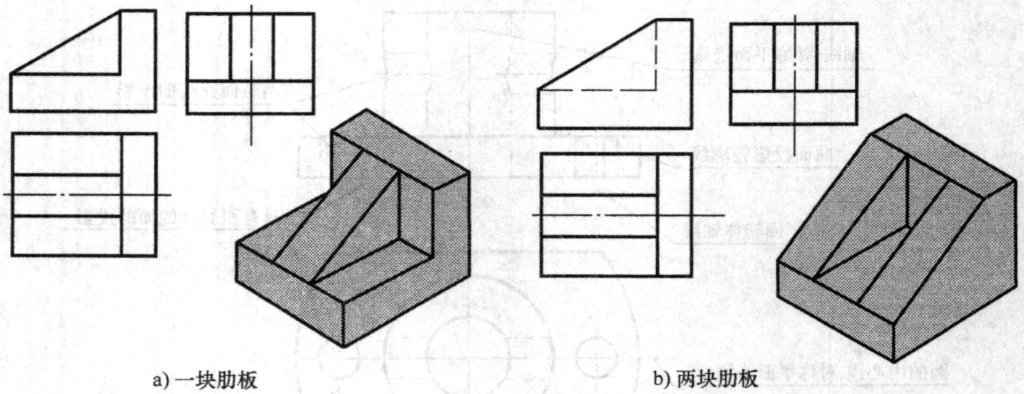

a) 一块肋板　　b) 两块肋板

图 6-12　不同形体组合体视图的比较

（3）读懂投影想整体　将各部分想象的形状与已知的投影反复对照，并不断修正想象中确认的正误，弄清它们之间的相互关系及位置，最后想象出整体形状。

【例 6-2】　阅读房屋模型的三视图（见图 6-13）。

应用形体分析法将房屋模型组合体按其投影关系及其规律分解成四个部分——主体一个（四棱柱）、附属体三个（F 形棱柱、L 形棱柱），每一部分均为简单体。逐个读懂每个简单体的投影，再按各简单体间的相对位置想象整体。

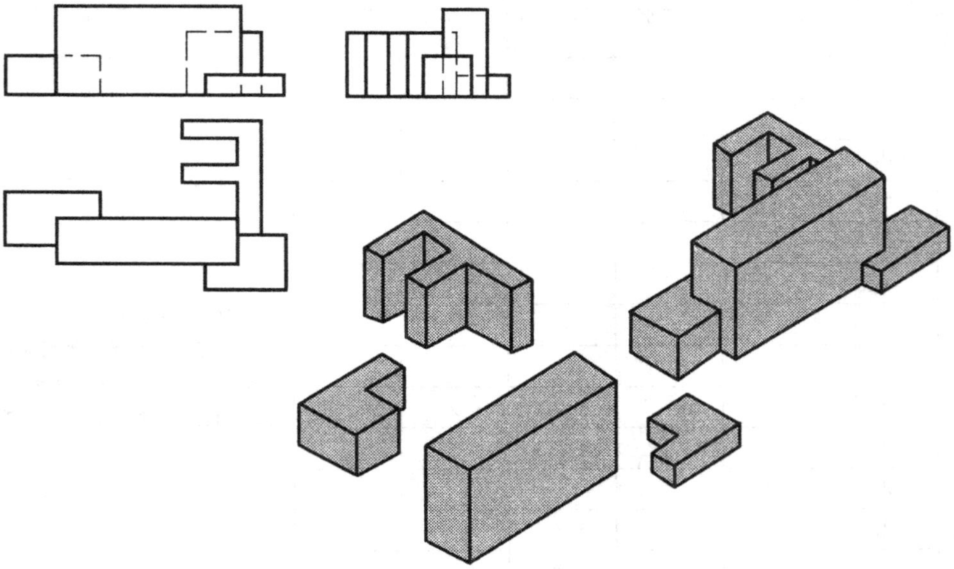

图 6-13　房屋模型视图

【例 6-3】　阅读涵洞口模型（见图 6-14）。

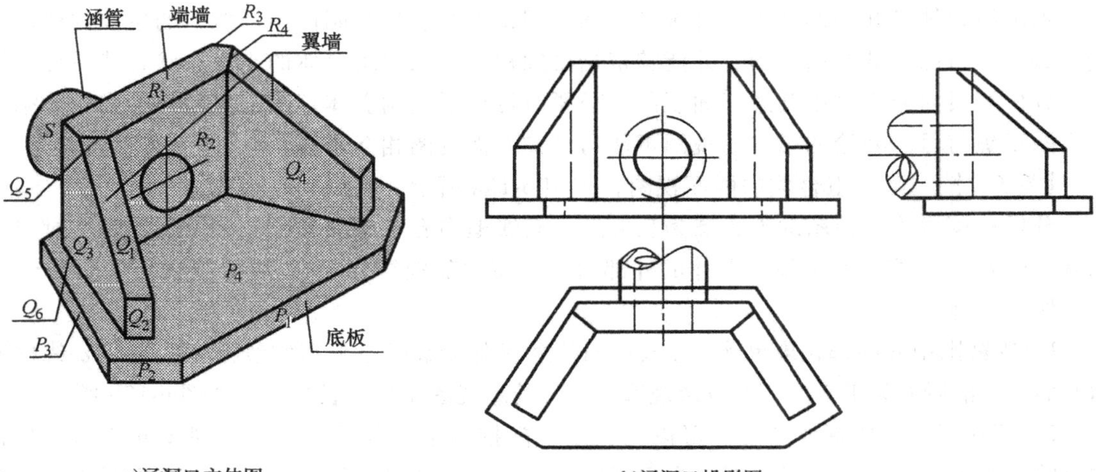

a)涵洞口立体图　　b)涵洞口投影图

图 6-14　涵洞口模型视图

涵洞口模型组合体可分为四部分：底板（对称六棱柱）、端墙（带有一圆柱孔的对称六棱柱）、左右翼墙（斜四棱柱）、涵管（空心圆柱管）。应用线面分析，底板和端墙的所有表面均为特殊位置平面（垂直面和平行面，圆柱孔内表面除外）；左右翼墙除上端面为一般位置平面外，其余五个表面也均为特殊位置平面；涵管内、外表面均为圆柱面。各部分之间的交线除涵管与端墙相接处为圆曲线，其余均为直线。各面相对位置参阅表 6-2。

表 6-2　涵管各部分平面的相对位置

形体名称＼面的名称		水平面	正平面	铅垂面	一般面	圆柱面	说　明
底板	P_1		✓				1. 翼墙左右两块，只标明一块 2. 底板、端墙均为对称形体，表中只列出相对称一半的各平面 3. 涵管的内外、表面均为圆柱面
	P_2			✓			
	P_3			✓			
	P_4	✓					
端墙	R_1	✓					
	R_2		✓				
	R_3			✓			
	R_4			✓			
端　墙	Q_1				✓		
	Q_2			✓			
	Q_3			✓			
	Q_4			✓			
	Q_5			✓			
	Q_6	✓					
涵管	S					✓	

4. 阅读图样训练——知二补三

根据组合体已知的两面视图补画第三面视图是训练和提高阅读图样能力的主要方法。首先，必须读懂已知的两面视图，并能够依据已知视图想象出组合体的空间形状，然后再利用形体分析和线面分析绘制其第三面视图。必要时可徒手绘制立体草图，帮助补绘和检验第三面视图正确与否。补绘的第三面视图不能与已知两面视图相互矛盾。

【例 6-4】　已知组合体的两面视图，如图 6-15a 所示，补画其左视图。

分析：该形体主视图的外轮廓为长方形，其线框内有三条细虚线；俯视图为四个封闭线框 a、b、c、d，均为粗实线。形体的外部简单，而内部较复杂。

作图步骤：

1）俯视图中 a 线框长度尺寸与主视图对应的是外轮廓长方形粗实线框 a'，说明 a 线框所示的形体的前后面为正平面，按投影规律作图，其左视图 a''应为长方形，如图 6-15b 所示。

2）俯视图左侧轮廓线断开，可以想象出中间挖切去一部分。观察俯视图 b 线框，与它对应的主视图为一段细虚线，而且在主视图中找不到与其对应的梯形，所以 b 线框的主视图即为该细虚线，因此为正垂面，按垂直面的投影特性，b''与 b 是类似形——梯形，如图 6-15c 所示。

3）俯视图中 c、c_1 线框为前后为对称的两个三角形，其对应的主视图为两重合的三角形 c'、(c_1')，其三边为两虚一实，按投影规律作图该平面为两个侧垂面，因此左视图为两条积聚线，也就是 b''梯形线框上前后两条线，如图 6-15c 所示。

4）主视图中 d'线框为四边形，其俯视图为两条前后对称的积聚线 d、d_1，所以应为铅垂面，那么，左视图 d''、d_1''应为与 d'、d_1'对应的类似形——四边形，如图 6-15d 所示。

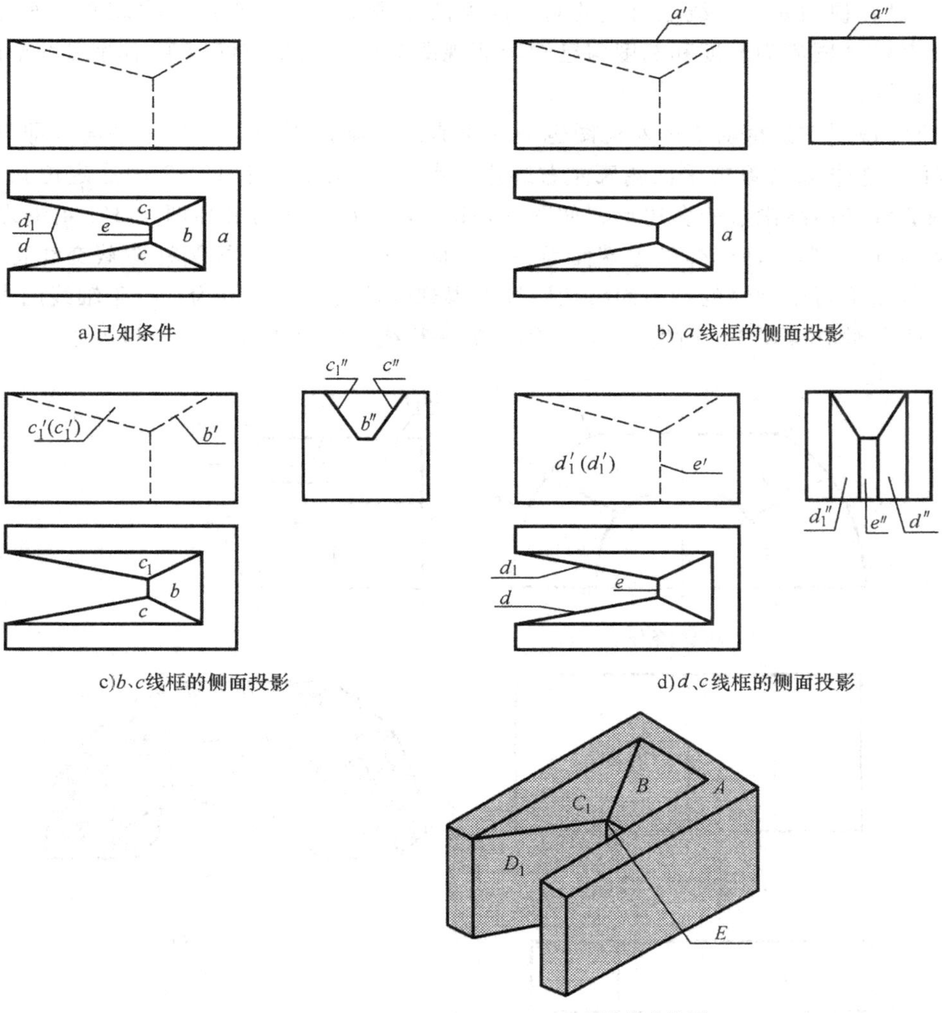

a)已知条件　b) a 线框的侧面投影　c) b、c 线框的侧面投影　d) d、c 线框的侧面投影　e) 形体的立体图

图 6-15　补绘第三面视图（一）

5）由于挖去的部分为形体的左侧，所以形体的左视图无虚线。左视图完成后再对应三面视图观察，挖切部分形体内部的右侧面为侧平面（长方形 e'、e、e''），如图 6-15d 所示。

图 6-15e 为该形体的立体图。

【例 6-5】　已知组合体的两面视图，如图 6-16a 所示，补绘第三面视图。

分析：该形体的主视图为两个半径不同的半圆，其中较大半径的半圆上端切割去一部分。轮廓线内左右对称有两条相对于轴线倾斜的直线，将正面投影分成三个线框 a'、a_1'、b'。左视图外轮廓为倒 L 形线框，线框内有三条直线（两实一虚）。这两面已知投影对应起来看，该形体为一空心半圆柱被切去几个部分而形成。

作图步骤：

1）假想该形体为完整的空心半圆柱，则俯视图的外轮廓应为一长方形，其内部有两条与轴线相平行的细虚线，如图 6-16b 所示。

2）由已知视图 a'、a_1'线框对应的同一高度的左视图为一竖直线，故该两平面应为正平面，因此其俯视图应为长度和宽度与已知两面视图对应的两条直线（暂不考虑可见性），如图 6-16c 所示。

3）已知视图 b'线框对应的左视图也为一条直线，则该平面也应为正平面，即形体的前（后）端面。按投影关系前平面轮廓左右终止点为 1、2 两点（由 $1'$、$2'$两点定位），该平面为一个由直线和曲线围成的多边形，如图 6-14b 所示。b'线框的最高两点 $3'$、$4'$的左视图为一对重影点 $3''$（$4''$），故形体的上端面为一水平面（c'、c、c''），按圆柱体截交线特征分析，该平面恰好是平行于轴线的截平面截切圆柱而得到的截交线，所以为平行于轴线的直线，即由 $3'$、$4'$两点对应得到 3、4 两点，再作轴线的平行线，该水平面为一个四边形。

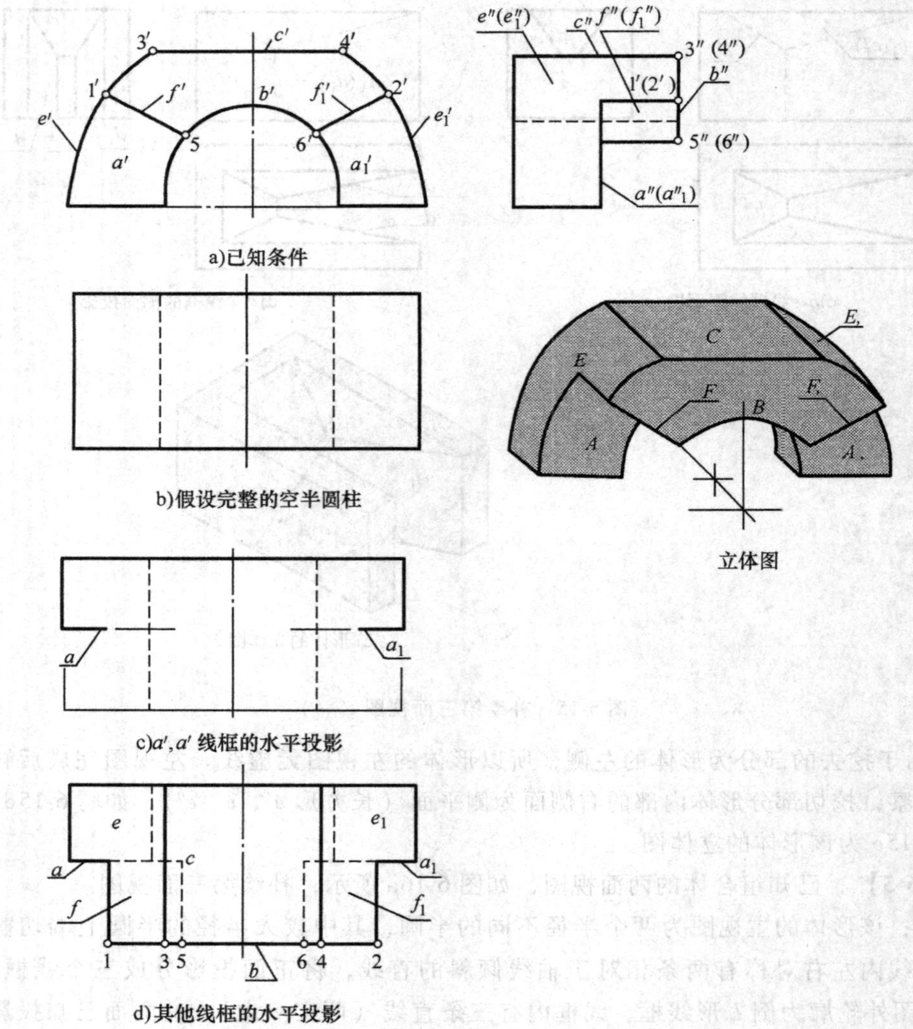

图 6-16　补绘第三面视图（二）

4）左视图两个封闭的实线框 e''、（e_1''）、f''、（f_1''），按投影关系对应 e'、e_1'为曲线，所以是左右对称的曲面（倒 L 形），则俯视图也应为相应的类似形 e、e_1，如图 4-16b 所示；

f''、(f_1'') 对应的 f'、f_1' 为两条倾斜直线，所以是左右对称的正垂面（四边形），则俯视图也应为四边形 f、f_1，如图 6-16d 所示。由于该平面左右两外侧高，中间低，因此俯视图呈现的四边形中靠近轴线一侧为两条细虚线。

5）形体左右对称切去两部分之后，原有的半圆柱内孔轮廓也随之被切去一部分，所以图 6-16b 中所示的两条细虚线（半圆柱内孔轮廓线）的形体的前端面各被截去一段，而形体中的 a、a_1 也各有一段被形体的上部所遮挡，故有一部分为细虚线。

6.4 组合体的尺寸标注

组合体除了用不同的视图表达其形状外，还需用尺寸标注其大小。因此，尺寸标注是绘制组合体视图的重要环节之一。只有掌握组合体的尺寸标注方法和一系列规则，才能够准确、快捷地标注尺寸。只有对组合体的投影图绘制和阅读得较多、较快，直至达到精通，才会为绘制专业图样打下一个良好的基础。

经过组合体视图尺寸标注的训练，就会对图形的阅读产生一个飞跃，对理解和分析图形的能力有一个较大的提高。

6.4.1 组合体尺寸标注的基本要求

国家制图标准规定尺寸标注的基本要求是：**正确、完整、清晰、合理**。

在学习组合体的尺寸标注中国家制图标准规定的“合理”不易做到，原因是有关尺寸标注是否合理的规则需要考虑其生产、加工、使用时的工作位置等等，只有经过一定的实践环节和工程经验积累才能把握得准确，但其他要求必须严格遵守。

（1）尺寸标注要正确　要严格遵守国标规定，尺寸数值要准确无误。尺寸单位一般均以 mm 为单位，并且没有特殊要求的情况下必须取整数。如果采用其他尺寸单位时需在图幅内加注说明。

（2）尺寸标注要完整　对于基本几何体及由若干个基本几何体组合而成的形体，尺寸的数量应依形体的形状特征及相对组合位置而定，一般应该不多、不少、不重复。

（3）尺寸标注要清晰　尺寸在图中的布置位置是灵活的，应尽量布置在两视图之间，要求清晰，尽量避免纵横相交或引出标注太多。各尺寸段布置时尽量做到横成行，竖成列，尽可能不要相错，以方便图样的阅读。标注尺寸是一定要做到小值尺寸段在图样各尺寸段的内侧，大值尺寸段在图样各尺寸段的外侧，即避免尺寸线和尺寸界线相交。

6.4.2 基本几何体和组合体的尺寸标注

组合体是由若干个基本几何体组合而成的，所以，应该首先掌握基本几何体的尺寸标注。

在标注尺寸时，究竟将哪一尺寸布置在哪一面投影图上是任意的，它具有灵活性，以均匀布置、方便读图为宜。

基本几何体的尺寸标注见表 6-3，任何几何体都有长、宽、高三个方向的尺寸，几何体的投影加注尺寸之后，其投影图的数量可因形体的具体形状而定。

由此可见，在基本几何体投影图中标注尺寸后，就可以减少视图数量。但是，对于结构特征异常、形状复杂的形体，如果省略某一面视图也可能表达不清或对读图带来不便。

1. 基本几何体的尺寸标注

基本几何体的尺寸标注是组合体尺寸标注的基础。表 6-3 给出了基本几何体尺寸

表 6-3 常见几何体的尺寸标注

平面立体	图形及尺寸标注	回转体	图形及尺寸标注
四棱柱	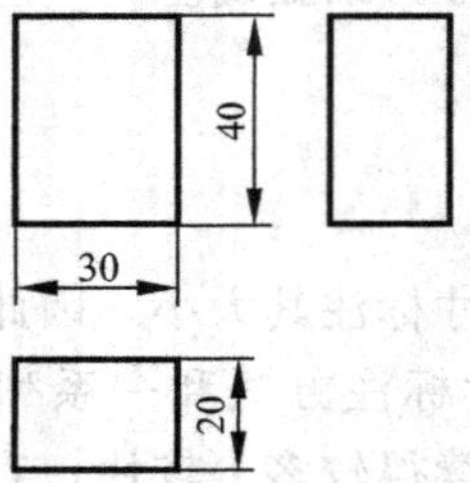	圆柱	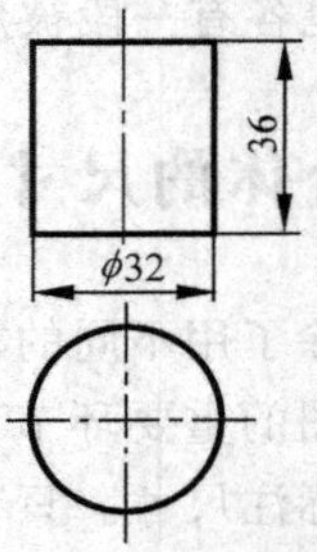
六棱柱	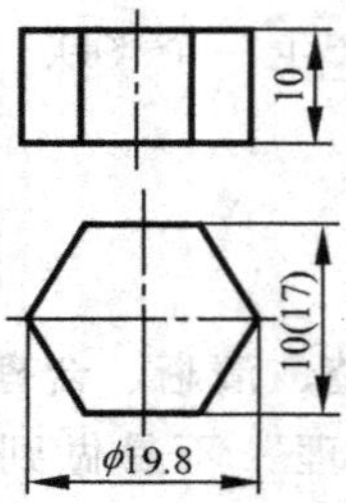	圆锥	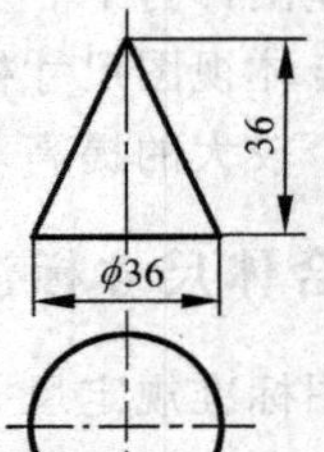
四棱锥	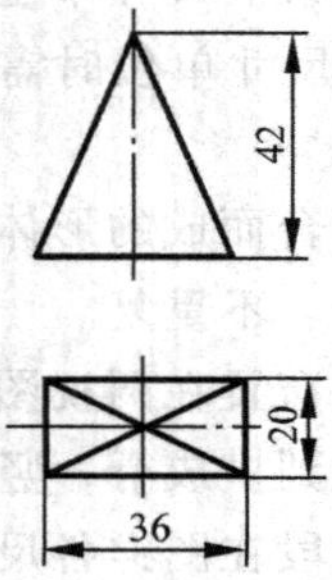 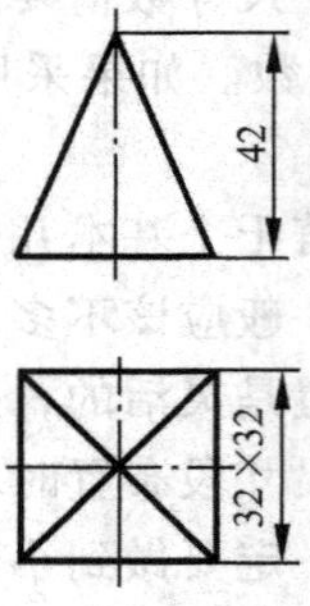	圆台	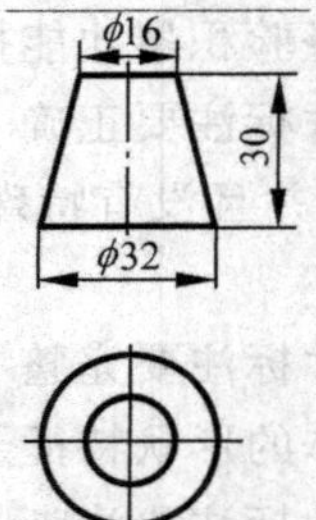
		圆球	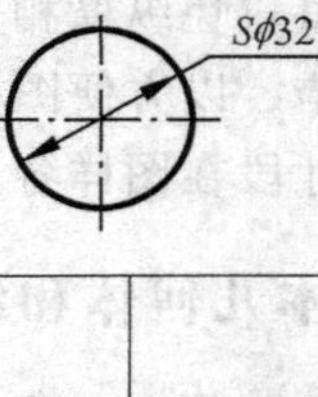
四棱台	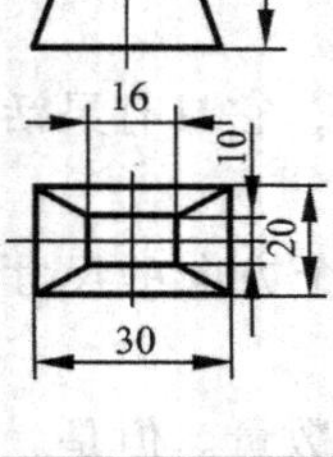 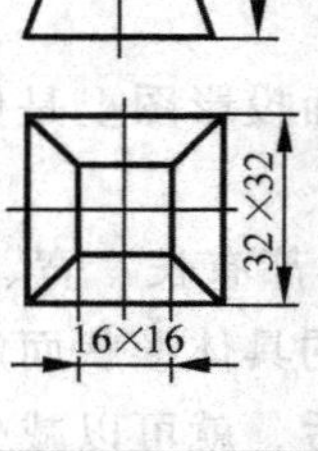	圆环	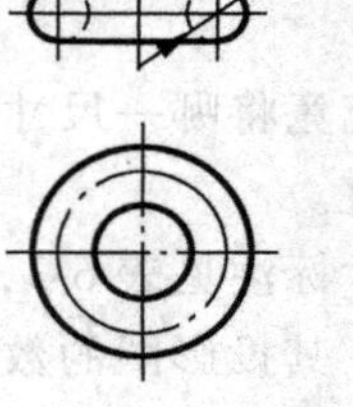 

标注的图例，在标注组合体尺寸时，可作为参考。

2. 尺寸分类和尺寸基准

现以图 6-17 分析组合体的尺寸。

尺寸分类如下：

（1）定形尺寸　在图 6-17 中，60、40、6、4-ϕ6 和 R6 是底板的定形尺寸。ϕ30、ϕ20 是直立圆筒的定形尺寸。主视图上标注的 ϕ20 是水平穿孔的定形尺寸。

（2）定位尺寸　在俯视图中，48、28 是底板上 ϕ6 孔的定位尺寸，左视图中高 30 是水平穿孔的定位尺寸。

（3）总体尺寸　当总体尺寸与已注的定形尺寸一致时，则不需要另行标注。如果需要标出总体尺寸时，则需在相应方向少注一个定形尺寸。在图 6-17 中标注了总高尺寸 50，底板中定形尺寸 60、46 即为该组合体的总长和总宽尺寸。

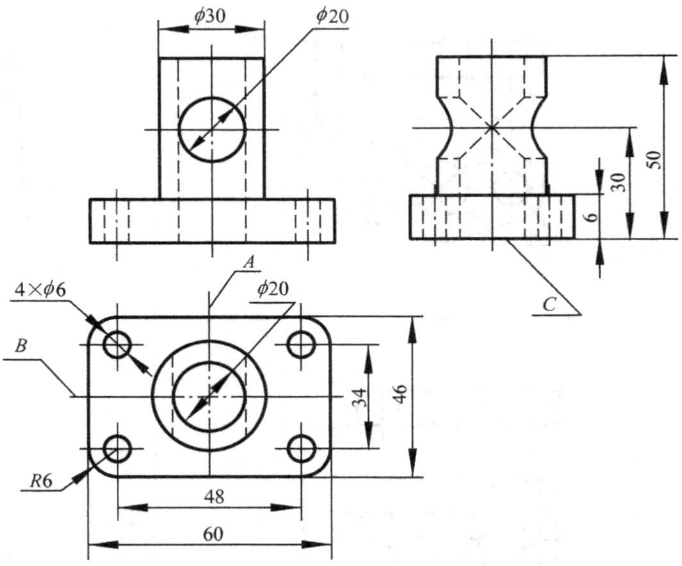

图 6-17　组合体的尺寸基准（一）

尺寸基准：标注尺寸的起点就是尺寸基准。一般采用组合体的对称中心线，轴线和较重要的平面及端面作为尺寸基准。在图 6-17 中，对称中心线 A 是 X 方向（即长度）的尺寸基准，对称中心线 B 是 Y 方向（即宽度）的尺寸基准，底面 C 是 Z 方向（即高度）的尺寸基准。

当组合体的外轮廓为回转体结构时，应注出回转体轴线的定位尺寸和回转体的半径或直径，而在该方向上就不再标注总体尺寸。

表 6-4 给出了常见组合体尺寸标注的实例，请读者自行分析哪些尺寸是定形尺寸和定位尺寸，哪些尺寸是总体尺寸。

表 6-4　常见组合体的尺寸标注

长度方向不需标注总体尺寸	高度方向不需标注总体尺寸
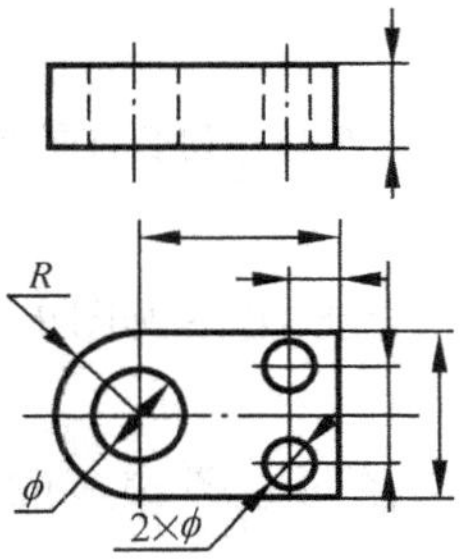	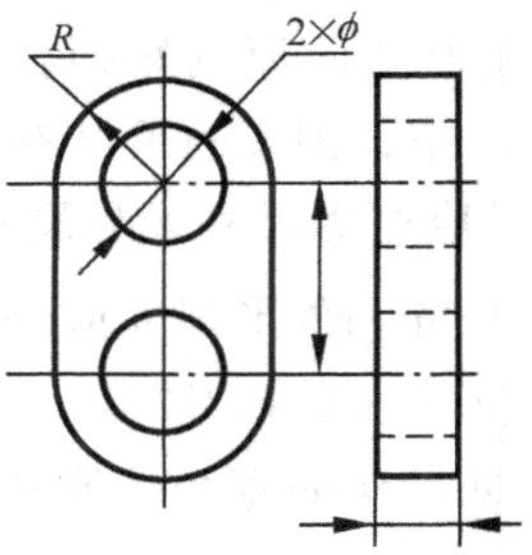

（续）

长度方向不需标注总体尺寸	高度方向不需标注总体尺寸
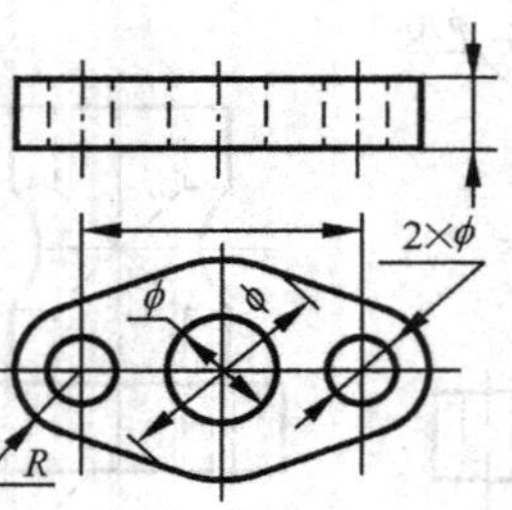	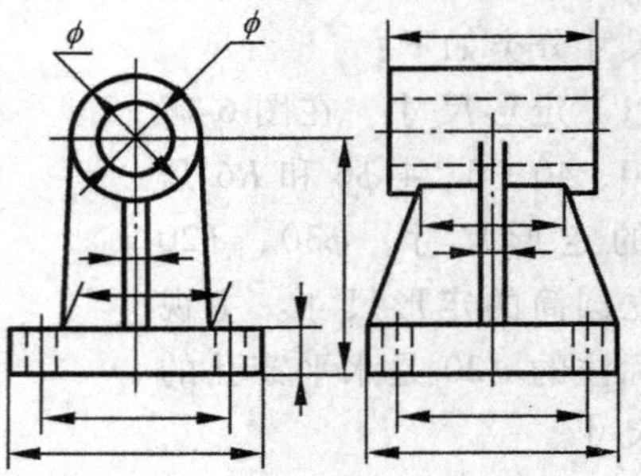
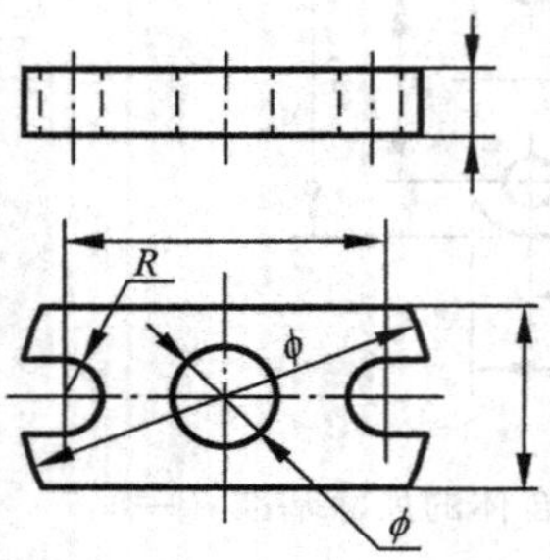	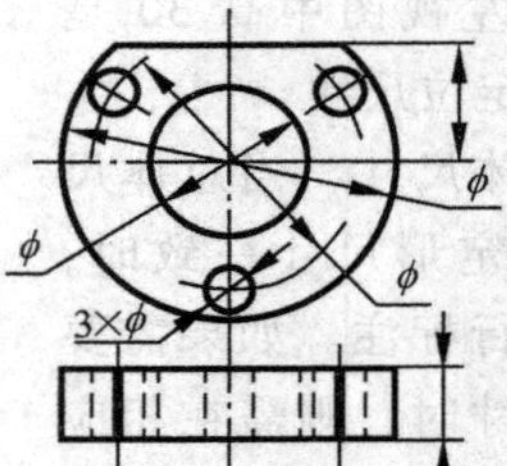

3. 标注尺寸应注意的问题

尺寸的布置应该整齐、清晰，便于阅读。标注时应注意以下各点：

1）定形尺寸尽量标注在反映该形体特征的视图上。如图 6-18 所示，*V* 形槽的定形尺寸，应标注在反映形状特征的主视图上。

2）同一形体的定形尺寸和定位尺寸应尽可能标注在同一视图上。在图 6-19 中，ϕ4 圆孔的定形、定位尺寸集中标注在主视图上，底板上宽 8 小槽的定形、定位尺寸集中标注在俯视图上。

3）尺寸排列要整齐。相互平行的尺寸应按“大尺寸在外，小尺寸在内”的原则排列，避免尺寸线与尺寸界线相交。在图 6-20 中，图 a 的尺寸布置较好；图 b 的尺寸排列不整齐，而且应避免尺寸线与尺寸界线相交。

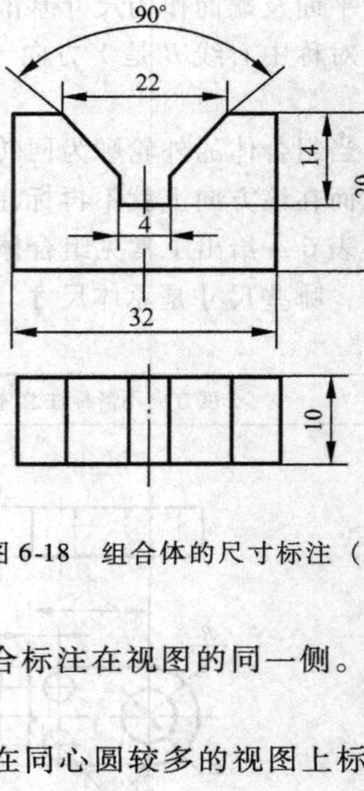

图 6-18　组合体的尺寸标注（二）

4）内形尺寸和外形尺寸应分别标注在视图两侧，避免混合标注在视图的同一侧。图 6-21 中，图 a 较好，图 b 不好。

5）同轴回转体的直径，最好标注在非圆视图上，即避免在同心圆较多的视图上标注过多的直径尺寸。

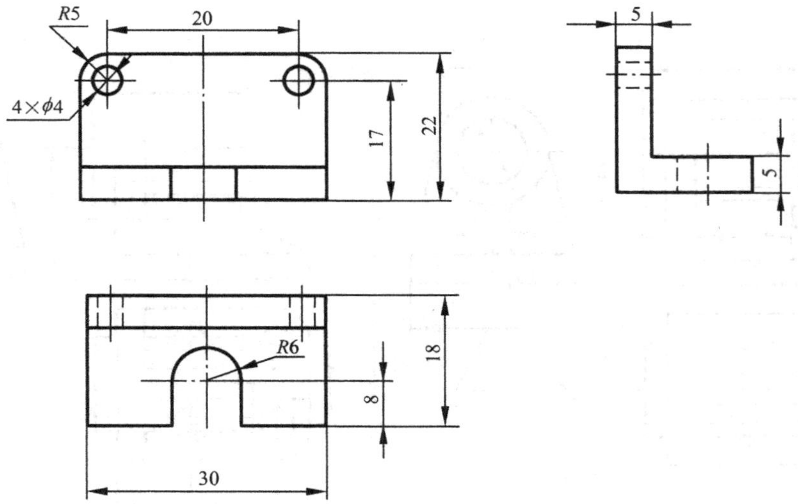

图 6-19　组合体的尺寸标注（三）

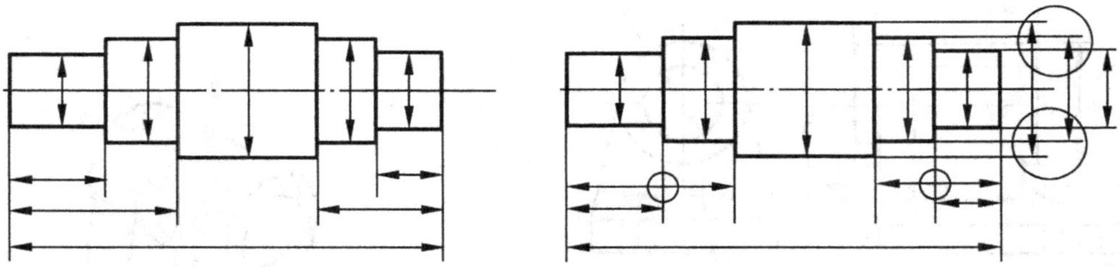

a) 好　　　　b) 不好

图 6-20　阶梯轴

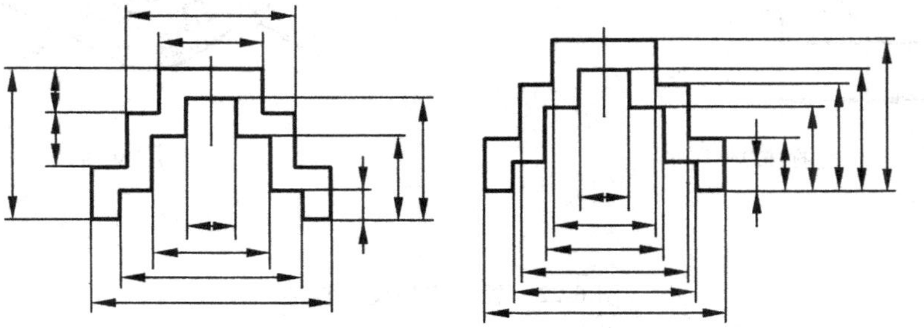

a) 好　　　　b) 不好

图 6-21　组合体的尺寸标注（四）

6.4.3　标注尺寸举例

【例 6-6】　标注图 6-22a 所示轴承座的尺寸。

1）运用形体分析方法，把轴承座分解为若干简单立体，并分析各组成立体的组合方式及其表面的结合关系。

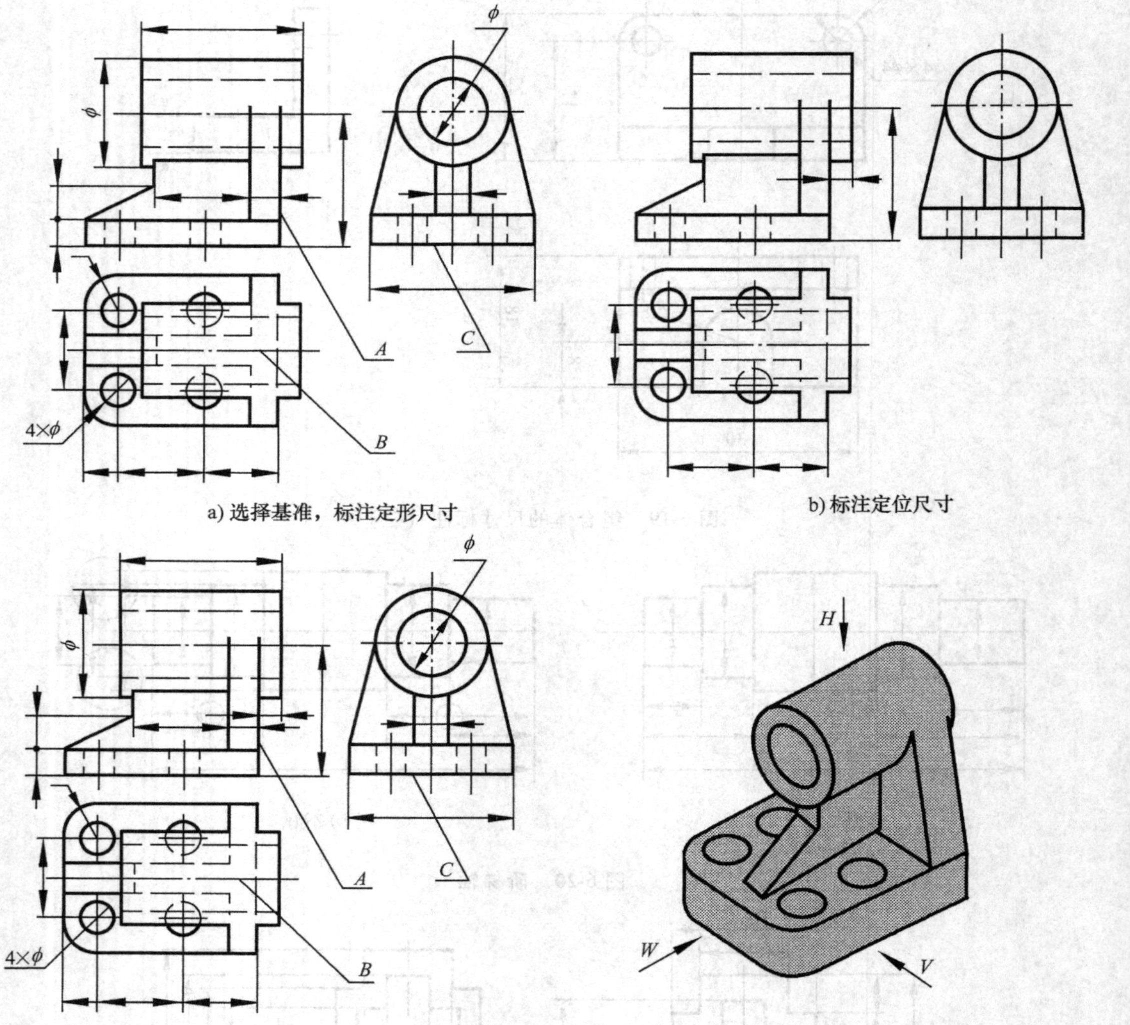

a) 选择基准，标注定形尺寸　b) 标注定位尺寸　c) 标注总体尺寸　d) 立体图

图 6-22　轴承座的尺寸标注

2）选择长、宽、高三个方向的尺寸基准。支承板与底板右端面 A 为长度方向的尺寸基准；对称中心线 B 为宽度方向的尺寸基准；底板下表面 C 为高度方向的尺寸基准。

3）标注组合体各部分的定形尺寸，如图 6-22a 所示。

4）标注组合体各部分之间的定位尺寸，如图 6-22b 所示。

5）最后标注总体尺寸，完成全部尺寸标注，如图 6-22c 所示。

【例 6-7】　根据组合体的两面视图，补绘其左视图，并标注尺寸（见图 6-23）。

（1）作形体分析　首先将已知组合体分解为三个部分，Ⅰ为底板，其左、右对称，且厚度不完全一致，左、右各有一部分变薄，还挖切两个等径的圆孔；Ⅱ为竖板，在后端面切割一个方槽，根据 V、H 两面投影可见是自上而下的通槽；Ⅲ为拱形体，相对于Ⅰ、Ⅱ也是居中的，并挖切一个圆孔，且为通孔。在分析（分解）的过程中必须想象形体的立体形状，否则，对补绘其他投影的正误就难以判别。

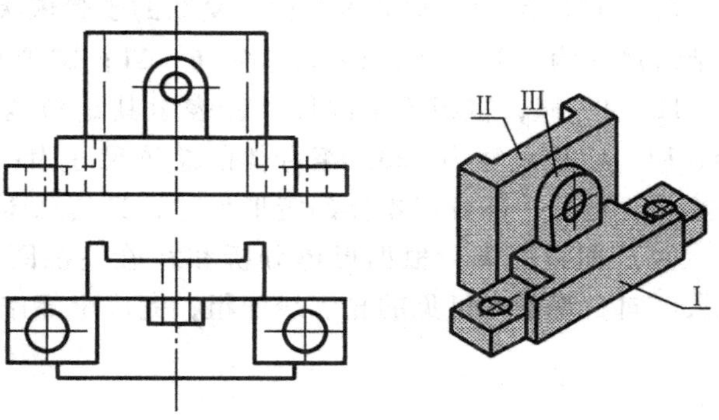

a) 主、俯视图　　b) 立体图

图 6-23　组合体两面视图和轴测图

（2）补绘左视图　如图 6-24a 所示，首先绘制底板Ⅰ的总体轮廓（长方体、即矩形线框）；然后绘制竖板Ⅱ和拱形体Ⅲ，如图 6-24b 所示，并根据槽和孔的尺寸对其定位（图中细虚线）；再次绘制底板Ⅰ的左、右变薄部分及其圆孔，如图 6-24c 所示；最后，检查正误。

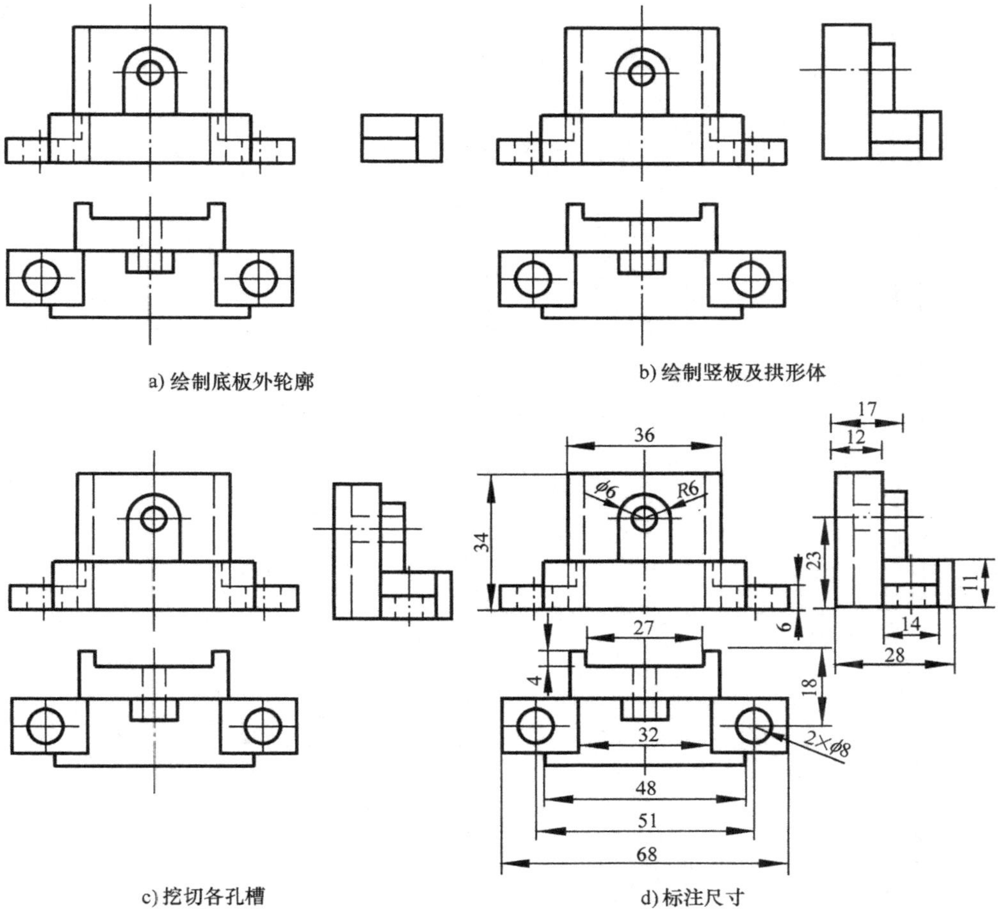

a) 绘制底板外轮廓　　b) 绘制竖板及拱形体

c) 挖切各孔槽　　d) 标注尺寸

图 6-24　补绘组合体左视图

（3）标注尺寸　按形体分析或绘图的步骤依次标注形体的尺寸。如图 6-24d 所示，底板的定形尺寸为：48、68、2-ϕ8、14、6、11；定位尺寸为 51、18。竖板的定形尺寸为：27、36、12、4、34；竖板无定位尺寸，表示其定位与底板居中对称。拱形的定形尺寸为：6、R6、17；定位尺寸为：23。组合体的总体尺寸为：长 68、宽 28、高 34。由此可见，某一个尺寸可能是某一部分基本体的定形尺寸，又是总体尺寸。

（4）加深图线　根据形体分析和补绘左视图，看懂组合体的形状，想象其立体形状，把从左向右观察时可见的轮廓线加粗，完成全部作图。

第7章　机件常用的表达方法

各种机件都是由一些基本简单体组成的物体，由于机件的作用不同，机件的结构形状是多种多样的。为了能把各种机件的结构形状正确完整、清晰地表达出来，就需要有各种不同的表达方法。

绘制工程图样时，应首先考虑看图方便。根据机件结构特点，选择适当的表达方法，在完整、清晰地表达机件各部分结构形状的前提下，力求绘图简便。

本章重点学习《机械制图》GB 4458.1—2002 所规定的图样画法。

7.1　基本视图和其他视图

视图主要用于表达机件的外部结构形状。视图分为：基本视图、向视图、局部视图、斜视图（建筑制图内容还包括旋转视图）。

7.1.1　基本视图

当机件的外部结构形状在上、下、左、右、前、后六个方向都不同时，仅用三个视图不能完全把它表达清楚。这时必须增加其他投影面，从而得到更多的视图，才能把机件表达清楚。

GB 4458.1—2002 规定，采用六面体的六个表面作为基本投影面，把机件放在其中，如图 7-1a 所示，并按第一角画法，将机件向各基本投影面投影，得到六个基本视图，它们的名称为：**主视图、俯视图、左视图、右视图、仰视图、后视图**。各投影展开时，规定正立投影面不动，其余投影面按图 7-1b 中所示的方向旋转到与正立投影面共面，各基本视图画在同一张图纸上，并按图 7-1c 布置时，一般不需标注视图名称。

7.1.2　向视图

向视图是可以自由配置的基本视图，当六个基本视图没有按规定位置配置时，或各基本视图不画在同一张图纸上时，应在视图的上方中间位置标注出视图的名称“×”（×——大写拉丁字母），必须在相应视图附近用箭头指明投影方向，并注上相同字母，如图 7-1d 所示。

在实际画图时，应根据机件的复杂程度，只要能将机件表达清楚，应以最少的视图数量来表达，并不是每个机件都需绘制六个基本视图。

7.1.3　斜视图

在图 7-2a 为图 7-2b 所示的压紧杆的三视图，这三面视图不但绘图比较困难，而且表达也不清楚，读图也不方便。由于压紧杆左下部的结构相对于 *H*、*W* 面都是倾斜的，所以俯视图和左视图都不能反映其实形。为了清晰地表达压紧杆的倾斜结构，可以按图 7-2b 所示，

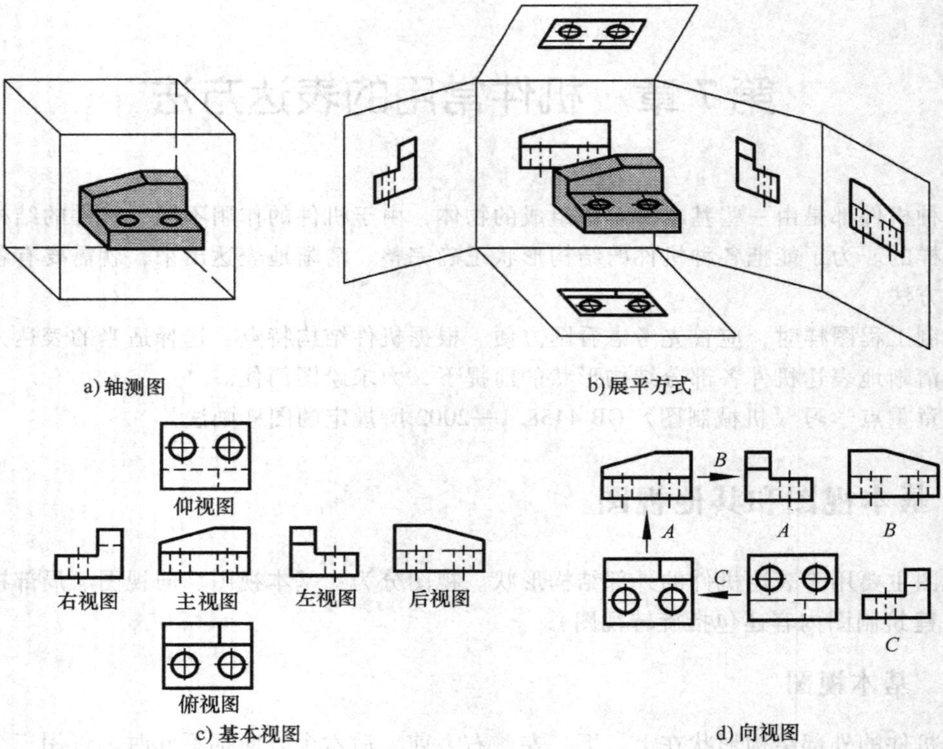

图 7-1　基本视图

增加一个平行于倾斜结构端面的正垂面作为辅助投影面，将倾斜结构按垂直辅助投影面的方向 *A* 作投影，就得到反映其实形的视图。**这种将机件向不平行于任何基本投影面的平面投影所得的视图，称为斜视图**。因为画压紧杆斜视图的目的是为了表达其结构的实形，因此倾斜结构与整体的分界以波浪线断开，且在斜视图中不绘制其他部分的投影。

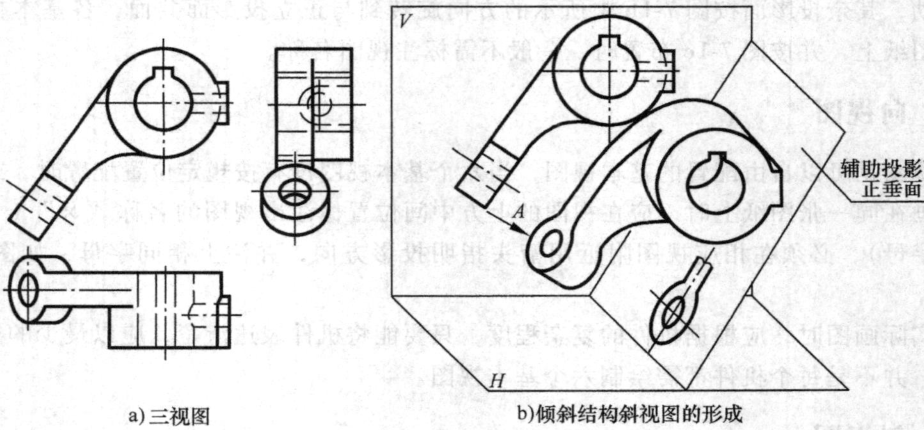

图 7-2　压紧杆

斜视图的画法：如图 7-3a 所示，必须在相应视图的附近用箭头指明投影方向，并注上字母，如图中的 *A*；斜视图一般配置在箭头所指的方向，且符合投影关系，同时在斜视图的上方标注“×”，即图中的“A”。

7.1.4 局部视图

将机件的某一部分向基本投影面投影所得的视图，称为**局部视图**。绘制局部视图时，和斜视图一样，也必须在相应视图的投影部位附近用箭头指明投影方向，并注上字母，如图中的B；局部视图一般也配置在箭头所指的方向，并且符合投影关系，同时也需在局部视图的上方标注“×”，如图中的“B”。符合投影关系时，也可以省略标注。

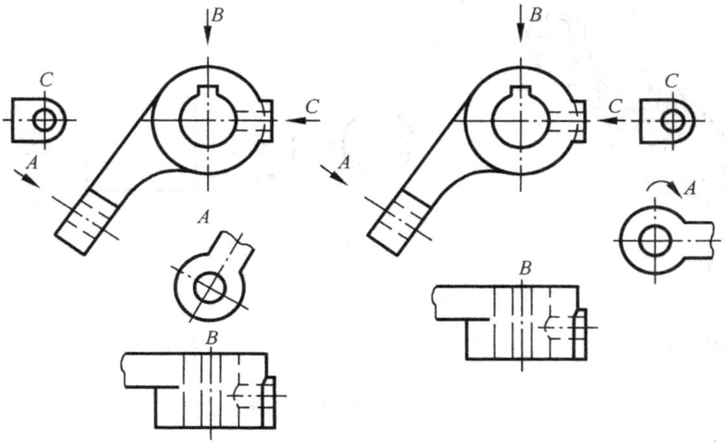

a)一种布置形式　　b)另一种布置形式

图 7-3　斜视图和局部视图（一）

又如图 7-2a，在紧杆的右侧有一个凸台，在左视图中用细虚线绘制了凸台端面的实形。由于在左视图中虚实线互相重叠，不够清楚；这个压紧杆的其他各部分在图 7-3a 的主视图、A 向斜视图和 B 向局部视图中，都已表达清楚了，所以左视图可以省略不画，而按右视图的方向，绘制 C 向局部视图就能明显地表达了凸台的形状。按国标关于“局部视图和斜视图的断裂处边界线应以波浪线表示，但当所表示的结构是完整的，且外轮廓线又呈封闭时，则波浪线可省略”的规定，在图 7-3a 中省略了 C 向局部视图的波浪线。这样，如图 7-3 所示，由主视图、A 向斜视图、B 向和 C 向局部视图，则可正确、完整、清晰地表达压紧杆的结构形状。

图 7-3a、b 不同的布置形式来看，图 7-3a 紧凑、匀称。而图 7-3b 中斜视图和局部视图没有按箭头所示的投影方向配置，并将斜视图旋转，需在旋转后的斜视图上方需注明旋转方向，如图 7-3b 中的“↷A”。

如图 7－4 所示，这种机件右部分不平行于任何一个基本投影面，则可将该部分用斜视图表达，而左半部分用局部视图表达。

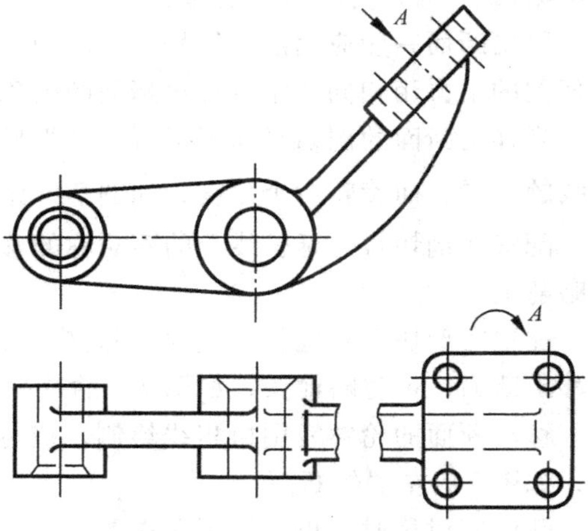

图 7-4　斜视图和局部视图（二）

7.2 断面图

7.2.1 断面的概念

假想用剖切平面将机件的某处切断，仅画出截断面的图形和断面符号，这种图形称为断面图，简称断面，如图 7-5 所示。

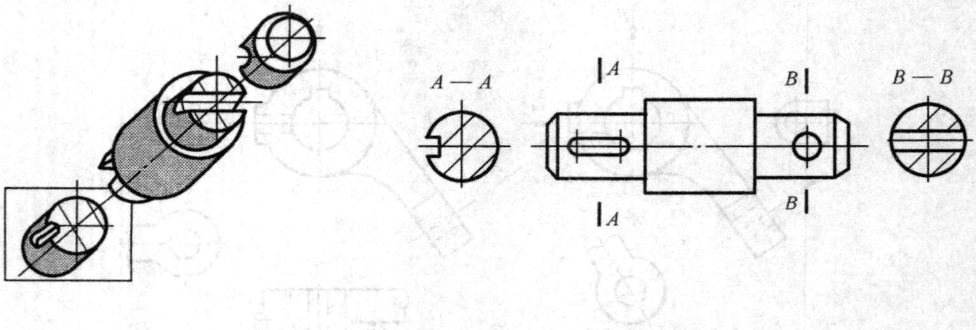

a)立体图　　b)断面图

图 7-5　主轴的断面图

当剖切平面通过回转面形成的孔或凹坑的轴线时，这些结构应按剖视图画出，如图 7-5 中的 *B—B* 所示。

当剖切平面剖切机件后，会导致出现完全分离的两个剖面时，则这样的结构按剖视绘制，如图 7-6 所示。

7.2.2 断面图的分类和画法

1. 移出断面图

绘制在视图外面的断面，称为移出断面。分析观察图 7-5 所示的移出断面。图 *B—B* 为对称断面、*A—A* 为不对称断面。

移出断面一般应用剖切符号表示剖切位置，用箭头表示投射方向，并注出大写字母；在断面图的上方用相同的字母标出断面的名称“×—×”。

当移出断面的剖切平面不平行于基本投影面时，断面图也可以不绘制在剖切平面迹线延长线的位置，而旋转一个角度，如图 7-6 所示，并加注“⌒*A—A*”。

配置在剖切符号延长线上的不对称的移出断面，可省略字母。若按投影关系配置时，可省略箭头。

配置在剖切符号延长线上的对称移出断面，不需标注。不配置在剖切符号延长线上的对称移出断面，可省略箭头，如图 7-7 的 A—A、B—B。

移出断面的轮廓线用粗实线绘制，应尽量配置在剖切符号（剖切平面迹线）的延长线上，如图 7-7 左端的断面。

断面图对称时，也可绘制在视图中间的断开处，如图 7-8 所示。

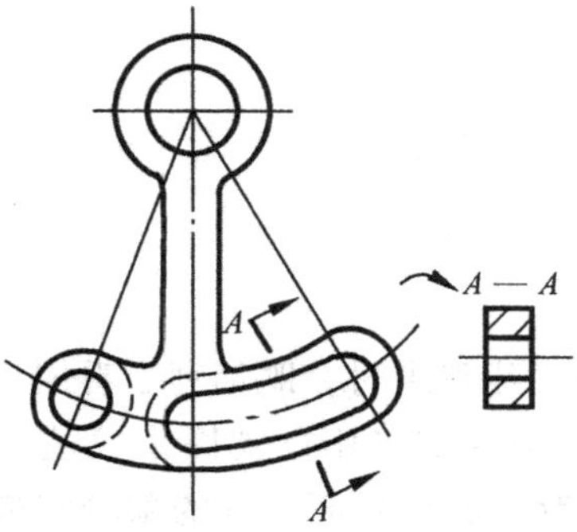

图 7-6 机件的断面图

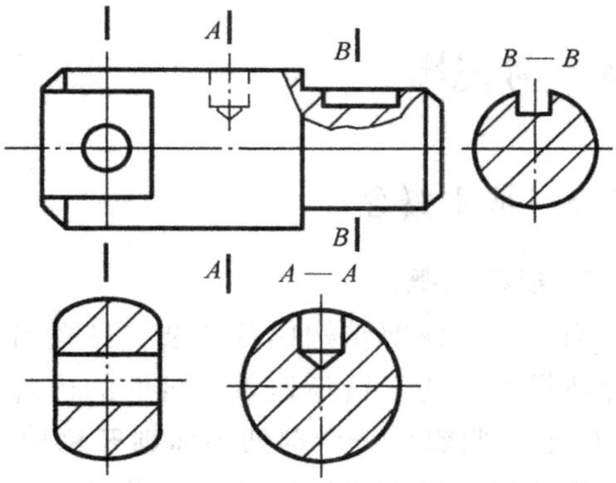

图 7-7 阶梯轴的断面图

由两个或两个以上的剖切平面剖切得到的移出剖面在剖切平面的相交处应断开，用波浪线分界，如图 7-9 所示。

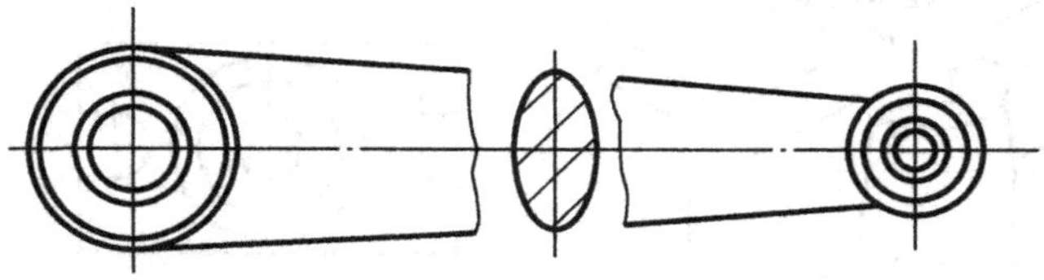

图 7-8 中断断面图

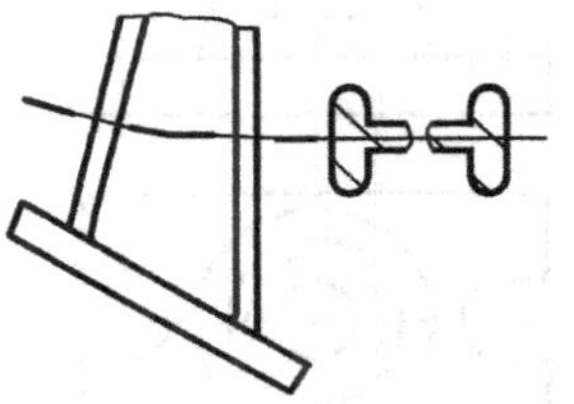

图 7-9 两个切平面的断面图

2. 重合断面

绘制在视图内且与视图重合在一起的断面图，称为**重合断面**，如图 7-10 所示。为了与视图的轮廓线有区别，重合断面的轮廓线用细实线绘制。当视图的轮廓线与剖面的轮廓线重叠时，应保留视图的轮廓线。

当重合断面对称时，不需标注，如图 7-10a 所示。当重合断面不对称时，应标注剖切符号和表示投射方向的箭头，但可省略字母，如图 7-10b 所示。

当对相对于基本投影面呈倾斜部分的结构作重合断面时，为了得到断面的真实形状，剖切平面应垂直于机件上被剖切部分的轮廓线，且断面图一端为不封闭，如图 7-10c 所示。

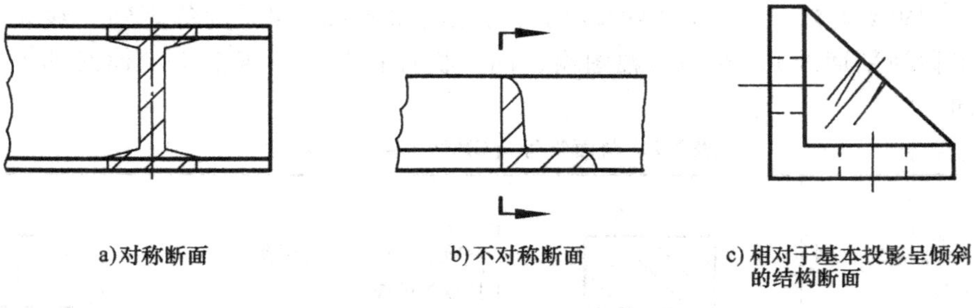

a)对称断面　b)不对称断面　c)相对于基本投影呈倾斜的结构断面

图 7-10 重合断面图

7.3 剖视图

7.3.1 基本概念

1. 剖视的概念

当机件的内部结构比较复杂，且视图中不可见的细虚线很多时，既不利于看图，也不便于标注尺寸。为了清晰地表达机件的内部结构形状，国标规定采用剖视图来表达。如图 7-11b 所示，**假想用一个剖切平面剖开机件，将位于观察者和剖切平面之间的部分移去，而将其余部分向投影面投影所得到的图形，称为剖视图**，简称剖视，如图 7-11c 所示。

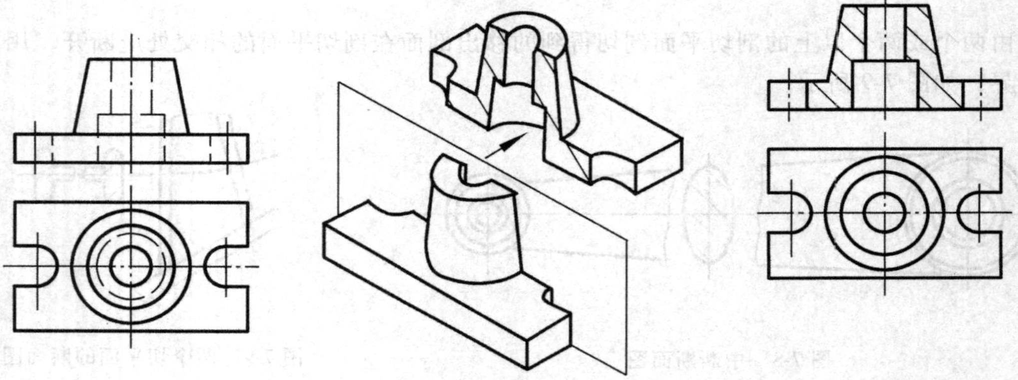

a) 视图　　b) 剖切立体图　　c) 剖视图

图 7-11　剖视图

2. 剖视图的画法

(1) 确定剖切平面的位置　要对主视图采取剖视，剖切平面应平行于正面，且通过对称中心线；如果对左视图或俯视图取剖切时，剖切平面应分别平行于侧面或水平面。

(2) 作剖视图　根据剖切平面之后（下、右）的部分按投影规律绘制，剖切平面剖到的机件断面轮廓和其后面可见轮廓线，均用粗实线绘制；而经剖切后仍存在不可见的轮廓线（虚线）可不绘制。

(3) 绘制剖面符号　应在剖平面剖到的断面轮廓内绘制剖面符号，见表 7-1 所示，GB 4457.5—1984 规定，金属材料的剖面符号用与水平线呈 45°的等距细实线表示（所以剖面符号也称为剖面线）。在同一幅图内，同一机件在各个剖视图上剖面线的方向和间距应完全相同。

表 7-1　剖面符号（GB/T 17453—1998）

金属材料（已有规定剖面符号者除外）	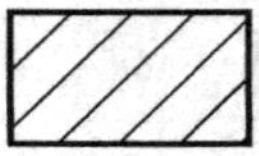	转子、电枢、变压器和电抗器等的叠钢片	

（续）

非金属材料（已有规定剖面符号者除外）	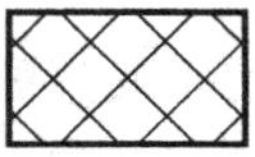	木材 纵剖面	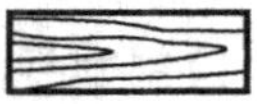
		木材 横剖面	
玻璃及供观察用的其他透明材料	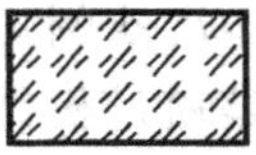	胶合板（不分层数）	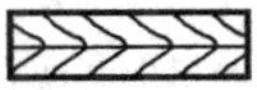
格网（筛网、过滤网等）		砖	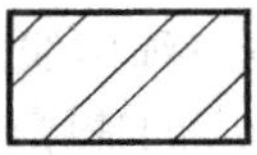
液体		混凝土	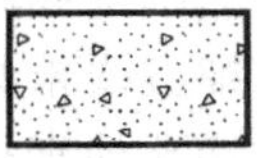
型砂、填砂、粉末冶金、砂轮、陶瓷刀片、硬质合金刀片等	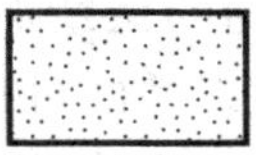	钢筋混凝土	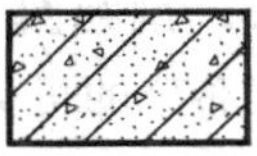
线圈绕组元件	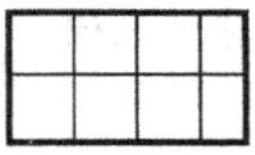	基础周围的泥土（自然土壤）	

3. 剖视图的标注

1）一般在剖视图的上方（或下方）用大写字母标注剖视图的名称“×—×”，在相应视图上用剖切符号（线宽 1～1.5b、长约 10mm 的粗短线）表示剖切位置，用箭头表示投射方向，并注上相同的字母。具体标注方法和剖切符号的画法，如图 7-12 所示。

2）当剖视图按投影关系配置，中间又没有其他图形隔开时，可省略箭头，如图 7-13 所示。

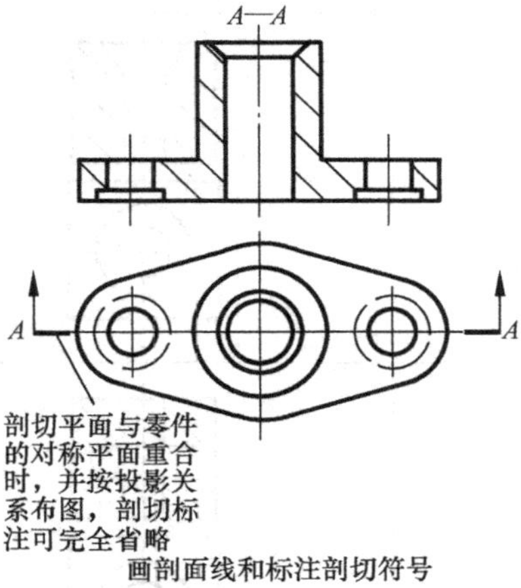

图 7-12　剖视图的标注（一）

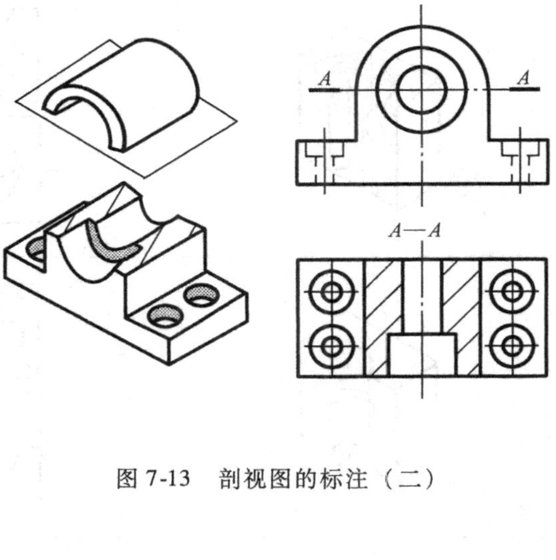

图 7-13　剖视图的标注（二）

3）当单一剖切平面通过机件的对称平面，且剖视图按投影关系配置，其中又没有其他图形隔开时，可省略所有的标注，如图 7-11c 所示。

4. 绘制剖视图需注意的问题

（1）剖切的假想性与真实性　对机件来说，剖切是假想的，在某一个视图上作了剖视（见图 7-11），其他视图应完整绘制。对所绘制的剖视图来说，剖切又是真实的，应按剖切后的情况绘制。

（2）剖视图与剖切平面的位置　剖视图本身不能反映剖切平面的位置，剖切平面的位置只能在其他视图上表示。如图 7-12 所示，剖切面是通过机件的前后对称平面剖切的，剖切平面的位置在俯视图上才能表示出来。

（3）细虚线的处理　画剖视图的目的，是为了表达机件的内部结构形状，减少细虚线，增强图形的清晰性。因此，在作了剖视以后，凡是已经表达清楚的内、外结构形状，在其他视图上的细虚线就可以省略不再绘制。如图 7-11c 所示，主视图上表示底板上表面投影的一条水平细虚线未画；在俯视图上，表示阶梯大圆孔的虚圆也省略未画，因为如果在主视图上注出阶梯孔的直径尺寸后，阶梯孔就已经表达清楚了。

（4）剖视图上不要漏线　剖视图应该绘制剖切到的截断面形状的轮廓线和剖切之后机件剩余部分的可见轮廓线。初学者常易漏画剖切平面以外的可见轮廓线。表 7-2 列出几种易漏线的情况。试对照立体图，分析所漏的线是机件的什么线或什么面的积聚投影。

表 7-2　剖视图中容易漏线的示例

立体图	正	误
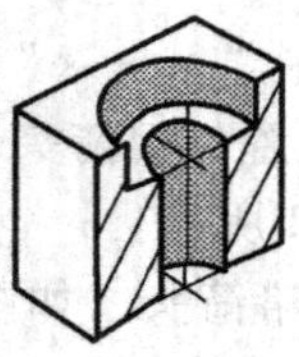	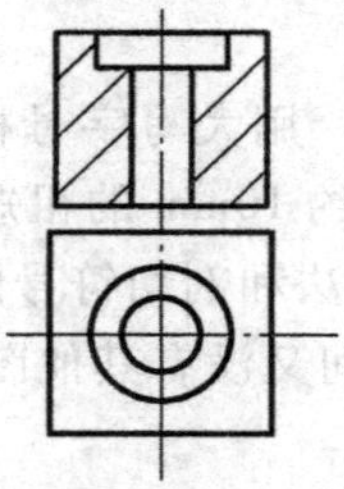	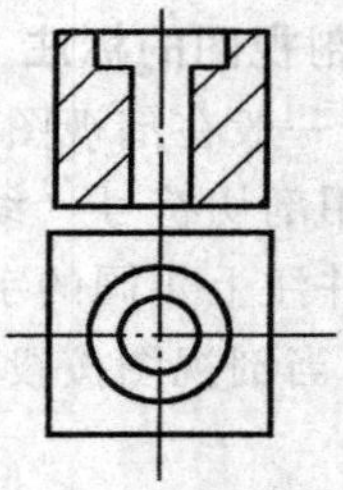
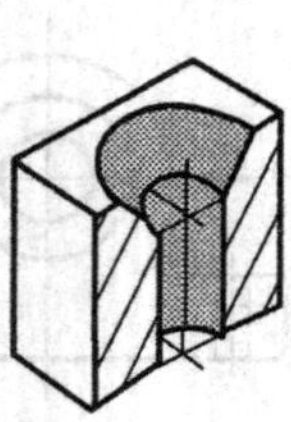	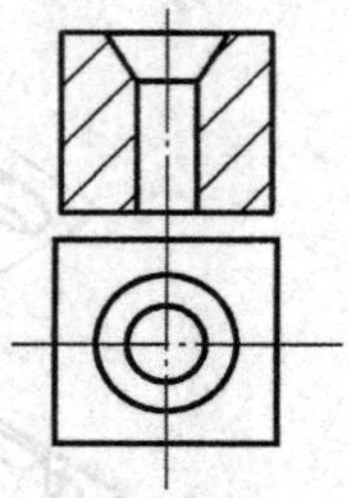	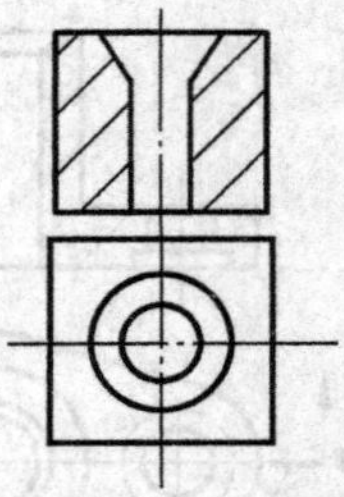
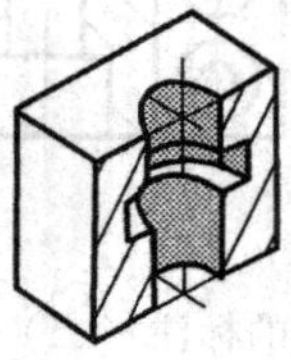	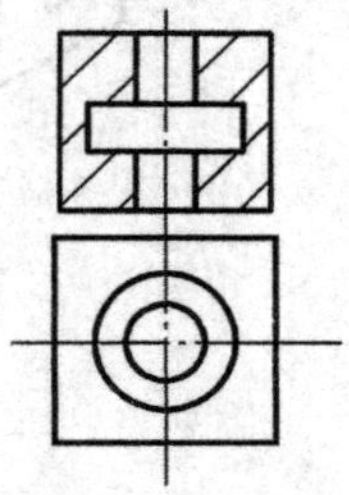	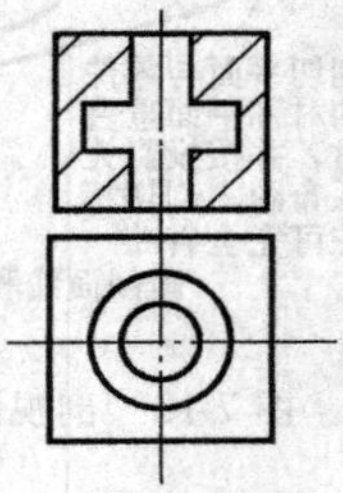

（续）

立体图	正	误
	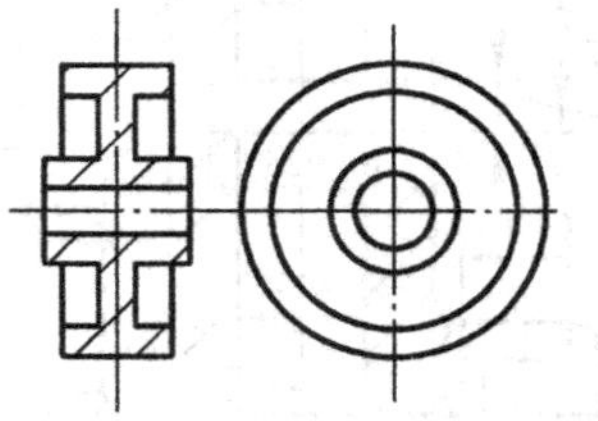	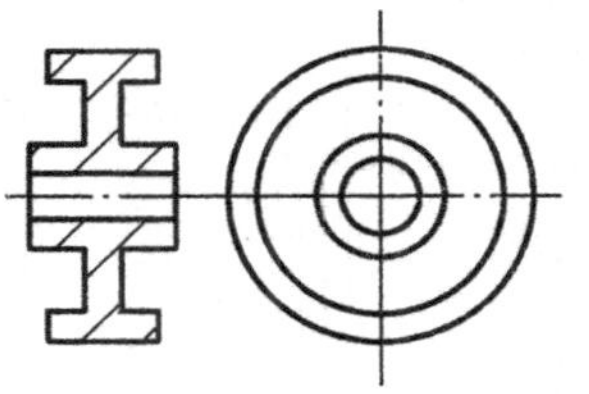

7.3.2 剖视图的分类

1. 全剖视

用一个剖切平面完全地剖开机件后所得到的剖视图，称为全剖视，简称全剖。

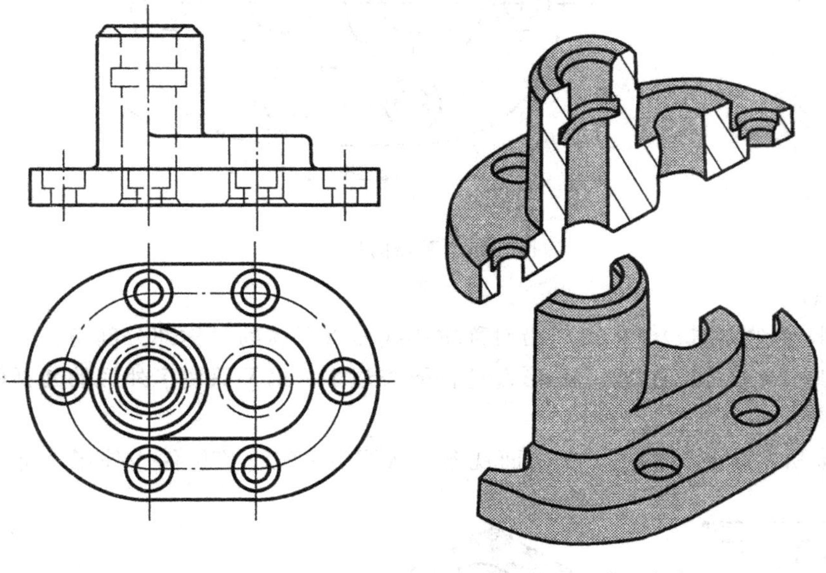

a) 主、俯视图　　b) 剖切方法

图 7-14　泵盖

图 7-14a 是泵盖的主、俯两面视图，从图中可了解到外形比较简单，但内腔比较复杂，所以在主视图中有很多细虚线。为了清晰地反映出泵盖的内部形状，如图 7-14b 所示，假想用一个剖切平面，沿机件的前后对称面把它完全剖开，然后进行投影，即得到全剖视图，如图 7-15 所示。全剖适用于外形简单、内腔复杂的机件

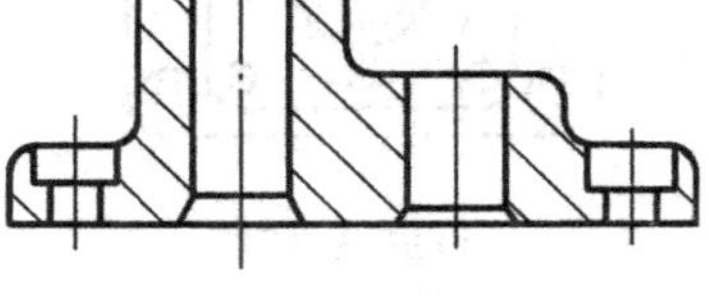

图 7-15　泵盖的全剖视图

泵盖采用全剖视后的尺寸标注如图 7-16 所示，为便于读图，有关的外形和内形尺寸应尽可能集中标注在相近的位置。由于标注尺寸后，$\phi25$ 的槽和孔 $\phi17$ 的倒角都已表达清楚，所以在俯视图中的两个细虚线圆一般可省略不画。

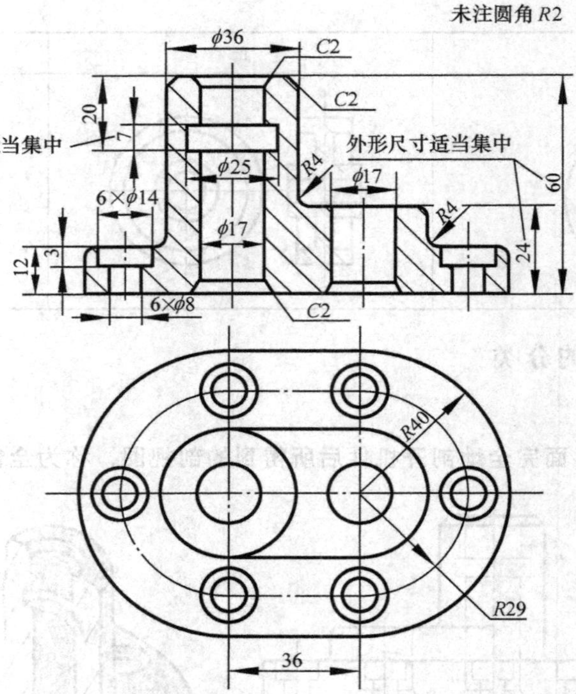

图 7-16　泵盖的尺寸标注

2. 半剖视

当机件具有对称结构时，可以沿对称中心线面将形体的对称部分剖切，一半为剖视图以表达内形，另一半为视图以表达外形，这种**既表达了内形又保留了外形的剖视图，称为半剖视**，简称**半剖**。

图 7-17a 所示为支架的主、俯两面视图，从图中可知，该机件内外形状都比较复杂，但

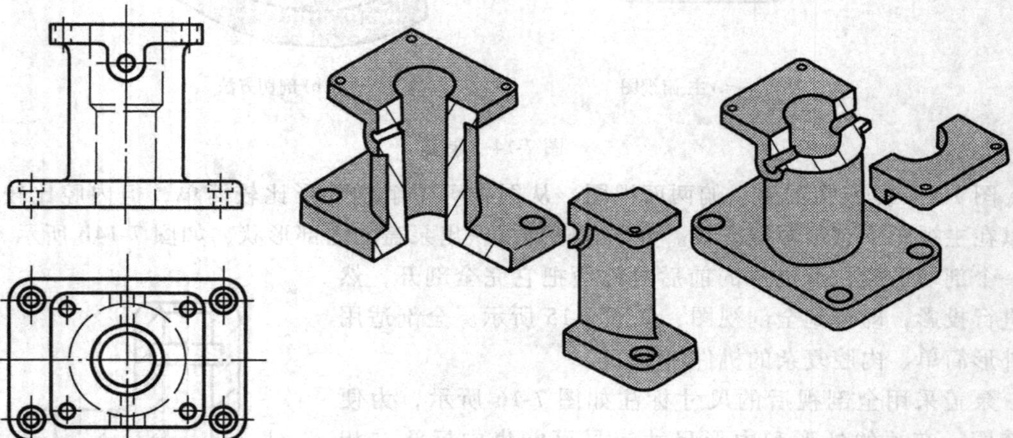

a) 主、俯视图　　b) 主视图的剖切方法　　c) 俯视图的剖切方法

图 7-17　支架

前后、左右对称。为了清楚地表达这个支架，可将主视图和俯视图均作半剖视图，其剖切位置如图 7-17b、c 所示。这个机件为什么选择了半剖视来表达呢？从图中可见：如果主视图采用全剖视，则顶部长方形板下方的凸台就无法表达；如果俯视图采用全剖视，则顶部长方形板及其四个小孔的形状和位置，也无法表达。

绘图时必须注意：在半剖视图中，视图与半剖视图的分界线应以细单点长画线作为界线；由于图形对称，机件在半剖视图已表达清楚的结构，在视图对应相同结构的细虚线可省略不画；但在半剖视图中没有表达清楚的结构，仍可在视图部分绘制细虚线，如图 7-18 所示的主视图中，方板顶部的通孔和底板上的沉孔都可以细虚线表达。

半剖视的标注方法与全剖视的标注方法相同。在图 7-18 中，由于主视图中半剖视是以通过支架的前后对称平面剖切后得到的，且主、俯视图之间无其他图样相隔，故可省略标注。而俯视图中半剖视是以水平剖切平面剖切后得到的，这个剖切平面对支架的上下结构而言不对称，所以在主视图中必须标注剖切符号和图名，但因为剖视图按投影关系配置，中间又没有其他图形隔开，所以可以省略表示投射方向的箭头。图 7-19 为支架的尺寸标注。由于支架内壁轮廓在外形视图上未绘制，所以主视图中尺寸 $\phi22$、$\phi25$，俯视图中尺寸 46、58 的尺寸线，一端画箭头，而另一端，必须超过对称线，且不画箭头。其他尺寸分析从略。

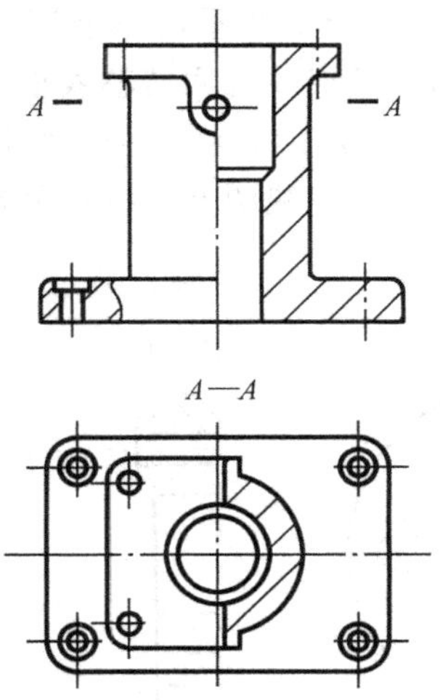

图 7-18　支架的半剖视

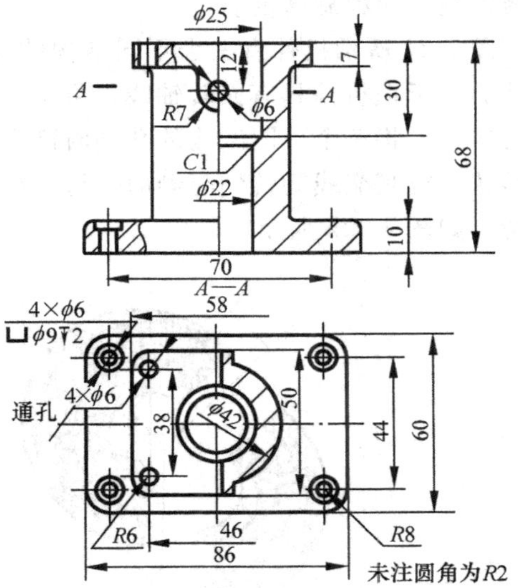

图 7-19　支架的尺寸标注

3. 局部剖视

用剖切面局部地剖开机件所得的剖视图，称为**局部剖视图**，简称**局剖**。

图 7-20 所示机件在俯视图作全剖视后，虽已将水平阶梯孔表达清楚；但其底板上的四个沉孔尚未表达清楚，为了表达这四个沉孔，可用剖切平面只将沉孔剖开，在主视图中以局部剖视图表达。

局部剖视图与机件整体用波浪线分界，波浪线不自行封闭，不应穿过孔洞部分。

局部剖视图主要用于表达机件内部的局部结构形状。剖切平面剖切的范围，根据需要可大可小。图 7-21 所示机件，为了保留其前表面的凸台形状，采用局部剖视将机件内、外形状可表达清楚。由于局部剖切面的位置明显，故不必标注。

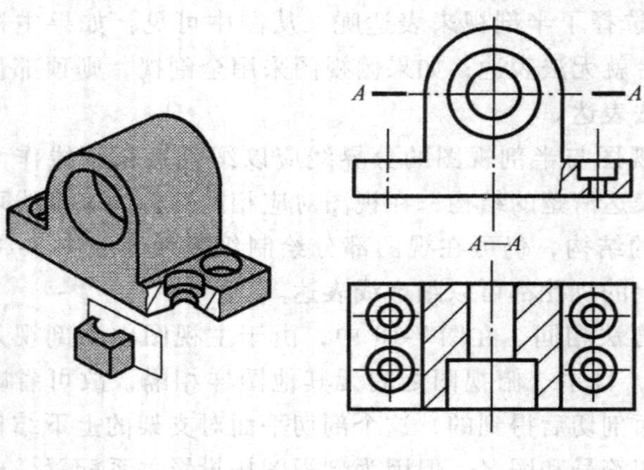

图 7-20　局部剖视（一）

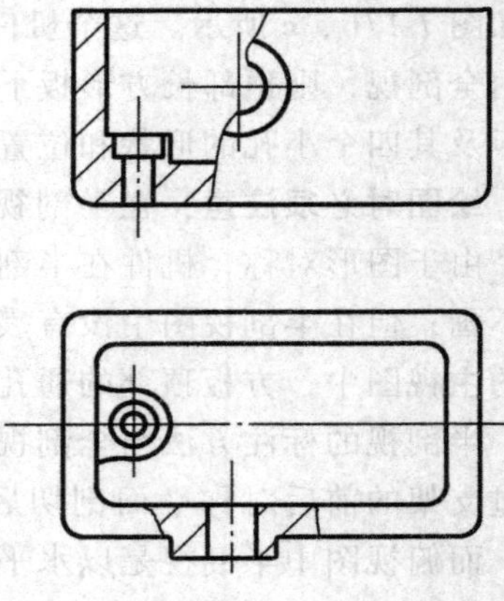

图 7-21　局部剖视（二）

4. 旋转剖视

用相交的剖切平面（其交线必垂直于某一个投影面）将机件剖开所得的剖视图，称为旋转剖视，简称**旋转剖**。

图 7-22 所示机件有三个不同结构的孔。作剖视时，用一个剖切平面不能同时剖切到三个孔。由于该机件具有回转轴线，可采用交线垂直于 V 面，且交线与回转轴线重合的两相交剖切平面，将三个不同结构的孔同时剖开，如图 7-22a 所示；然后，将正垂面所切到的截断面形状，绕其交线旋转到与侧面平行，再进行投影；这样，在左视图上即将三个孔完全表达清楚，如图 7-22b 所示。

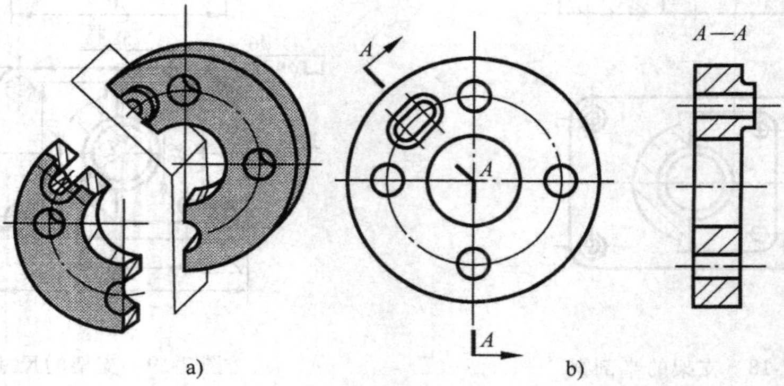

图 7-22　旋转剖视

旋转剖必须标注。标注时，在剖切面的起、止和转折处标出剖切符号，注上同样的字母，并在起、止处画出箭头表示投射方向。在所画的剖视图上方（或下方），用同一字母标出剖视图名称“×－×”，如图 7-22b 所示。

当剖视图按投影关系配置，且中间并无其他图形隔开时，可省略表示投射方向的箭头。

5. 阶梯剖视

用几个平行于某一基本投影面的剖切平面剖开机件后所得到的剖视图，称为阶梯剖视。简称**阶梯剖**。

图 7-23 所示机件用一个剖切平面不可能把机件的内部形状完全剖开，所以采用了两个互相平行的剖切平面剖开机件，则左视图呈现全剖视图。按图 7-23b 标注剖切符号及剖视图名称。这样，可将机件的内、外结构形状均表达清楚。

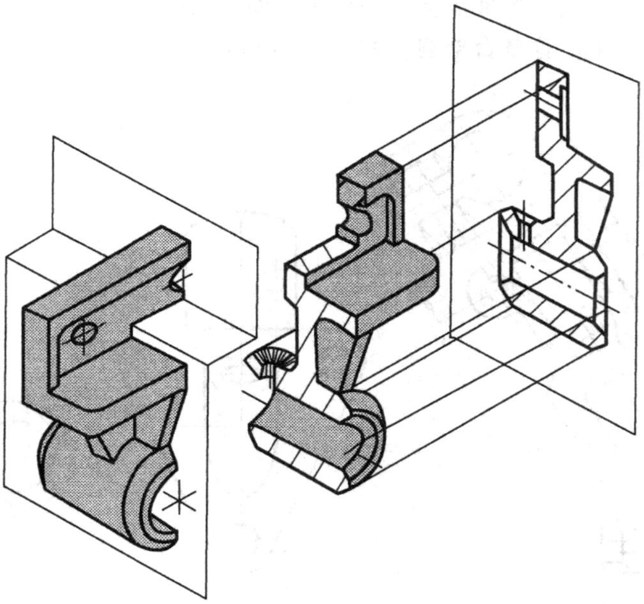

a)

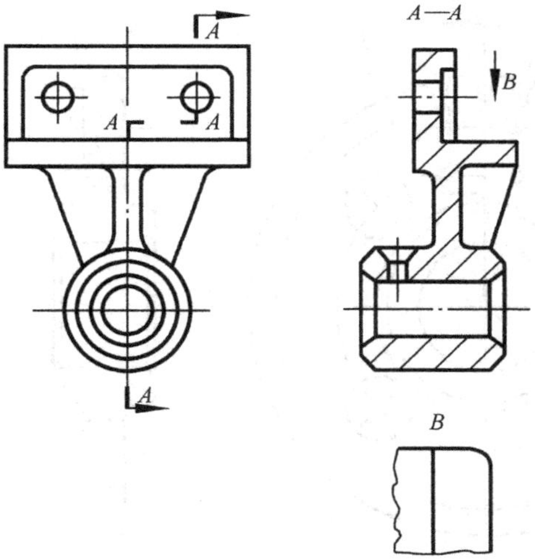

b)

图 7-23　阶梯剖视（一）

采用上述阶梯剖视绘图时，虽然各平行的剖切平面不在同一个平面上，但剖切后所得到的剖视图应看作是一个完整的图形。在阶梯剖视图中，各剖切平面转折处不应绘制任何线，更不可剖到不完整的要素。

6. 斜剖视

用不平行于任何基本投影面的剖切平面剖开机件所得到的剖视图称为斜剖视图，简称斜剖，如图 7-24 所示。

7. 复合剖视

用组合的剖切平面剖开机件所得到的剖视，即前面所述的几类剖视中两种或两种以上的剖视应用在同一机件上，称**复合剖视**，如图 7-25 所示。这里不作详述，请读者自行分析。

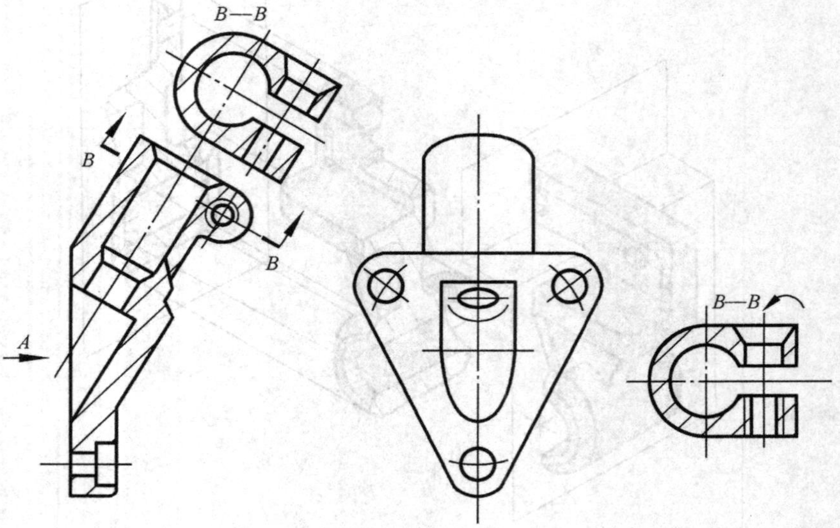

图 7-24　斜剖视

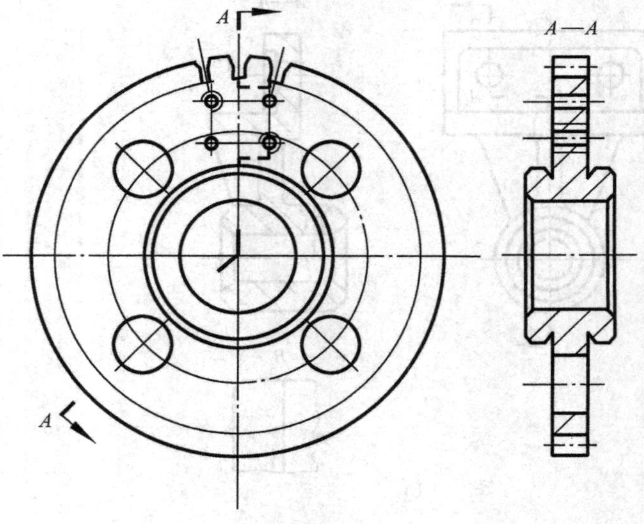

图 7-25　复合剖视

断面图与剖视图的区别：剖视除表示剖切面切到的截断面形状外，还需绘制剖切面之后机件的轮廓，即为剖切后体的投影。断面图则仅表示机件某一位置的截断面形状，相当于面的投影。

7.4 其他表达方法

7.4.1 局部放大图

将机件的局部结构，用大于原图形所采用的比例绘制的图形，称为局部放大图。局部放大图可以为视图、剖视或断面，它与被放大部分的表达方式无关。局部放大图应尽量配置在放大部位的附近，如图 7-26 所示。

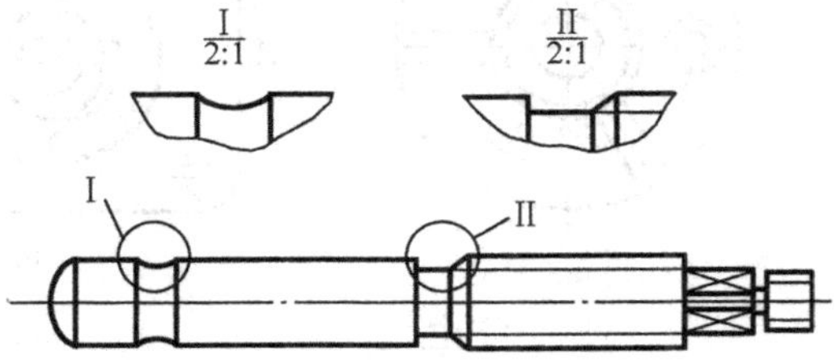

图 7-26 局部放大图

绘制局部放大图时，用细实线圈出被放大的部位。当同一机件上有几处被放大时，必须用罗马数字依次标明被放大的部位，并在局部放大图的上方标出相应的罗马数字和所放大的比例。

7.4.2 简化画法

在图 7-27 中，扼要地介绍国际所规定的一部分简化画法：

1）对于零件的筋，轮辐及薄壁等，如剖切平面通过这些结构的基本轴线或对称平面时，这些结构都不画剖面符号，而用粗实线将它与邻接部分分开，如图 7-27a 所示。剖切平面若不通过成辐射状均匀分布的筋、轮辐、孔等，其剖视图也应按图 7-27a 画。

2）与投影面倾斜角度≤30°的圆和圆弧，其投影可以用圆或圆弧来代替（见图 7-27b）。

3）圆柱形法兰和类似机件上均匀分布的孔，可按图 7-27c 表示。

4）当机件具有若干相同结构（如轮齿、沟槽等），并按一定规律分布时，只需画出几个完整的结构，其余用细实线连接，但必须注明该结构的总数（见图 7-27d）。

5）若干直径相同且成规律分布的孔，可以仅画几个，其余只需表示其中心位置，但应注明孔的总数（见图 7-27e）。

6）在剖视图的剖面中可以再作一次局部剖视，采用这种画法时，两者的剖面线应同方向、同间隔，但要互相错开。一般须用引出线标注其名称（见图 7-27f）。

7）较长的机件，例如轴、杆、型材、连杆等，若沿长度方向的形状为一致或按一定规律变化时，可以断开画出（见图 7-27g），但机件的尺寸应按实际长度标注。一般机件（包括实心或空心的圆柱体）断裂处都可用波浪线表示：圆管或空心圆柱体的断裂处也可按图 7-27g 表示，实心圆柱的断裂处，则可按图 7-27h、i 表示。

8）零件上斜度不大的结构，如在一个图形中已表示清楚，其他图形可以只按小端画出（见图 7-27h）。

9）零件较小的结构，如在一个图形中已表达清楚，则在其他图形中可以简化或省略，如在图 7-27i 的俯视图中，销孔应有四条相贯线的投影，此图简化为直线。

10）网状物，编织物或机件上的滚花部分，可以在轮廓线附近示意地画出这些结构，并在零件图上或技术要求中注明这些结构的具体要求，如图 7-27j 表示机件左边整个圆柱面上有间距为 0.8mm 的网纹滚花。

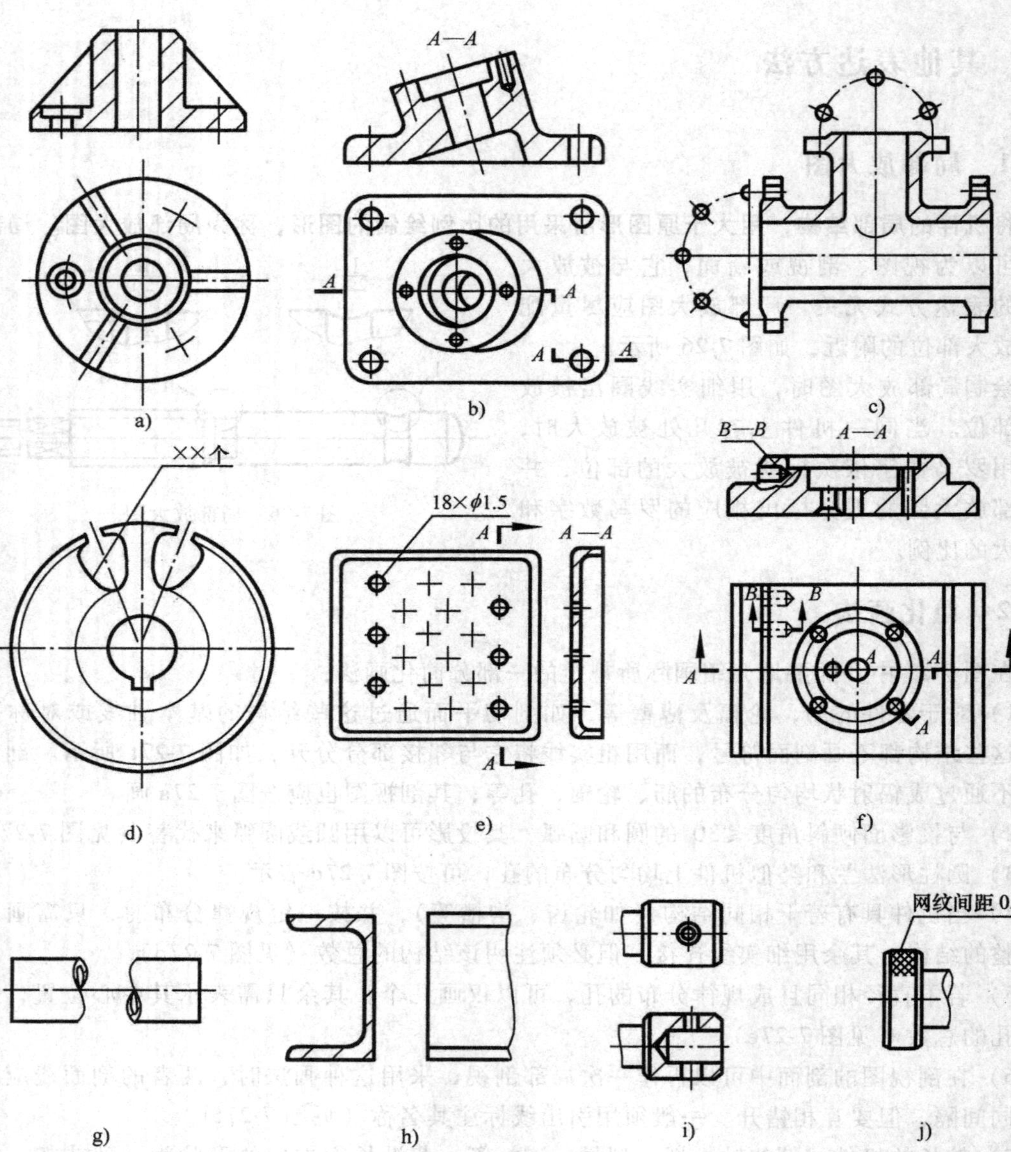

图 7-27　简化画法（部分）

7.5　表达方法分析示例

本章介绍了标注尺寸、视图、剖视、断面、局部放大图和简化画法等内容。并通过这些内容的介绍具体分析了表达机件的各种方法。为了进一步掌握这些画法，下面再举一些绘制和阅读图样的例题。

【例 7-1】　根据图 7-28a 所示轴承盖的立体图，选择适当的表达方法，并标注尺寸。

为了完整、清晰地表达图 7-28a 所示轴承盖模型的形状和大小，可按下述步骤进行分析和绘图。

1. 形体分析

这个轴承盖是左右、前后对称的，其下部与轴承座相配合。

轴承盖的主体是一个半圆柱，前后各有一个半圆形状的凸缘。主体的中间挖成 $\phi65$ 的半圆柱形空腔；前后两端也分别挖通 $\phi60$ 的半圆柱孔，并带有倒角。主体下部的左右两侧，

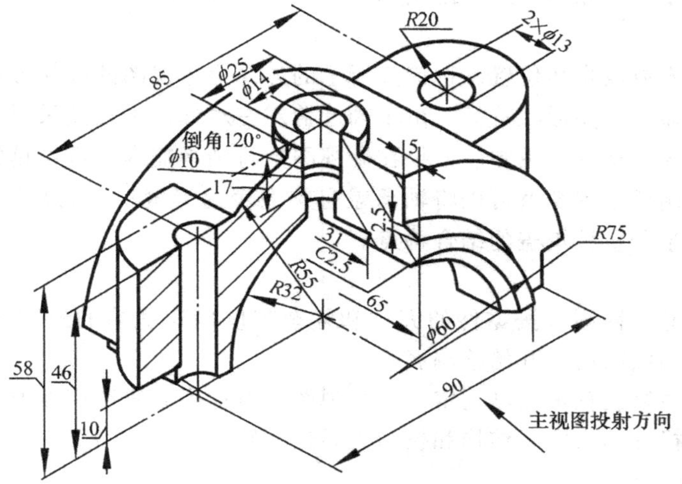

a) 立体图

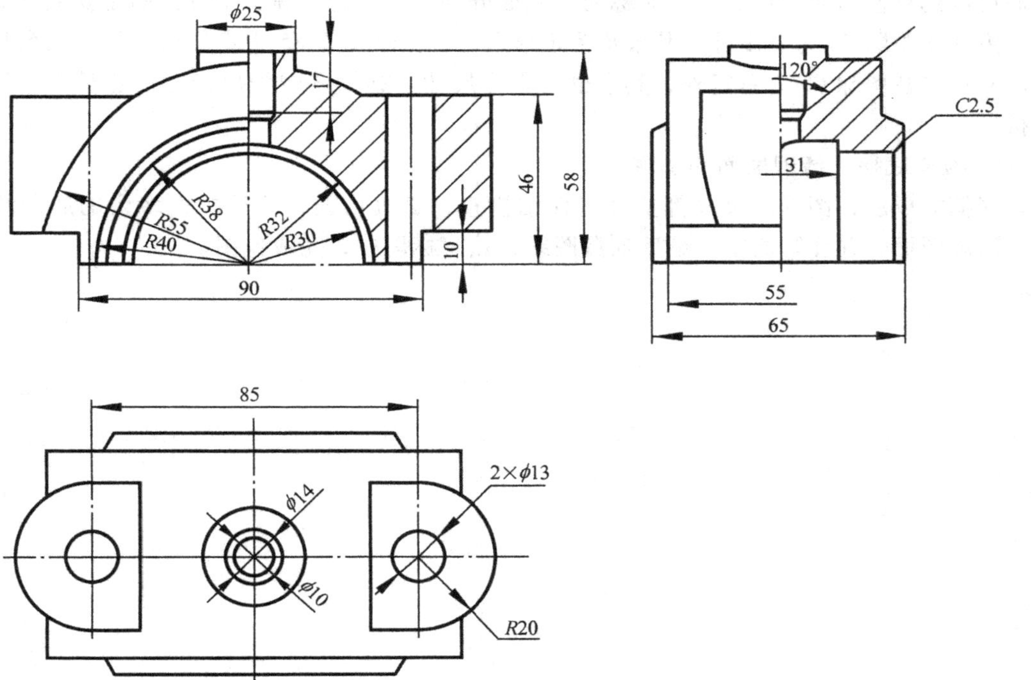

b) 三视图

图 7-28 轴承盖

分别用水平面和侧平面切去一小块。

轴承盖左右侧各有一耳，两耳分别由半圆柱及与它相切的正平面所组成，与主体相交，并分别钻一个圆柱形通孔。

轴承盖顶部有圆柱形凸台，与主体相交，凸台中央钻一个加油孔，即 $\phi14$ 和 $\phi10$ 的同轴圆柱孔，这两个孔的交接处有一个顶角为 120°的倒角（因为它是在钻孔过程中自然形成的，倒角的顶角和钻头角相同，通常画成 120°，可以不注角度尺寸）。

2. 视图选择

一般将轴承盖安放成自然位置，选箭头所示的方向为主视图的投射方向，则在主视图中能够反映这个轴承盖的主要形状特征。由于轴承盖左右对称，主视图采用半剖视。两耳的实形和深度方向的情况反映在俯视图。如果在俯视图上将轴承盖内部不可见的投影轮廓用细虚线绘制，则由主、俯两个视图就可以将轴承盖完整地表达清楚；而俯视图中的细虚线省略；同时结合左视图的半分析轴承盖的结合特点。

3. 绘制底稿

一般根据已选择的视图，按零件的大小和复杂程度确定适当的绘图比例，从而选定图幅，然后合理安排图面布局，开始绘制底稿。

首先按投影关系绘制轴承盖已选定的三个视图的对称中心线和底面位置线；然后绘制两耳的中心线；再按机件的尺寸、结构和投影关系逐一绘图。

4. 标注尺寸

标注尺寸时，首先确定长、宽、高三个方向的主要基准：针对轴承盖的具体结构特点，我们可以选择左右对称面、前后对称面、底面分别为长、宽、高三个方向的主要基准。

主视图中除 58 为总高外，其余均为定形尺寸；俯视图除 85 为定位尺寸外，其余均为定形尺寸；左视图除 65 为总宽外，其余也为定形尺寸。这幅图中为何未标注总长呢？请读者分析。

5. 检查底稿、清理图面和加深

底稿完成后，图形和尺寸都要经过仔细检查，修改错误，然后擦去多余的底图线和污垢、清理图面，并注写文字，最后加深图线，填写标题栏，完成作图。

第 8 章　标准件和常用件

在各种机器设备中，经常有一些标准件和常用件。标准件是对结构形状、尺寸和技术要求都标准化了的零件或部件，如螺栓、螺母、垫圈、键、销、齿轮等。常用件是对部分结构要素标准化了的零件或部件。如齿轮，弹簧等。实行标准化能简化产品品种、规格、加速产品设计和生产的准备过程，提高产品质量，扩大产品零件、部件的互换性，降低产品成本。因此在国家标准《机械制图》中，对标准件和常用件的表示方法规定了一系列的画法、符号、代号和标记。遵守这些标准，可以提高设计绘图的速度和质量。

本章重点学习常用的标准件和常用件的有关规定标准、画法、代号、标记以及查阅标准的方法。

8.1　螺纹及螺纹连接件

8.1.1　螺纹的形成和要素

螺纹是指螺钉、螺栓、螺母和丝杆等零件上起连接或传动作用的牙型部分。在圆柱（或圆锥）的外表面上加工出来的螺纹称为**外螺纹**；在孔壁上加工的螺纹称为**内螺纹**。

螺纹的加工方法很多，如图 8-1a、b 表示在车床上加工外螺纹和内螺纹的方法。由螺纹的形成可以看出，它具有下列五要素：

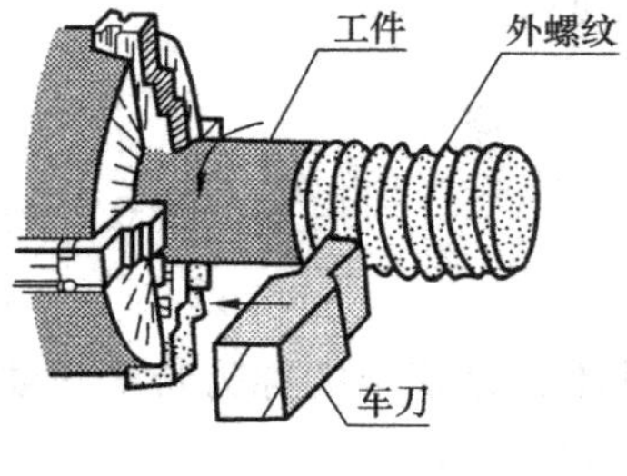

a)加工外螺纹

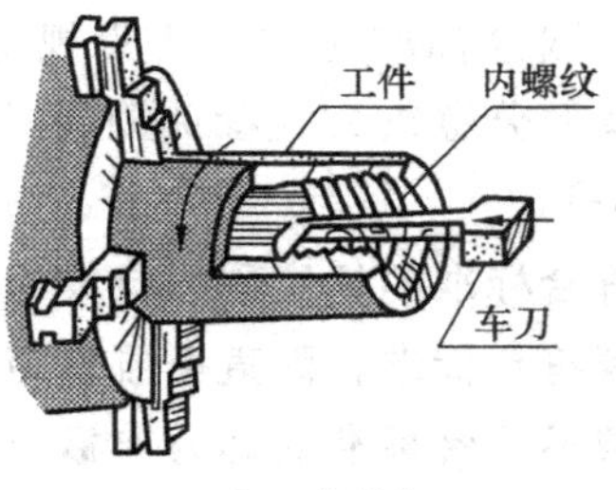

b)加工内螺纹

图 8-1　螺纹的形成

（1）**牙型**　**沿螺纹轴线方向剖开，所得到的牙齿剖面的形状**称为**螺纹的牙型**，如图 8-2 所示。常见的有三角形、梯形等。

（2）**螺纹直径**　**螺纹的最大直径**称为**螺纹大径**，外螺纹用“d”表示，内螺纹用“D”表示。**螺纹的最小直径**称为**螺纹小径**，外螺纹用“d_1”表示，内螺纹用“D_1”表示，如图 8-2 所示。

（3）**线数（*n*）**　**指在工件表面上加工螺纹的条数**。当加工一条螺纹时，称为**单线螺**

纹，如图 8-3a 所示。加工两条螺纹时，称为**多线螺纹**，如图 8-3b 所示。加工两条以上螺纹时，称为**多线螺纹加工**。

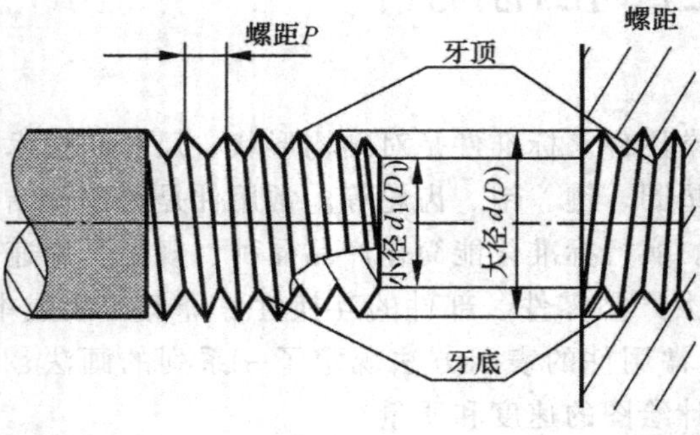

图 8-2　螺纹要素

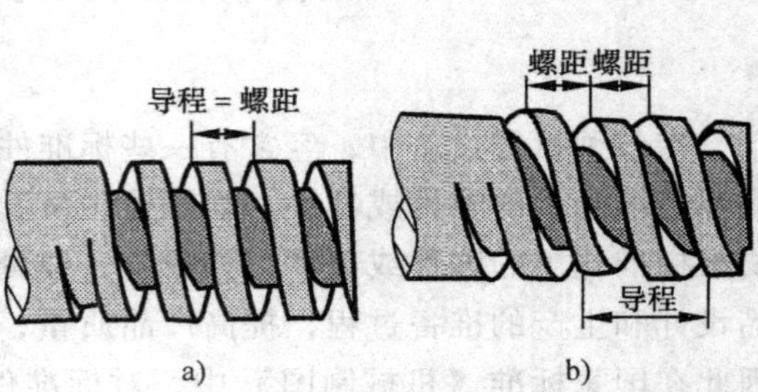

图 8-3　螺纹的螺距和导程

（4）**螺距（P）和导程（P_h）**　**螺纹相邻两牙型对应点之间的轴向距离称为螺距**，如图 8-3a 所示。**同一条螺纹上相邻两牙型对应点的轴向距离称为导程**，如图 8-3b 所示，单线螺纹 $P=P_h$，多线螺纹 $P_h=nP$。

（5）**旋向**　**即内、外螺纹旋进时的旋转方向**。根据使用需要分左旋和右旋两种，**顺时针方向旋进的称为右旋螺纹**，如图 8-4a 所示。**逆时针方向旋进时称为左旋螺纹**，如图 8-4b 所示。

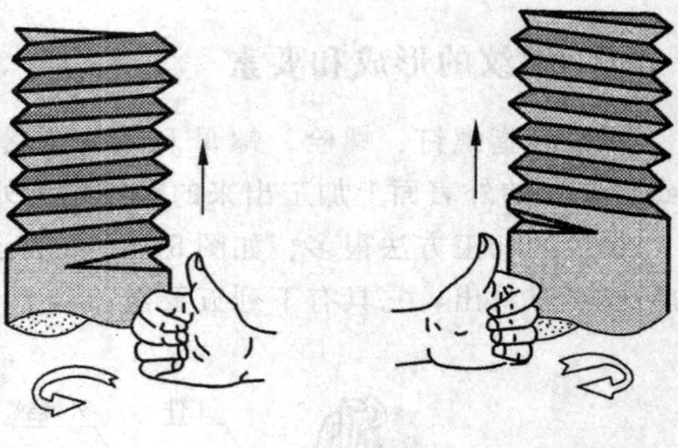

图 8-4　螺纹的旋向

内外螺纹连接的条件是螺纹的五个要素必须完全相同。在螺纹要素中，**牙型、大型**和**螺距**是螺纹最基本的三个要素，通常称为螺纹的三要素。国家标准对这三要素规定了标准值。螺距及部分螺纹大径参阅附录 A 中的表 A-1 ~ 表 A-3。

凡三要素符合标准的螺纹称为标准螺纹。

凡螺纹牙型符合标准，而直径或螺距某一项不符合标准的称为特殊螺纹。

凡螺纹牙型不符合标准的称为非标准螺纹，如方牙螺纹。

标准螺纹中的单线、右旋螺纹应用广泛。凡螺纹的线数和旋向没有特别注明时，则为单线右旋螺纹。

8.1.2　螺纹的分类及规定画法

1. 螺纹的分类

按螺纹的用途不同可分为连接螺纹和传动螺纹两类，见表 8-1。

2. 规定画法

（1）外螺纹的画法　螺纹的大径（牙顶）和螺纹长度终止线用粗实线表示；螺纹的小径（牙底）用细实线表示，在螺杆的倒角或倒圆部分也应绘制。在投影为圆的视图中，大

表 8-1　常用标准螺纹的分类、牙型及其符号

螺纹分类				外形及牙型角	特征代号	说　　明
连接螺纹	普通螺纹	粗牙普通螺纹		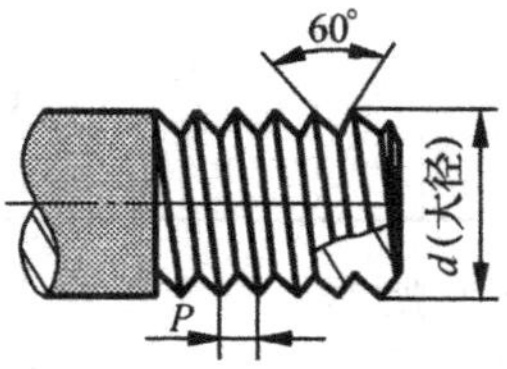	M	用于一般零件的连接
		细牙普通螺纹		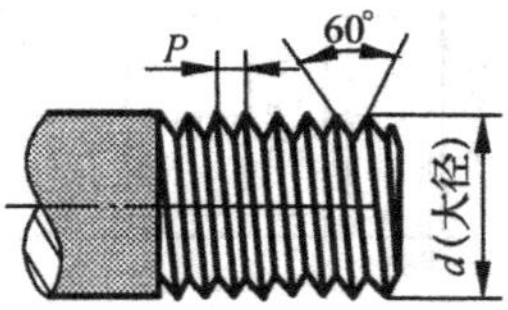	M	与粗牙螺纹大径相同时，细牙螺纹的螺距小，小径大，且强度高，多用于精密零件，薄壁零件或负荷大的零件上，还常用于承受变载、冲击、振动载荷的连接
	管螺纹	55°非密封管螺纹		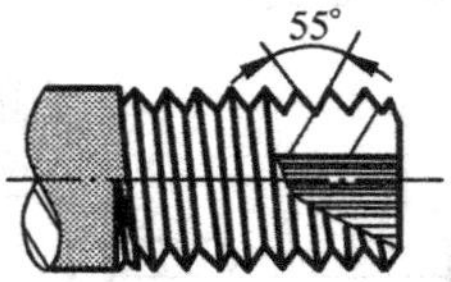	G	用于非螺纹密封的低压管件的连接
		55°螺纹密封管螺纹	圆锥外螺纹	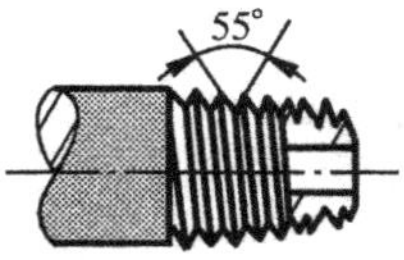	R_1 或 R_2	用于中、高压管路及液、气系统的连接
			圆锥内螺纹	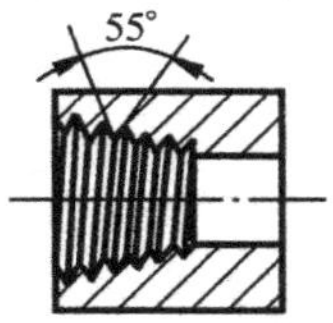	Rc	
			圆柱内螺纹	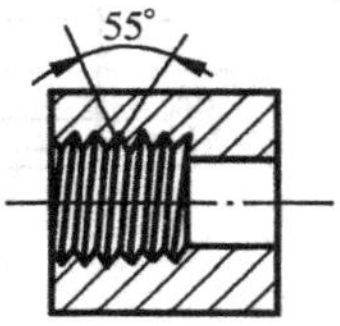	Rp	

（续）

螺纹分类		外形及牙型角	特征代号	说　明
传动螺纹	梯形螺纹	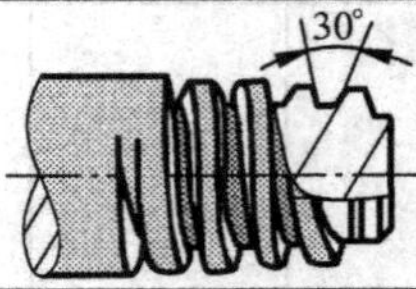	Tr	可双向传递运动及动力，常用于需承受双向力的丝杠传动

径为粗实线圆，小径为 3/4 细实线圆，如图 8-5 所示。

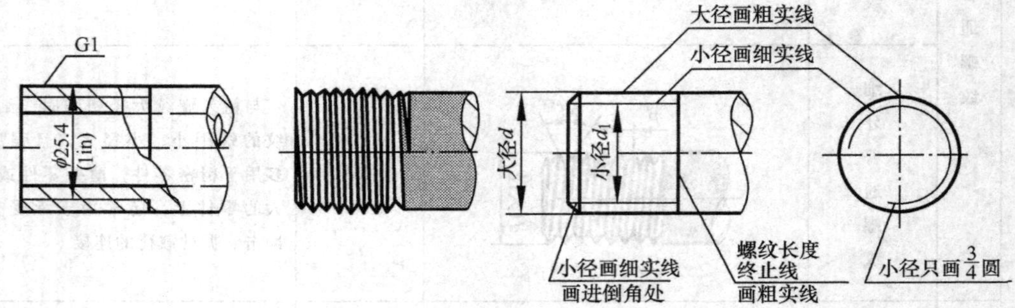

图 8-5　外螺纹的画法

（2）内螺纹的画法　当内螺纹作剖视图时，小径（牙顶）和螺纹长度终止线用粗实线绘制；倒角也应绘制，大径（牙底）用细实线绘制，如图 8-6a 所示。在投影为圆的视图中，小径为粗实线圆；大径为 3/4 细实线圆，倒角圆省略不画。

内螺纹未作剖视时，大径、小径和螺纹长度终止线均为虚线，如图 8-6b 所示。

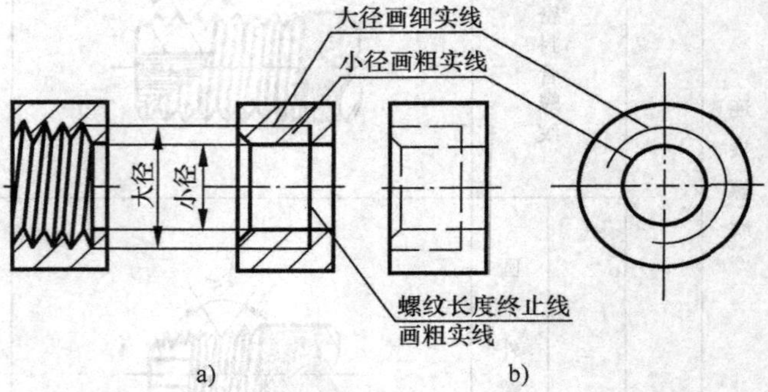

图 8-6　内螺纹的画法

（3）内、外螺纹连接的画法　在绘制螺纹的剖视图时，其连接部分应按外螺纹的画法绘制，未连接部分仍按连接前各自的画法绘制，如图 8-7 所示。

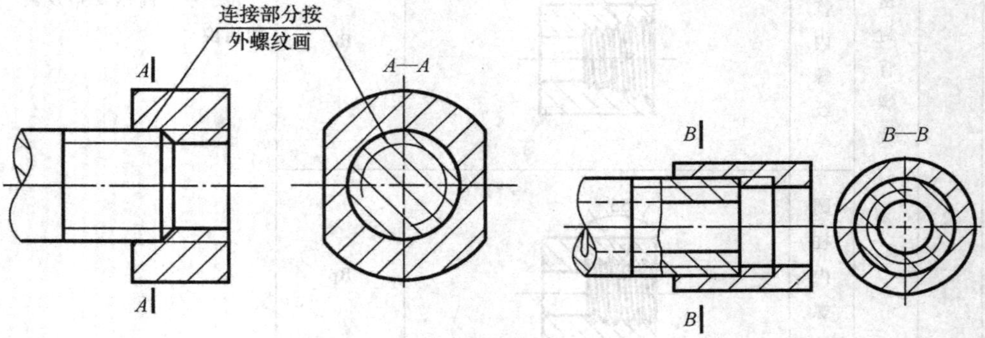

图 8-7　螺纹连接画法

8.1.3 螺纹的标注方法

普通螺纹标注的一般格式是：

[螺纹特征代号] [公称直径] × [螺距（单线）/Ph 导程 P 螺距] - [螺纹公差带代号（中径、顶径）] - [旋合长度] - [旋向代号]

单线普通粗牙螺纹不注螺距，而普通细牙螺纹注螺距。

【例 8-1】 普通螺纹、大径 20mm、螺距 2mm，左旋、中径和顶径公差带分别为 5g 和 6g、旋合长度为 S（短旋合），其标注为：

$$M20 \times 2 - 5g6g - S - LH$$

在标注时，对常用的单线，右旋螺纹，其线数和旋向可省略不注。

常见标准螺纹的标注方法和图例见表 8-2。

表 8-2 标准螺纹的标注示例

螺纹种类		标注图例	说明
普通螺纹	粗牙内螺纹	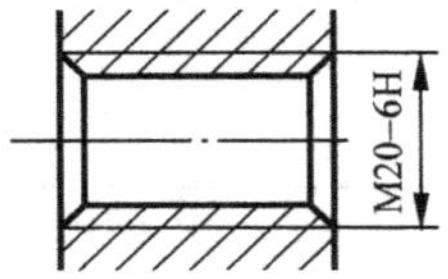	粗牙螺纹螺距不标注，右旋不标注，旋合长度 N 不标注。中径与顶径公差带相同，只注一个代号 6H
	细牙外螺纹	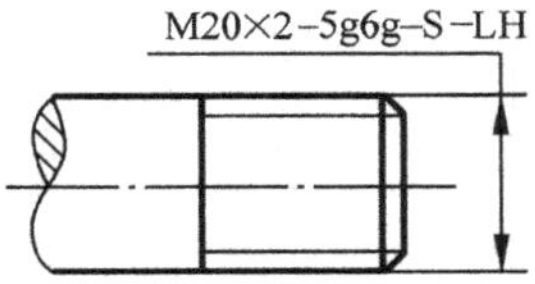	细牙螺纹螺距应该标注，左旋螺纹要标 LH。中径与顶径公差带不同则分别标注 5g 与 6g
		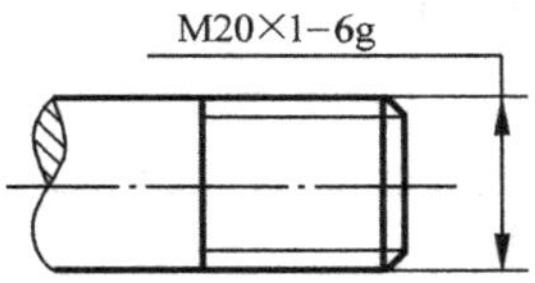	外螺纹中径与顶径公差带相同，只标注一个代号 6g
	螺纹副旋合标记	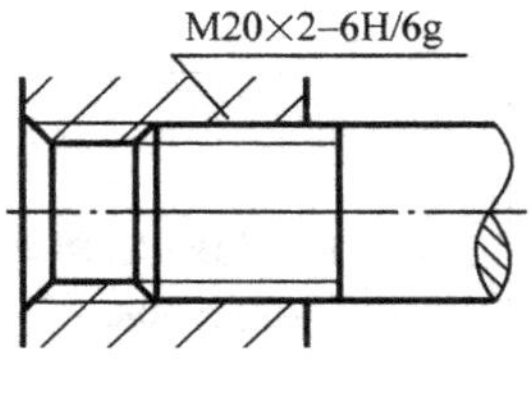	内、外螺纹旋合时，公差带代号用斜线分开，左侧为内螺纹公差带代号，右侧为外螺纹公差带代号。旋合长度 N 省略标注

（续）

螺纹种类		标注图例	说明
55°非密封管螺纹	内螺纹	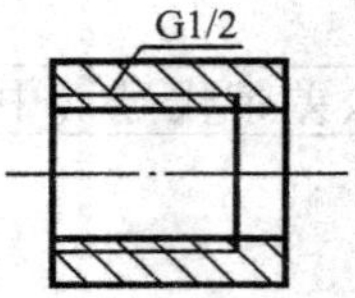	管螺纹的尺寸代号用管口通径“吋”的数值表示，G1/2，指用于管口通径为$\frac{1}{2}$in 管子上的螺纹。内管螺纹的中径公差等级只有一种，省略标注
	A级外螺纹	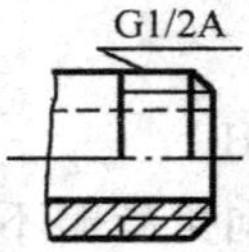	外管螺纹中径的公差等级为 A 级。管螺纹为右旋，省略标注
	B级外螺纹	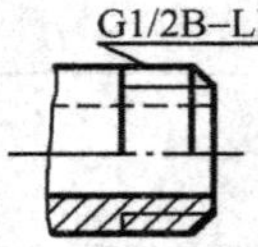	外管螺纹中径的公差等级为 B 级。管螺纹为左旋，用“LH”标注
	内、外螺纹旋合标记	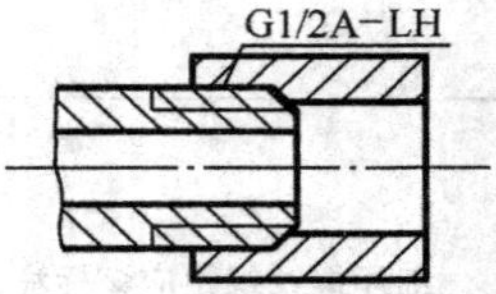	圆柱管螺纹旋合时，仅需标注外螺纹的标记代号
梯形螺纹	内螺纹	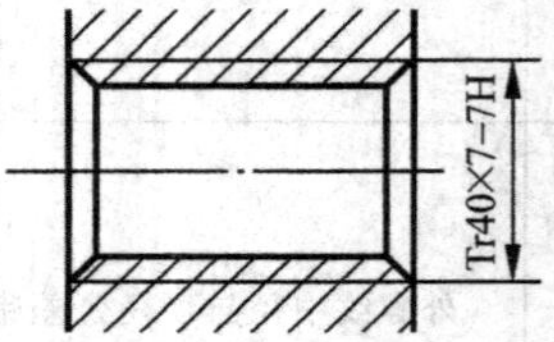	梯形螺纹的中径公差为 7H。旋合长度为 N，省略标注
	外螺纹	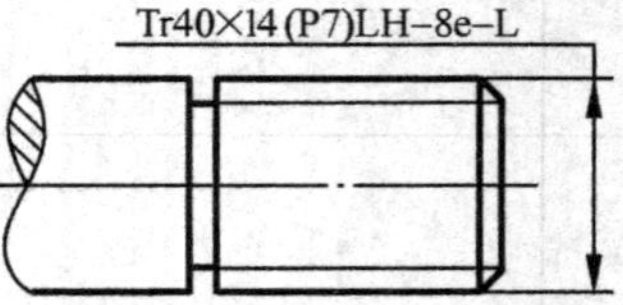	梯形螺纹导程 14，螺距 7，线数为 2。旋向为左旋。中径公差为 8e，旋合长度为 L
		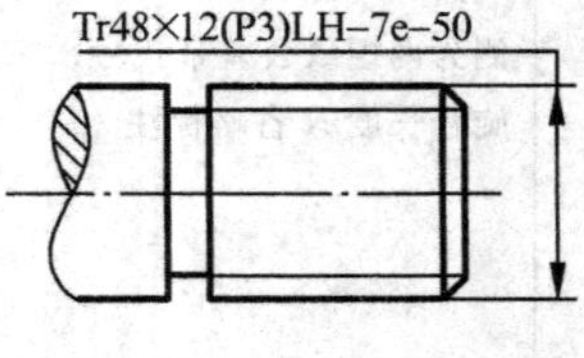	梯形螺纹导程 12，螺距 3，线数为 4。中径公差为 7e。旋合长度为 50mm

（续）

螺纹种类		标注图例	说　　明
梯形螺纹	内、外螺纹旋合标记	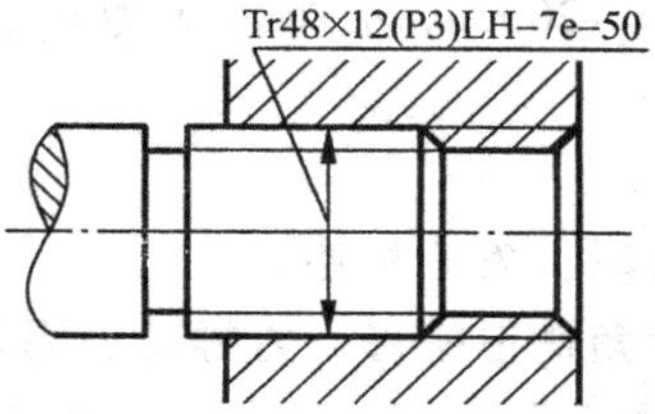	梯形螺纹，螺距为 8，单线。内螺纹公差为 7H，外螺纹公差为 7

牙型符合标准的特殊螺纹，应在牙型符号前加注“特”字，并标注出大径和螺距，如图 8-8 所示。

牙型不符合标准的非标准螺纹，应注出螺纹的大径、小径，螺距和牙型的尺寸，如图 8-9 所示。

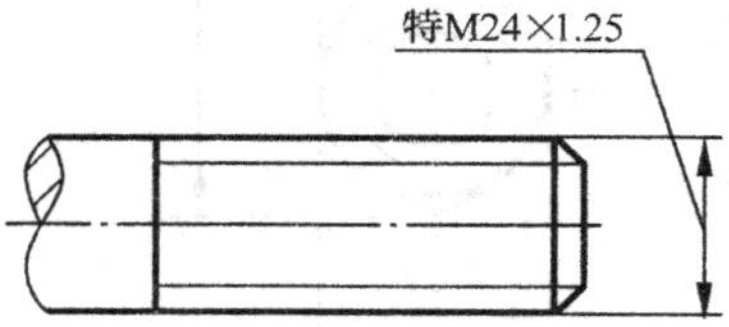

图 8-8　特殊螺纹的标注

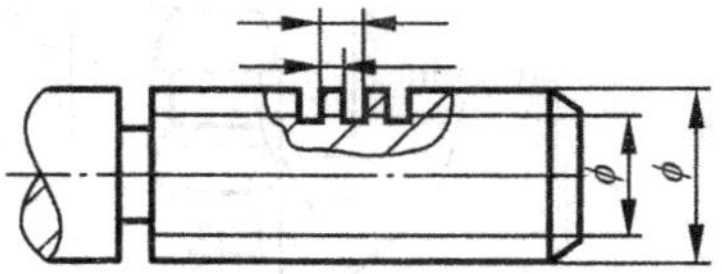

图 8-9　非标准螺纹的标注

8.1.4　常用的螺纹连接件

1. 螺栓连接

图 8-10 所示为螺栓连接。常用的标准件有螺栓、螺母和垫圈，常用于被连接件都不太厚，并允许加工成通孔的结构。

（1）螺栓　螺栓由螺栓头和螺杆组成。螺栓头的形状有六角头、方头等，最常用的为六角头。螺杆的公称长度 l，由被连接件和螺母、垫圈的厚度确定。螺杆上有全螺纹和部分螺纹两种。标准螺栓的主要尺寸是螺纹大径 d 和螺栓的公称长度 l。图 8-11 所示为六角头螺栓，它分为 A、B 两级；A 级用于 $d \leqslant 24$ 和 $l \leqslant 10d$（或 $l \leqslant 150$mm）；B 级用于 $d > 24$ 和 $l > 10d$（或 $l > 150$mm）。

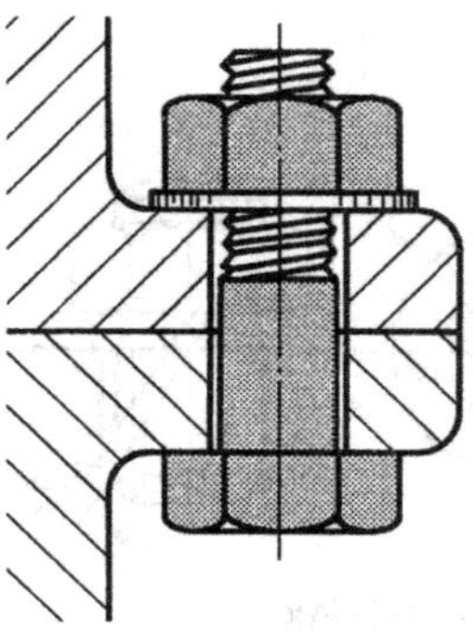

图 8-10　螺栓连接

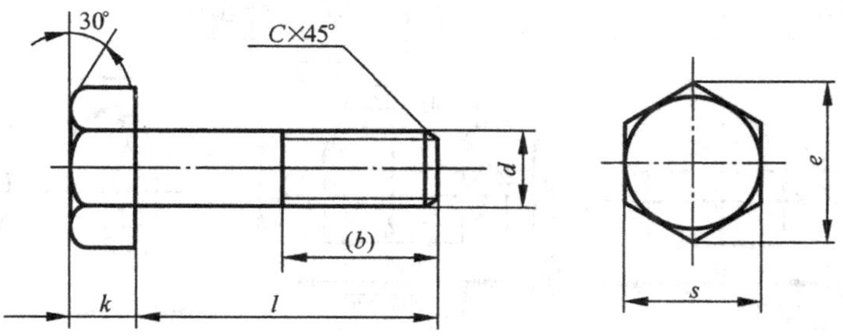

图 8-11　螺栓的画法

螺栓标记的内容和顺序如下：

螺栓　国标代号—螺纹代号×公称长度—螺纹公差带代号

【例 8-2】　螺纹规格 d = M16、公称长度 l = 120mm，公差等级为 6g，A 级的六角头螺栓，其标记为：

螺栓　GB/T 5782—2000—M16×120

（紧固件的外螺纹推荐采用的公差等级为 6g 时，省略标注）。

（2）螺母　螺母形状很多，有**六角螺母、六角槽形螺母、方螺母、圆螺母**等。标准螺母的主要尺寸是螺孔的大径 D。图 3-12 所示为Ⅰ型六角螺母，包括 A、B 两级，A 级 $D \leq 16$，B 级 $D > 16$。

螺母的各参数查阅附录 A 中表 A-5。

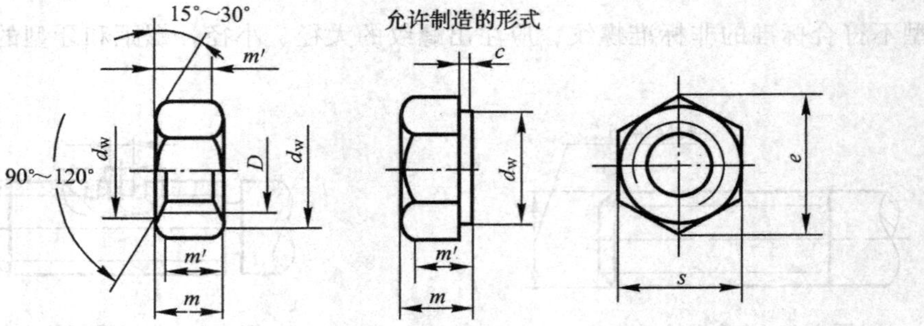

图 8-12　六角螺母的画法

螺母标记的内容和顺序如下：

螺母　国标代号—螺纹代号—螺纹公差代号

【例 8-3】　螺纹规格 D = M12、性能等级为 8 级、不经表面处理、A 级的 1 型六角螺母，其标记为：

螺母　GB/T 6170—2000　M12

（紧固件内螺纹推荐采用的公差等级为 6H 时，省略标注）。

（3）垫圈　常用的标准垫圈有**平垫圈和弹簧垫圈**，如图 8-13 所示。标准垫圈的公称尺寸是紧固件螺纹的大径 d。平垫圈的内径 d_1、外径 d_2 和厚度 h 均可从附录 A 中的表 A-6 查得。弹簧垫圈的参数查阅附录 A 中表 A-7。

垫圈标记的内容和顺序如下：

垫圈　国标代号—公称尺寸—性能等级

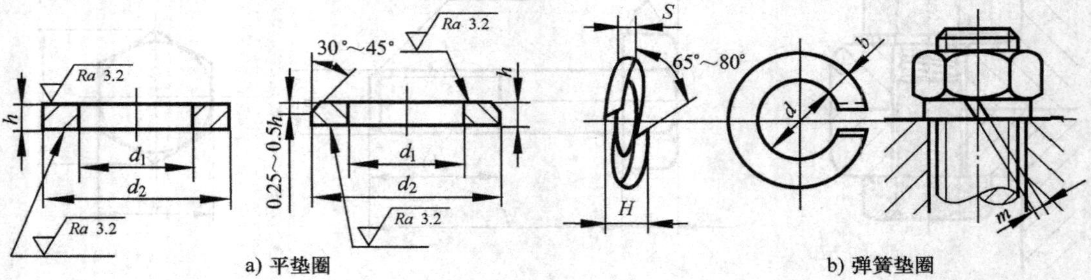

a) 平垫圈　　b) 弹簧垫圈

图 8-13　垫圈的画法

【例 8-4】 公称规格为 8mm、硬度等级为 200HV 级、不经表面处理的平垫圈，其标记为：

垫圈 GB/T 97.1—2002 8

（4）螺栓连接的画法 根据紧固件螺栓、螺母、垫圈的标记，在有关标准中，查阅其全部尺寸。在确定螺栓的公称长度 l 时，可按下式计算

$l \geqslant \delta_1 + \delta_2 + h + m + a$，一般可取 $a = (0.2 \sim 0.5)d$。

根据计算出来的 l 值，在螺栓的标准中，选取与其近似的标准值 l。作为最后确定的 l 值。

按图 8-14 所示的绘图步骤，绘螺栓连接的三视图。被连接件的光孔直径 d_1，可近似地取为 1.1d。

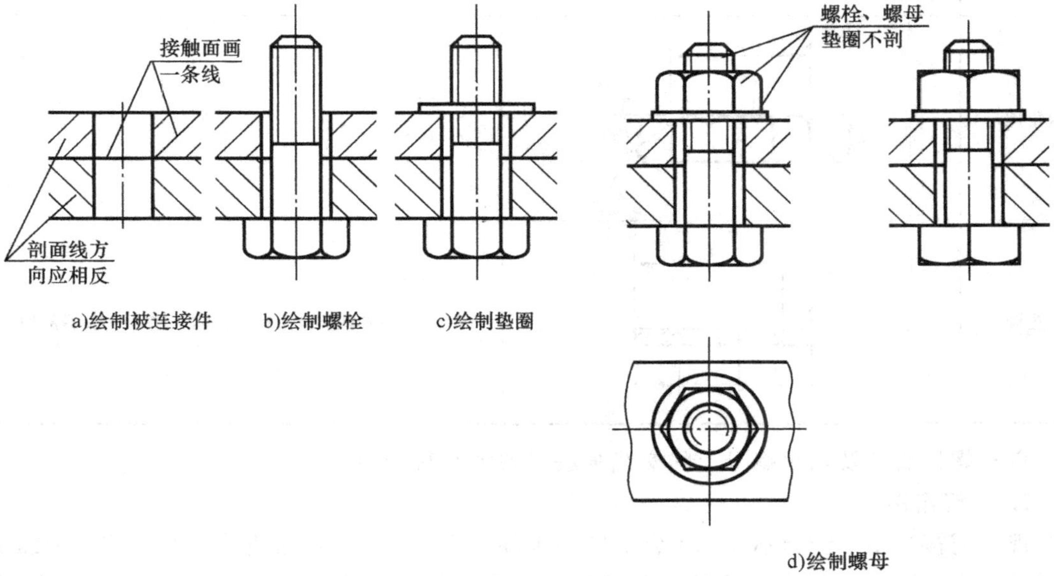

图 8-14 螺栓连接的画法

绘制螺栓连接时，应注意下列几点：

1）两零件的接触面处只绘制一条粗实线。

2）在剖视图中，若剖切平面通过紧固件的轴线（或对称中心线）时，则这些紧固件按不剖绘制。

3）在剖视图中，相邻两零件的剖面线方向应该相反，且间距相等或方向相同，间距不等。但同一零件在各剖视图中，剖面线的方向和间距应该相同，如图 8-14d 所示。

4）在装配图中，螺栓的画法允许按简化画法绘制，如图 8-15 所示。

5）绘制装配图时为了提高绘图速度，螺栓连接可按表 8-3 中的比例关系画图，主要以螺栓公称直径为依据，但不得将按比例关系计算的尺寸作为实际尺

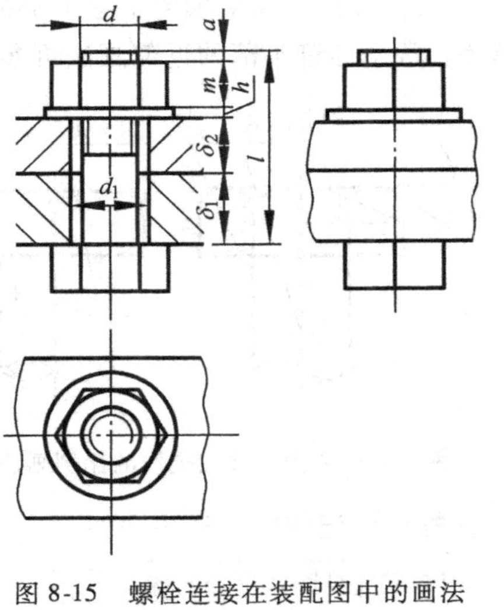

图 8-15 螺栓连接在装配图中的画法

寸标注。

表 8-3　螺栓紧固件的比例画法

	图　形	比例尺寸
六角头螺栓	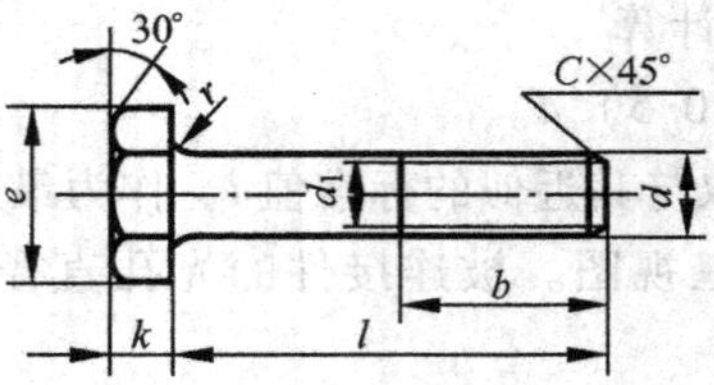	d、l 由具体需要确定，画图时螺栓端部超出螺母顶面 $a=(0.2\sim0.5)d$ $e=2d$ $k=0.7d$ $b=2d$（$l\leqslant 2d$ 时 $b=l$） $C=0.15d$ $d_1=0.85d$
六角螺母	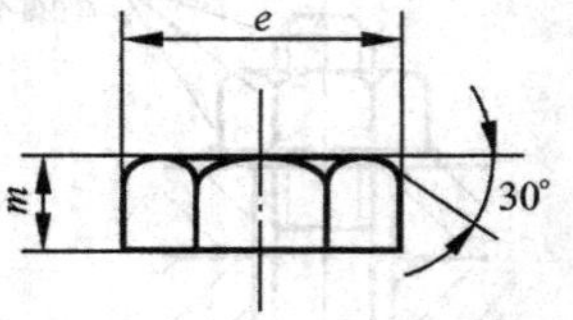	$e=2d$ $m=0.8d$
垫圈	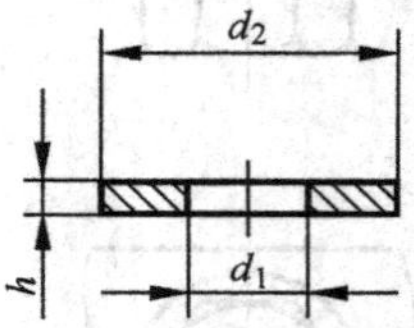	$d_2=2.2d$ $d_1=1.1d$（与螺栓孔直径相同，垫圈一般不剖切） $h=0.15d$

六角螺栓头部及六角螺母上的交线画法，如图 8-16 所示。

2. 螺钉连接

螺钉连接多用于受力不大和不常拆卸的零件之间的连接，通常直接把螺钉拧入带螺纹孔的零件。螺钉的类型很多，根据其作用不同，可分为连接螺钉和紧定螺钉两类，如图 8-17 所示。

（1）螺钉　连接螺钉根据头部的形状不同分为若干种，螺钉的种类参阅附录 A 中的表 A-6。常用螺钉头部的近似画法可参阅图 8-18。

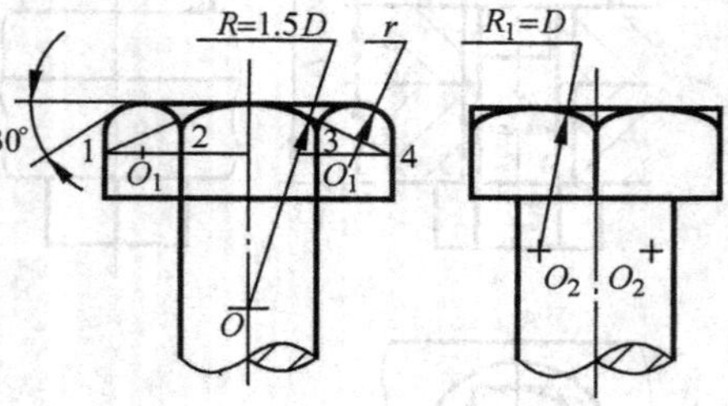

图 8-16　六角棱柱面交线的比例画法

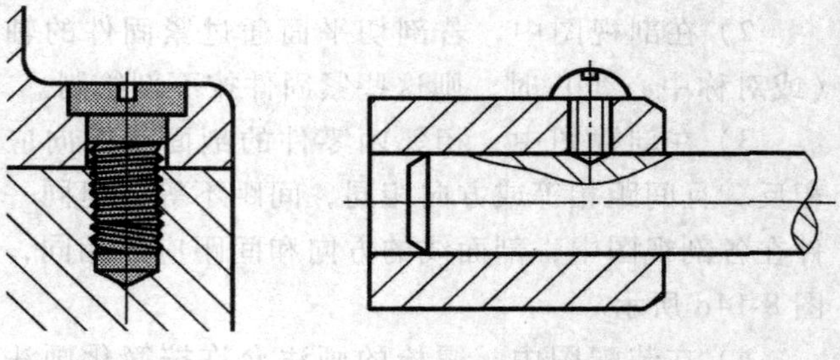

a) 连接螺钉　　b) 紧固螺钉

图 8-17　螺钉连接的画法

螺钉标记的内容和顺序如下：

| 螺钉 | 国标代号 | — | 螺纹代号 | × | 公称长度 |

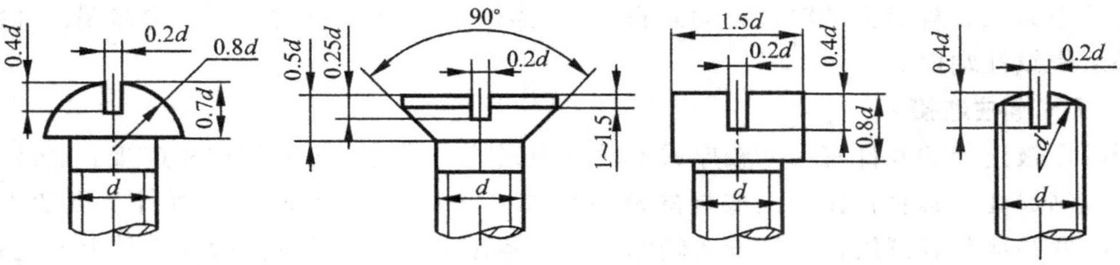

图 8-18　不同种类螺钉头部的比例画法

【例 8-5】　螺纹规格 d = M5、公称长度 l = 20mm、性能等级为 4.8 级，不经表面处理的开槽圆柱头螺钉，其标记为：

螺钉　GB/T 65—2000—M5 × 20

螺栓、螺钉等紧固件的处理纹公差等级为 6g，螺母上内螺纹的公差等级为 6H，无特殊要求时，一般不标注公差带代号。各种螺钉的参数查阅附录 A 中的表 A-8 ~ 表 A-10。

（2）螺钉连接的画法

1）根据螺钉的标记，在有关标准中，查出螺钉的全部尺寸。

2）确定螺钉的公称长度 l，如图 8-19 所示。估算 $l=\delta_1+l_1$。根据估算出的 l 值，在螺钉的标准中选取与其近似的标准值，作为最后确定的 l 值。

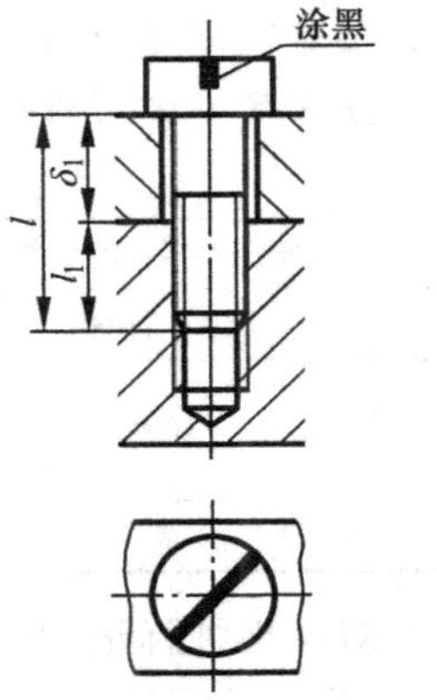

图 8-19　螺钉的连接画法

3）螺钉的旋入端长度 l_1 可参照表 8-4 的 b_m 值选取。为使螺钉连接牢固，螺纹长度 b 和螺孔的螺纹长度都应大于旋入深度 l_1。螺孔的螺纹长度可选为 $l_1+0.5d$。被连接件上光孔直径 d_1，可近似地取为 $1.1d$。

4）按图 8-20 所示的绘图步骤绘制螺钉连接图。在投影为圆的视图中，螺钉头的刀槽不

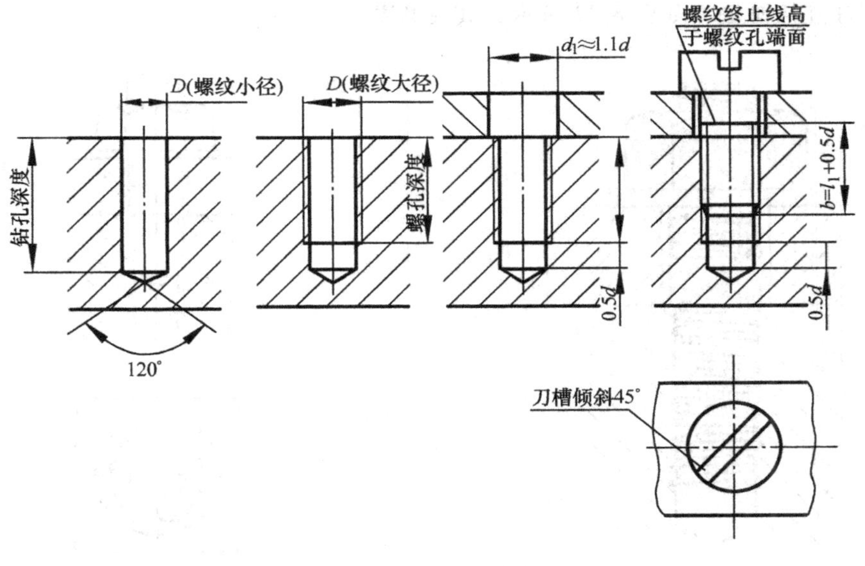

图 8-20　螺钉连接的绘图步骤

按投影关系绘制，规定为顺时针方向倾斜45°。当槽宽小于2mm时，可全部涂黑。螺纹终止线要高于螺纹孔端面。

3. 双头螺柱连接

当两个被连接的零件有一个较厚或不适宜用螺栓连接时，可采用螺柱连接。通常在较薄的零件上钻通孔，其直径比双头螺栓的外径稍大（≈1.1d）；在较厚的零件上则加工螺孔。双头螺柱两端部都有螺纹，一端旋入较厚零件的螺孔中；另一端穿过较薄零件上的通孔，再套上垫圈，用螺母旋紧。实际上，双头螺柱连接的上半部与螺栓连接相似；下半部与螺钉连接相似，如图8-21所示。

图8-22所示为双头螺柱以及被连接零件的规定画法。双头螺柱的型式、尺寸和规定标记，可查阅附录A中表A-10。

从表8-4中可查得根据被连接零件的材料不同，旋入端的长度参考值。

表8-4 双头螺柱旋入深度参考值

被旋入零件的材料	旋入端长度 b_m	国　标
钢、青铜	$b_m = d$	GB/T 897—1988
铸铁	$b_m = 1.25d$ $b_m = 1.5d$	GB/T 898—1988 GB/T 899—1988
铝	$b_m = 2d$	GB/T 900—1988

双头螺柱标记的内容和顺序如下：

[螺柱] [国标代号] [型式] [螺纹代号] × [公称长度]

【例8-6】 两端均为粗牙普通螺纹，$d = 10$mm、$l = 50$mm、按A型制造的双头螺柱，$b_m = 1.25d$，其标记为：

螺柱　GB/T 898—1988　AM10×50

双头螺柱连接画法，如图8-22所示，其**注意事项**如下：

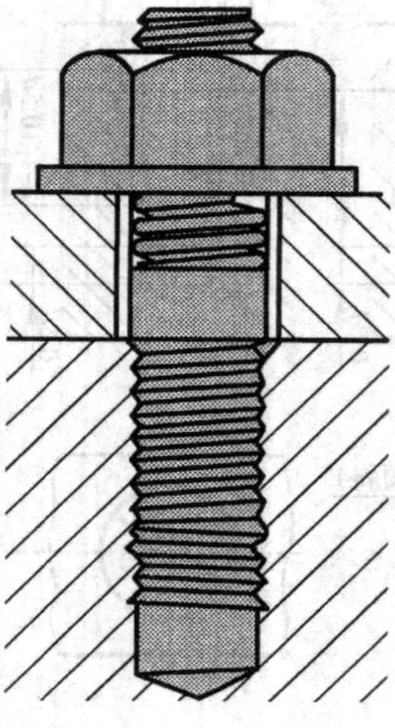

图8-21　螺柱连接

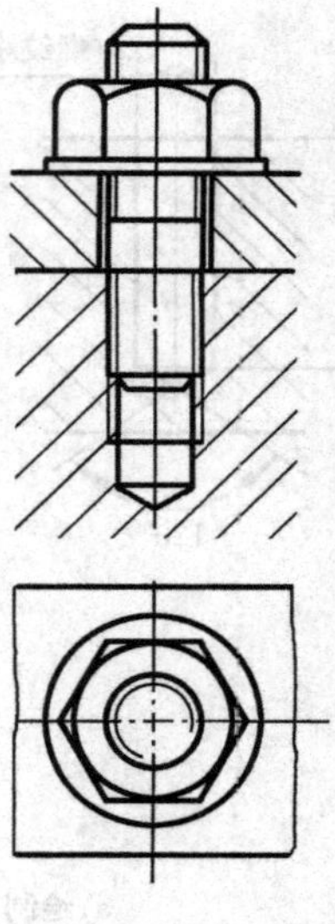

图8-22　双头螺柱连接画法

1）在实际使用双头螺柱连接时，应使旋入端的螺纹旋紧；因此，在图上应使旋入端的螺纹终止线与螺纹孔端面平齐。

2）为保证旋入端在螺纹孔中旋紧，螺纹孔应有一余留长度。绘图时，该余留长度可取（0.5～1）d。

双头螺柱连接也可用比例画法和简化画法。

8.2 齿轮

8.2.1 概述

齿轮是机器中广泛应用的传动零件，利用齿轮传动可以传递运动和转矩，改变运动速度和运动方向。按齿轮的传动形式，可分为三类：

圆柱齿轮——用于传递两平行轴之间的运动，如图 8-23a 所示。

锥齿轮——用于传递两相交轴之间的运动，如图 8-23b 所示。

蜗轮、蜗杆——用于传递两交错轴之间的运动，如图 8-23c 所示。

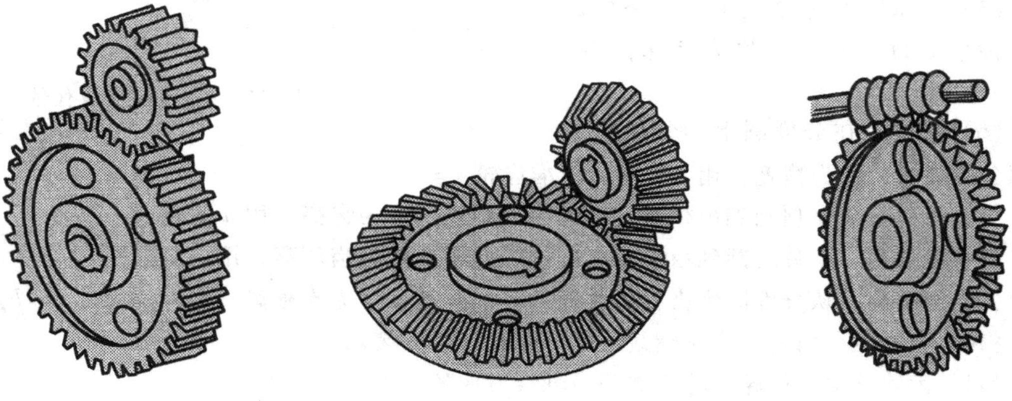

a)圆柱齿轮　b)锥齿轮　c)蜗轮、蜗杆

图 8-23　常见齿轮的分类

齿轮一般由带齿的**轮缘、轮毂**和**轮辐（或辐板）三部分组成**，如图 8-24 所示。为了使齿轮传动平稳，轮齿常制成渐开线、摆线或圆弧齿廓，通常采用渐开线齿廓。轮齿的类型有

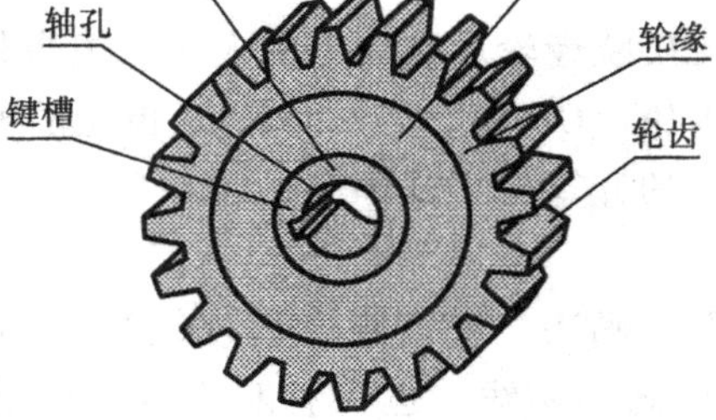

图 8-24　齿轮的组成

直齿、斜齿、人字齿等（本节只介绍圆柱齿轮）。

8.2.2 圆柱齿轮

1. 标准直齿圆柱齿轮各部分的名称和尺寸关系（见图 8-25）

（1）齿顶圆直径　轮齿顶部的圆称为**齿顶圆**，其直径用 d_a 表示。

（2）齿根圆直径　轮齿根部的圆称为**齿根圆**，其直径用 d_f 表示。

（3）分度圆直径　分度圆是在齿顶圆和齿顶圆之间的一个圆，在该圆周上齿厚和齿间相等。其直径用 d 表示。在一对啮合齿轮中称**分度圆**为**节圆**。

（4）齿距　在分度圆上相邻两轮齿对应点之间的弧长，称为**齿距**，用 p 表示。

（5）齿厚　在分度圆上，一个轮齿两侧齿廓之间的弧长，称为**齿厚**，用 s 表示。

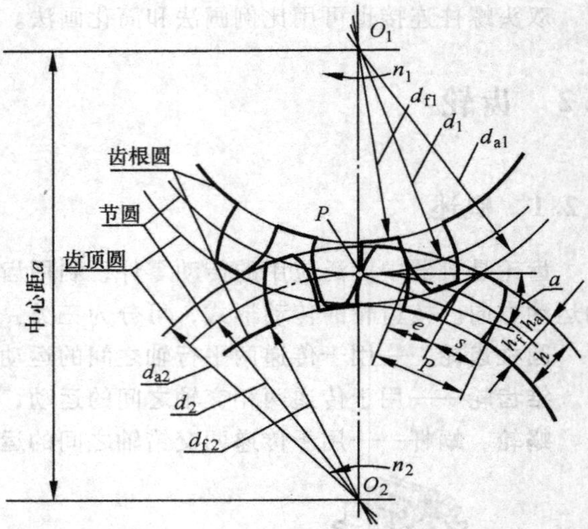

图 8-25　直齿圆柱齿轮各部分名称及代号

（6）槽宽　在分度圆上相邻两齿空间部分的弧长，称为**槽宽**，用 e 表示。标准齿轮 $s=e$，$p=s+e$。

（7）齿高　从齿顶圆到齿根圆之间的径向距离，称为**齿高**，用 h 表示。

（8）齿顶高　从分度圆到齿顶圆之间的径向距离称为**齿顶高**，用 h_a 表示。

（9）齿根高　从分度圆到齿根圆之间的径向距离，称为**齿根高**，用 h_f 表示，$h=h_a+h_f$。

（10）中心距　两啮合齿轮轴线之间的距离，用 a 表示。

（11）齿轮宽度　齿轮的轮齿部分沿轴线方向的长度，用 b 表示。

（12）模数　用 m 表示。如果齿轮的齿数为 z，则齿轮分度圆的圆周长为

$$\pi d = zp, \quad d = \frac{p}{\pi}z$$

令 $$\frac{p}{\pi} = m, \quad 则\ d = mz$$

由 $m=\frac{p}{\pi}$，可以看出齿轮模数（m）的大小，反映了齿距（p）的大小。模数愈大，齿轮的轮齿也愈大。模数的大小直接反映齿轮承载能力的大小。模数是计算和度量齿轮尺寸的基本参数，为了便于设计和制造齿轮，GB/T 1357—1987 对齿轮的模数作了统一规定，见表 8-5。标准直齿圆柱齿轮各基本尺寸的计算公式及举例见表 8-6。

2. 圆柱齿轮的画法

（1）直齿圆柱齿轮零件图的画法　齿顶圆（齿顶线）画粗实线；分度圆（分度线）画细点划线；齿根圆（齿根线）画细实线，也可省略不画。齿根线在剖视图中画粗实线，轮齿部分按不剖绘制。其余部分按其形状的投影绘制，如图 8-26 所示。

表 8-5 齿轮模数标准系列摘录（GB/T 1357—1987）

第一系列	1	1.25	1.5	2	2.5	3	4	5	6	8	10	12	16	20	25
第二系列	1.75	2.25	2.75	(3.25)	3.5	(3.75)	4.5	5.5	(6.5)	7	9	(11)	14	18	22

注：在选用模数时，应优先选用第一系列，其次选第二系列，括号内的模数尽可能不用。

表 8-6 标准直齿圆柱齿轮各基本尺寸的计算公式及举例

基本参数：模数 m、齿数 z			已知：$m=2$ $z=47$
名 称	符 号	计 算 公 式	计 算 结 果
分度圆直径	d	$d=mz$	$d=94$
齿顶圆直径	d_a	$d_a=m(z+2)$	$d_a=98$
齿根圆直径	d_f	$d_f=m(z-2.5)$	$d_f=89$
齿顶高	h_a	$h_a=m$	$h_a=2$
齿根高	h_f	$h_f=1.25m$	$h_f=2.5$
齿高	h	$h=2.25m$	$h=4.5$
齿距	p	$p=\pi m$	$p\approx6.28$
中心距	a	$a=\frac{1}{2}m(z_1+z_2)$	

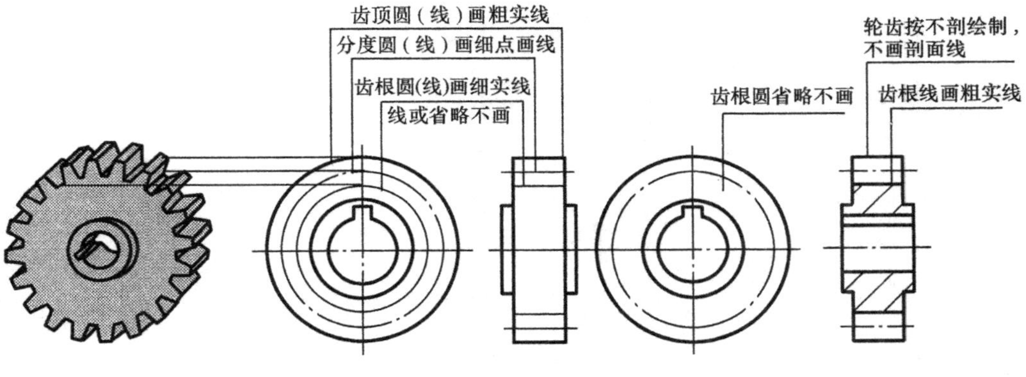

a) 立体图　　b) 视图　　c) 剖视图

图 8-26 单个齿轮的画法

（2）直齿圆柱齿轮啮合图的画法　两齿轮在啮合时，理论上它们的分度圆应相切，但由于加工和安装的误差，实际上很难达到两齿轮分度圆相切的理想情况。因此，在两齿轮啮合时，我们假想成类似两个摩擦轮传动一样，如图 8-25 所示，在两齿轮上仍有两个圆相切，其切点 P 位于两齿轮的中心连线上，且点 P 分连心线 O_1O_2 之比等于两齿轮齿数之比。分别以 O_1P、O_2P 为半径所画出的两圆切于 P 点。这两个圆称为**齿轮啮合时的节圆**。所以，两齿轮啮合时，两节圆在理论上应相切。

两齿轮啮合图的画法如图 8-27 所示，非圆视图可绘制视图，也可绘制剖视图。在视图中，啮合区节线处为一条粗实线，如图 8-27a 所示；在剖视图中，啮合区的画法如图 8-27b 所示，两齿轮节线重合为细单点长画线，其中一个齿轮的齿顶线和齿根线为粗实线，另一个齿轮的被遮挡的齿顶线为虚线。两齿轮轮齿的齿顶线和齿根之间留有 0.25m 的间隙，如图

8-27c 所示。两齿轮的剖面线方向应相反。

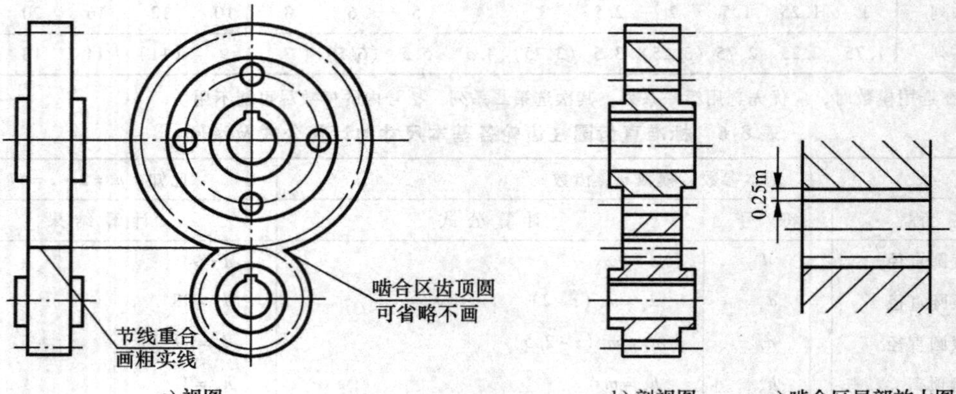

a) 视图　　b) 剖视图　　c) 啮合区局部放大图

图 8-27　啮合齿轮的画法

在投影为圆的视图中，节圆一定相切，为细单点长画线。在啮合区齿顶圆为粗实线，齿根圆为细实线，也可省略不画。

常用的标准件和常用件还有：键、销、滚动轴承、弹簧等，这里不再介绍。

第9章 零 件 图

任何机器都是由若干个零件装配而成的。制造机器首先要设计和制造零件，用于指导制造和检验零件的设计图样称为**零件工作图**，简称**零件图**。

本章主要学习零件图的作用内容及绘制和阅读零件图的方法。

9.1 零件图的内容

零件图是制造零件的重要技术文件，是制造和检验零件的依据。因此，图样中必须包括制造和检验零件时所需要的全部要求。图 9-1 是轴套类零件——柱塞套的零件图，其包含内容如下：

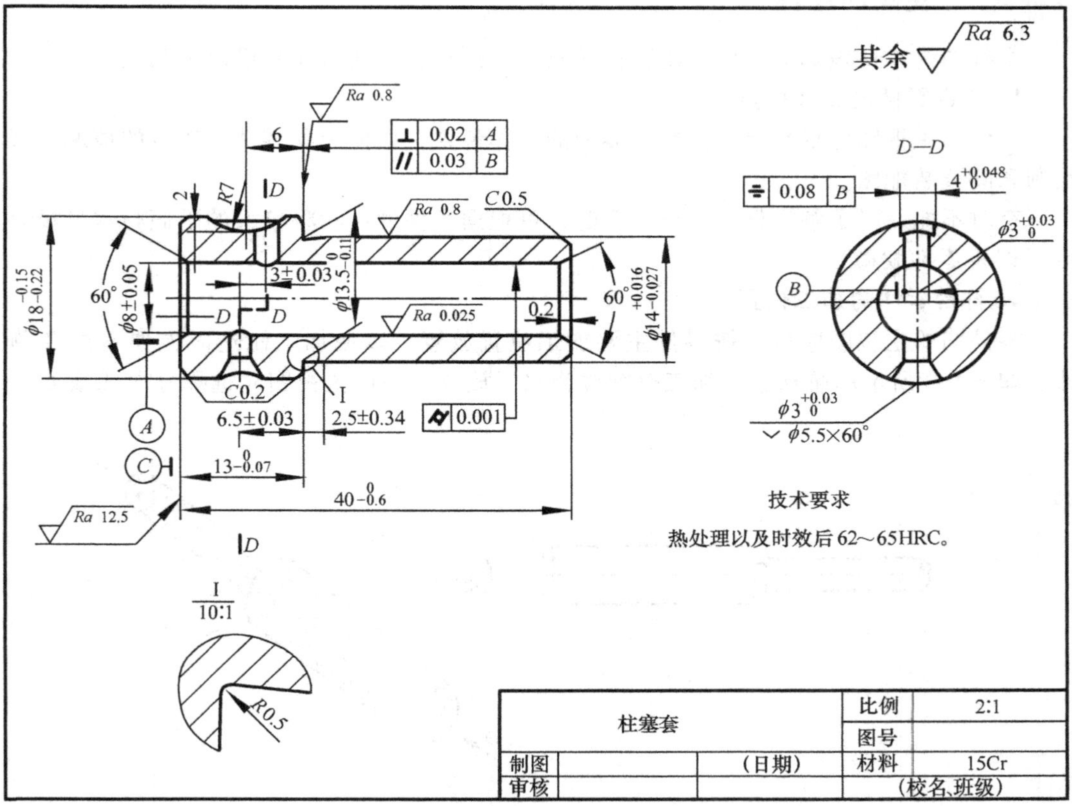

图 9-1 零件图

（1）一组视图　用一组视图（其中可以包括各种视图、剖视图、断面图、局部放大图、某些简化和规定画法等）正确、完整、清晰地表达出零件的结构形状。

（2）完整的尺寸　标注出能够满足零件制造和检验时所需要的全部尺寸，并且要严格地遵循国家标准中对尺寸标注的规定，即要做到正确、完整、清晰、合理地标注尺寸。

（3）必要的技术要求　用一些规定的符号、数字、字母和文字说明表达出零件在制造、检验以及装配过程中应达到的技术要求（其中包括表面粗糙度、尺寸公差、形状和位置公差、表面镀涂和处理等）。

（4）标题栏　此项内容中除前述（在第一章中）的标题栏应有的项目（零件的名称、制图、审核、日期、图号、比例等）外，还应增加零件的相关内容（如材料、数量、重量等）。

9.2　零件图的视图选择和分类

零件的结构和形状是多种多样的，零件图的视图选择原则是既要将零件的各部分结构、形状及相互位置表达清楚，又要符合制造要求及便于看图。依据这个原则首先应考虑主视图的选择，其次是合理地选择其他视图和表达方案。

9.2.1　主视图的选择

主视图是零件表达方案中一组图样的核心，选择主视图时应考虑以下几点：

1. 符合零件的工作位置

零件的主视图应尽量保持其在机器中的工作位置，以便想象零件工作时的情况，有利于绘制和阅读装配图。

有时不能及时了解零件的工作位置时，可根据零件的形状将较大的平面与水平投影面平行（即将零件放稳）。

2. 符合零件的加工位置

零件图的主视图应尽量按零件主要加工位置放置，以便加工制造时方便看图及测量尺寸。如图 9-2 所示的阶梯轴。加工时轴线为水平放置，因此主视图应选择方向 *A* 或 *C*。

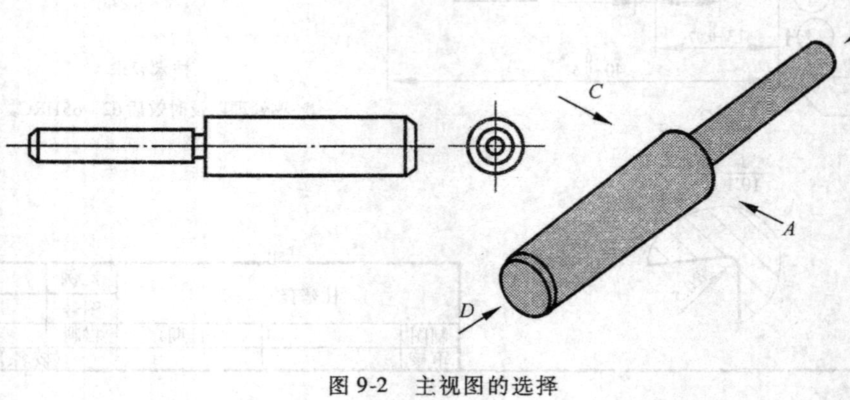

图 9-2　主视图的选择

3. 显示零件的形状特征

零件的主视图应较多地反映零件各部分的内外形状及相互位置，以便从主视图中较多地了解到零件的结构特点。图 9-2 中选择方向 *A* 或 *C* 则可较突出地显示零件的形状特征，而方向 *B* 或 *D* 则不能显示零件的形状特征，而且因轴线竖置占据图纸幅面较大。

9.2.2 其他视图的选择

某个零件的主视图确定之后，其他视图的选择依据是将主视图中尚未表达清楚的部分用不同种类和数量的其他视图来表达。选择其他视图时，应注意以下几点：

1）根据零件形状特征及不同类别选择其他视图，表达要清晰突出、配合要恰当。

2）优先选取基本视图中的俯视图、左视图，并根据零件的内外结构选择适当的剖视。

3）避免视图重复，力求数量少为宜。

9.2.3 典型零件分析

零件的类别很多，但从常见零件的结构特点、制造方法、视图表达等方面来看，可分为轴套类、轮盘类、叉杆类、箱体类、其他类等五大类，它们的视图选择都具有不同的特点。

1. 轴套类

这类零件一般由具有公共轴线的回转体组成，如图 9-1 所示。其主视图一般为加工位置，即轴线水平放置，并采用全剖视；柱塞套左端上、下各有一孔，且孔径、孔型不同，轴线相错，故采用阶梯剖视，并为了简化和方便阅读，阶梯剖视中省略了虚线圆；轴肩圆角处采用了局部放大图，便于标注尺寸。

轴套类零件一般是一个主视图，外加一些剖视、断面及局部放大图等。

2. 轮盘类

这类零件的主要部分一般由具有公共轴线的回转体组成，但轴向尺寸较小，径向尺寸较大。如图 9-3 所示的手轮、图 9-4 所示的尾座端盖。其主视图均为工作位置，且均采用了旋转剖视（注：图 9-3、9-4 省略了尺寸标注）。两个图样对比不同之处是图 9-3 主视图为剖视，而图 9-4 左视图为剖视。

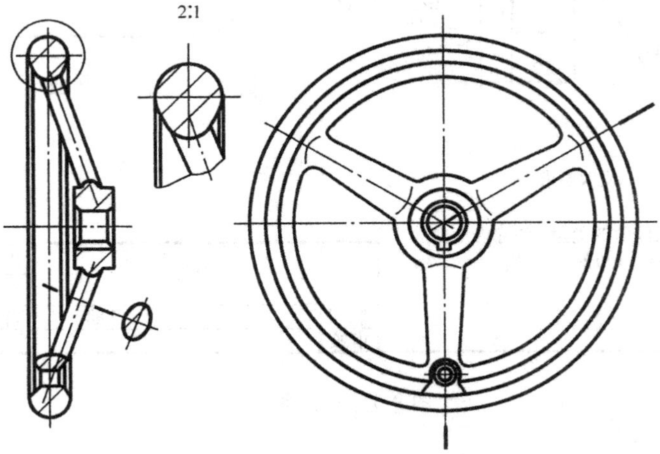

图 9-3 手轮

图 9-3 手轮的轮辐部分按规定作不剖处理，轮辐与轮缘相接处采用了局部放大图。

图 9-3 的左视图和图 9-4 的主视图分别表示了它们的形状及结构分布情况。

轮盘类零件一般由两个视图表示其主要结构的形状，外加必要的其他表达方法。

图 9-5 为一张完整的轮盘类零件图，请读者自行分析阅读。

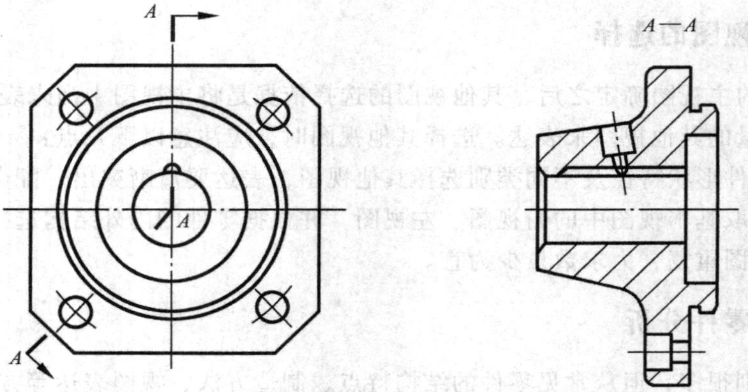

图 9-4 尾座端盖

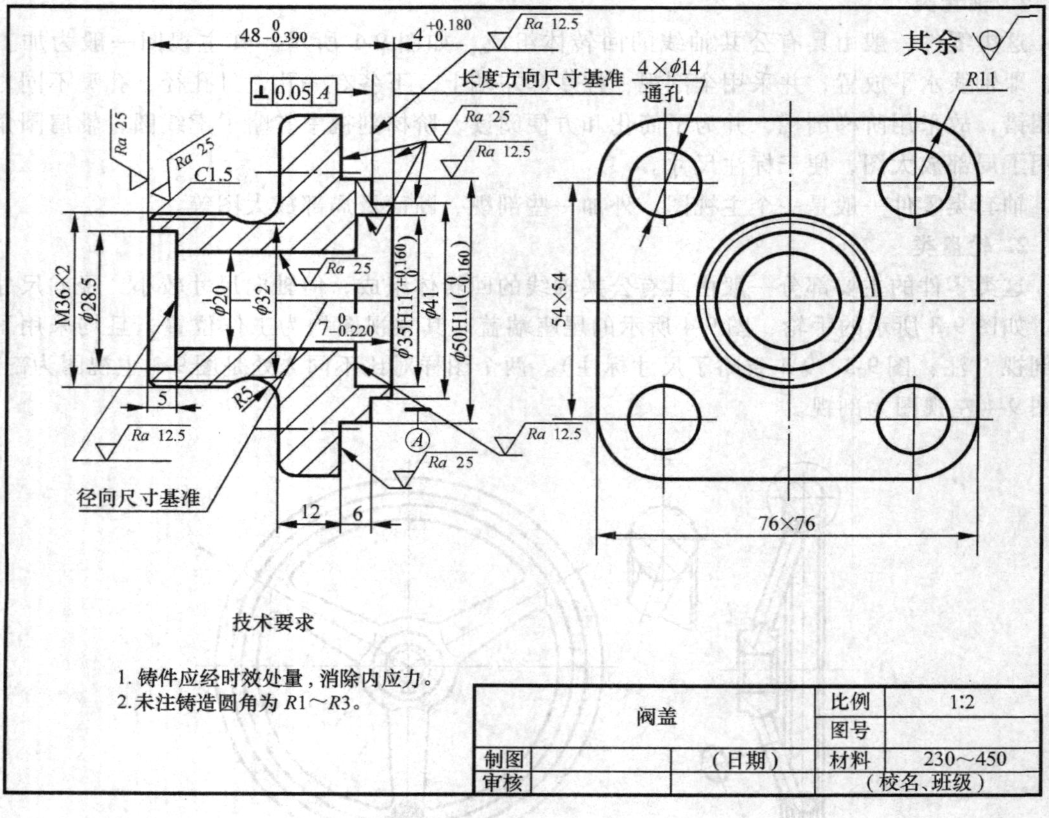

图 9-5 阀盖零件图

3. 叉杆类

这类零件包括各种用途的支架和拨叉。现以图 9-6 支架为例说明叉杆类零件。支架主要起支承和联接的作用。

主视图为工作位置，并选择了较能显示其各部分结构形状和相互位置的一面（即 *K* 方向）。左视图采用阶梯剖视，较多地反映了内部结构和相互位置情况。俯视图采用了“*D*—*D*”全剖视，突出了支撑肋板的剖面形状和底板形状。顶部凸台采用了 *C* 向局部视图，表达了拱形外轮廓。

叉杆类零件一般由三个视图表示其结构和形状。

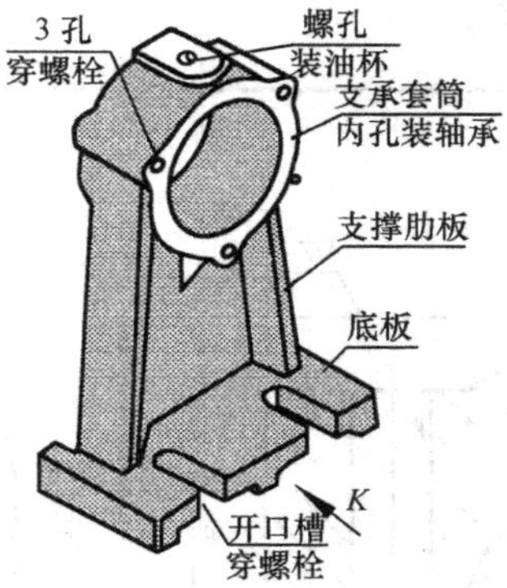

支架立体图

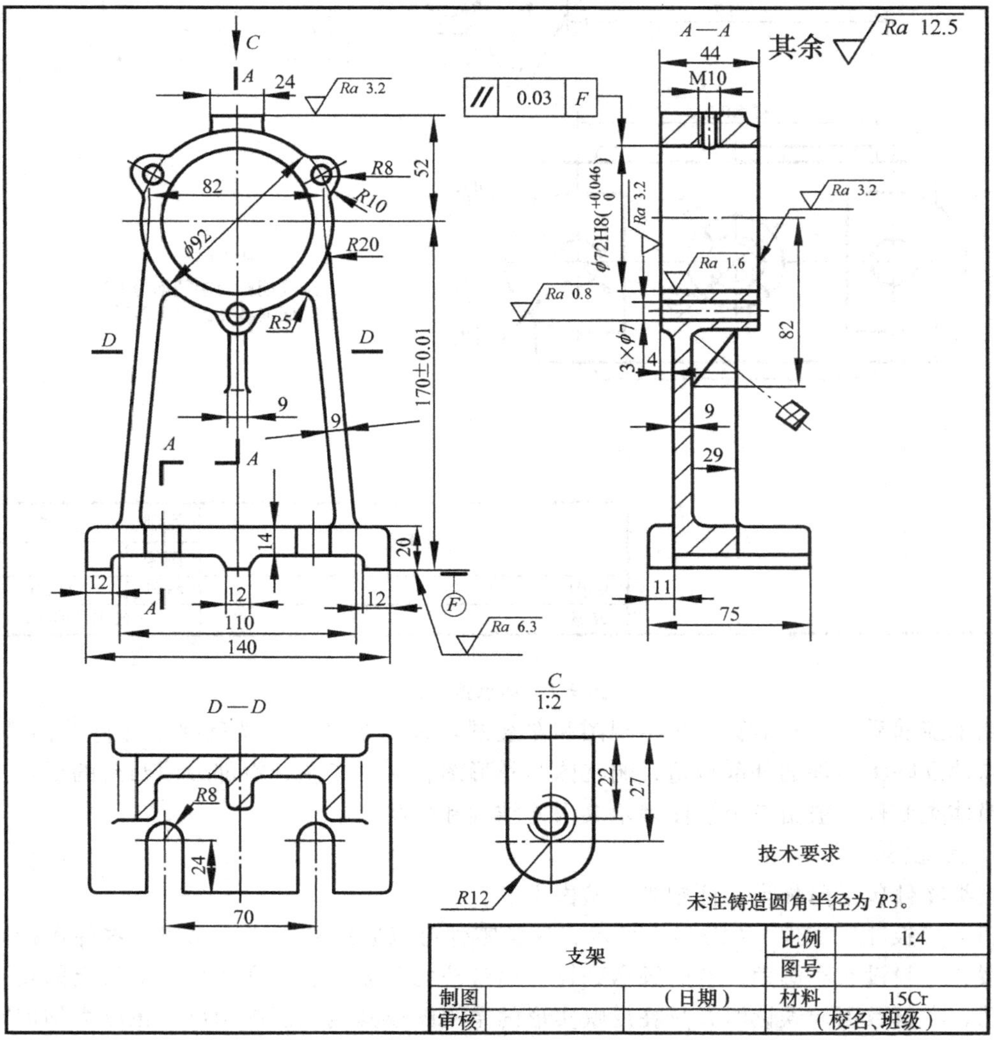

支架		比例	1:4
		图号	
制图	（日期）	材料	15Cr
审核		（校名、班级）	

图 9-6　支架零件图

4. 箱体类

这类零件多为铸件，大多数经过较多工序加工制造而成。因而主视图以反映形状特征及工作位置而确定，如图 9-7 轴承盖。

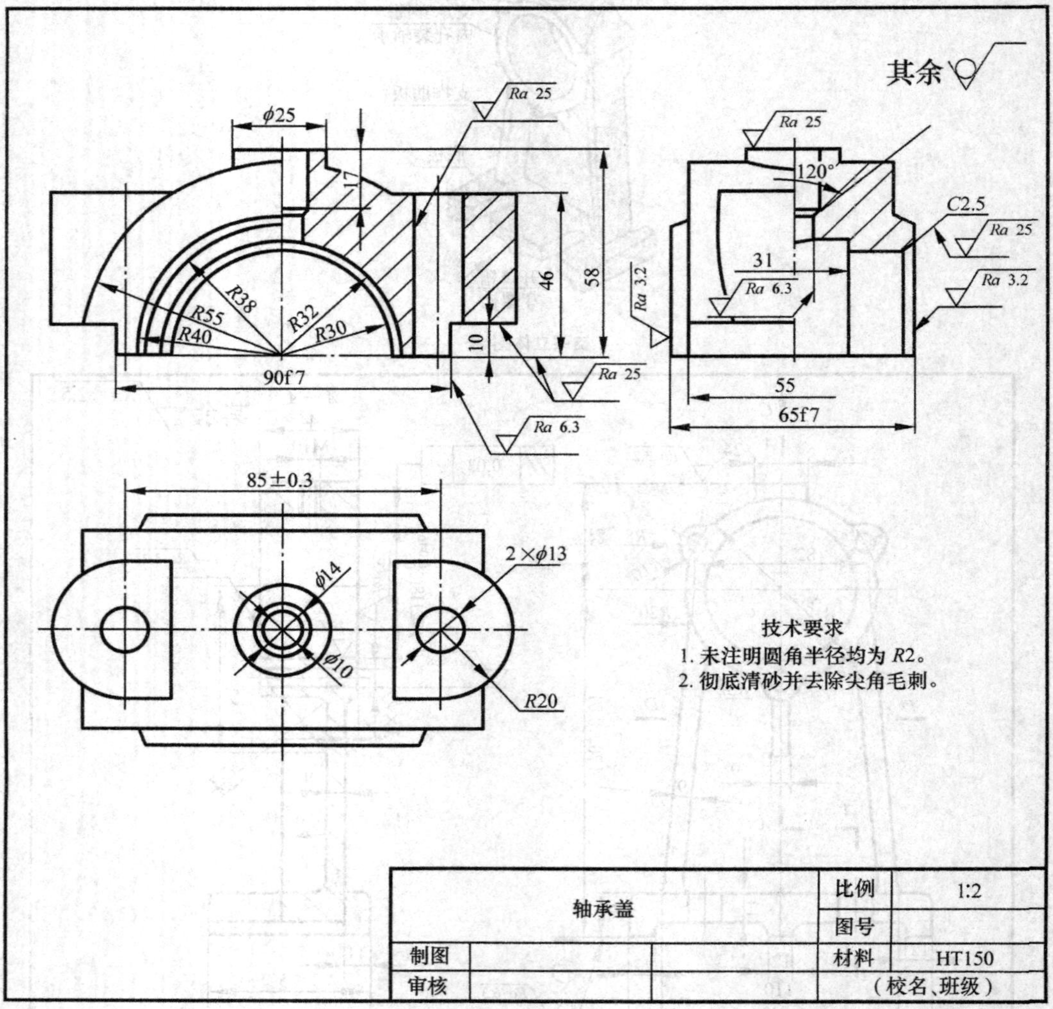

图 9-7　轴承盖零件图

轴承盖前后、左右对称，故主视图和左视图均采用半剖视，既反映了零件的内部结构，又清晰地反映了零件的外部构造，俯视图为外形图，显示了左、右部分两凸台的形状。

箱体类零件一般由三个视图表示其内外结构和形状。

5. 其他类

这类零件包括薄板类、注塑类、镶嵌类等。

（1）薄板冲压零件　如图 9-8 所示，这类零件可以通过模具冲压成型，零件弯折处为避免断裂，一般设有小圆角，有时圆角处还冲出带棱的凸筋，起加强作用。薄板上的孔一般均为通孔，在不致引起误读时，只在反映实形的主视图或其他视图中画出，板厚为均匀时也可省略某一视图。

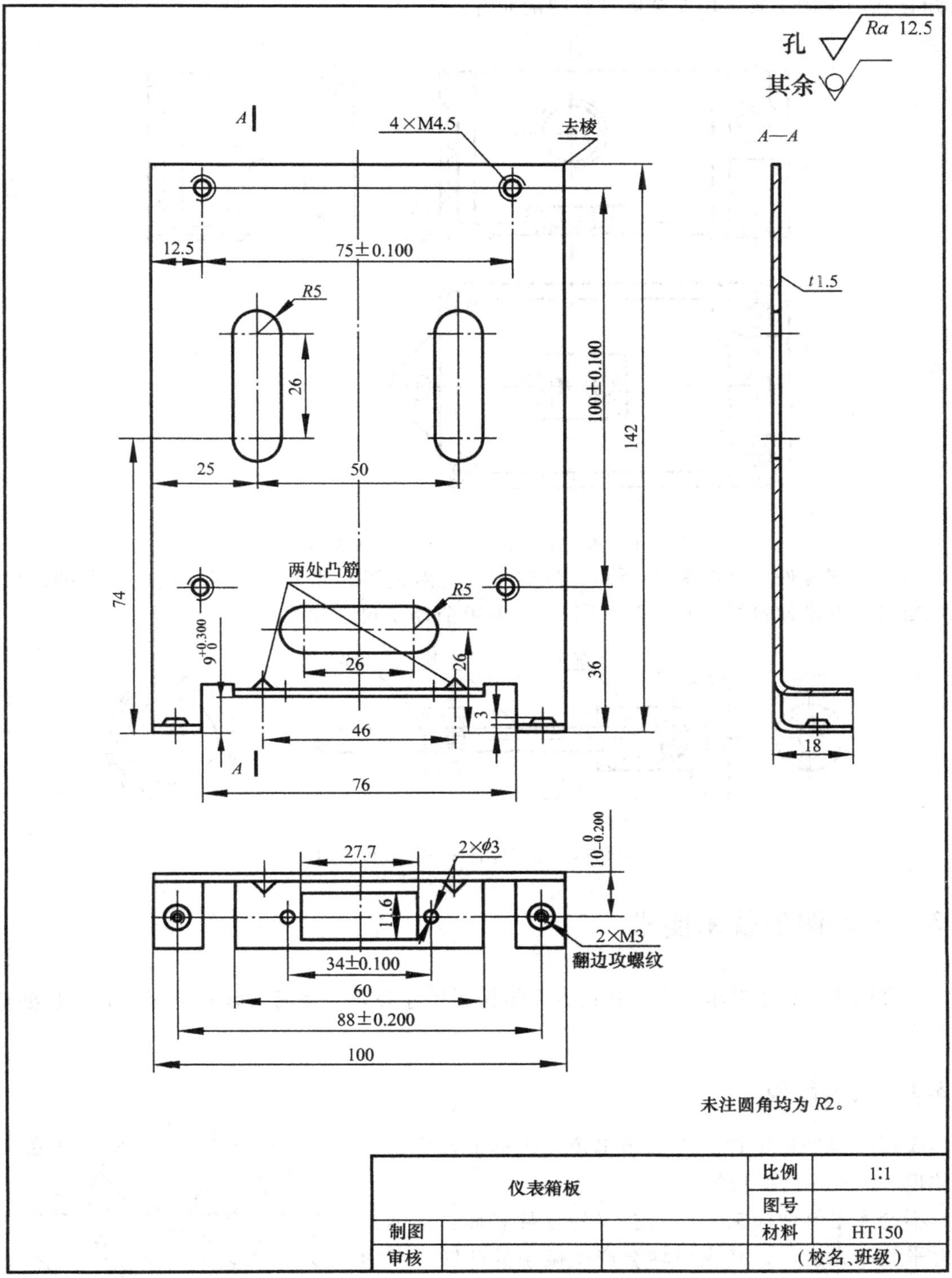

图 9-8　薄板冲压零件

（2）注塑零件　如图 9-9 所示，这类零件用塑料熔融后注入模具冷却成型，转角处均为圆角，在剖视图中要采用非金属材料的剖面符号。

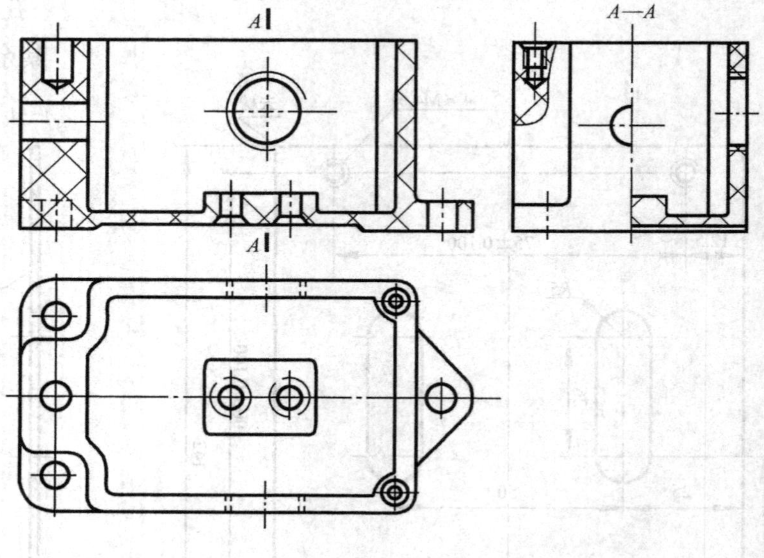

图 9-9　注塑零件——行程开关壳体

（3）镶嵌零件　如图 9-10 所示，这类零件是由金属和非金属材料镶嵌在一起的，表达上注意材料的剖面符号不同（注：图 9-9、9-10 省略了尺寸标注）。

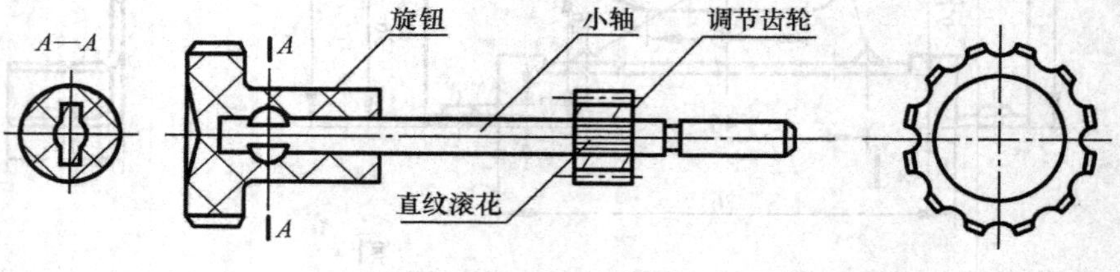

图 9-10　镶嵌零件——调节齿轮轴

9.3　零件图的技术要求

零件图中的技术要求一般包括：表面结构、尺寸公差、表面形状和位置公差、热处理、表面镀涂等。

9.3.1　表面结构

表面结构是指零件的表面粗糙度、表面波纹度、表面纹理、表面几何形状等。

不论采用何种加工方法所获得的零件表面，都不是绝对平整和光滑的，其表面均会产生微小的凸凹不平的加工痕迹，如图 9-11 所示。零件表面上这种微观凸凹不平的情况，一般是受刀具和工件之间的运动与摩擦、机床的振动及零件的塑性变形等各种因素的作用而形成的。

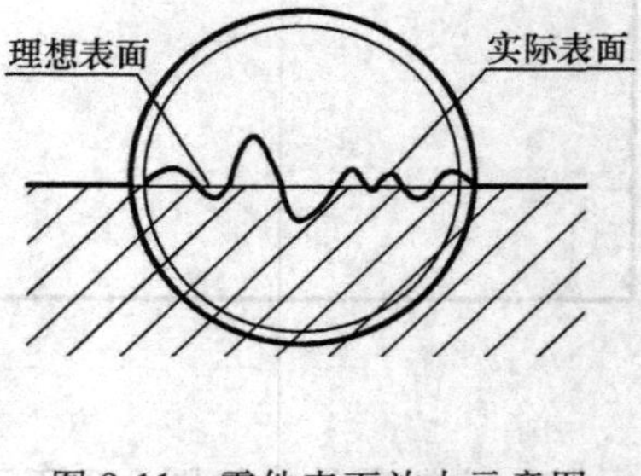

图 9-11　零件表面放大示意图

加工零件表面上这种由较小波峰波谷组成的微观几何形状的特征，称为**表面粗糙度**。

表面粗糙度是评定零件表面质量的一项重要指标。微观几何形状误差越小，表面越光滑，粗糙度等级越高；微观几何形状误差越大，表面越粗糙，粗糙度等级越低。通常，提高零件表面粗糙度，就可以提高零件表面的耐蚀性、耐磨性和抗疲劳的能力，还可以提高零件表面的配合质量。不过，要提高零件表面粗糙度，其加工成本也随之提高。应在既保证零件表面功能，又注意控制加工成本的前提下确保表面粗糙度。

1. 表面糙糙度的主要评定参数

GB/T 131—2006《产品几何技术规范（GPS）技术产品文件中表面的表示方法》规定，表面粗糙度的评定参数有轮廓算术平均偏差 *Ra*、最大轮廓高度 *Rz*。***Ra*** 和 ***Rz*** 是目前生产中常用的最基本参数，从测量和使用方便考虑，通常以 ***Ra*** 为最优先选用参数。

（1）轮廓算术平均偏差 *Ra*　在取样长度 *l* 内，被测轮廓上各点至中线距离绝对值的算术平均值称为**轮廓算术平均偏差 *Ra***，如图 9-12 所示，即

$$Ra = \frac{1}{l}\int_0^l |y(x)|\,dx$$

或近似为

$$Ra = \frac{1}{n}\sum_{i=1}^{n} |y_i|$$

实际测量时用电动轮廓仪测量运算过程由仪器自动完成。

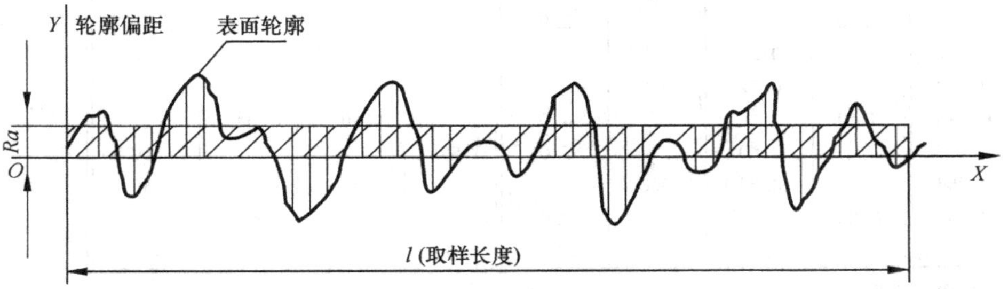

图 9-12　轮廓算术平均偏差 *Ra*

Ra 值越小，表面加工要求越高，制造成本也相应增高。因此，在满足零件使用要求的前提下，考虑到经济性，*Ra* 值应尽可能选择较大的。轮廓算术平均偏差 *Ra* 的数值见表 9-1。

表 9-1　轮廓算术平均偏差 *Ra* 的数值（优先选择第一系列）　（μm）

第一系列	第二系列	第一系列	第二系列	第一系列	第二系列	第一系列	第二系列
	0.008						
	0.010						
0.012			0.125		1.25	12.5	
	0.016		0.160	1.60			16.0
	0.020	0.20			2.0		20
0.025			0.25		2.5	25	
	0.032		0.32	3.2			32
	0.040	0.40			4.0		
0.050			0.50		5.0	50	
	0.063		0.63	6.3			63
	0.080	0.80			8.0		80
0.100			1.00		10.0	100	

（2）轮廓最大高度 *Rz*　在取样长度 *l* 内，轮廓峰顶线和轮廓谷底线之间的距离称为轮廓最大高度 *Rz*，如图 9-13 所示。

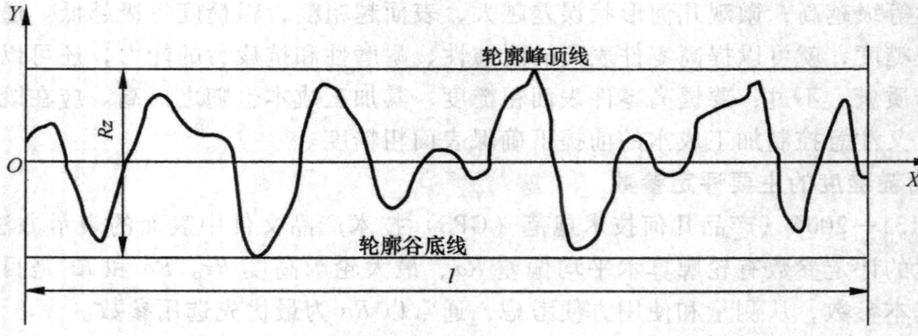

图 9-13　轮廓最大高度 *Rz*

Rz 的数值见表 9-2。

表 9-2　轮廓最大高度 *Rz* 的数值　　（单位：μm）

第一系列	第二系列	第一系列	第二系列	第一系列	第二系列	第一系列	第二系列	第一系列	第二系列	第一系列	第二系列
			0.125		1.25	12.5			125		1250
			0.160	1.60			16.0		160	1600	
		0.20			2.0		20	200			
0.025			0.25		2.5	25			250		
	0.032		0.32	3.2			32				
	0.040	0.40			4.0		40	400			
0.050			0.50		5.0	50			500		
	0.063		0.63	6.3			63		630		
	0.080	0.80			8.0		80	800			
0.100			1.00		10.0	100			1000		

注：优选第一系列。

2. 表面粗糙度的选择原则

在 *Ra*、*Rz* 值中优先选择 *Ra* 值作为评定表面粗糙度的参数。

1）在满足零件表面功能和外观要求的前提下，尽可能选择第一系列中较高的粗糙度值。

2）在同一零件中，非工作表面的粗糙度要求应低于工作表面粗糙度要求。

3）具有较高配合性质的零件表面，其粗糙度要求也应提高。一般情况下，间隙配合的零件表面粗糙度要求应高于过盈配合的零件表面粗糙度；轴的表面粗糙度应高于孔的表面粗糙度。

4）零件上有相对运动的表面应比没有相对运动的表面粗糙度要求高。

5）承受交变负荷的表面而产生应力集中的圆角、凹槽等部分，其表面粗糙度应比一般不重要的圆角、倒角、凹槽等部分的表面粗糙度要求高。常见应用举例见表 9-3。

表 9-3　表面粗糙度参数 *Ra* 值的应用举例

Ra 值/μm	应用举例
100 50 25	粗车、粗刨、粗镗、钻孔及切断等经粗加工的表面，砂型铸造表面，相当于旧国标光洁度▽1～▽3

（续）

Ra 值/μm	应 用 举 例
12.5	螺栓穿孔、铆钉表面、离合器、支架、箱体等零件中不与其他零件接触的表面，平键槽的槽底面，相当于▽4
6.3	箱体、支架、箱盖等零件中相接触的表面（但不形成配合关系），齿轮的非工作面，平键槽的槽侧面，相当于▽5
3.2	IT9～IT11 的配合表面，销钉孔，滑动轴承孔，拨叉工作面，精度不高的齿轮工作面，相当于▽6
1.6	IT6～IT8 的配合表面，滚动轴承座孔，蜗轮、套筒、齿轮的配合工作面，一般机床导轨工作面，相当于▽7
0.8	IT6 的轴，IT7 的孔，保持稳定可靠配合性质的配合表面，高精度的齿轮工作面，传动丝杠的工作面，曲轴、凸轮轴工作轴颈，相当于▽8

3. 表面结构的图形符号及注写

（1）表面粗糙度的基本符号　基本符号及有关要求在符号中的注写位置如图 9-14 所示，图中有关符号及含义如下：

位置 a——注写表面结构的单一要求；

位置 b——注写第二个表面结构要求；

位置 c——注写加工方法；

位置 d——注写表面纹理和方向；

位置 e——注写加工余量。

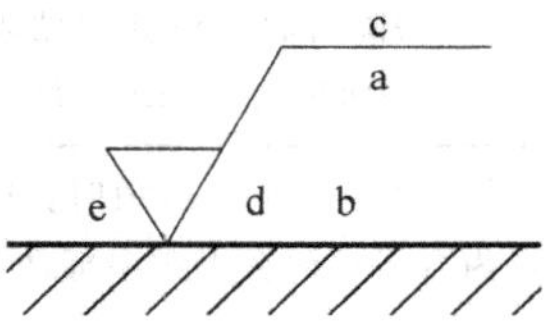

图 9-14　表面结构的图形符号补充要求的标注

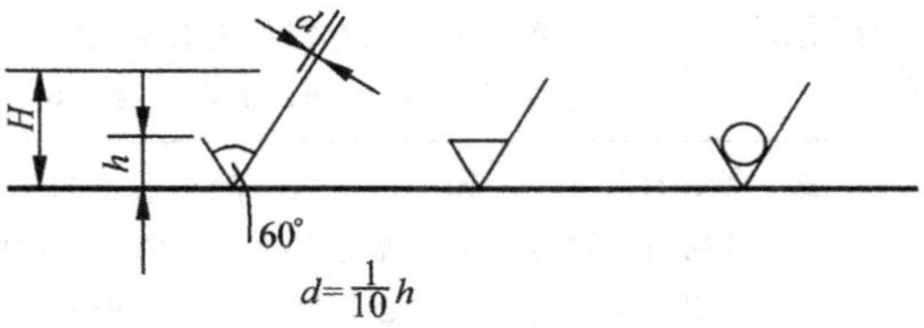

图 9-15　表面粗糙度基本符号的注写

（2）表面粗糙度基本符号的画法　如图 9-16 所示，其中 $d=\frac{1}{10}h$，$H=1.4h$，h 为字体高度。

（3）表面粗糙度基本符号的意义　在表面结构的图形符号上注有注写表面粗糙度的参数和数值及有关规定，即为表面粗糙度符号。如图 9-16 所示，图 9-16a 为在文本上的标注；图 9-16b 为在图样上的标注。其表示为去除材料，单向上限值，默认传输带，R 轮廓，算数平均偏差 3.2μm，评定长度 5 个取样长度（默认），16% 规则（默认）。

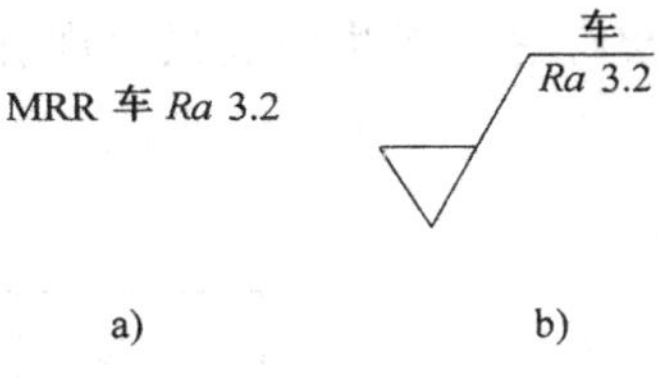

图 9-16　表面粗糙度的标注

表 9-4　表面粗糙度基本符号的意义

符　号	意　　义
	基本符号，表示表面可用任何方法获得。当不加注粗糙度数值或有关说明（如表面处理、局部热处理状况等）时，仅适用于简化符号标注
	基本符号上加一短线，表示表面是用去除材料的方法获得（如车、铣、钻、刨、磨、剪冲、抛光、腐蚀、电火花加工、气割等）

（续）

符　号	意　　义
	基本符号上加一小圆圈，表示表面是用不去除材料的方法获得（如铸、锻、冲压变形、热轧、冷轧等）
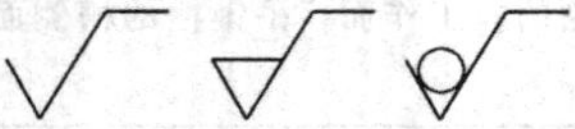	在三个符号长边的右上端各加一横短线时，用于标注有关说明和相关的参数
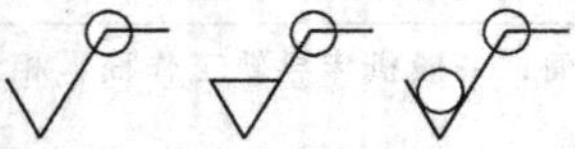	在三个符号长边带有横短线的左上端各加一小圆时，表示零件所有表面具有相同的表面粗糙度要求

常用表面粗糙度符号的标注及意义见表9-5。

表 9-5　表面粗糙度符号及 *Ra* 值标注及意义

符　号	意　　义	符　号	意　　义
Rz 6.3	用任何方法获得的表面粗糙度，*Rz* 的上限值为 6.3μm	*Rz* max 6.3	用任何方法获得的表面粗糙度，*Rz* 的最大值为 6.3μm
Ra 3.2	用去除材料方法获得的表面粗糙度，*Ra* 的上限值为 3.2μm	*Ra* max 3.2	用去除材料方法获得的表面粗糙度，*Ra* 的最大值为 3.2μm
Ra 12.5	用不去除材料方法获得的表面粗糙度，*Ra* 的上限值为 12.5μm	*Ra* max 12.5	用不去除材料方法获得的表面粗糙度，*Ra* 的最大值为 12.5μm
U*Ra* 6.3 L*Ra* 1.6	用去除材料方法获得的表面粗糙度，*Ra* 的上限值为 6.3μm，下限值为 1.6	U *Ra* max 6.3 L *Ra* min 1.6	用去除材料方法获得的表面粗糙度，*Ra* 的最大值为 6.3μm，最小值为 1.6

注：表中所示的上（下）限值或最大（最小）值的含义是不同的，若图样中标注上（下）限值时，则为该表面粗糙度的所有实测值中超过规定值的个数少于总数的 16%，其表面仍视为合格；而在土洋中标注最大（最小）值时，则该表面的任何一处实测值均不得超过规定值。

（4）表面结构要求的标注

1）表面粗糙度基本符号的尖角可以理解为加工工具的刀刃，所以必须指向材料的表面；符号中的数值和符号方向必须和尺寸数字方向一致。有时为了标注或注写方便，可用指引线引出标注，但指引线只允许折一次。如图 9-17 所示。

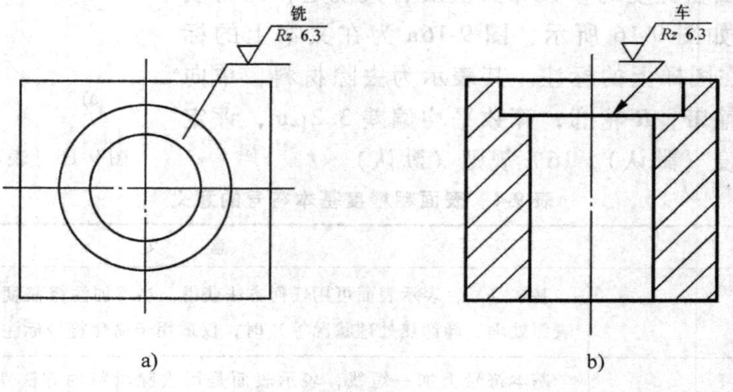

图 9-17　表面结构要求在引线上标注

2）在同一图样中，零件的每一个表面通常只标注一次表面粗糙度基本符号，可以标注在可见轮廓线、尺寸界线及其延长线上，如图 9-18 所示。

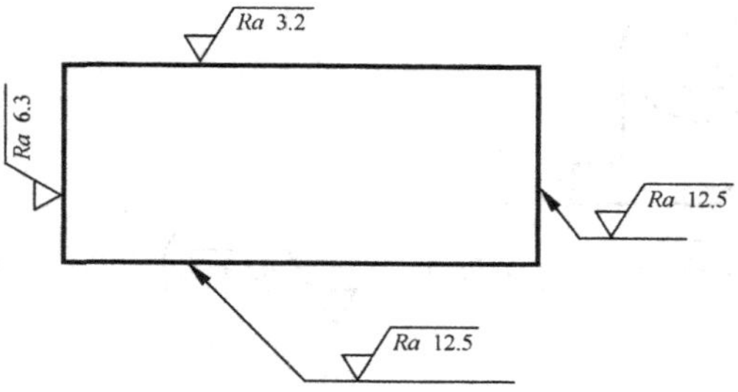

a)表面结构要求的标注方向

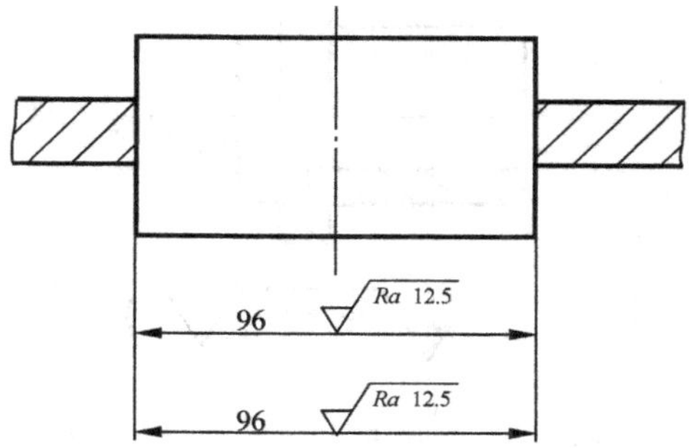

b)表面结构要求的尺寸线上标注

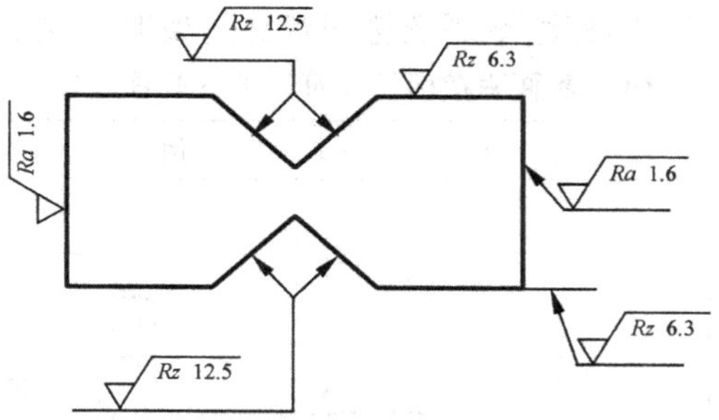

c)表面结构要求在延长线标注

图 9-18　表面结构要求的注写方向和位置

3）表面结构符号标注在特征线或其延长线上，如图 9-19 所示。

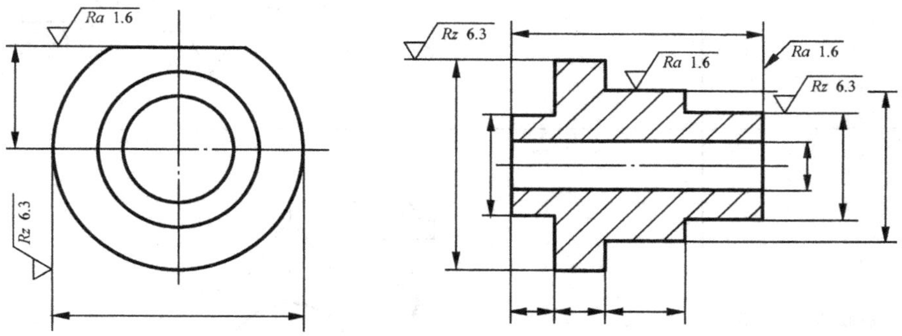

图 9-19　表面结构标注在圆柱特征线的延长线上

4）当零件所有的表面粗糙度要求一致时，可将其符号标注在图样的标题栏附近。

5）当零件的大多数表面粗糙度要求相同，可将其相同部分的符号标注在图样的标题栏附近，而对于具有表面结构要求的符号后面加注：

①　在圆括号内给出无任何其他标注的基本符号，如图 9-19a 所示。

② 对于不连续的表面可用细实线连起来，表面粗糙度符号仅标注一次，如图 9-19b 所示。

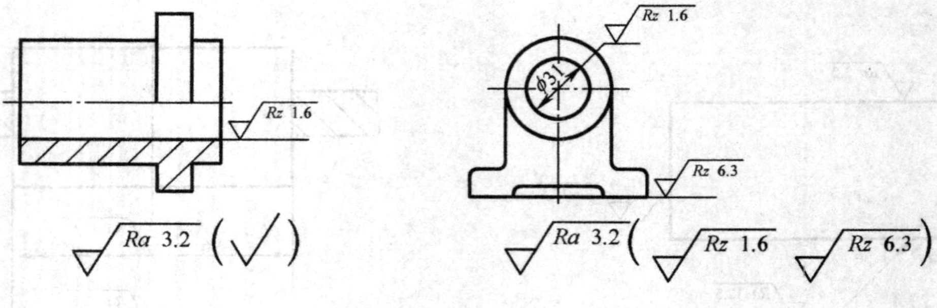

a) b)

图 9-20 部分表面结构要求相同的标注

（5）表面粗糙度基本符号的标注举例及符号意义的说明（见表 9-6）

表 9-6 表面粗糙度代（符）号的标注及说明

说　明	例　图
采用简化标注，以带字母的完整图形符号代替原标注，并以等式的形式注写在图样或标题栏附近	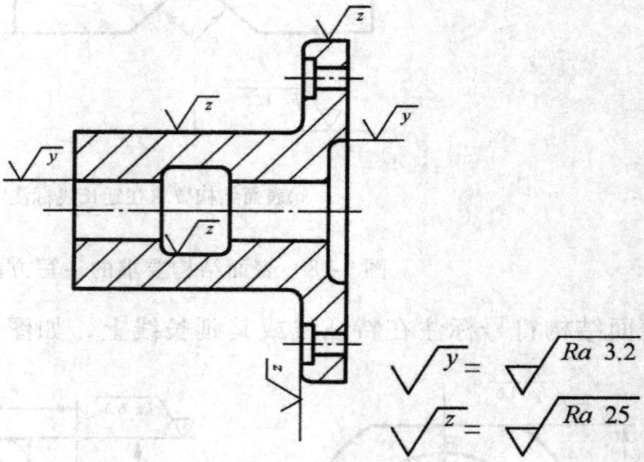
零件上连续表面及重复要素（如孔、槽、齿等），符号在其特征线上以引线形式标注	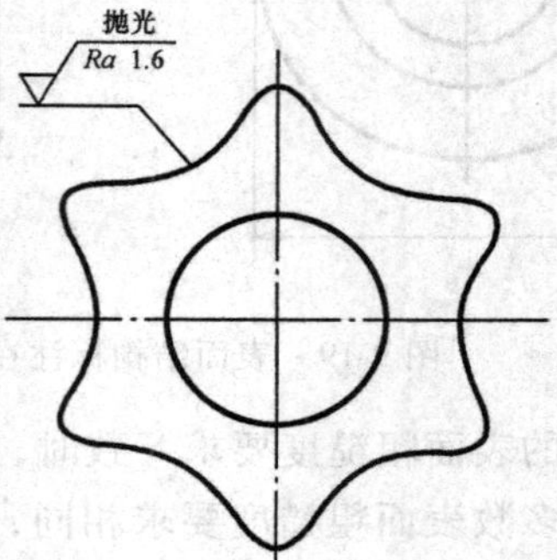

（续）

说　明	例　图
键槽及花键的工作面、倒角等，符号在其特征线上以引线形式标注	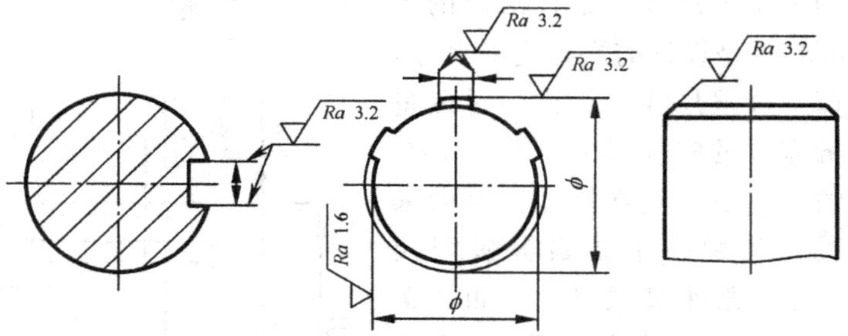
对于齿轮结构，符号在其节线标注；对于螺纹结构，符号在其尺寸线引线处标注	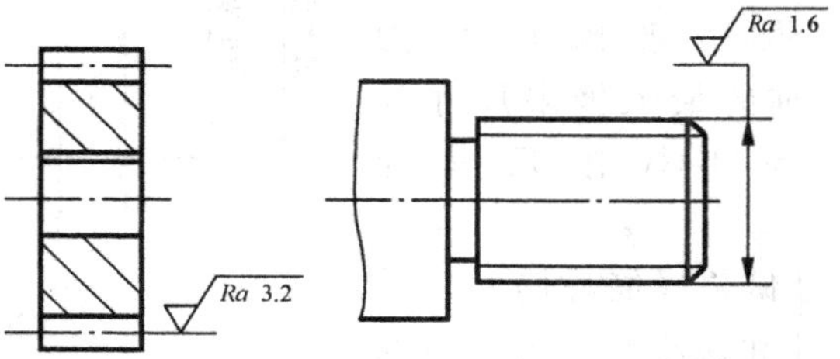
零件需要局部热处理或局部镀涂时，应用粗点画线绘制其范围并标注相应的尺寸，也可将其要求注写在表面特征符号内，如右图所示	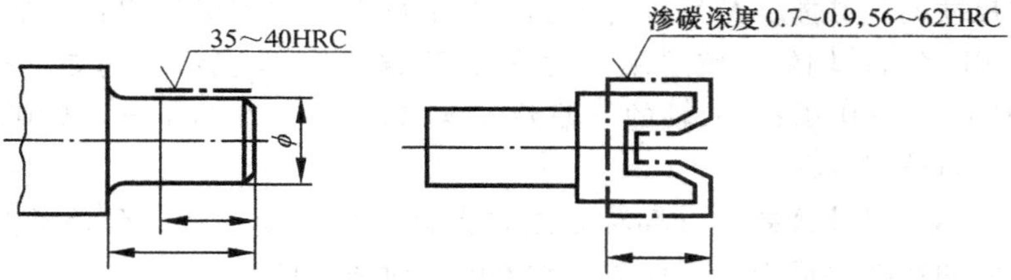
零件上同一表面上有不同的表面特征要求时，应当用细实线画出其分界线，并标注相应的表面特征代（符）号和尺寸	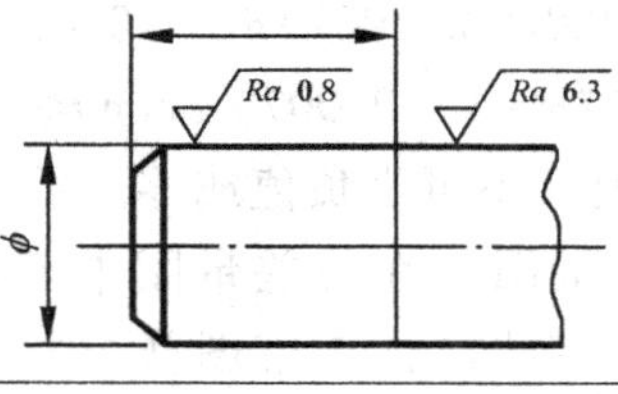
在图样中具有形位公差标注时，表面结构要求可以在其框格的上方标注	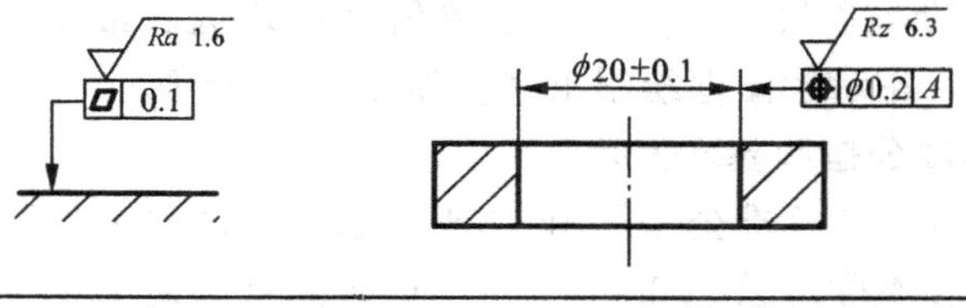

9.3.2　尺寸公差与配合

1. 零件的互换性

在规格相同的零件中任取一件，不需再加工和修配就能够顺利地装配到所属的产品上，并能够满足产品的性能和运作要求，这种性质称为**零件的互换性**。在实际生产过程中，需要各种零件都具有良好的互换性，这就要求零件具有规定配合的表面尺寸限制在允许误差范围内，实现零件的标准化、专业化和协作化，从而提高生产效率和降低产品成本。

2. 尺寸公差的常用术语和定义

图 9-21 所示为公差示意图，参照此图说明有关尺寸公差的术语和定义。

（1）基本尺寸　设计给定的尺寸。ϕ20 就是设计需要给定的尺寸。

（2）极限尺寸　允许通过测量得到的零件的实际尺寸变化的 2 个界限值。它是以基本尺寸为基数来确定的，其中一个是最大极限尺寸，一个是最小极限尺寸。如图 9-21 所示，孔的最大极限尺寸为 20.028mm，最小极限尺寸为 20.007mm；轴的最大极限尺寸为 19.993mm，最小极限尺寸为 19.984mm。

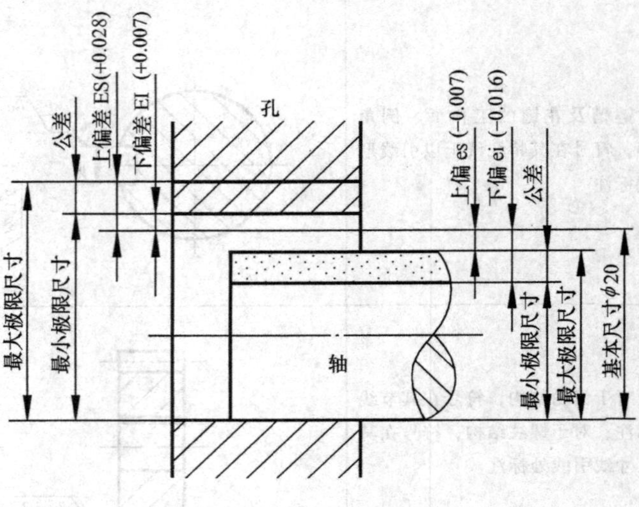

图 9-21　尺寸公差的术语

（3）尺寸偏差（简称偏差）　最大极限尺寸和最小极限尺寸与基本尺寸的代数差，分别称为上偏差和下偏差。按国标规定：孔的上偏差用 ES 表示，下偏差用 EI 表示；轴的上偏差用 es 表示，下偏差用 ei 表示。例如，孔的上偏差 ES = (20.028 − 20) mm = +0.028mm，轴的下偏差 ei = (19.993 − 20) mm = −0.007mm，所以尺寸偏差可为正值、负值或零。

（4）尺寸公差　（简称公差）允许尺寸的变动量，公差即为最大极限尺寸与最小极限尺寸的代数差或上、下偏差代数差的绝对值，即

孔的公差 = (20.028 − 20.007) mm = 0.021mm

或公差 = | +0.028 − (−0.007) | mm = 0.021mm

所以，公差为正值，不可为负值或零。

（5）零线和公差带图　在公差带图中表示基本尺寸的一条直线，即为零线。公差带图就是将相互配合的轴与孔的基本尺寸，上、下偏差值（或最大、最小极限尺寸）用示意图框绘制出来，如图 9-22 所示。

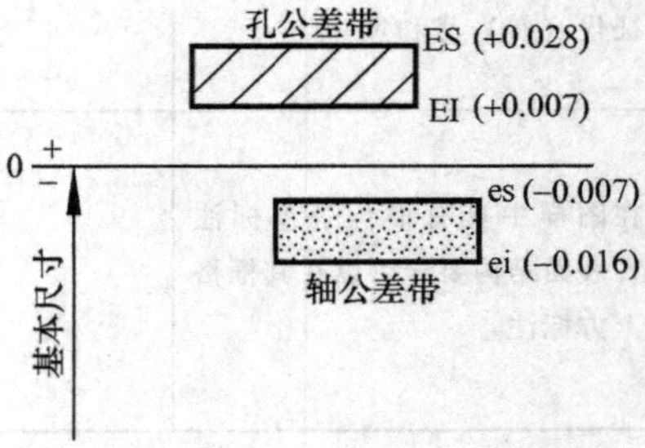

图 9-22　公差带示意图

3. 标准公差和基本偏差

公差带由“标准公差”和“基本偏差”两部分组成。标准公差确定公差带的大小，基本偏差确定公差带的位置。

（1）标准公差　确定公差带大小的任一公差即为标准公差，见表 9-7。标准公差分为 20 个等级，其代号为 IT01，IT0，IT1 ~ IT18。“IT”表示标准公差，数字表示公差等级。IT01 级的尺寸公差最小，精确度最高；IT18 级的尺寸公差最大，精确度最低。IT01 ~ IT12 用于配合尺寸，IT12 ~ IT18 用于非配合尺寸。

（2）基本偏差　确定公差带相对于零线位置的上偏差或下偏差，基本偏差指的是靠近零线的那个偏差。为了使孔或轴的公差带相对零线有多种位置，又分别规定孔和轴的基本偏差

共有 28 个。它们的代号用拉丁字母表示，孔用大写字母表示，轴用小写字母表示。图 9-23 为基本偏差系列图，从图中可以看到，孔的基本偏差从 A 到 ZC，其偏差依次减小。其中从 A 到 H 为下偏差，从 J 到 ZC 为上偏差；轴的基本偏差与孔的基本偏差规律正好相反。孔（轴）的基本偏差在 A ~ H（a ~ h）之间用于间隙配合，在 J ~ ZC（j ~ zc）之间用于过渡和过盈配合。

表 9-7　标准公差数值（GB/T 1800.3—1998）

基本尺寸/mm		公差等级																			
		IT01	IT0	IT1	IT2	IT3	IT4	IT5	IT6	IT7	IT8	IT9	IT10	IT11	IT12	IT13	IT14	IT15	IT16	IT17	IT18
大于	至	μm													mm						
—	3	0.3	0.5	0.8	1.2	2	3	4	6	10	14	25	40	60	0.10	0.14	0.25	0.40	0.60	1.0	1.4
3	6	0.4	0.6	1	1.5	2.5	4	5	8	12	18	30	48	75	0.12	0.18	0.30	0.48	0.75	1.2	1.8
6	10	0.4	0.6	1	1.5	2.5	4	6	9	15	22	36	58	90	0.15	0.22	0.36	0.58	0.90	1.5	2.2
10	18	0.5	0.8	1.2	2	3	5	8	11	18	27	43	70	110	0.18	0.27	0.43	0.70	1.10	1.8	2.7
18	30	0.6	1	1.5	2.5	4	6	9	13	21	33	52	84	130	0.21	0.33	0.52	0.84	1.30	2.1	3.3
30	50	0.6	1	1.5	2.5	4	7	11	16	25	39	62	100	160	0.25	0.39	0.62	1.00	1.60	2.5	3.9
50	80	0.8	1.2	2	3	5	8	13	19	30	46	74	120	190	0.30	0.46	0.74	1.20	1.90	3.0	4.6
80	120	1	1.5	2.5	4	6	10	15	22	35	54	87	140	220	0.35	0.54	0.87	1.40	2.20	3.5	5.4
120	180	1.2	2	3.5	5	8	12	18	25	40	63	100	160	250	0.40	0.63	1.00	1.60	2.50	4.0	6.3
180	250	2	3	4.5	7	10	14	20	29	46	72	115	185	290	0.46	0.72	1.15	1.85	2.90	4.6	7.2
250	315	2.5	4	6	8	12	16	23	32	52	81	130	210	320	0.52	0.81	1.30	2.10	3.20	5.2	8.1
315	400	3	5	7	9	13	18	25	36	57	89	140	230	360	0.57	0.89	1.40	2.30	3.60	5.7	8.9
400	500	4	6	8	10	15	20	27	40	63	97	155	250	400	0.63	0.67	1.55	2.50	4.00	6.3	9.7
500	600	4.5	6	9	11	16	22	32	44	70	110	175	280	440	0.70	1.10	1.75	2.8	4.4	7.0	11.0
630	800	5	7	10	13	18	25	26	50	80	125	200	320	500	0.80	1.25	2.00	3.2	5.0	8.0	12.5
800	1000	5.5	8	11	15	21	28	40	56	90	140	230	360	560	0.90	1.40	2.30	3.6	5.6	9.0	14.0
1000	1250	6.5	9	13	18	24	33	47	66	105	165	260	420	660	1.05	1.65	2.60	4.2	6.6	10.5	16.5
1250	1600	8	11	15	21	29	39	55	78	125	195	310	500	780	1.25	1.95	3.10	5.0	7.8	12.5	19.5
1600	2000	9	13	18	25	35	46	65	92	150	230	370	600	920	1.50	2.30	3.70	6.0	9.2	15.0	23.0
2000	2500	11	15	22	30	41	55	78	110	175	280	440	700	1100	1.75	2.80	4.40	7.0	11.0	17.5	28.0
2500	3150	13	18	26	36	50	68	96	135	210	330	540	860	1350	2.10	3.30	5.40	8.6	13.5	21.0	33.0

注：基本尺寸小于 1mm 时，无 IT14 至 IT18。

图 9-23 中公差带一端是开口的，因为此图只是表示公差带的位置，而不表示公差带的大小。

（3）公差带代号　代号由基本偏差的字母和标准公差的数字（等级）组成。例如：

ϕ30 H8

└──孔的公差代号，H 为基本偏差系列代号，8 为标准公差等级。

ϕ30 f7

└──轴的公差代号，f 为基本偏差系列代号，7 为标准公差等级。

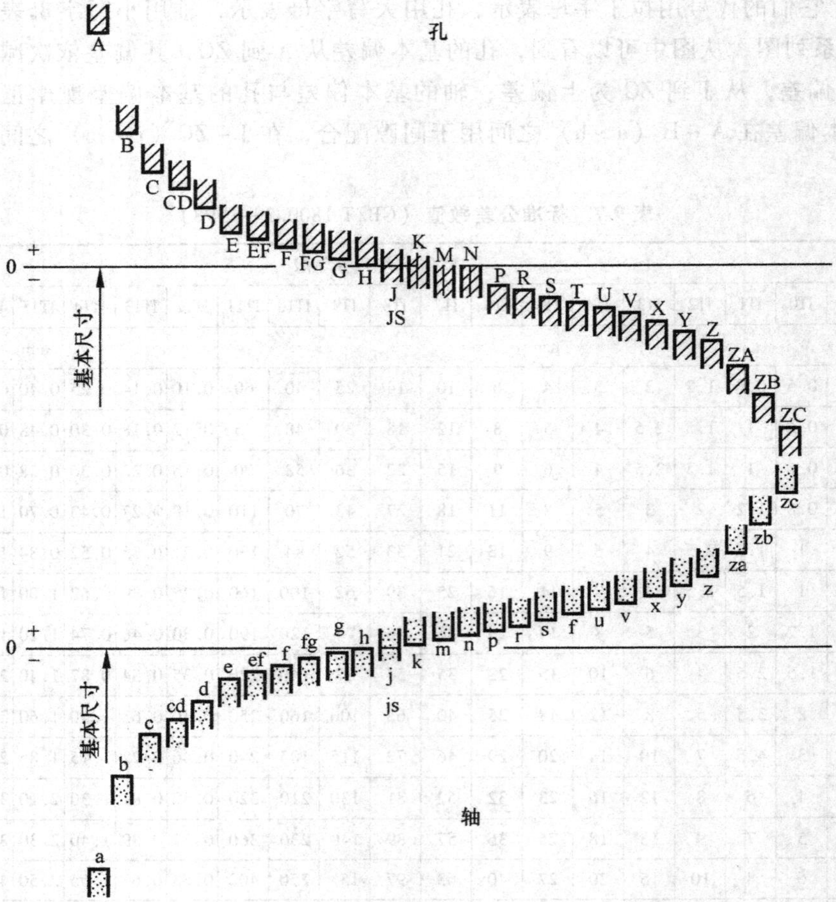

图 9-23　基本偏差系列

4. 配合

(1) 配合分类　基本尺寸相同的孔和轴相互结合的公差带之间的关系称为**配合**。由于孔和轴的实际尺寸不同，则配合的松紧程度也不同。国标规定分三类：

1）间隙配合。如图 9-24 所示，孔和轴装配后，孔的公差带在轴的公差带之上，孔与轴

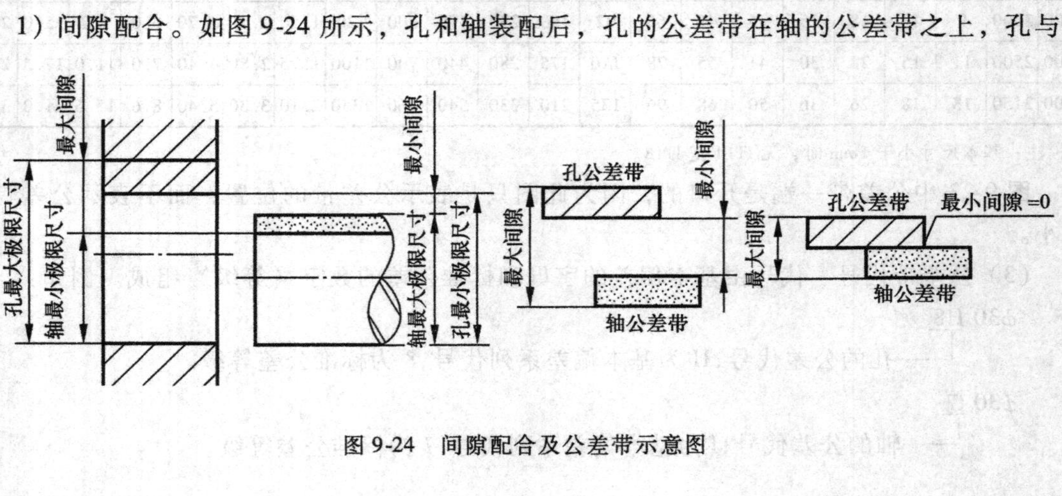

图 9-24　间隙配合及公差带示意图

之间产生间隙（包括最小间隙为零）的配合称为**间隙配合**。在此类配合中，孔的最大极限尺寸减去轴的最小极限尺寸所得的代数差称为**最大间隙**；孔的最小极限尺寸减去轴的最大极限尺寸所得的代数差称为**最小间隙**。

2）过盈配合。如图 9-25 所示，孔和轴装配后，孔的公差带在轴的公差带之下，孔与轴之间产生过盈（包括最小过盈为零）的配合称为**过盈配合**。在此类配合中，孔的最小极限尺寸减去轴的最大极限尺寸所得的代数差称为**最大过盈**（为负值）；孔的最大极限尺寸减去轴的最小极限尺寸所得的代数差称为**最小过盈**（为零或负值）。

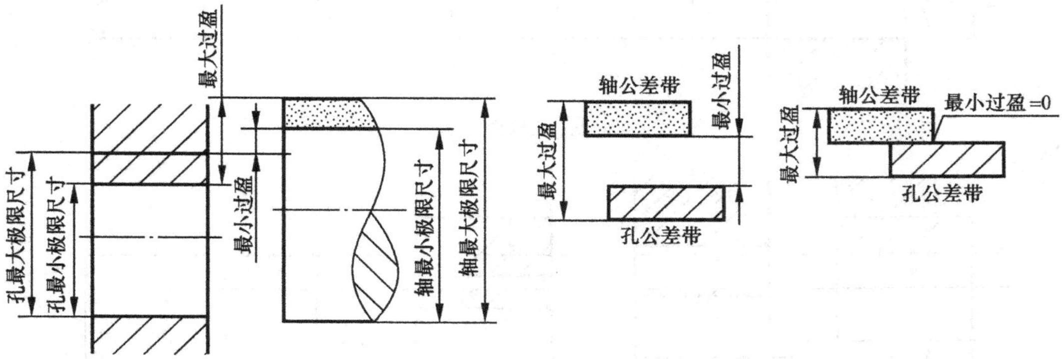

图 9-25　过盈配合及公差带示意图

3）过渡配合。如图 9-26 所示，孔和轴装配后，孔与轴的公差带相互重叠，既可能产生间隙，也可能产生过盈的配合称为**过渡配合**。过渡配合的特征可以用最大过盈和最大间隙来说明。

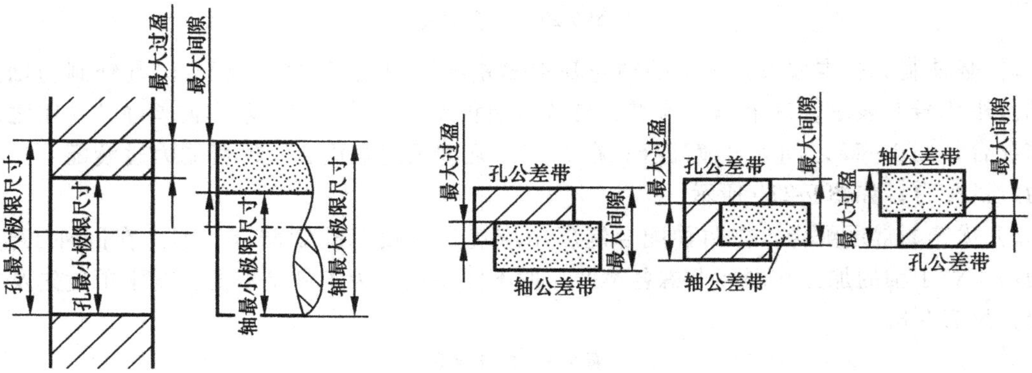

图 9-26　过渡配合

（2）配合制度　如果将孔和轴的基本偏差分别与标准公差等级组合，再相互装配起来，可超过 20 万种。因为数量极大，不便于使用，所以国标规定了基孔制和基轴制两种配合制度。

1）基孔制。基本偏差为一定的孔与基本偏差不同的轴形成各类配合。基孔制的孔为基准孔，用代号 H 表示，其下偏差为零。与基准孔相配合的轴，它的基本偏差在 a ~ h 之间为间隙配合，在 j ~ m 之间为过渡配合；在 r ~ zc 之间为过盈配合。n、p 可能为过渡配合，也可能为过盈配合，如图 9-27a 所示。

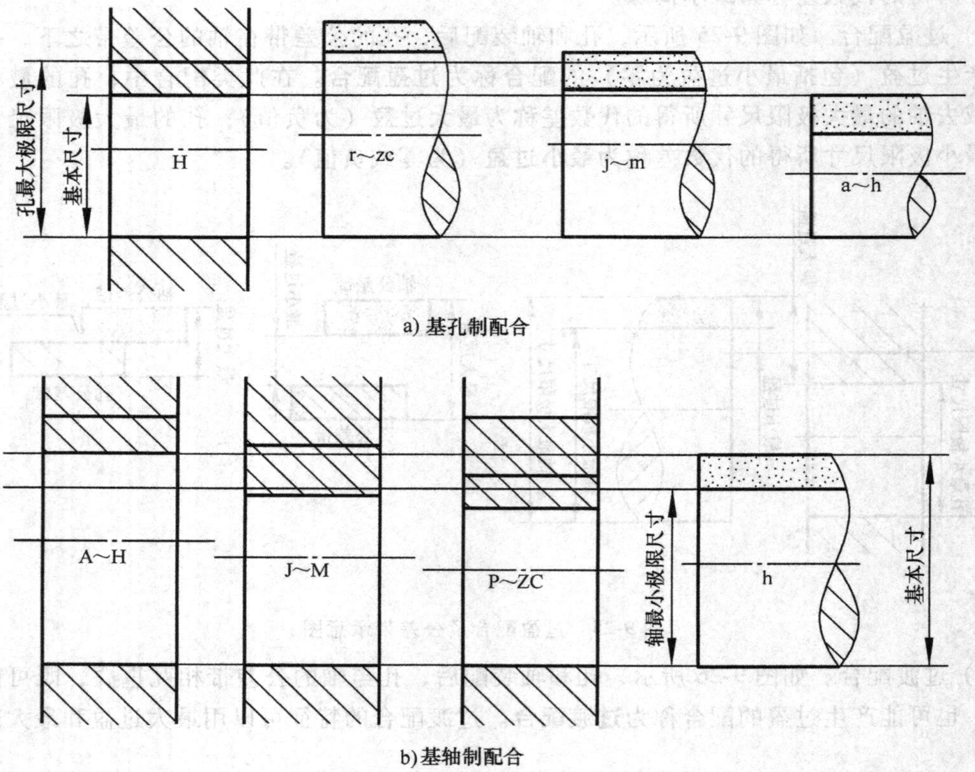

图 9-27　配合制度

2）基轴制。基本偏差为一定的轴与基本偏差不同的孔形成各类配合。基轴制的轴为基准轴，用代号 h 表示，其上偏差为零。与基准轴相配合的孔，它的基本偏差在 A ~ H 之间为间隙配合；在 J ~ M 之间为过渡配合；在 P ~ ZC 之间为过盈配合。N 可能为过渡配合，也可能为过盈配合，如图 9-27b 所示。

3）优先、常用配合。在两种配合制度中应优先采用基孔制配合，因为在同种工艺下，孔的加工难于轴的加工。国标考虑各类产品的不同特点，为了满足需要，制定了优先及常用配合，见表 9-8。

表 9-8　优先配合

	基孔制	基轴制
间隙配合	$\frac{H7}{g6}$、$\frac{H7}{h6}$、$\frac{H8}{f7}$、$\frac{H8}{h7}$、$\frac{H9}{d9}$、$\frac{H9}{h9}$、$\frac{H11}{c11}$、$\frac{H11}{h11}$	$\frac{G7}{h6}$、$\frac{H7}{h6}$、$\frac{F8}{h7}$、$\frac{H8}{h7}$、$\frac{D9}{h9}$、$\frac{H9}{h9}$、$\frac{C11}{h11}$、$\frac{H11}{h11}$
过渡配合	$\frac{H7}{k6}$、$\frac{H7}{n6}$	$\frac{K7}{h6}$、$\frac{N7}{h6}$
过盈配合	$\frac{H7}{p6}$、$\frac{H7}{s6}$、$\frac{H7}{u6}$	$\frac{P7}{h6}$、$\frac{S7}{h6}$、$\frac{U7}{h6}$

9.3.3 公差与配合在图样上的标注方法及查表

1. 在零件图上的标注方法

1）在基本尺寸后面标注公差带代号，如图 9-28 所示。

2）在基本尺寸后面标注上、下偏差值，如图 9-29 所示。标注上、下偏差值时小数点要对齐；当某一偏差值为零时，用数字“0”标出，也要对齐；偏差值的数字字号要比基本尺寸数字字号小一号。当上、下偏差值相同时，可采用图 9-30 所示标注。

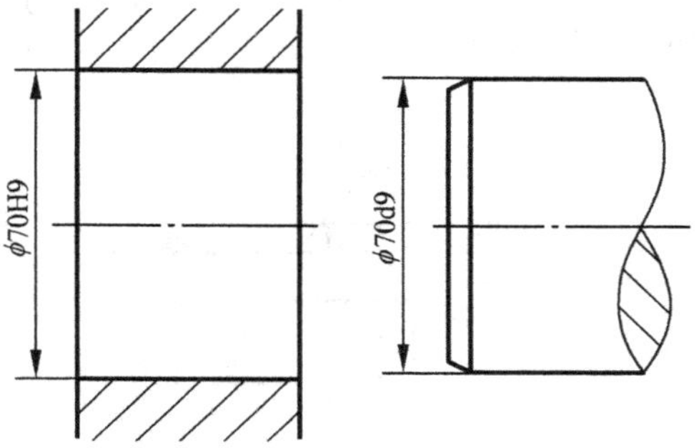

图 9-28　标注公差代号

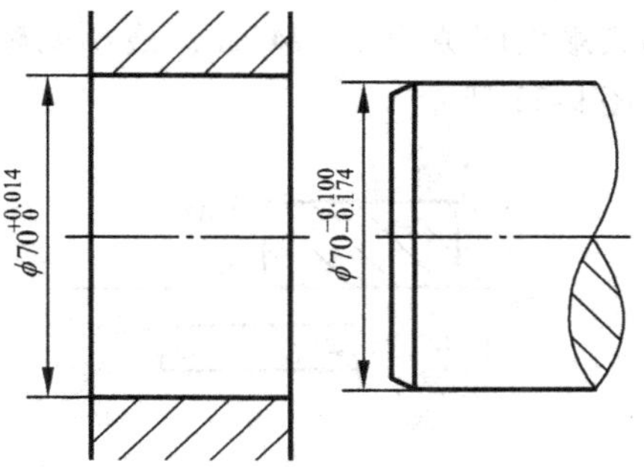

图 9-29　标注偏差数值

3）在基本尺寸后面标注公差带代号和上下偏差值，如图 9-31 所示。通常将上、下偏差值加以括号。

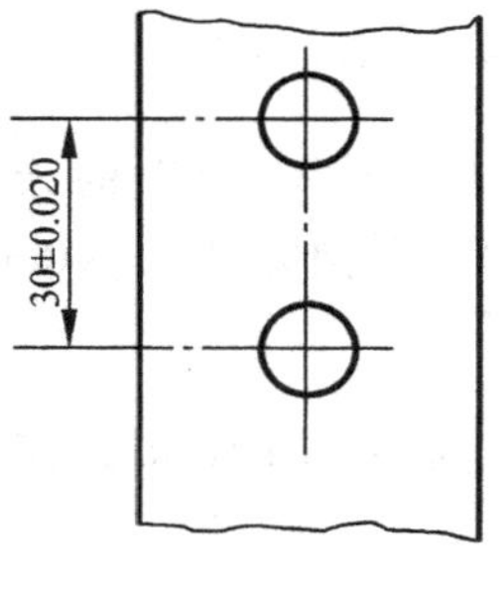

图 9-30　上、下偏差相同的标注方法

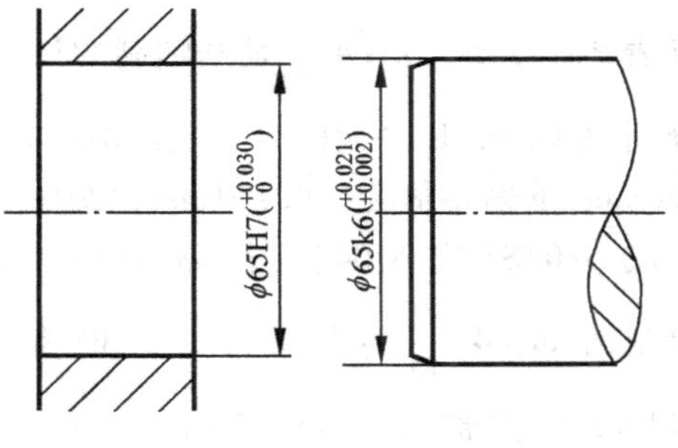

图 9-31　标注公差代号和偏差值

2. 在装配图上的标注方法

在基本尺寸后面以分式的形式标注孔、轴的公差带代号，分子为孔的公差带代号，分母为轴的公差带代号，如图 9-32。

3. 查表方法

【例 9-1】　查表写出 $\phi24\,\frac{H8}{f7}$的上、下偏差值。

查表 9-8 可知，$\phi24\,\frac{H8}{f7}$是基孔制的优先间隙配合。孔：ϕ24H8；轴：ϕ24f7。

（1）ϕ24H8 查表：查附录 B 中表 B-1“基本尺寸大于 18 至 24”一行向右，“公差带

H8”竖直向下，两者汇交处为 $\begin{matrix}+33\\0\end{matrix}$ ，即 $\phi24$H8 的上偏差值为 0.033mm，下偏差值为 0，可写成 $\phi24^{+0.033}_{0}$ 或 $\phi24^{0.033}_{0}$。也可在表 9-7 中查“基本尺寸大于 18 至 30”与“IT8”的汇交处得其标准公差为 33，即 0.033。

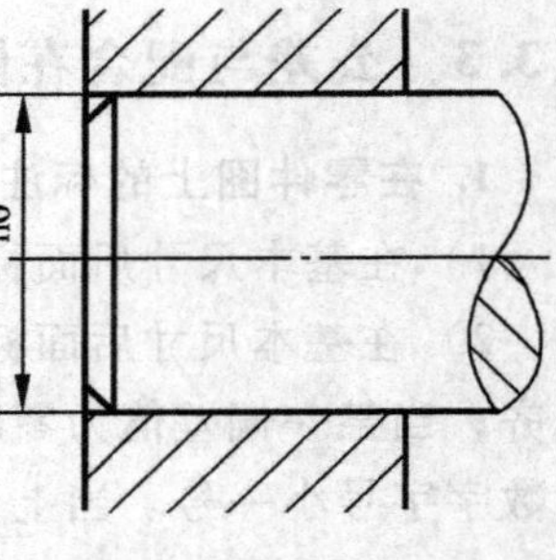

图 9-32　标注配合代号

（2）$\phi24$f7 查表：查附录 B 中表 B-2，方法同（1）。$\phi24$f7 可写成 $\phi24^{-0.020}_{-0.041}$。绘制出 $\phi24\ \frac{H8}{f7}$的公差带图，依查表可知其最大间隙为 0.074mm，最小间隙为 0.020mm，公差带图如图 9-33 所示。

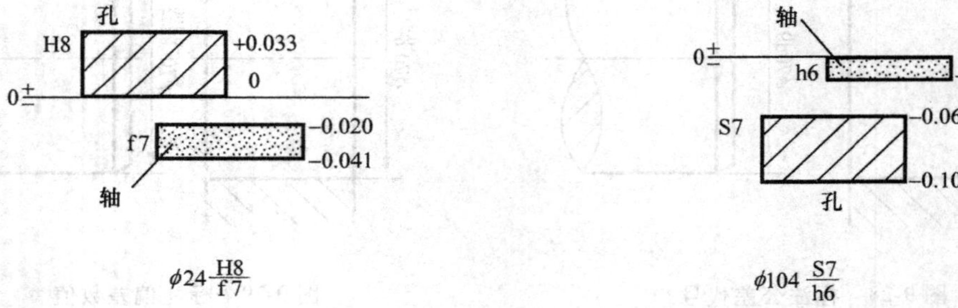

图 9-33　公差带图

【例 9-2】　查表写出 $\phi104\ \frac{S7}{h6}$的上、下偏差值。

查表 9-8 可知，$\phi104\ \frac{S7}{h6}$是基轴制的过盈配合。孔：$\phi104$S7；轴：$\phi104$h6。

分别查附录 B 中表 B-1、表 B-2（方法同例 9-1），得出 $\phi104$S7 的上偏差值为 −0.066mm，下偏差值为 −0.101mm；$\phi104$h6 的上偏差值为 0，下偏差值为 −0.022mm，可分别写成 $\phi104$S7 或 $\phi104^{-0.066}_{-0.101}$；$\phi104$h6 或 $\phi104^{\ 0}_{-0.022}$。

绘制出 $\phi104\ \frac{S7}{h6}$的公差带图，依查表可知最大过盈为 −0.101mm，最小过盈为 −0.044mm，公差带图如图 9-33 所示。

任何一种配合关系都可以依据国标确定其配合分类、配合制度及上、下偏差值。

9.3.4　形状和位置公差简介

形状和位置公差是零件的实际形状和实际位置相对于理想形状和理想位置的允许变动量。

对一般零件来说，它的形状和位置可由尺寸公差、加工机床的精度等加以保证。对精度程度要求较高的零件，根据设计要求不但需要保证其尺寸公差，而且在零件图上要注出有关形状和位置公差，简称形位公差。

图 9-34　圆柱

经过加工的零件，不仅会产生尺寸误差，还会产生形状和位置误差。图 9-34 所示中圆柱经加工后产生了中心轴线的直线度误差；而图 9-35 所示中压盖的端面对轴线产生的垂直度误差，使轴肩无法与其他零件端面紧密结合。

为了保证圆柱的工作质量，除了标注圆柱直径的尺寸公差外，还要标注形状公差 [— | ϕ0.006]，这个代号中的“—”为“直线度”，即圆柱的实际轴线与理想轴线之间的允许变动量必须在 ϕ0.006mm 的圆柱面内，如图 9-36 所示。

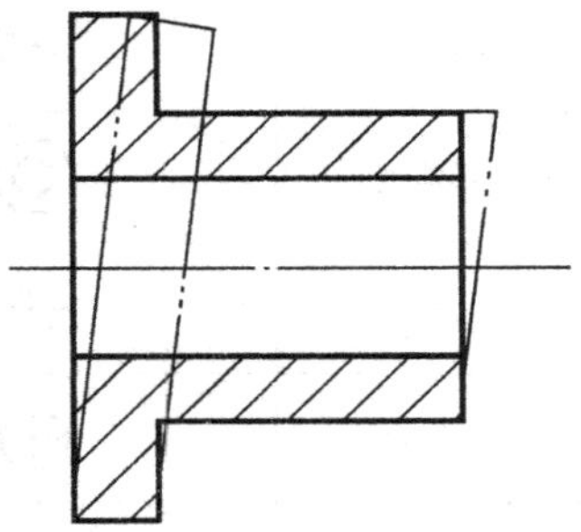

图 9-35　压盖

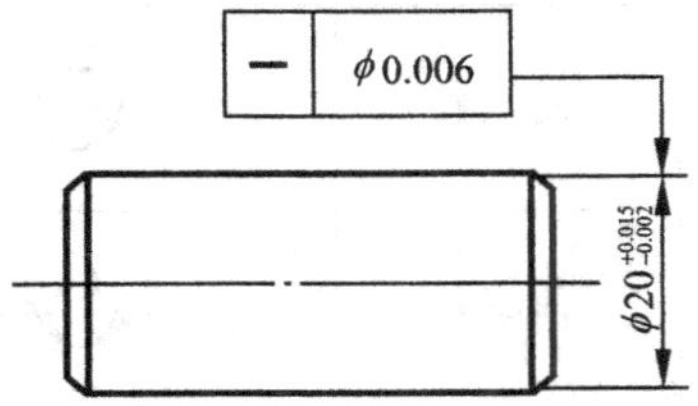

图 9-36　形状公差

为了保证压盖的结合质量，除了标注孔径的尺寸公差及其他尺寸外，还要标注位置公差 [⊥ | 0.03 | A]，这个代号中的“⊥”为“垂直度”，*A* 为基准，“0.03”为端面相对于轴线的垂直度允许变动量，如图 9-37 所示。

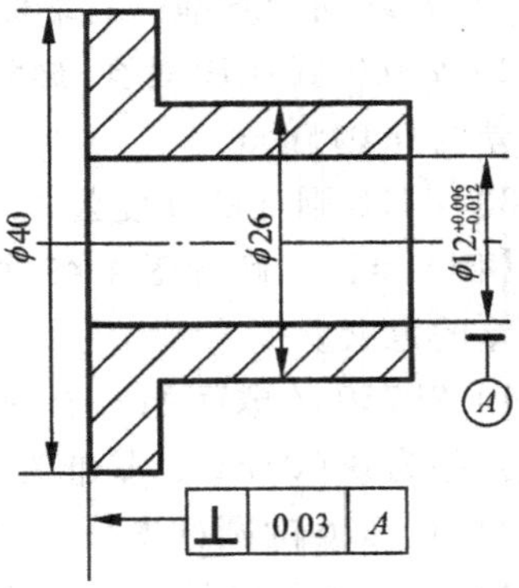

图 9-37　位置公差

1. 形状和位置公差的各项目及规定符号

形位公差的各项目及规定符号规定（GB/T 1182—1996）见表 9-9。

2. 形位公差的标注方法

（1）**形位公差的框格和指引线**　框格为细实线，分成 2 格或 3 格，框格内的字体和高度与图样中的尺寸数字相同，框格大小视字高而定，不宜过大。指引线也用细实线画，一般允许转折一次，箭头指向被测要素，如图 9-38 所示。

（2）**基准代号**　基准代号用 ϕ8mm 细实线圆圈，引线为 10mm 左右细实线（与基准要素垂直），并连接一粗短画线（与基准要素平行），如图 9-39 所示。被测要素与基准要素应分开标注。

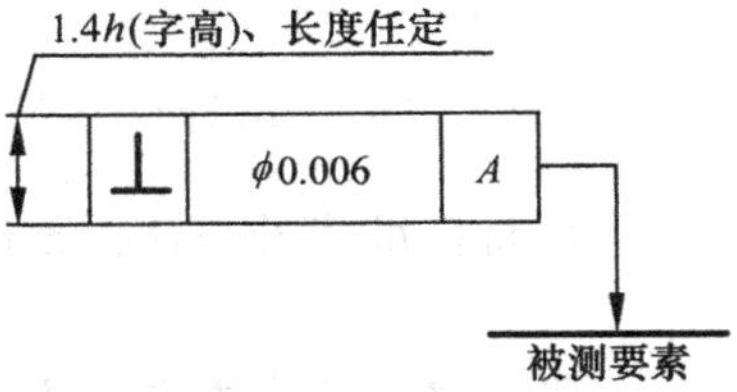

图 9-38　形位公差框格

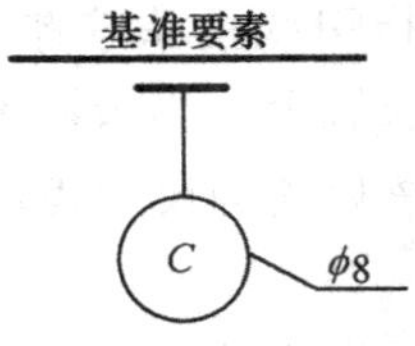

图 9-39　基准代号

表 9-9　形位公差各项目符号

分　类	名　称	符　号	分　类	名　称	符　号
形状公差	直线度	⏤	位置公差　定向	平行度	∥
	平面度	⏥	定向	垂直度	⊥
	圆　度	○	定向	倾斜度	∠
	圆柱度	⌭	定位	同轴度	◎
	线轮廓度	⌒	定位	对称度	⌯
	面轮廓度	⌓	定位	位置度	⌖
			跳动	圆跳动	↗
			跳动	全跳动	⌰

【例 9-3】　看懂并解释图 9-40 所示零件的形位公差的意义。

1）左端面为基准，右端面为被测表面，平行度公差为 0.01mm。

2）$\phi100$ 圆柱面对孔 $\phi45$ 轴线的圆跳动公差为 0.015mm。

3）$\phi100$ 圆柱的圆度公差为 0.004mm。

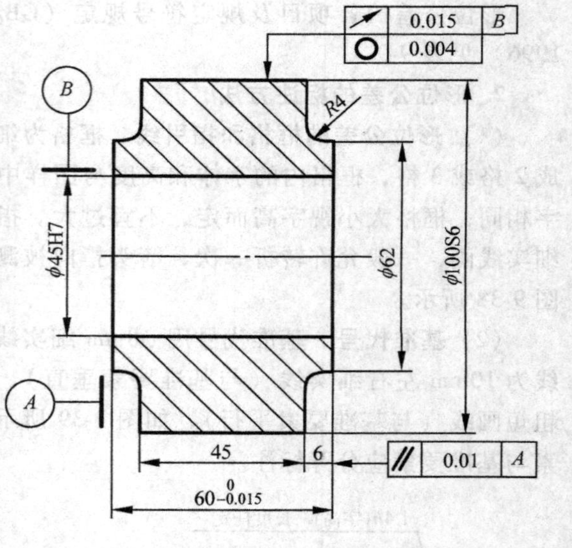

图 9-40　形位公差示例（一）

【例 9-4】　解释图 4-41 所示零件的形位公差的意义。

1）*SR*750 的球面相对于 $\phi16$ 的轴线圆跳动公差为 0.003mm，基准为轴线。

2）柱 $\phi16$ 的圆柱度公差为 0.005mm。

3）M8×1 的螺纹孔轴线相对于 $\phi16$ 的轴线的同轴度公差为 $\phi0.1$。

4）右端面相对于 $\phi16$ 的轴线的圆跳动公差为 0.1mm，基准为轴线。

注意点：当被测要素为线或面时，从框格引出的指引线箭头应指在该要素的轮廓线和其延长线上；当被测要素为轴线时，应将箭头与该要素的尺寸线对齐；当基准要素为轴线时，应将基准代号与该要素的尺寸线对齐。

形位公差框格的位置在图样中是灵活的，布置应以水平和竖直两个方向为主，尽量不要倾斜布置，且要大小一致，清晰整齐，方便阅读。

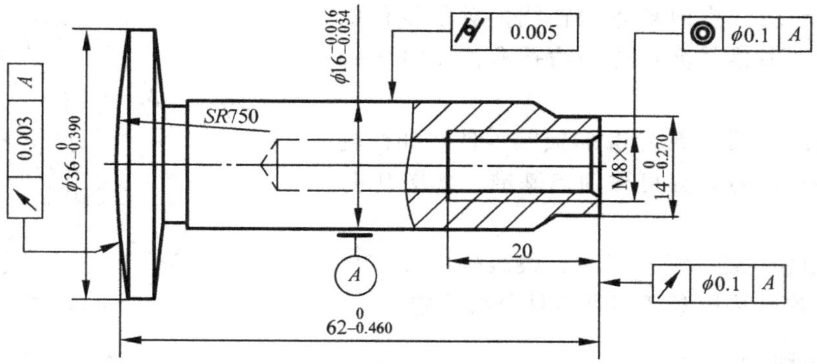

图 9-41　形位公差示例（二）

9.4　零件图的尺寸标注

制造零件时，加工和检验必须依据零件图上的尺寸，因此，尺寸标注是十分必要的，要做到正确、完整、清晰、合理。其中“合理”是指标注的尺寸既符合零件的设计要求，又便于加工和检验，要做到这一点，需要有较多的生产实践经验和相关的专业知识，所以对于初学者来讲，这一方面不作重点要求。

9.4.1　尺寸标注原则

在已初步掌握尺寸标注的基本知识后，对于零件图的尺寸标注仍要符合基本要求，即正确、完整、清晰、合理。同时，还应做到尺寸标注不重复、不遗漏；数值正确；内、外形尺寸要尽可能标注在视图的两侧，同一结构的尺寸尽可能标注在同一个视图上。

9.4.2　尺寸基准

尺寸基准即为标注尺寸的起点（线、面）。尺寸基准一般分为**设计基准**（设计时用以确定零件的结构位置）和**工艺基准**（制造加工时用以定位和检验）。这两点不作详细说明。

零件应具有长、宽、高三个方向的主要基准。常用作基准的要素包括：

（1）基准面　指零件的主要加工表面，或者与其他零件接触的重要配合面，如零件的安装底面、对称零件的对称面、表面结构较复杂的端面等。基准面亦可称为**面基准**，如图9-42所示。

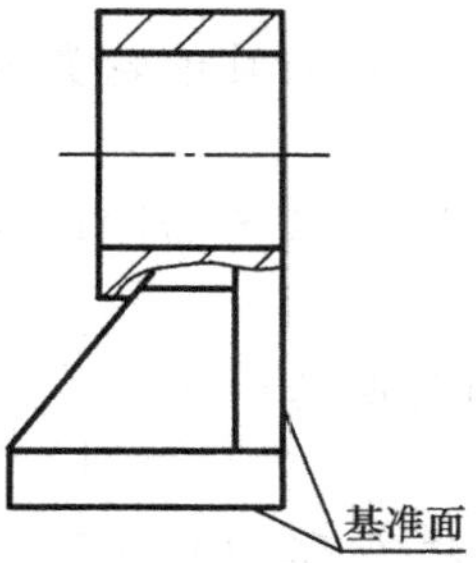

图 9-42　面基准

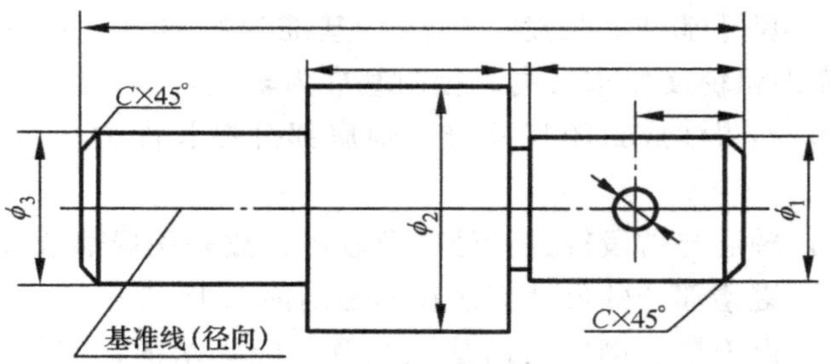

图 9-43　线基准

(2) 基准线　指回转体的轴线，对称零件的中心对称线等。基准线亦可称为**线基准**，如图 9-43 所示。

(3) 基准点　曲线形轮廓的板状零件，如凸轮的尺寸基准为中心点，亦可称为**点基准**，如图 9-44 所示。

有时，在阅读某一零件图时，很难确定该零件的尺寸基准，这时可以参考同类零件分析确定。

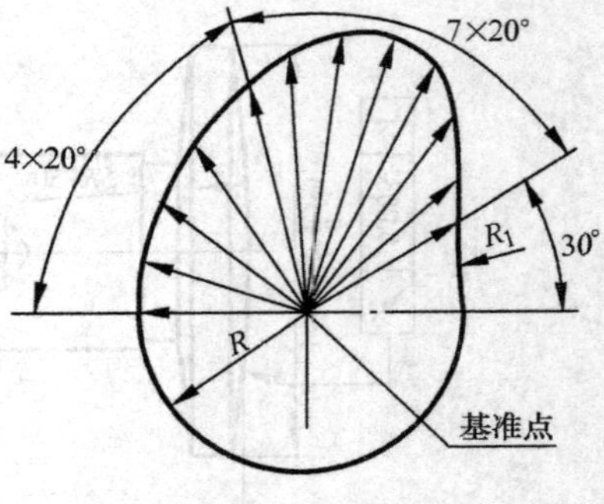

图 9-44　点基准

9.4.3　尺寸标准形式

(1) 链式　零件图中某一方向的尺寸彼此首尾相连标注，前一个尺寸的终止即为后一个尺寸的起始，基准为一个主要基准和若干个辅助基准。这种标注尺寸的方法称为**链式注法**，如图 9-45a 所示。

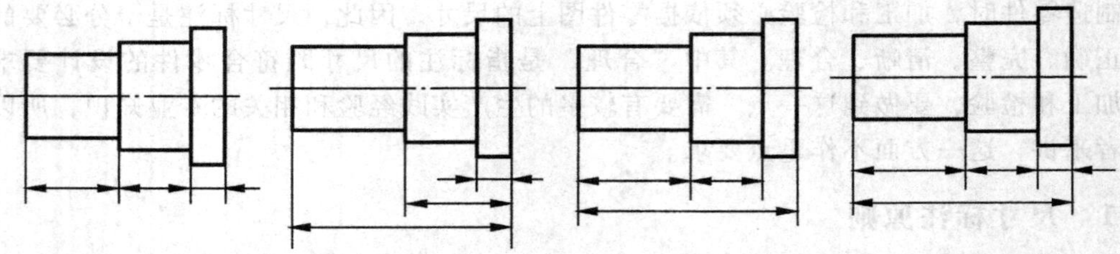

图 9-45　尺寸标注形式

(2) 坐标式　零件图中某一方向的尺寸都从同一基准注起，如图 9-45b 所示，这种标注尺寸的方法称为**坐标式注法**。

(3) 综合式　将链式和坐标式注法综合在一起的标注尺寸的方法称为**综合式注法**，如图 9-45c 所示。

注意：在标注尺寸时切忌不要注成封闭尺寸链，如图 9-45d 所示，各段尺寸首尾相接形成一个封闭的尺寸链环，这样不符合工艺和测量（检验）要求，一定要避免。

9.4.4　举例

【例 9-5】　图 9-46 所示为一阶梯轴，试分析图示方法及尺寸标注。

1）尺寸基准。长度（轴向）基准为右端面，因轴段上有键槽，需与其他轮类零件配合，表面粗糙度要求较高。径向基准为轴线。

2）不得注成封闭尺寸链，轴肩部分在长度方向留作“开口环”（即不标注尺寸的一段）。

3）轴肩与右段轴连接处圆角较小，故采用局部放大图，便于标注圆角尺寸。

4）键槽部分的尺寸标注在移出剖面图上。

5）退刀槽、倒角结构是工艺及装配要求的，其尺寸标注的方法为 C2（倒角）、2.5 × ϕ22（退刀槽）。

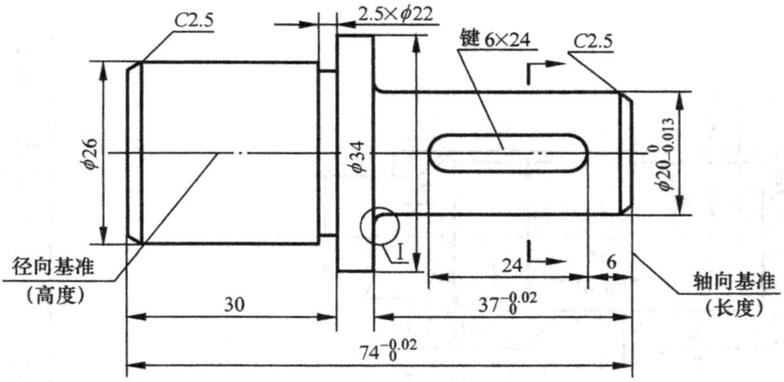

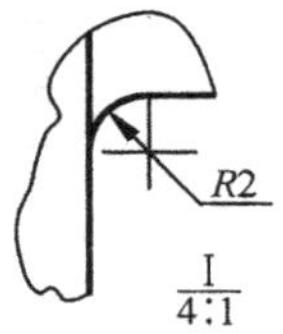

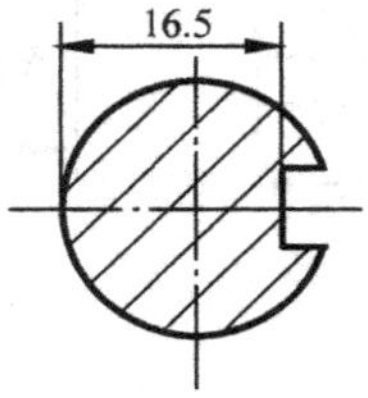

图 9-46　尺寸标注示例（一）

【例 9-6】　图 9-47a 为泵体的立体图，b 为泵体的三视图，现以此图为例分析并总结尺寸标注的方法和步骤。

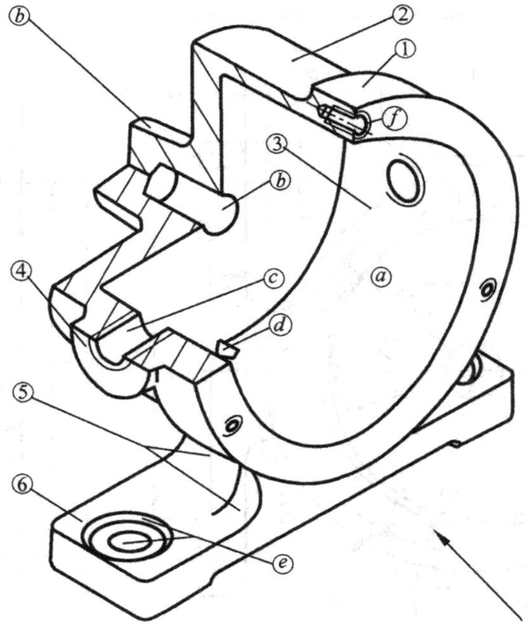

a) 立体图

图 9-47　泵体的立体图及三视图

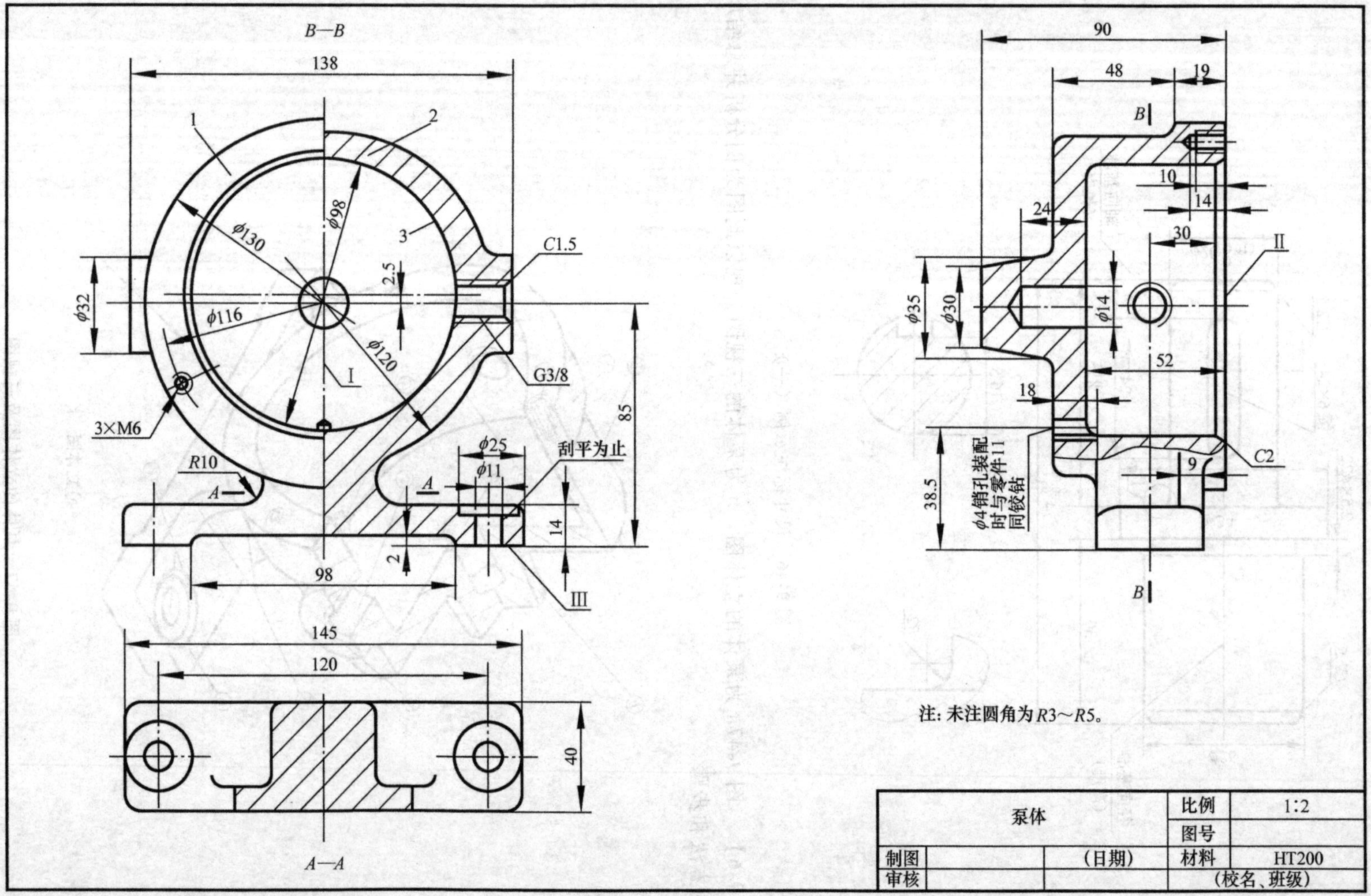
B—B
138
1
2
3
ϕ130
ϕ98
ϕ116
ϕ120
ϕ32
2.5
C1.5
G3/8
I
3×M6
R10
A
ϕ25
ϕ11
刮平为止
14
2
85
98
III
145
120
40
A—A
90
48
19
B
10
14
24
30
II
ϕ35
ϕ30
ϕ14
52
18
ϕ4销孔装配时与零件11同铰钻
38.5
9
C2
注: 未注圆角为R3～R5。
泵体
比例
1:2
图号
制图
(日期)
材料
HT200
审核
(校名、班级)

b) 三视图

图 9-47 （续）

1. 形体分析

泵体的上部分为同轴三个回转体：凸缘①、圆柱体②、圆台体③；下部分为一个四棱柱板⑥，底面中间有一凹槽；上、下部分以 T 形支撑板⑤连接。圆柱体②的两侧各有一圆柱形凸台④。泵体的内腔主要为空腔ⓐ和轴孔ⓑ，轴孔ⓑ与形体①、②、③部分同轴，空腔ⓐ与其轴线偏心。空腔ⓐ的后方有一销孔ⓓ；凸台④内有进出油孔ⓒ，其为螺纹孔；底板⑥的两侧各有一（沉头）阶梯孔ⓔ；凸缘①端面上均布三个螺纹孔ⓕ。

泵体主视图的方向为图 9-47a 中箭头所示。它可以显示 *B*—*B* 零件的形状特征。主视图以沿油孔中心位置的半剖视图表达内腔ⓐ的偏心及凸缘①、圆柱体②的主要形状及尺寸；左视图为局部剖视，以进一步表达主视图中未表达清楚的内、外部结构形状；俯视图中 *A*—*A* 剖视图表达了底板⑥和支撑板⑤的形状。

2. 泵体的尺寸标注

（1）选择基准　长度方向基准：主视图中的对称平面，中心对称线Ⅰ；宽度方向基准：泵体的前端面Ⅱ；高度方向基准：泵体的底面Ⅲ。

（2）标注定形尺寸（即确定形体大小的尺寸）　凸缘①直径 ϕ130、宽 19；圆柱体②直径 ϕ120、长 18；底板长 145、宽 40、高 14、凹槽长 98、高（深）2；内腔③直径 ϕ98、宽（深）52；凸缘端面螺孔 3-M6、孔深 14、螺纹深 10 等，用同样的方法依次注出其他尺寸。

（3）标注定位尺寸（即确定各结构之间相对位置的尺寸）　中心孔的定位尺寸 85、偏心距 2.5、底板安装孔中心距 120、ϕ4 销孔的中心定位尺寸 38.5、进、出油孔的定位尺寸 30 等。

（4）标注总体尺寸　泵体的总长 145、总宽 90、总高 85 + 130/2 = 150。

附加说明：主视图、俯视图反映的底板安装孔为沉孔结构，它是用螺钉或螺栓在连接中常见的工艺结构，有关沉孔结构形式和尺寸标注见表 9-10。其他常见的工艺结构形式见表 9-11。一些标准结构还可查阅附录 C。

表 9-10　沉孔的结构和尺寸注法

<table>
<tr><th>结构</th><th>普通注法</th><th colspan="2">旁注法</th><th>说明</th></tr>
<tr><td>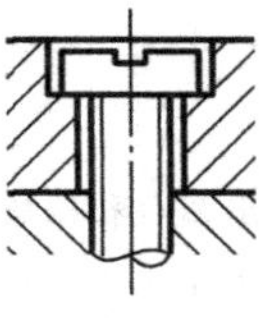</td><td>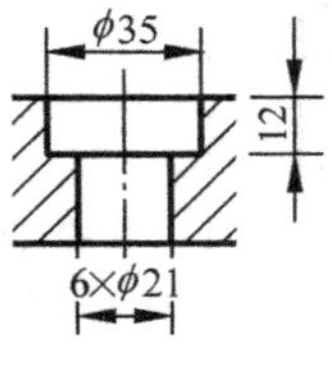</td><td>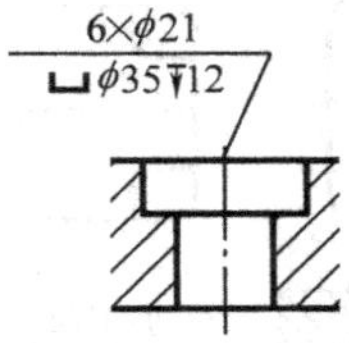</td><td></td><td>6 × ϕ21 表示直径为 21 均匀分布的六个孔
圆柱形沉孔的直径 ϕ35 及深度 12 均需注出</td></tr>
<tr><td>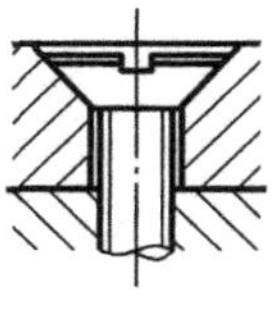</td><td>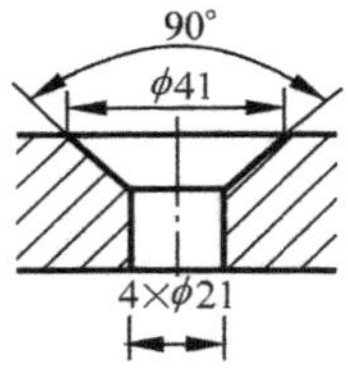</td><td>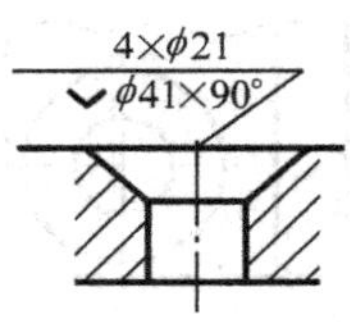</td><td>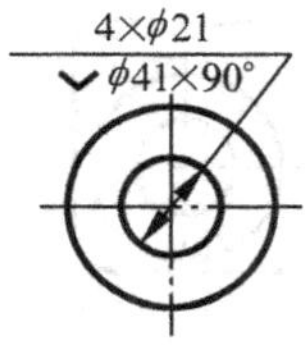</td><td>锥形沉孔的直径 ϕ21 及锥角 90° 均需注出</td></tr>
</table>

（续）

结构	普通注法	旁注法		说明
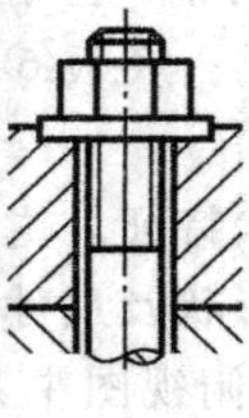	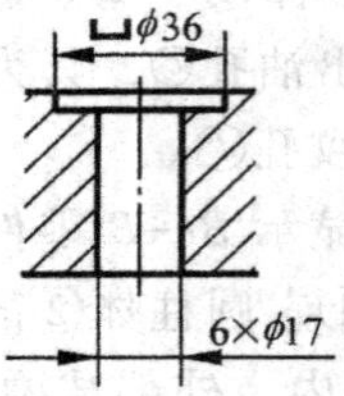			锪平 ϕ36 的深度不需标注一般锪平到不出现毛坯面为止

所有的零件其材料各不相同，部分材料的牌号可查阅附录 D。

表 9-11　零件常见的工艺结构

结　　构	说　　明
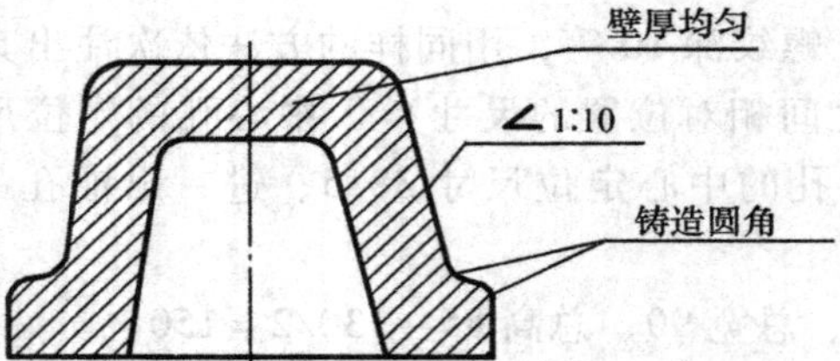	1. 拔模斜度便于木模从砂型中取出 2. 铸造圆角防止铁水冲坏砂型，避免产生裂纹和缩孔 3. 壁厚均匀使其冷却速度相等，保证零件质量
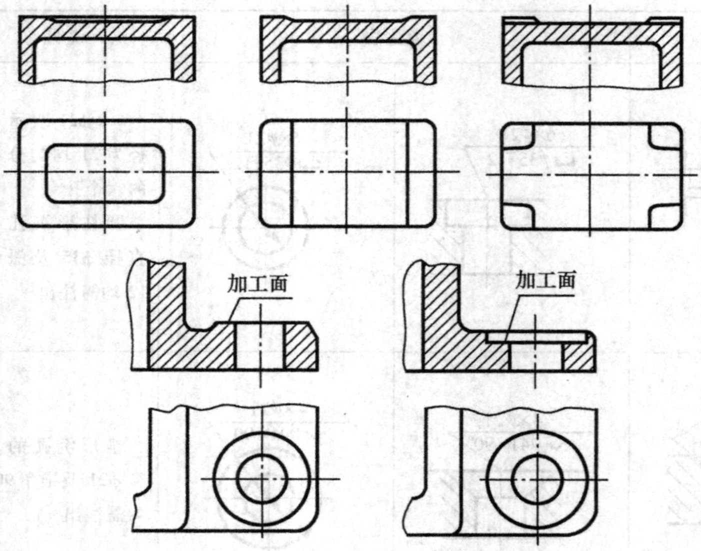	在零件表面设计出凸台和凹坑，以减少加工表面，易于保证加工精度和配合质量

（续）

结　　构	说　　明
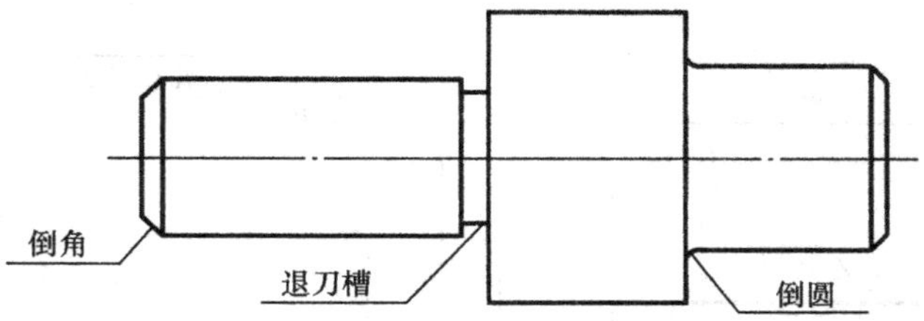	1. 回转体的端面加工成倒角，便于装配和操作安全 2. 退刀槽确保装配可靠 3. 倒圆结构避免应力集中而产生裂纹
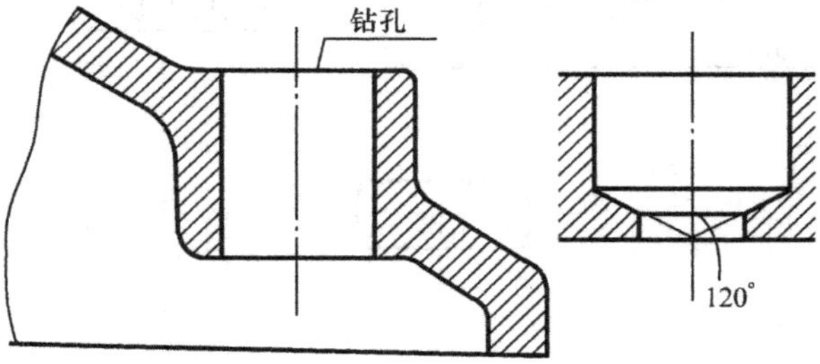	钻孔的端面应与钻头垂直，以确保钻孔的准确度，并避免钻头折断。阶梯孔的倒角为120°

9.5　阅读零件图

从事各种工程工作的专业技术人员，必须具备阅读零件图的能力，它也是绘制零件图的前提条件。

9.5.1　阅读零件图的方法和步骤

（1）**阅读标题栏**　从标题栏中可以了解零件的名称、材料、比例、重量等，从而对零件的作用有个初步了解。有关材料的牌号可参阅附录D。

（2）**分析视图**　想象形状、分析零件的基本视图及其所采用的表达方法，阅读零件的内外结构；结合其他视图分析零件的具体形状；结合在《组合体》一章曾经学习过的形体分析法和线面分析法进一步了解弄懂零件图中更细小的结构及其相对位置关系。

（3）**分析尺寸标注和技术要求**　了解零件的三个方向的尺寸基准，找出并分清定形尺寸，定位尺寸和总体尺寸。阅读技术要求，了解零件的加工顺序、制造方法及工艺和检测方面的要求等。

（4）**综合考虑**　综合零件的内外结构、尺寸标注和技术要求，真正看懂零件图。这也是进一步学习装配图的重要基础。

9.5.2　阅读零件图举例

通过实例阅读进一步熟悉阅读零件图的方法和步骤，掌握零件图的有关内容，了解各类零件的一些特点。下面各例分别从零件的用途和表达方案、尺寸标注、技术要求等几个方面进行分析，加强阅读理解。

【例 9-7】 阀杆零件图，如图 9-48 所示。

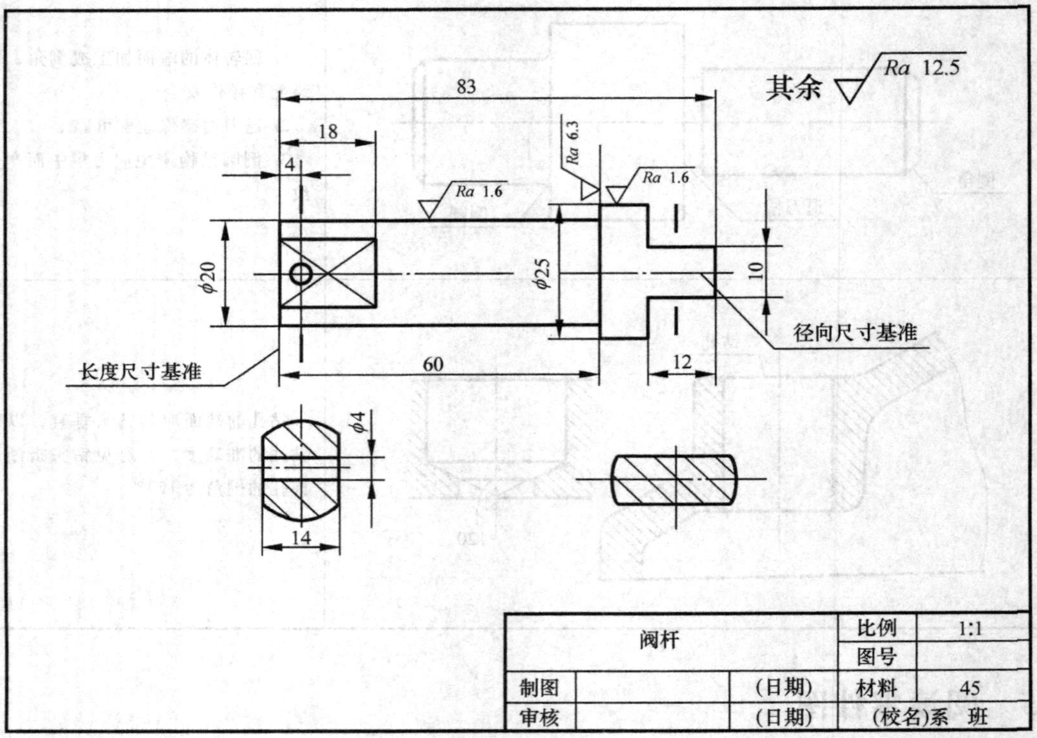

图 9-48 阀杆零件图

1. 用途和表达方案

阀杆属轴类零件，它主要是用来支承传动零件和传递动力的。

这类零件大都在车床上加工制造，故按加工位置选择的主视图。从主视图上可以分析出该零件基本上由 ϕ20mm 和 ϕ25mm 两段圆柱构成。左端部分由移出剖面（左下角的）了解到在圆柱体（ϕ20mm）的表面加工出两块平面，平面间的距离为 14mm，其长为 18mm，并在距左端 4 处加工一 ϕ4mm 的小圆孔。右端部分也由移出剖面（右下角的）了解到在圆柱体（ϕ25mm）的表面加工出两部分平面，平面间的距离为 10mm，其长为 12mm。

视图由一个主视图和两个移出剖面组成。

2. 尺寸标注

轴向（长度）基准为零件的左端面，径向基准为轴线。分析尺寸标注，除主视图中的 4 为小圆孔的定位尺寸外，其余均为定形尺寸，而 83、ϕ25 为总体尺寸。

右端平面长 12 是从零件的右端面注出的，可以分析右端面为轴向尺寸中的辅助基准。

3. 技术要求

从图中表面粗糙度值分析 ϕ20mm、ϕ25mm 两圆柱体表面精度等级要求较高，均为 $\sqrt{Ra\ 1.6}$，轴肩左端面为 $\sqrt{Ra\ 6.3}$，其余为 $\sqrt{Ra\ 12.5}$。

【例 9-8】 阀盖零件图，如图 9-49 所示。

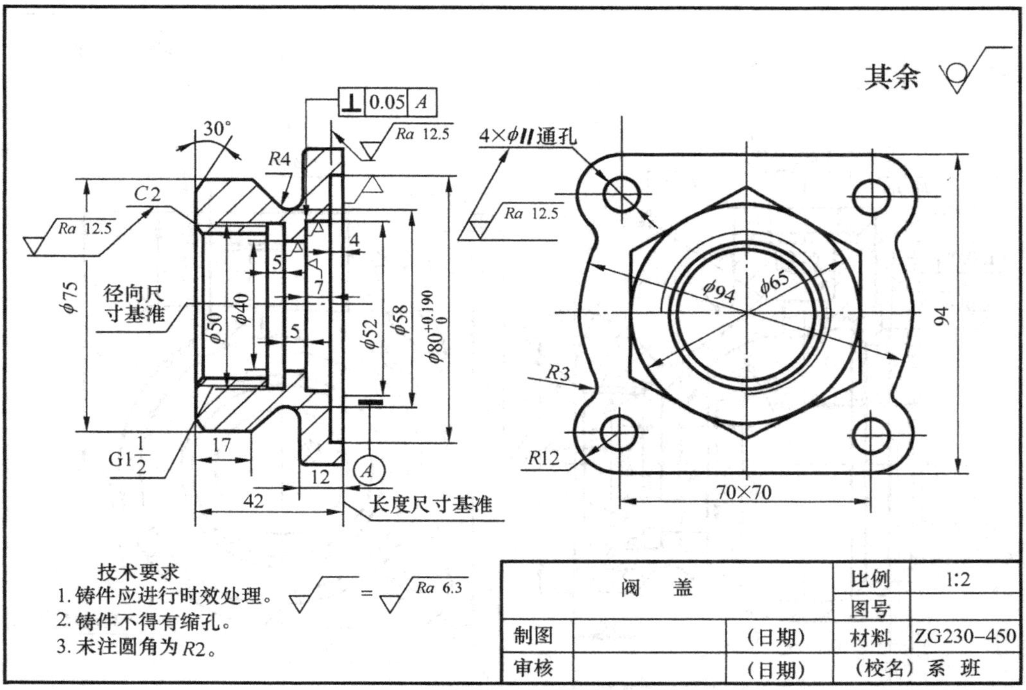

图 9-49 阀盖零件图

1. 用途和表达方案

端盖类零件主要起支承、轴向定位及密封作用。

阀盖由两个视图表达：主视图为加工位置，即轴线横置，沿中心对称面作全剖视；左视图则反映其轮廓结构形状特征。

从主、左视图中分析，阀盖的结构特点是空心体，主孔部分（左端）有内螺纹$\left(G1\frac{1}{2}\right)$，与管道旋合；左端外形为六边形，便于旋合时扳手的夹紧；内、外结构中的退刀槽，以便加工；右端内孔结构是放置球塞及密封材料等；阀盖的右端外部结构带有四个凸耳，分别均布 $4\times\phi11$ 通孔，以备与阀体用螺柱连接。

2. 尺寸标注

轴向（长度）基准为阀盖的右端面，因为此端面与阀体相接触；径向基准为轴线。

零件图中的尺寸多为定形尺寸。定位尺寸为左视图中的 70×70，定四个凸耳上的小圆孔中心位置。总体尺寸为长 42、宽 $70+12\times2=94$、高 94。

3. 技术要求

图中零件的所有加工表面都标注了表面粗糙度值分为 Ra 6.3 和 Ra 12.5，其余为非加工表面，零件图右上角以 ◇√ 表示。形位公差符号表示 $\phi52$ 端面与轴线的垂直度公差值为 0.005mm。文字说明（左下角）为阀盖在材料质量和工艺结构方面的要求。

【例 9-9】 阀体零件图，如图 9-50 所示。

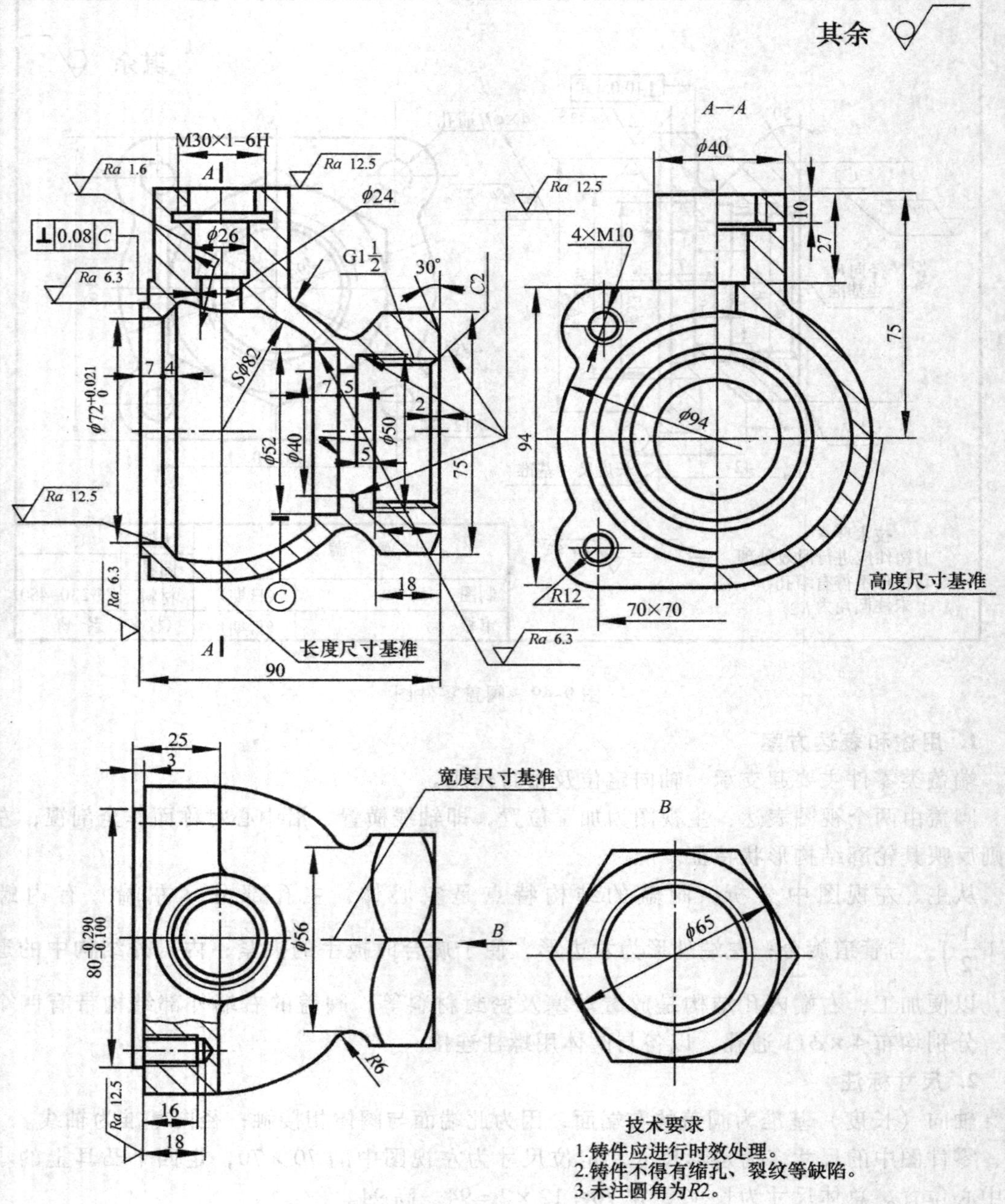

技术要求
1.铸件应进行时效处理。
2.铸件不得有缩孔、裂纹等缺陷。
3.未注圆角为R2。

阀体			比例	1:2
			图号	
制图		(日期)	材料	ZG230–450
审核		(日期)	(校名)系 班	

图 9-50 阀体零件图

1. 用途和表达方案

阀体属于箱体类零件，为铸件，一般可起支承、容纳、定位和密封作用。

箱体类零件一般都比较复杂，常需要三个基本视图。阀体主视图沿前后对称面作全剖视；左视图在“*A—A*”位置作半剖视；由于两个视图（立、左视图）经剖视表达后均没有剖到4×M10螺孔，所以在俯视图中采用3局剖。

阀体的左端外形结构由左视图半剖视图中未剖的一半表达清楚，但阀体的右端形状从主、俯视图中未表达清楚，故采用“*B*”向视图表达。

2. 尺寸标注

阀体的长度基准为阀体竖直方向轴线，也就是铅垂方向的径向尺寸基准；水平方向的径向尺寸基准为主视图横向轴线，也就是阀体的高度尺寸基准；由于阀体的主体部分为回转体；所以高度尺寸基准即为宽度尺寸基准。

阀体的上端面为高度尺寸辅助基准，阀体的右端面为长度尺寸的辅助基准。

3. 技术要求

$\phi80_{-0.290}^{-0.100}$为与阀盖的配合尺寸：$\phi72_{\ 0}^{+0.021}$为阀体与球塞的配合尺寸：两个形位公差符号分别表示$\phi25$、$\phi52$内孔端面相对于*C*基准（即水平轴线）的垂直度公差值为0.8mm、0.05mm。

表面粗糙度均以符号标注在图中，其中加工表面精度等级最高为$\sqrt{Ra\ 6.3}$，最低为$\sqrt{Ra\ 12.5}$，非加工表面为$\sqrt{\circ}$ ，注在图样的右上角；右下角的文字说明同图9-49中阀盖零件图中相同。

【例9-10】 蜗轮箱体零件图，如图9-51所示。

1. 用途和表达方案

蜗轮箱体也属于箱体类零件，标题栏中材料所示HT150表明该零件为灰口铸铁。其主要用于容纳、承载蜗轮、蜗杆垂直交叉两轴之间的传动系统。

该零件采用了三个基本视图、三个局部视图的一个重合剖面。主视图为全剖视，剖切位置在箱体前后对称平面，主视图比较完整地表达了箱体的内部结构形状；左视图为局部剖视，局部剖视一般不需加标注，但此图为了清晰地指明剖切位置在蜗杆轴孔的轴线，所以加了标注，即*D—D*，从而表达了蜗杆轴孔的结构形状，同时保留了箱体上部分外形视图，表达了箱体左端面形状和凸缘上的均布的6个螺孔的位置；俯视图为半剖视，剖切位置在蜗轮孔轴线，即*C—C*，分别表达了箱体顶端面的外形和水平方向的内形（各一半）。

由于左视图采用的局部剖视无法表达其左端面的外形（下半部分），故采用*A*向局部视图；*B*向局部视图表达了箱体左端面上均布的3个螺孔的位置；*E*向局部视图表达了箱体底面的形状（前一半）；重合剖面表达了肋板的断面形状。

图9-52为蜗轮箱体的立体图。用形体分析可将该零件分为底板、壳体、圆柱筒、肋板四个部分，如图9-53所示（图中为清晰，螺纹孔结构均按光孔绘制）。

2. 尺寸标注

尺寸标注可结合图9-53分各个部分进行分析。

(1) 底板　主、左、俯三个基本视图及*A*向、*E*向局部视图均为表达底板，如图9-53a所示。底板长150、宽150、高12，且四角为*R*5圆角过渡，板上有6个$\phi10$的圆柱孔，左端有一*R*20的凹槽，为了减少加工面积，底面中间有一长100、宽80、高（深）2的凹坑。

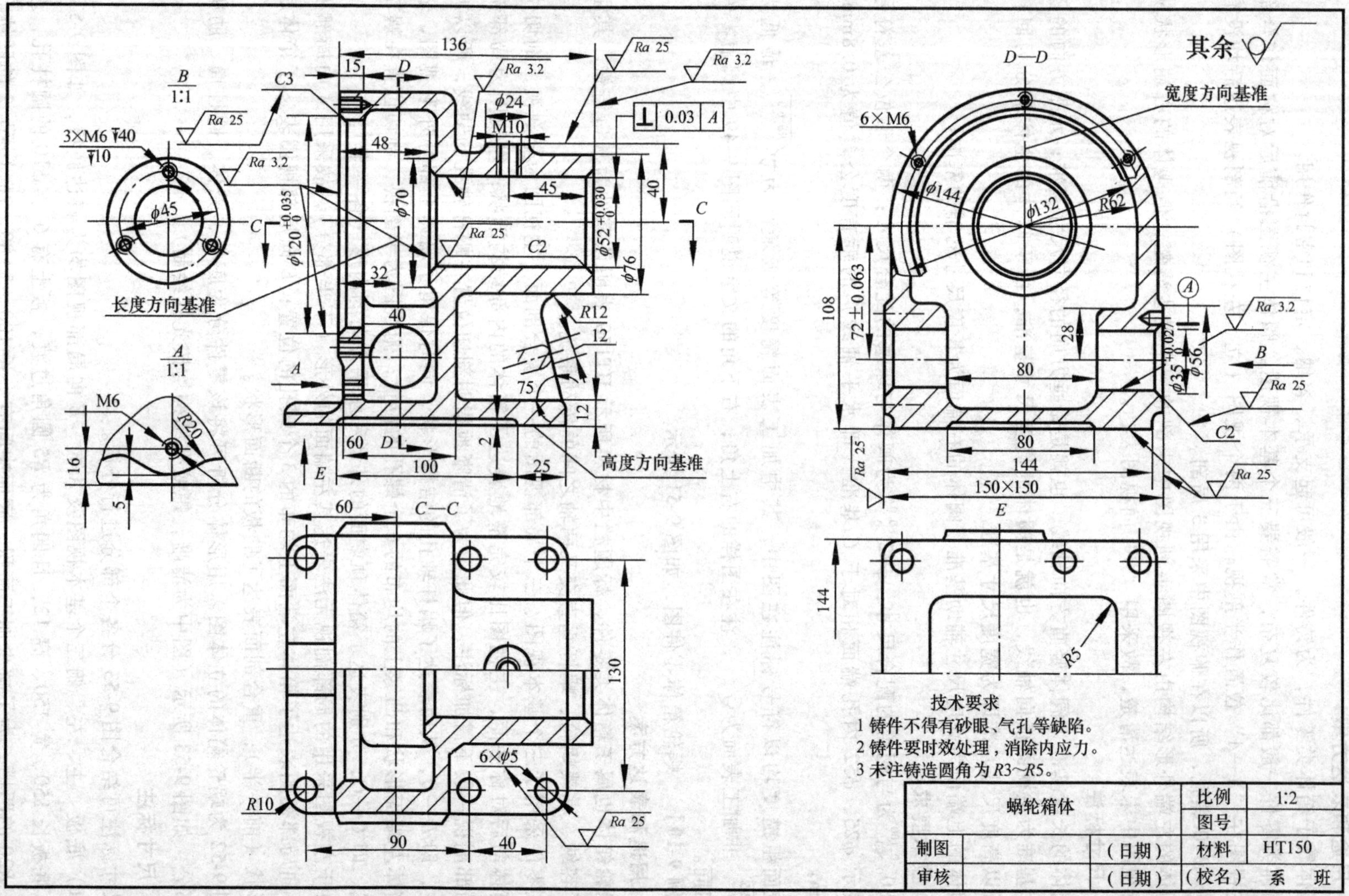

其余
B
1:1
A
1:1
3×M6 ↧40
↧10
φ45
M6
R20
16
5
长度方向基准
136
15
D
C3
48
φ24
M10
45
40
φ120 +0.035 0
φ70
φ52 +0.030 0
φ76
C2
32
40
C
A
R12
12
75
12
2
60
D
100
25
E
高度方向基准
⊥ 0.03 A
Ra 25
Ra 3.2
D—D
6×M6
宽度方向基准
φ144
φ132
R62
108
72±0.063
28
80
80
144
150×150
φ35 +0.027 0
φ56
B
C2
C—C
60
130
90
40
6×φ5
R10
R5
144
技术要求
1 铸件不得有砂眼、气孔等缺陷。
2 铸件要时效处理，消除内应力。
3 未注铸造圆角为R3~R5。
蜗轮箱体
比例
1:2
图号
制图
（日期）
材料
HT150
审核
（日期）
（校名）
系 班

图 9-51 蜗轮箱体

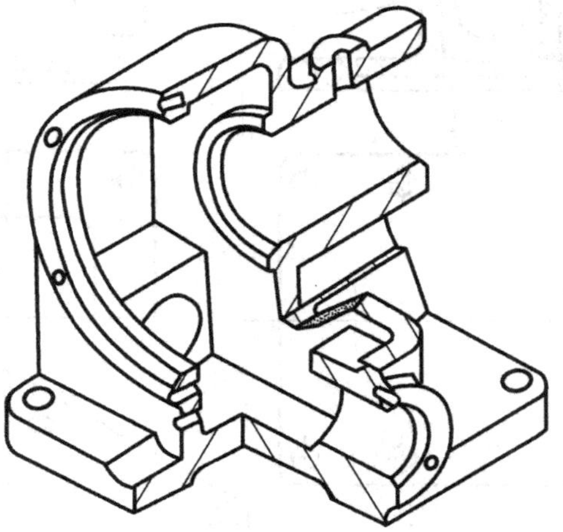

图 9-52　蜗轮箱体立体图

（2）壳体　主、左、俯三个基本视图和 *B* 向局部视图均为表达壳体，如图 9-53b，壳体是蜗轮箱体的最主要、较复杂（内外形）的部分。壳体上部分为半圆柱筒，下部分为长方体，中间挖空，并有穿孔的方形凸台。下部分的前后面各有一凸缘、凸缘上各均布 3 个 M6 的螺孔。左端面凸台外轮廓尺寸为 $\phi144$，上面均布了 6 个 M6 的螺孔。蜗杆轴孔直径为 $\phi35^{+0.027}_{0}$，蜗轮孔轴线与蜗杆轴孔轴线间距为（72 ± 0.063）mm，其他尺寸仔细阅读图 9-51。

（3）圆柱筒　主、左、俯三个基本视图均为表达圆柱筒，如图 9-53c 所示。圆柱筒外径为 $\phi76$，内径为 $\phi52^{+0.030}_{0}$；中间上方有一圆柱形凸台，外径为 $\phi24$，其内有一 M10 螺孔。

（4）肋板　主视图和重合剖面均为表达肋板，如图 9-53d 所示。肋板宽 12，上右方具有圆角 *R*12。肋板相交于圆柱筒的正下方和底板的上端面。

蜗轮箱体长、宽、高三个方向的尺寸基准分别注明在图 9-51 上。

3. 技术要求

零件上配合尺寸主要有 4 个：$\phi120^{+0.035}_{0}$（主视图，蜗轮壳体内孔面）、$\phi52^{+0.030}_{0}$（主视图，圆柱筒内表面）、$\phi35^{+0.027}_{0}$（左视图，蜗杆轴孔内表面）、72 ± 0.063（左视图，蜗轮轴线与蜗杆轴线定位尺寸）。

形位公差：蜗轮轴线相对于蜗杆轴线的垂直度公差为 0.03mm（主视图）。

表面粗糙度均以符号标注在图中，其加工表面精度等级最高为 $\sqrt{Ra\ 3.2}$，最低为 $\sqrt{Ra\ 2.5}$，其余为非加工表面 $\sqrt[\circ]{\ }$。

技术要求的文字说明如图 9-51 所示。

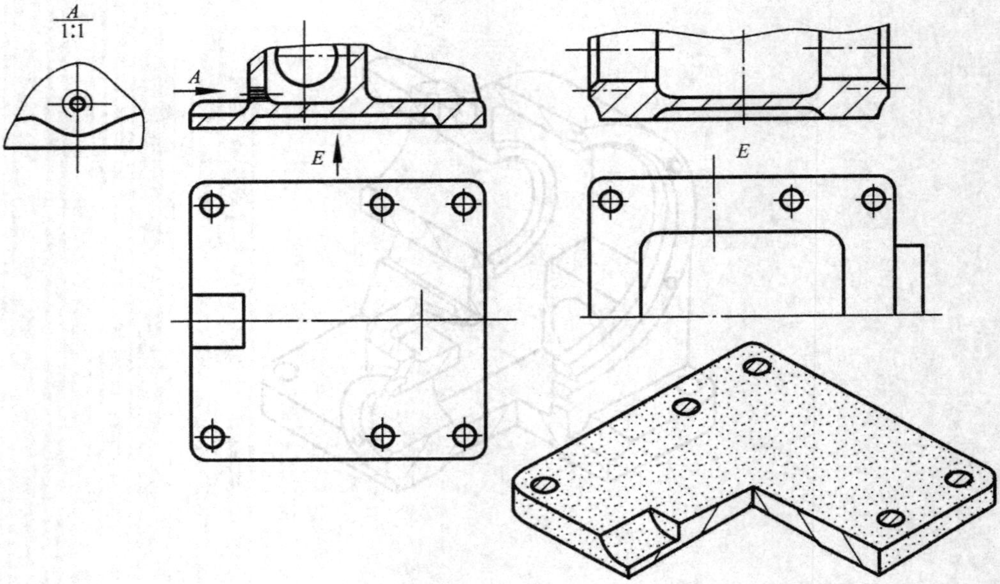

a) 底板

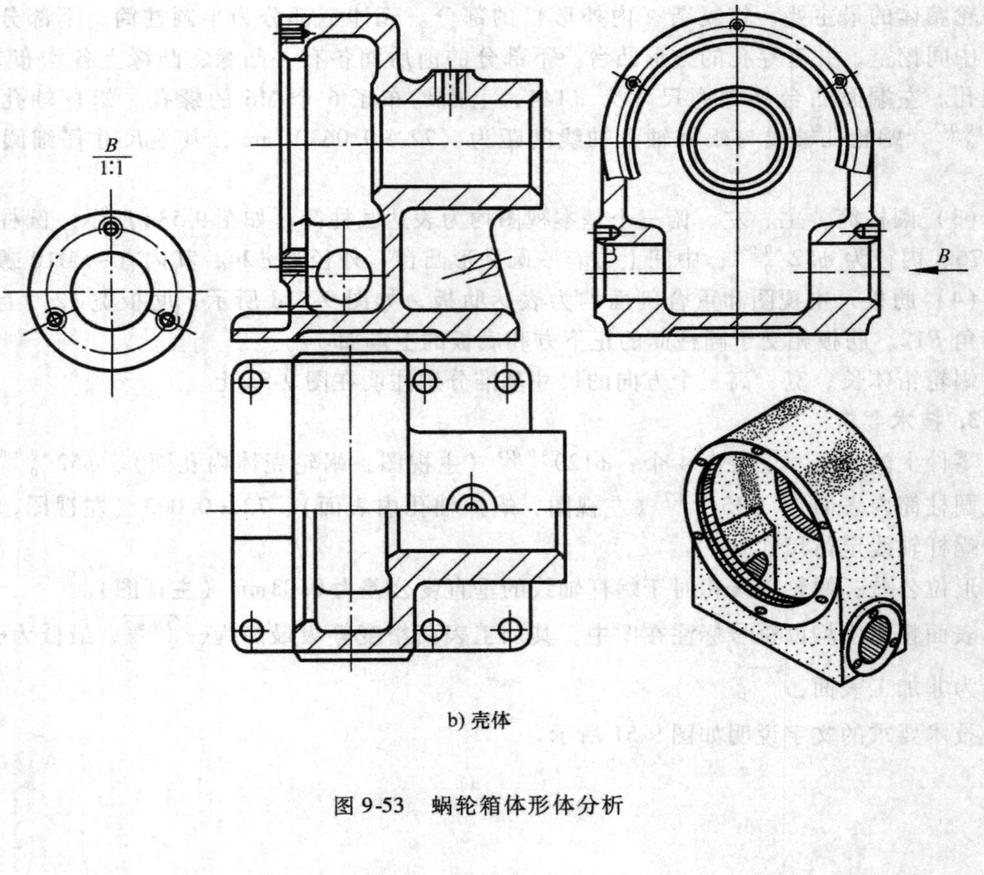

b) 壳体

图 9-53　蜗轮箱体形体分析

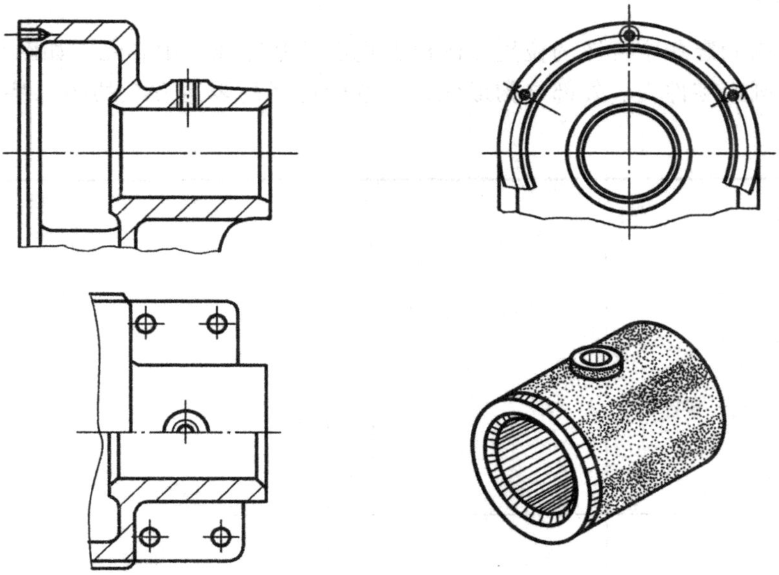

c) 圆柱筒

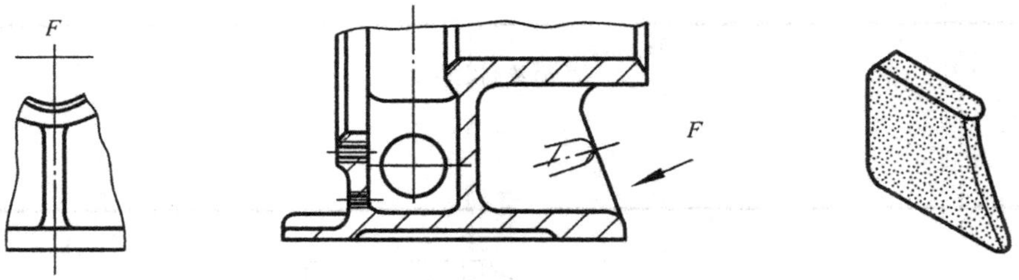

d) 肋板

图 9-53 （续）

9.6 绘制零件图的方法和步骤

绘制零件图可根据零件实物进行测绘，先绘制零件草图，再绘制正式零件图。或者依据现有零件轴测图，绘制零件图。本节只讨论抄绘零件图的方法和步骤，零件的测绘略去。

绘制零件图与绘制组合体视图的方法相似。下面以图 9-54 为例分步说明绘制零件图的方法。

9.6.1 选择图幅、定比例

根据所绘制的零件的总体尺寸确定图幅和比例（尽量选用 1:1），同时确定零件的表达方案，并在图幅内留出标注尺寸和注写技术要求以及标题栏的位置。

9.6.2 画底稿

1）在图幅内确定各个视图的位置，画出各视图的基准线、中心线，如图 9-54a 所示。

2）详细地画出零件内、外部结构形状，注意所选择的表达方案的图示特点和要求，如图 9-54b 所示。

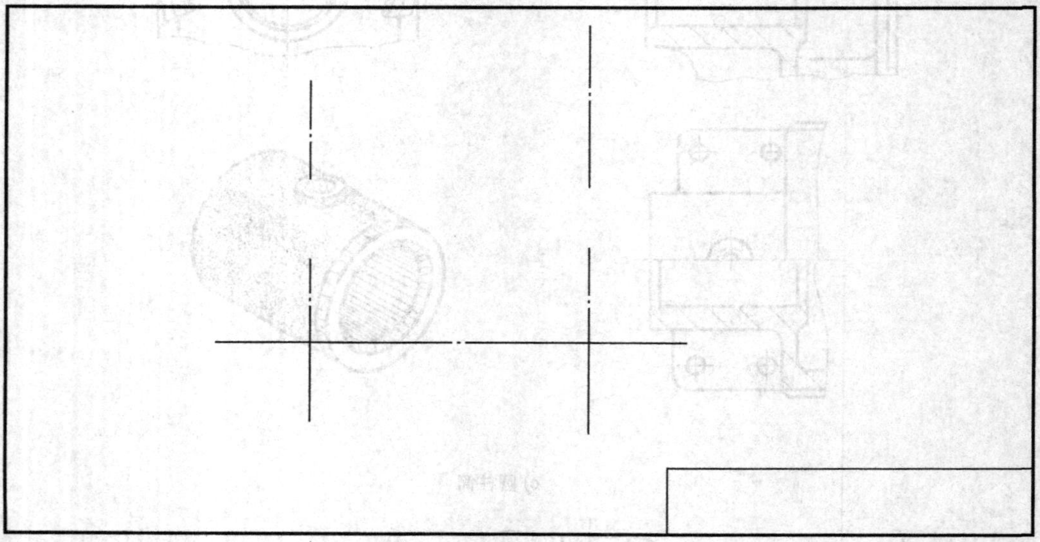

a) 绘制定位线

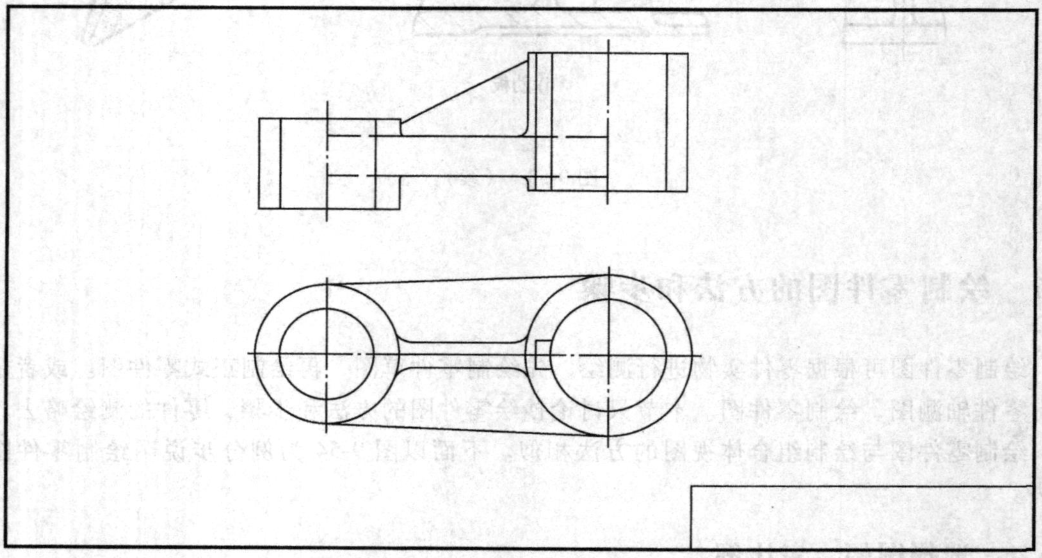

b) 绘制底稿

图 9-54　绘制零件图的步骤

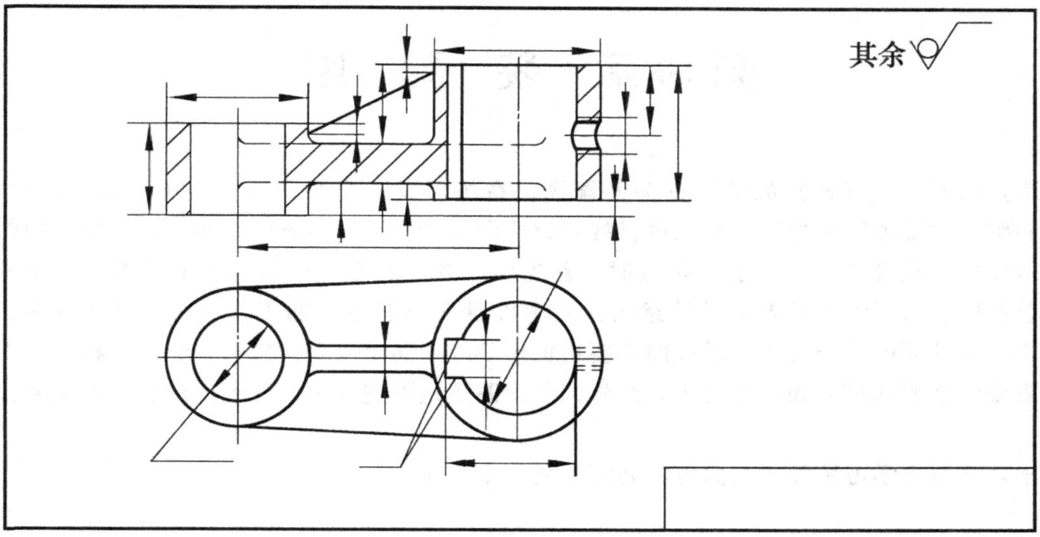

c) 标注尺寸

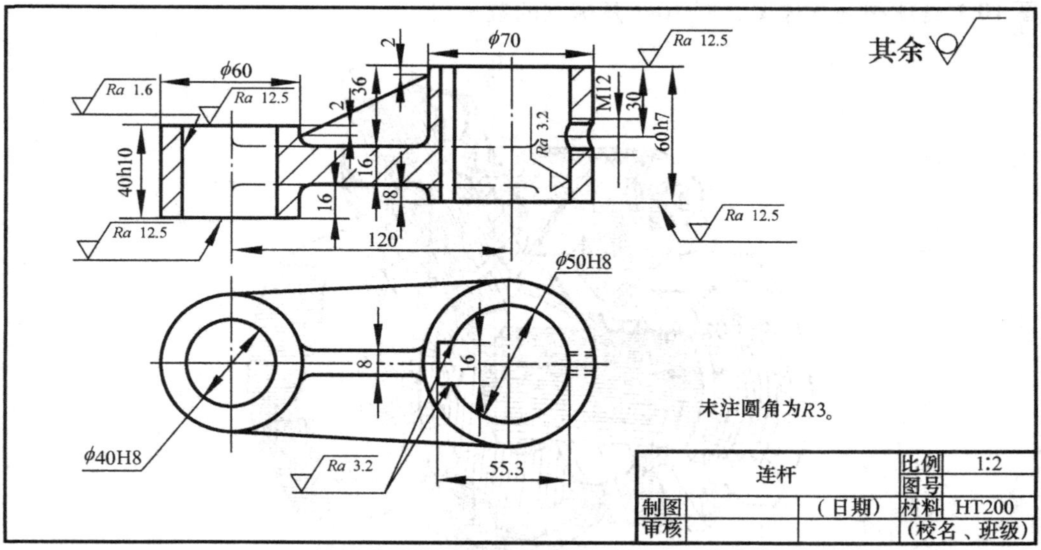

d) 完成作图

图 9-54 （续）

3）选择尺寸基准，画尺寸线、尺寸界线、箭头，画剖面线等，如图 9-54c 所示。

4）检查、改正，加深图线，填写尺寸数字及符号（技术要求）、标题栏等，最后完成全图，如图 9-54d 所示。

第10章 装 配 图

表达机器（或部件）的图样称为**装配图**。在机器设备进行设计、装配、调试、检验、使用和维修时都需要装配图，如果进行技术改造和革新，更离不开装配图。它是生产中的重要技术文件。在设计（或测绘）机器时，首先要绘制装配图，然后由装配图拆画各个零件图。装配图能够反映设计者的设计意图，表达机器（或部件）的工作原理、性能规格、使用要求、零件间的装配关系、零件的主要结构形状等，同时也表达机器在装配、检验、安装时所需要的必要的尺寸和技术要求。此外，装配图还是引进技术、交流生产经验的主要技术资料。

本章将着重学习装配图的内容、装配图的规定表达方法及画法。

10.1 装配图的内容

图10-1是球阀的立体图，图10-2是球阀的装配图。

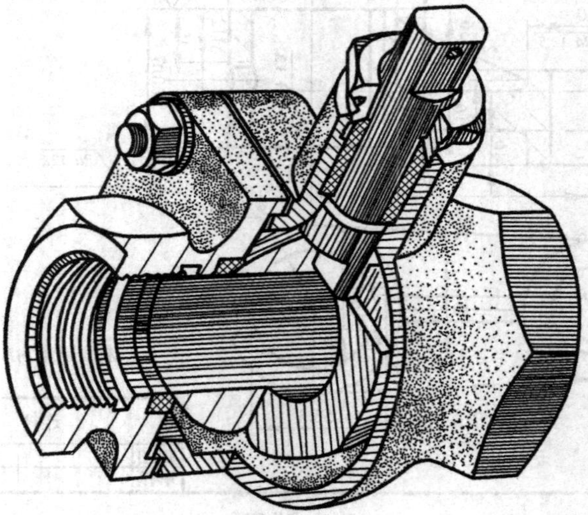

图10-1 球阀立体图

一张完整的装配图应具有下列基本内容：

（1）**一组视图** 以适当数量的视图正确、完整、清晰地表达机器的工作原理、零件之间的装配关系、连接方式、传动路线以及主要零件的结构形状。

（2）**必要的尺寸** 在装配图中只需注出机器的规格、性能、安装检验时所必需的或零件间的相对位置、配合要求等尺寸。

（3）**技术要求** 用文字或规定的符号按一定的格式要求注写出机器在装配、调试、安装、运转及使用过程中的技术要求。

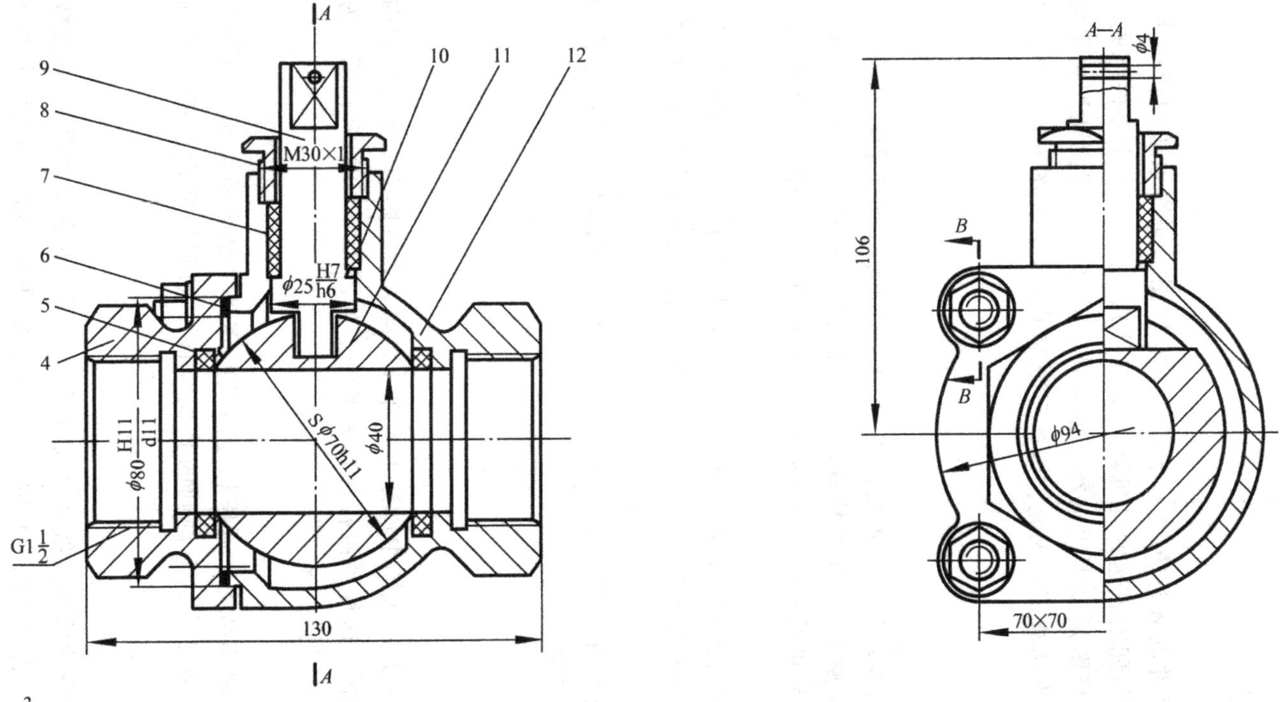

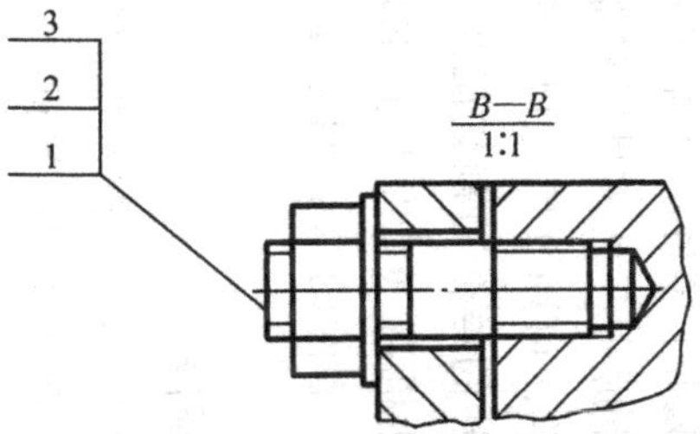

序号	名称	数量	材料	备注
12	阀体	1	ZG230–450	
11	球塞	1	45	
10	环	1	2A13	
9	阀杆	1	Q235	
8	压盖	1	ZCuSn5Pb5Zn5	
7	填料		聚四氯乙烯	
6	垫圈	1	聚四氯乙烯	
5	密封圈	2	聚氯乙烯	
4	阀盖	1	ZG230–450	
3	螺柱 M10×30	4	Q235	GB/T898—1988
2	垫圈 10	4	Q235	GB/T97.4—2002
1	螺母 M10	4	Q235	GB/T6170—2000

球阀		比例	1:2
		图号	
制图	日期	（校名、班级）	
审核			

图 10-2　球阀装配图

(4) **标题栏、序号和明细栏** 标题栏项目及内容同零件图相类似。而序号和明细栏的编制是为了方便阅读装配图、管理图样和组织生产，并说明机器中所有零件的名称、材料、规格和数量等。

10.2 装配图的表达方法

在前面第 7 章中介绍的“机件的表达方法”不仅适用零件图，同样也适用于装配图。但零件图表达的是单个零件，而装配图表达的是机器（或部件），它由若干个零件组成。两类图样要求不同，各有侧重，装配图是以表达机器（或部件）的工作原理及装配关系为中心，同时将其内、外部结构形状表达清楚。因此，国标还制定了有关装配图的规定画法和特殊画法。

10.2.1 规定画法

1）两零件的接触面和配合面规定只画一条线，如图 10-3 中的轴承座 1 和轴承盖 3 的接触面（主视图中尺寸为 70 高的接触面）。而螺栓杆的外表面与螺栓孔的内表面不接触，则必须画成两条线，当两条线的实际间距很小，画图不易表达清楚时，可采略夸大的画法，画出间隙。

2）两相邻零件的剖面线的倾斜方向应相反，间隔相同；或者方向一致，间隔不同。对于剖切后的零件某一方向的尺寸小于或等于 2mm 时，剖面线可改画成涂黑的形式，如图 10-4 中的垫片。

3）对于螺纹紧固件及其他标准件、实心件，当剖切平面通过其轴线时，这些零件均按不剖绘制，如图 10-3 中的螺栓和螺母。

10.2.2 特殊画法

1. 拆卸画法

当一个或几个零件在装配图的某一视图中遮挡了大部分装配关系或影响所要表达的内容时，可假想地拆去一些零件后绘制。这种画法称为**拆卸画法**。如图 10-3 中的俯视图，为了便于阅读图样，可用文字加以注明“拆去 × ×”。

2. 沿零件的结合面剖切画法

为了表达机器（或部件）的内部结构，可假想地沿某些零件的结合面剖切，如图 10-3 中的俯视图，零件的结合面不画剖面线，但剖到的其他零件（如螺栓断面）必须画剖面线。

3. 展开画法

为了表达传动机构的某些重叠的传动路线和装配关系，可假想地按传动顺序沿轴线剖切，然后依次展开在同一平面上，再向与之平行的投影面作投影画图，这种画法称为**展开画法**，如图 10-5 所示的为三星齿轮传动机构 *A—A* 展开图。

4. 假想画法

为了表示本部件和相邻零部件的相互关系，但又不属于本部件的其他零件，可将其这样的零件用双点画线画出其轮廓及相对运动的极限位置，如图 10-5 中手柄的运动范围。

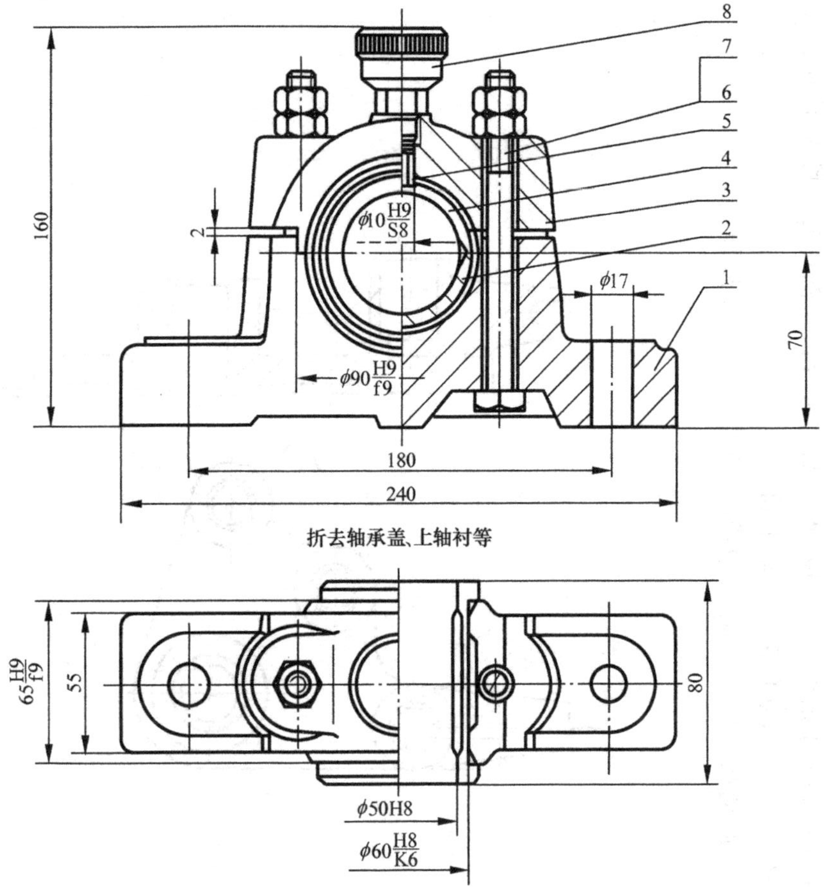

技术要求

1. 上、下轴衬与轴承座及轴承盖间应保证接触良好。
2. 轴衬最大单位压力 $p \leqslant 3\times10^4$kPa。
3. 轴衬与轴颈最大线速度 $v \leqslant 8$m/s。
4. 轴承温度低于120℃。

序号	名称	数量	材料	备注
8	油杯12	1		GB/T275—1993
7	螺母M12	4	Q235	GB/T170—2000
6	螺栓M12×130	2	Q235	GB/T8—1988
5	轴衬固定套	1	Q235	
4	上轴衬	1	ZCuAL10Fe3	
3	轴承盖	1	HT200	
2	下轴衬	1	ZCuAL10Fe3	
1	轴承座	1	HT200	

滑动轴承		比例	1:2
		图号	
制图			
审核			

图 10-3　滑动轴承装配图

5. 简化画法

在装配图中，某些零件的结构允许不按真实投影关系画，也允许作出必要的简化：

1）零件的工艺结构，如圆角、倒角、退刀槽等允许不画。

2）螺母、螺栓头可采用简化画法。对于结构、尺寸等同的螺纹连接件可详画一组，其余用点划线表示装配位置，如图10-4所示。

3）在剖视图中，滚动轴承允许用简化画法，即可画出对称图形的一半，另一半只画出轮廓大小和位置，其内用两条细实线的对角线画出，如图10-4所示。

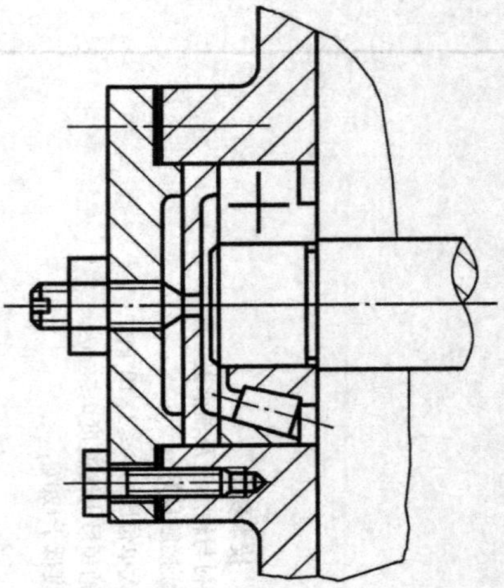

图 10-4　简化画法

4）在阅读图样不致引起误解时，有些标准产品的组合件作剖切时，可按不剖绘制。有时还可以将剖切平面后不需表达的部分省略不画。

5）采用复合剖画剖视图时，应加注，如图10-5中的“*A*—*A* 展开”。

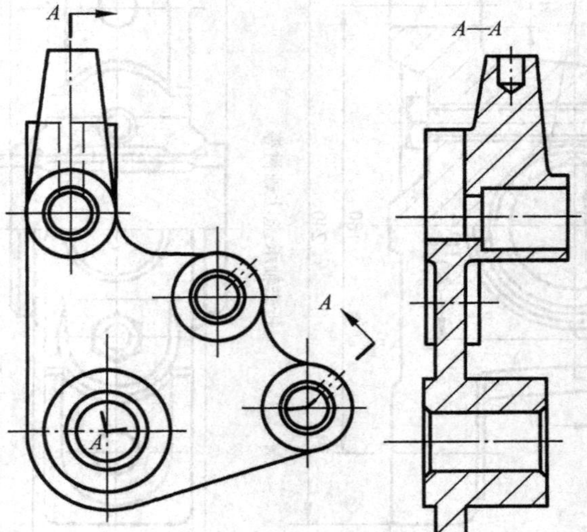

图 10-5　三星齿轮传动机构复合剖的展开画法

10.3 装配图的尺寸标注和技术要求

装配图上标注尺寸的出发点与零件图完全不同。零件图是加工和检验零件的依据，应标注出零件加工时所需要的全部尺寸。而装配图主要用于设计、装配、安装等过程，因此，只需标注出与其功用有关的尺寸，这类尺寸由装配图的作用所确定。

10.3.1 装配图的尺寸标注

1. 性能（规格）尺寸

表示机器（或部件）的性能（规格）尺寸，这一类尺寸在设计时就已经确定，它是了解和选用该机器（或部件）的依据。如图 5-2 中球阀主视图上球塞的公称直径 $\phi40$，它是决定球阀流量的性能特征尺寸。

2. 装配尺寸

表示零件间装配关系的尺寸。它包括：

（1）**配合尺寸** 表示零件间配合性质的尺寸。如图 10-2 中球阀的阀杆与阀体的配合尺寸 $\phi25\,\frac{H7}{h6}$，阀盖与阀体的配合尺寸 $\phi80\,\frac{H11}{d11}$，螺纹连接（或传动）尺寸 M30×1，图 10-3 中轴承盖和轴承座的配合尺寸 $\phi90\,\frac{H9}{f9}$及其他配合尺寸等。

（2）**相对位置尺寸** 表示装配机器和拆画零件图时，零件间有些较重要的距离和间隙尺寸。如图 10-3 中主视图上尺寸 2 是轴承座与轴承盖之间的间隙尺寸。

（3）**装配加工尺寸** 机器在装配时需要同时加工的尺寸，如销孔直径 $\phi4$。

3. 安装尺寸

表示机器（或部件）安装在基础或其他设备上所需要的尺寸。如图 10-2 中主视图的 G1 $\frac{1}{2}''$，它是与管道连接的安装要求管径。如图 10-3 中主视图的 $\phi17$、180，它是安装轴承的孔径和定位尺寸。

4. 外形尺寸

表示机器（或部件）的外轮廓的总体尺寸。如图 10-2 中的 130、94、152，图 10-3 中的 240、80、160。这类尺寸在机器的包装、运输和厂房设计中是不可缺少的。

5. 其他重要尺寸

这类尺寸指的是在设计中确定的，而又未包括在以上四类尺寸之中的一些重要尺寸。如运动零件的极限尺寸、主体零件的重要尺寸等。

在装配图中标注尺寸，要根据不同的机器设备具体分析。上述各类尺寸并不是每张装配图中都必须全部注出，有时同一个尺寸可以具有不同的尺寸含义。

10.3.2 技术要求

装配图中的技术要求多以文字说明注写在图幅内，其内容主要是关于该部件或机器的性能、规格的特殊要求，检验时的方法及注意事项，还有两相邻零件的加工要求及具体作法等。

10.4 装配图中零件的序号和明细栏

为了方便阅读装配图、组织准备生产、拟定安排加工工序、做好图样管理等工作，在装配图上必须对每个不同的零件或组件进行编号，这种编号称为**零件的序号**。同时，根据零件的序号要编制明细栏。一般明细栏接写在图样的标题栏上方或左方，分别列出各零件的名称、材料、数量、规格等内容。

10.4.1 零件或组件的序号

1. 编写零件序号的方法 通常有两种方法：

1）将所有的标准件标记在装配图上，而只将非标准件按顺序编号。

2）将装配图上所有的零件，一律按顺序编号。（本章各装配图采用方法2））

2. 编写零件序号的一般规定

1）在装配图中，序号的字高应比图中的尺寸数字大一号或两号。

2）相同的零件或组件在同一装配图中应编写相同的序号，只编一个序号；形状相同、尺寸不同的零件要分别编写不同的序号。

3）零件或组件的序号标注应以主视图周围区域为主，标注在视图外围，并沿水平或垂直方向按顺时针或逆时针次序排列整齐。

4）零件序号的指引线自所指部分的可见轮廓线内引出，在其内的末端绘制一个实心圆点；如果所指的部分是一个很薄的零件或涂黑的剖面，其内无法用圆点表示时，可将指引线在图内轮廓线中的末端绘制一箭头，指向该零件的某一轮廓线，如图 10-6 所示。指引线还应尽可能地分布均匀，且不要彼此相交，也不宜过长；指引线通过有剖面线的区域时，要尽量不与剖面线平行；必要时指引线可画成折线，但只允许转折一次。同一组件可用一条指引线。

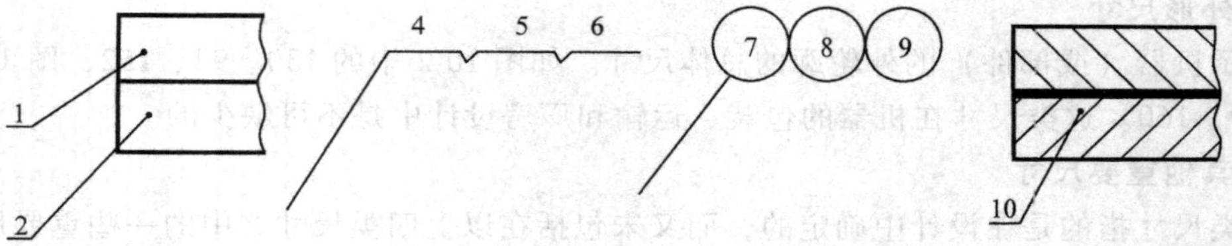

图 10-6 装配图中零件序号的编写形式

5）零件的序号注写在指引线的另一端，可绘制一条短画线，也可画一小圆圈，如图 10-6 所示。

6）标准化部件，如电机、滚动轴承等，在装配图中只注写一个序号。

7）装配图中零件或组件的序号应与明细栏中的序号一致。在同一张装配图中，标注序号的形式也应一致。

10.4.2 明细栏

明细栏也称为明细表，画在标题栏的上方，外框线为粗实线，内分格线为细实线。假如零件较多，沿标题栏向上排列各零件的位置不够，可续画在标题栏的左方，格式与右方完全相同，标题栏上方的明细表间断处仍为细实线，明细栏最后的封口线用粗实线。

在明细栏中按装配图中的零件序号自下而上编排，如图 10-2 所示。

10.5 绘制装配图

机器或部件的设计和仿造，都需先绘制装配图。现以球阀为例学习装配图的画法。

10.5.1 全面了解和分析所画的部件

绘制装配图之前，必须对所绘制的对象有全面的认识，即了解部件的功用、性能、结构特点和各零件间的装配关系等。图 10-1、10-2 所示的球阀是管路中用来启闭及调节流体流量的一种部件，它由 12 种零件组成。

球阀的工作原理是：阀体 12 内装有一球塞 11，球塞上的凹槽与阀杆 9 的扁头相接。当用扳手旋转阀杆 9 并带动球塞 11 转动一定角度时，即可改变阀体通孔与球塞通孔的相对位置，从而达到启闭或调节管路内流体流量的作用。为了防止流体漏泄，由环 10、填料 7、压盖 8 和密封圈 5、垫圈 6 分别在两个部位组成密封装置。

零件间的装配关系是：阀体 12 的中心处装入球塞 11，并借助两个密封圈 5 支承；阀体 12 与阀盖 4 用 4 组双头螺柱 1、2、3 紧固，并用适当厚度的垫圈 6 调节密封圈 5 与球塞 11 之间的松紧程度；球塞 11 上端装有阀杆 9，并把阀杆 9 扁头嵌入球塞 11 凹槽，使两者相接；在阀体 12 和阀杆 9 之间装有填料 7 函内，并旋紧压盖 8，以压紧填实。

在全面了解的基础上，认真阅读全部零件图，弄清各零件的结构形状和相关零件的装配要求。

图 10-7 为球阀的部分非标准件零件图。标准件无需图，只要知道它们的标记，即可从标准手册（部分列入书中附录）中查出其全部尺寸。

10.5.2 确定部件的视图表达方案

对装配图的视图表达的基本要求是：正确、清晰地表达出部件的工作原理、各零件之间的相对位置、装配关系以及各主要零件的结构形状。在确定部件的视图表达方案时，首先要选好主视图，然后配合主视图选择其他视图。

1. 主视图的选择

（1）一般应按部件的工作位置放置　当部件在机器上的工作位置为倾斜时，可将其放正，作主要装配轴线垂直于某一基本投影面，以便于绘图。

（2）应能较好地反映部件的工作原理和主要零件的装配关系　因此，一般都需要绘制剖视图。

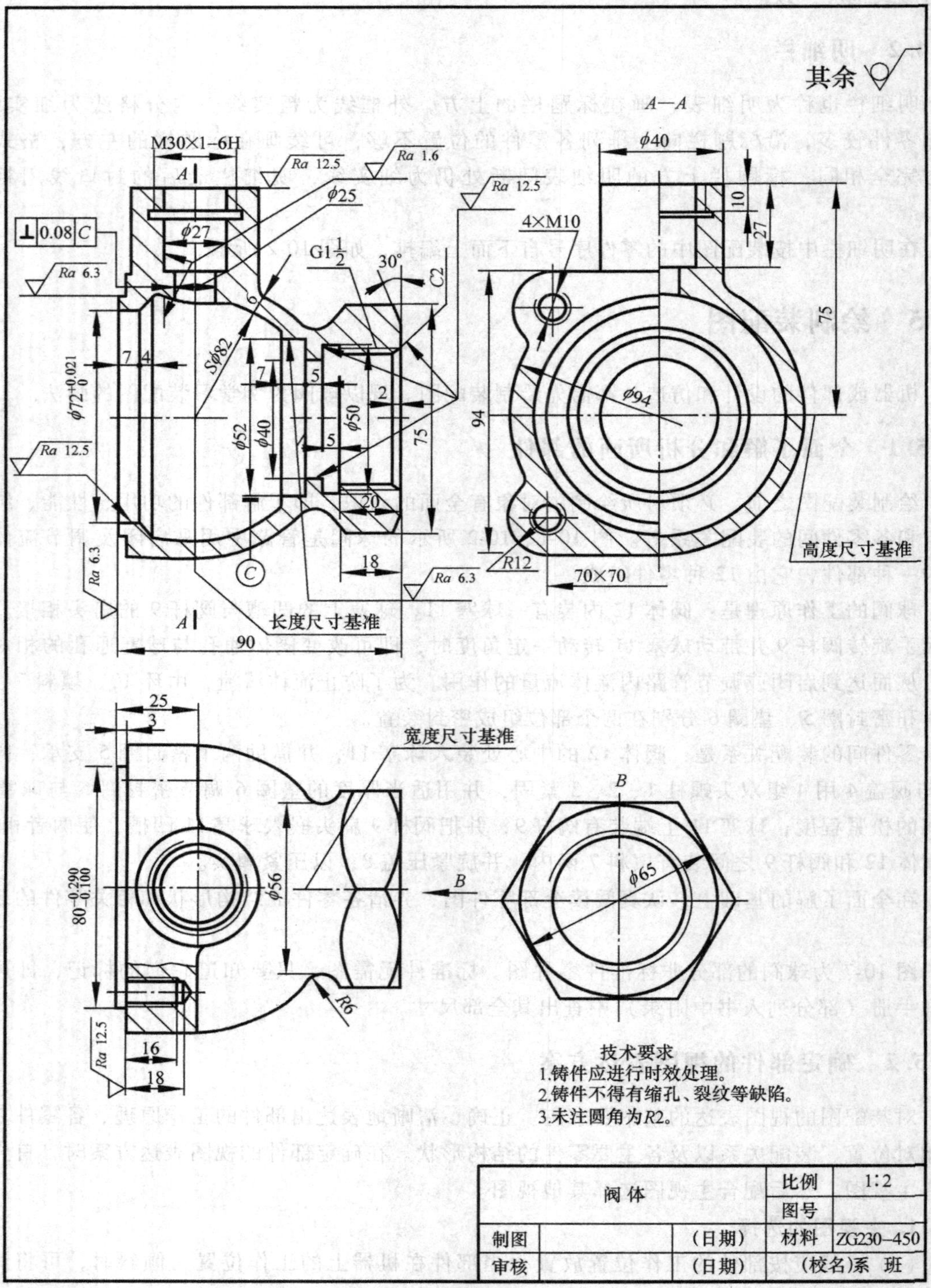

a) 阀体零件图

图 10-7　球阀部分非标准零件图

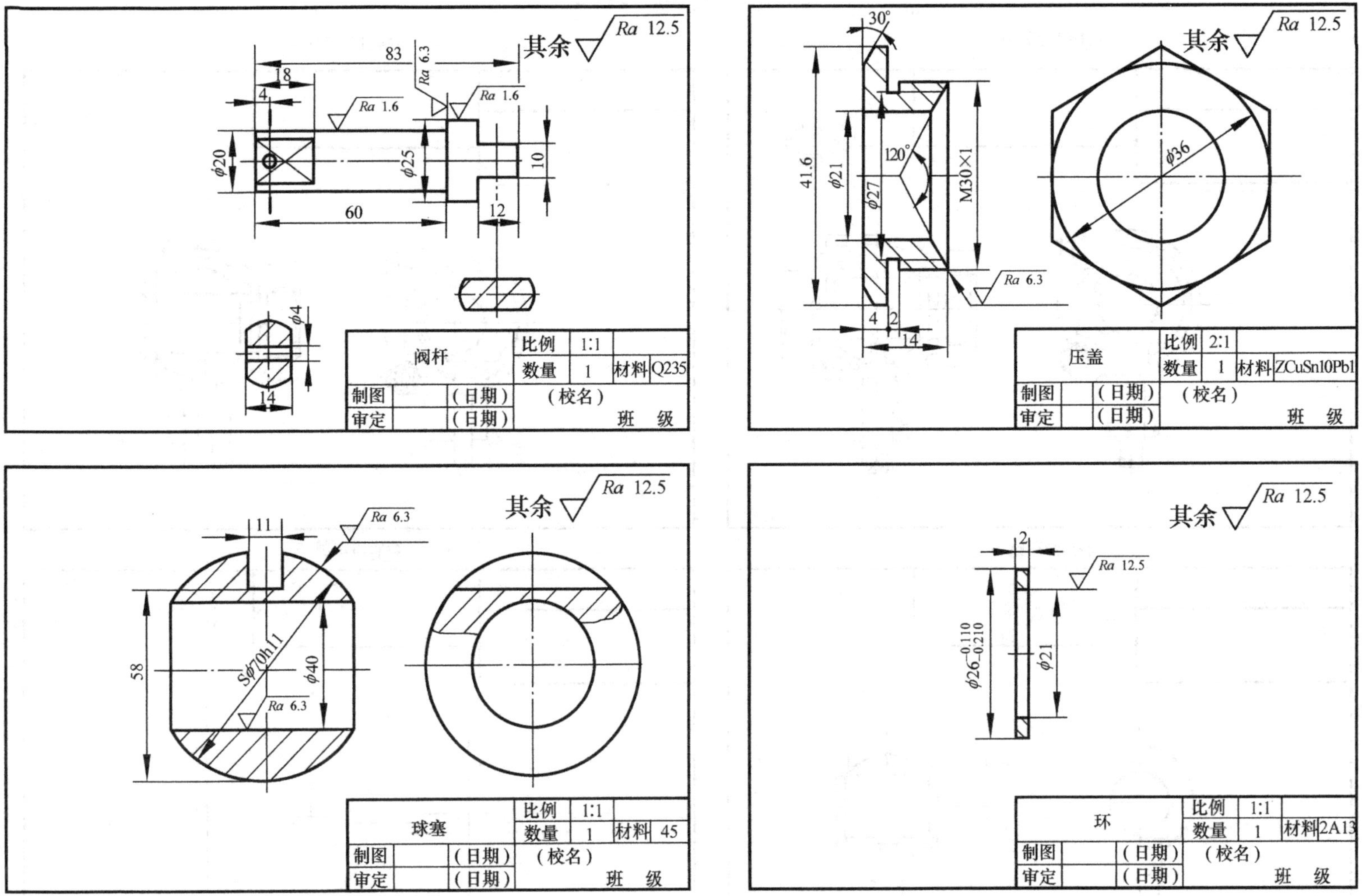

b) 阀杆、压盖、球塞、环的零件图

图 10-7 （续）

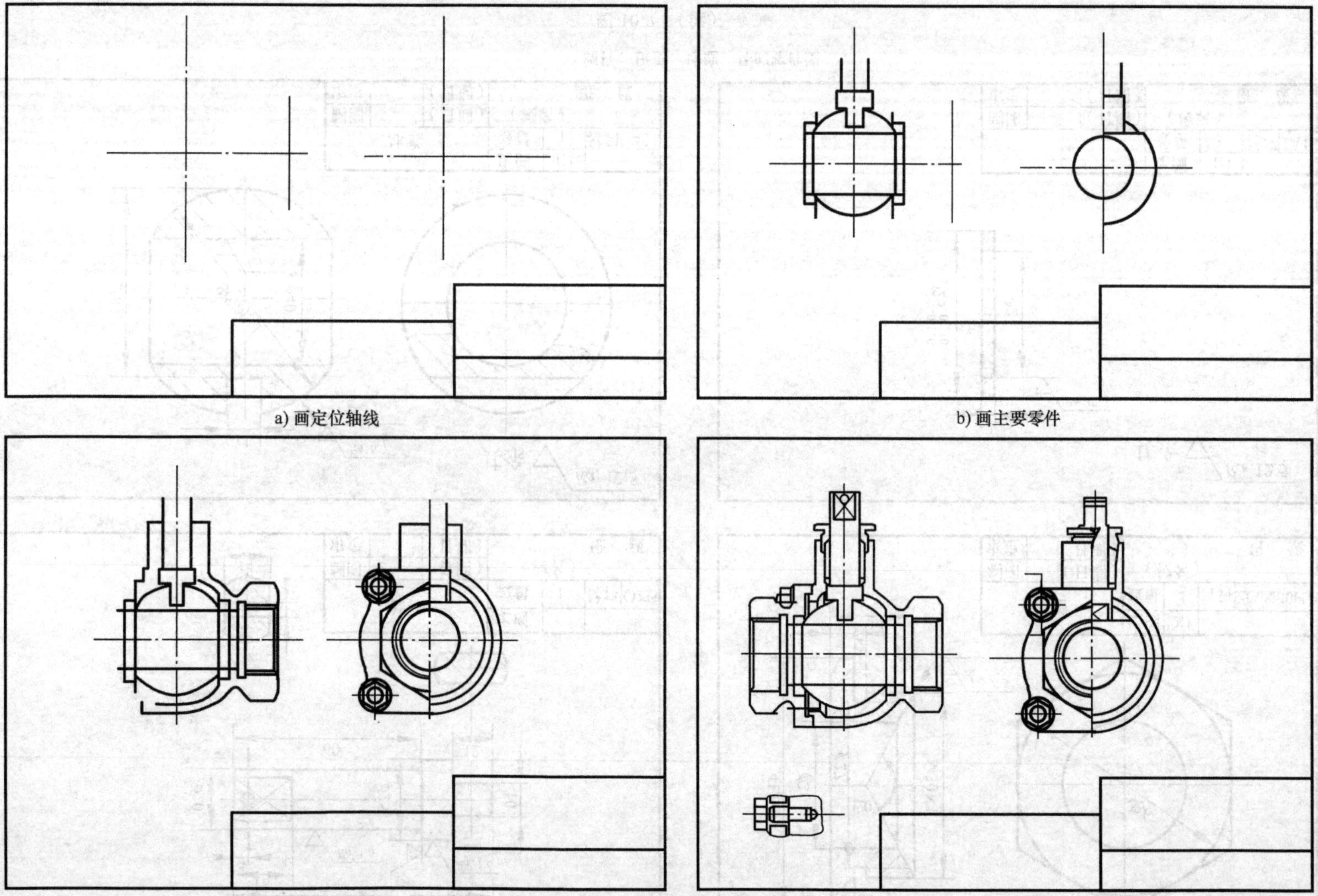

a) 画定位轴线　b) 画主要零件　c) 画其他零件　d) 完成全图

图 10-8　装配图的画图步骤

图 10-2 球阀的工作位置有多种情况，一般是将其通道水平位置放置。从对球阀各零件之间的装配关系分析可以看到，球塞、阀杆、压盖等部分和阀体、密封圈、阀盖等部分为球阀的两条主要装配轴线，它们相互垂直相交，因此，使其通道成水平放置，以剖切平面过两条装配轴线的全剖视作为球阀的主视图。

2. 确定其他视图

部件在主视图中尚未表达清楚的内容，选择适量的其他视图或剖视来表达。

球阀中用的连接阀盖和阀体的螺柱的分布情况在主视图中未反映清楚，有些内部结构也未能充分地表达清楚。因此，选用了左视图。

根据球阀前后对称的特点，左视图采用了半剖视。未剖的部分，表达了阀盖的基本形状和四组螺柱的连接位置；剖到的部分，用以补充表达阀体、球塞和阀杆的结构形状。

以主、左视图，加以适当的剖视，确定了该球阀的表达方案。

部件的视图选择，主要是以表达清楚部件的工作原理、零件之间的装配关系和主要零件的结构形状为目的。在表达零件之间的装配关系时，要分清主次，主要装配线应在主视图中表示，次要的装配、连接关系在其他视图中表示，应使每一个视图的表达内容都有明确的目的和重点。同一部件，在选择装配图视图时，可能会有几种不同的表达方案，应加以分析、比较并进行调整，使确定的视图表达方案既满足装配图的基本要求，又便于阅读和绘制图样。

10.5.3 绘制装配图的步骤

根据所画部件的大小和复杂程度确定图样比例，再按既定的表达方案，并考虑标注尺寸、编写序号、明细栏、标题栏等所占的位置选定图幅，然后按以下步骤画图：如图 10-8 所示。

1. 选择图幅、确定比例

根据部件的尺寸确定比例后，首先确定标题栏、明细栏的外框线。

2. 布置视图

按各视图的大小，在适当的位置绘制各视图的基线，即绘制主体零件（部件中最大的，与其他零件配合关系较多的零件）的主要轴线、中心对称线，基面或端面线，确定各视图的位置，如图 10-8a 所示。布置视图时要注意均匀分布，还要考虑预留出编写序号和标注尺寸的位置。

3. 绘制底稿

部件的视图比较复杂，它是部件中各个零件同一投影方向视图的组合。绘图时一般应从主视图入手，从中心轴线由内向外画出。首先绘制基本视图，然后再绘制辅助视图，先绘制主体零件的主要结构，再绘制与其有装配关系的其他零件的轮廓，如图 10-8b、c、d 所示。绘制底稿时，应注意视图之间的投影关系，各零件的对应位置以及是否作剖视的区别。

4. 完成全图

底稿经检查无误后，先擦去多余的图线，再标注尺寸、公差配合代号，绘制剖面线，最后加深图线、编写零件的序号、填写明细栏和标题栏。完图之后，还要仔细地审核、检查各视图，看其有无错误，有无不符合国标的规定及疏忽遗漏的地方，如图 10-8 所示。

10.6 装配结构简介

为了保证机器或部件的性能要求以及装配质量和拆装时的方便，设计绘制装配图时，必须考虑装配结构的合理性。下面仅就常见的装配结构的规定画法加以介绍。

10.6.1 接触面和配合面的结构

两个零件相接触或配合时，在同一方向上接触面和配合面应只有一组，以保证接触面的可靠性，如图 10-9 所示。

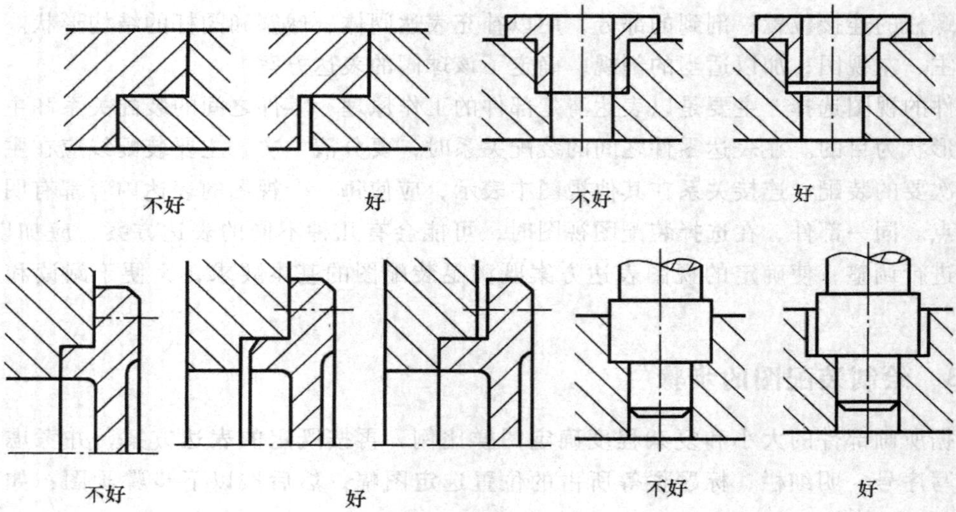

图 10-9 两零件接触面的正误对比

轴与孔结合拐角处，当轴肩与孔端面接触时，应在孔的接触端面上制成倒角或在轴肩根部切槽，以确保配合紧密，如图 10-10 所示。

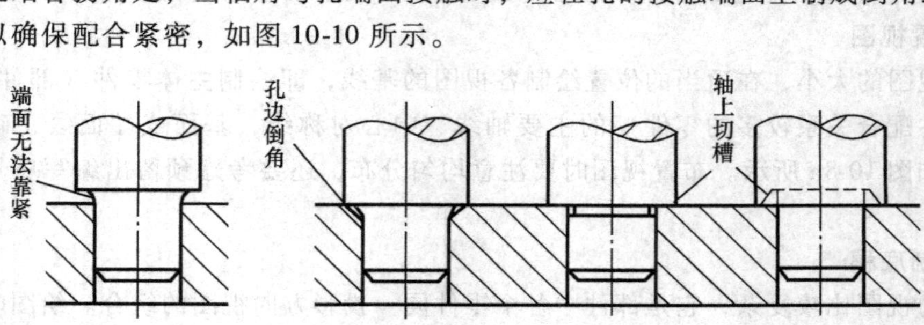

图 10-10 轴与孔结合拐角处结构

机器或部件的某些部位需要密封装置时，通常用油浸的石棉绳或橡胶作填料，加上填料压盖把填料压紧，起到密封作用，以防止流体外溢或灰尘进入。这种装置如图 10-11 所示，在填料压盖与箱体端面之间必须留有一定的间隙，才能保证将填料压紧。同时填料压盖的内孔应大于轴径，以免轴转动时产生摩擦。图 10-11 为齿轮油泵密封装置的画法。

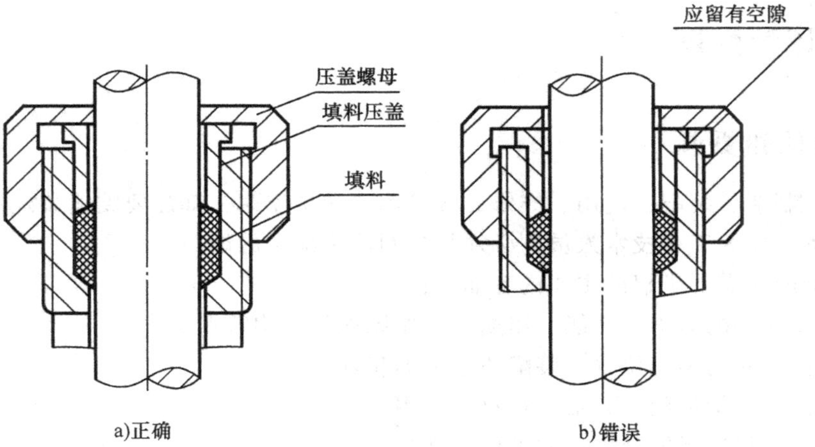

图 10-11　密封结构的正误对比

10.6.2　可拆连接结构

考虑拆装方便，滚动轴承装在箱体的轴承孔或轴上，应按图 10-12 中正确的结构绘制。

采用螺栓连接时，应考虑留出扳手空间和螺栓放入空间，如图 10-13。

在装配图中还有诸如调整结构、锥面接触、防松结构等，这里不再一一介绍。

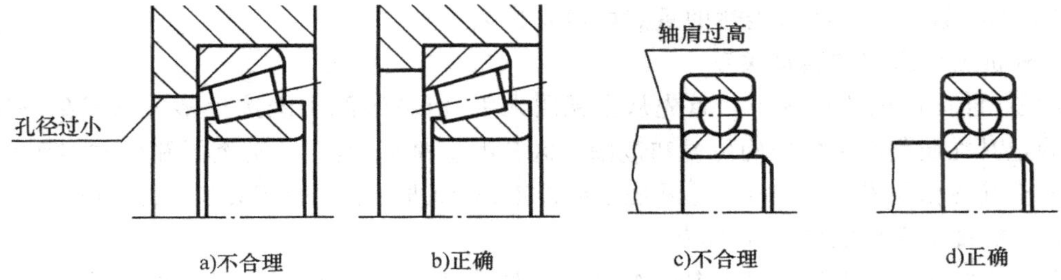

图 10-12　滚动轴承的合理安装

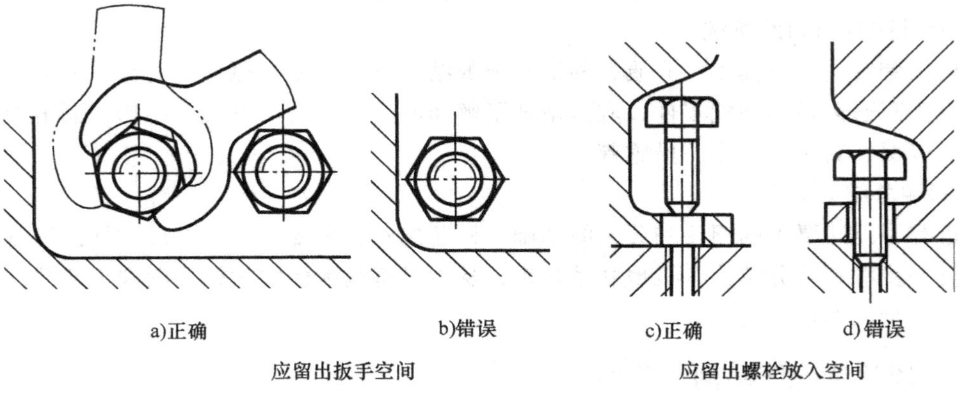

图 10-13　螺栓连接的拆装结构

10.7 阅读装配图

10.7.1 目的和要求

在设计、制造、装配、使用、维修、技术革新和交流中，都需要阅读装配图，或由装配图拆画零件图。作为工程技术人员，必须具备阅读装配图的能力。

阅读装配图时需要了解的主要内容如下：

1）机器或部件的名称、性能、用途、工作原理和结构特点。

2）各零件之间的相对位置、装配关系和拆装顺序。

3）各零件的结构形状、数量、材料和作用。

4）润滑、密封等系统的构造和工作原理。

10.7.2 方法和步骤

1. 概括了解

首先看标题栏，了解装配体的名称、功用；然后看明细栏，了解各零件的名称、数量、材料并结合序号了解其在装配体中的大概位置及结构形状。

阅读装配图中的有关技术要求，参考有关说明书，分析零件、部件的用途。

分析视图，弄清装配图采用的是哪些视图，何种剖视、剖面，各视图之间的关系如何，剖切平面的位置，各视图所表达的重点内容是什么。

2. 分析工作原理和传动关系

这是读装配图的主要环节。首先从主视图入手,沿各装配干线按投影关系找到各零件的轮廓,确定其在装配图中的准确位置和范围。区分哪些是运动件,运动范围和形式如何,哪些是固定件,与其各相邻零件以怎样的形式固定或连接,从而进一步掌握相关零件的地位和作用。

3. 分析每个零件的结构和形状

对各零件的轮廓及在装配体中的作用已基本了解之后,应对每个零件的结构和形状准确地加以分析判断。一般先看主要零件,再看其他零件,可根据零件的序号、剖面线的方向、间隔分析判断每个零件的结构、形状、作用和位置,以更深入地理解整个装配体的工作原理和性能。

4. 分析密封和润滑系统

对密封装置应了解其工作介质，弄清装配的结构形式、密封原理、密封材料等。对润滑装置多见于高速运转的装配零件，应清楚地了解润滑装置的润滑方式、结构，润滑剂的加入和排除，以保证其正常工作的措施等。

5. 归纳总结

在进行了上述要求的阅读和分析的基础上，还应对技术要求、全部尺寸标注进行细致的研究，进一步将各部分结构有机地联系起来，从中了解装配体的设计意图和工艺性，进而对整体有一个全面的概括。

10.7.3 阅读装配图举例

【例 10-1】 图 10-14 是球阀装配图。

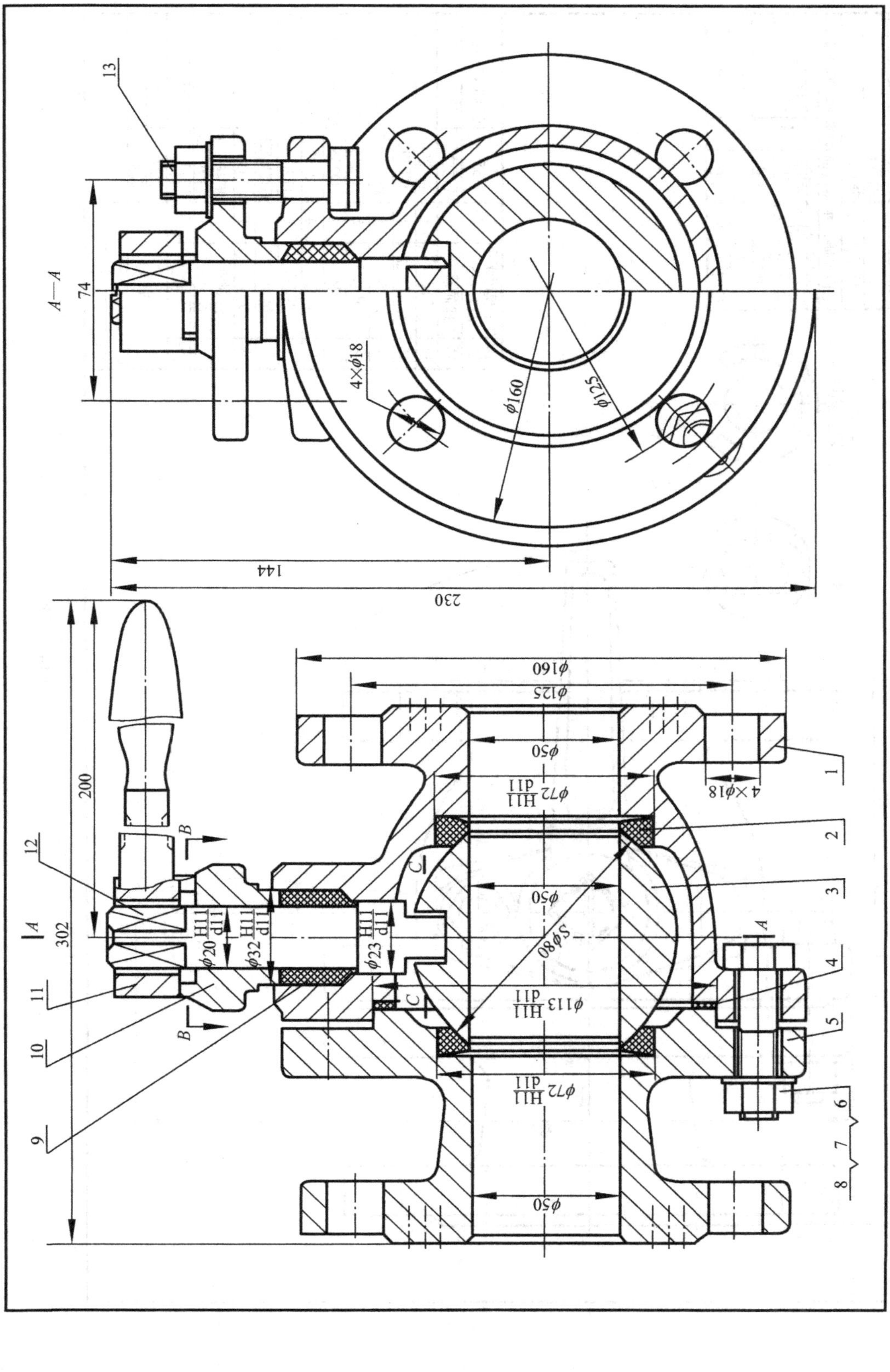
A—A
13
74
4×φ18
φ160
φ125
144
230
200
302
12
11
10
9
B
A
C
φ20 H11/d11
φ32 H11/d11
φ23 H11/d11
φ160
φ125
φ50
φ72 H11/d11
Sφ80
φ113 H11/d11
φ72 H11/d11
φ50
4×φ18
1
2
3
4
5
6
7
8

图 10-14　球阀装配图

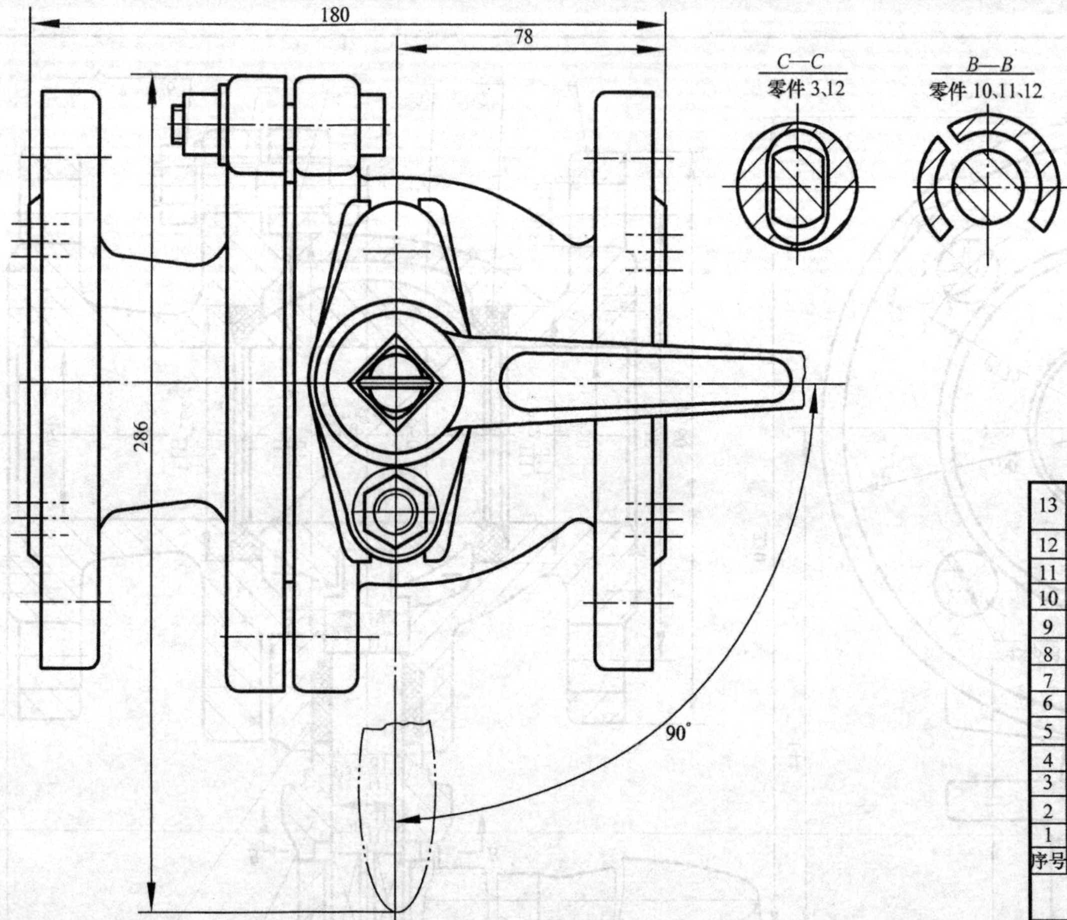

性能规范				
公称压力：1.57MPa				
工作介质：水蒸汽油及非腐蚀性介质				
试验压力	密封	1.57MPa	温度	≤100℃
	强度	2.35MPa		≤100℃
工作压力	p_{12}	1.57MPa		≤120℃
	p_{20}	1.47MPa		≤200℃
	p_{22}	1.42MPa		≤220℃

序号	名称	数量	材料	备注
13	T形模用螺栓 M12×55	2	35	GB/T37—1988
12	球阀杆	1	35	
11	手柄	1	HT200	
10	填料压盖	1	HT200	
9	填料	1	聚四氟乙烯	
8	螺母	6	Q235	GB/T6170—2000
7	垫圈	6	Q235	GB/T97.1—2002
6	螺栓	4	Q235	GB/T5732—86
5	左阀体	1	HT20~40	
4	垫片	1	石棉橡胶板	
3	球	1	45	
2	密封圈	2	聚四氟乙烯	
1	右阀体	1	HT20~40	
球阀			比例	1:1
			数量	
制图				
审核				

图 10-14 （续）

此球阀在工作原理和性能方面与图 10-2 球阀相似，但其结构形状及视图表达方案与之不同。

1. 概括了解

从标题栏了解为球阀，共由 13 种零件组成。工作原理是：当转动手柄 11 时，通过阀杆 12 驱动球 3 随着转动，当球 3 上的圆孔 $\phi50$ 与左右阀体的孔 $\phi50$ 对正时，工作介质可最大限度地通过；如果将手柄 11 按顺时针方向转一角度（锐角）时，工作介质的流量便减少，当手柄 11 转至 90°时，阀完全关闭。

球阀的结构特点是：为了便于装配和拆卸球 3 和密封圈 2，阀体由左、右两部分组成，左、右阀体上 $\phi113\ \frac{H11}{d11}$处的结构称为子口，用以保证左、右阀体和球 3 各零件上 $\phi50$ 孔径的轴线一致；垫片 4 防止介质外溢。为了防止介质沿着阀杆 12 与右阀体 1 的间隙外流，在各阀体上加上出填料函结构。

2. 视图表达及装配关系

1）主视图沿球阀的前后对称面作全剖视。

2）俯视图表达了球阀的外形，反映了手柄 1 的开启和关闭工作极限位置。

3）左视图沿阀体垂直轴线作半剖视“*A—A*”。

4）剖面“*B—B*”表达了手柄 1 旋转的角度范围，“*C—C*”表达了阀杆 12 和球 3 凹槽的连接间隙及阀杆下端的横断面形状。

5）装配关系包括：左、右阀体的配合为 $\phi113\ \frac{H11}{d11}$，密封圈与左、右阀体的配合为 $\phi72\ \frac{H11}{d11}$，左、右阀体用螺栓连接，阀杆与右阀体的配合为 $\phi23\ \frac{H11}{d11}$，阀杆与填料压盖的配合为 $\phi20\ \frac{H11}{d11}$，填料压盖与右阀体的配合为 $\phi32\ \frac{H11}{d11}$。

【例 10-2】 图 10-15 所示为顶尖座立体图。图 10-16 所示为顶尖座装配图。

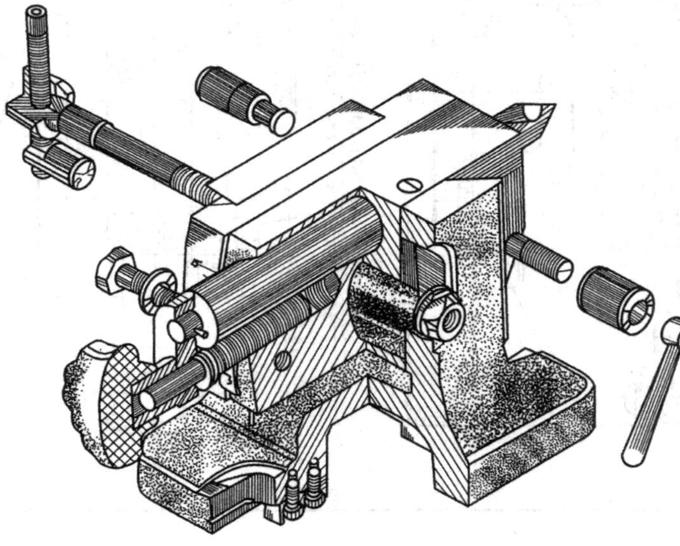

图 10-15　顶尖座立体图

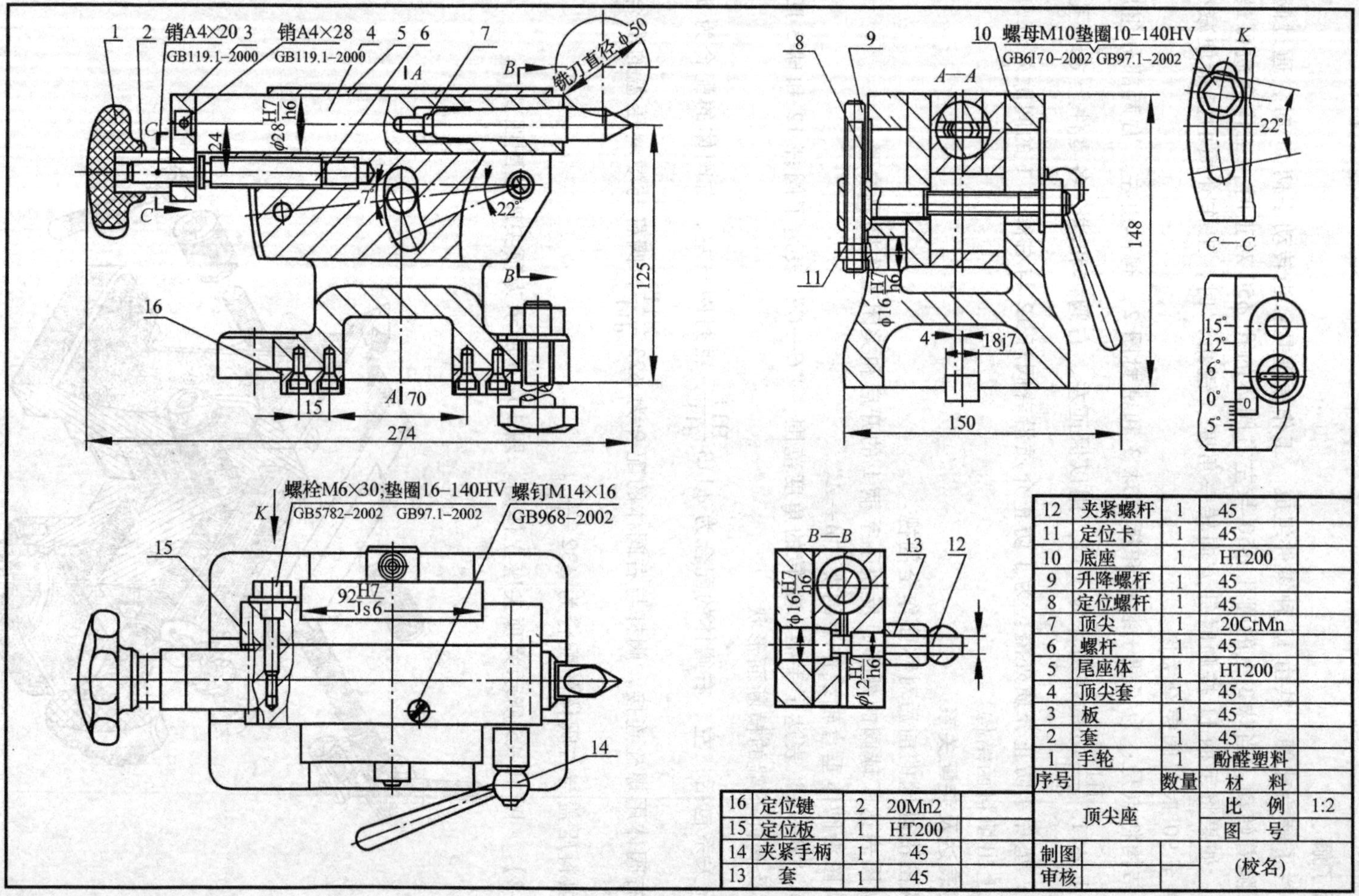

序号	名称	数量	材料
16	定位键	2	20Mn2
15	定位板	1	HT200
14	夹紧手柄	1	45
13	套	1	45
12	夹紧螺杆	1	45
11	定位卡	1	45
10	底座	1	HT200
9	升降螺杆	1	45
8	定位螺杆	1	45
7	顶尖	1	20CrMn
6	螺杆	1	45
5	尾座体	1	HT200
4	顶尖套	1	45
3	板	1	45
2	套	1	45
1	手轮	1	酚醛塑料

顶尖座		比例	1:2
		图号	
制图		(校名)	
审核			

图 10-16　顶尖座装配图

1. 概括了解

从标题栏了解顶尖座，它是铣床的一个部件，工作时安装在铣床工作台，通过顶尖顶紧零件，进行加工。该部件由16种零件组成。工作原理是：顺时针旋转手轮1，把手套2随之转动，套2与螺杆6用销连接，所以螺杆6也随手轮1转动，螺杆6与尾架体5上的螺孔结合，尾架体5通过底座10和定位键固定在铣床工作台上，在螺杆6顺时针旋转的同时向右移动，并带动套在螺杆6上的板3。板3与顶尖套4用销连接，因此，带着顶尖7亦向右移动。若反向旋转手轮1，顶尖7则向左移动。顶尖在尾座体孔内的移动可顶紧或松开需加工的零件。

2. 视图表达及装配关系

1）主视图为顶尖座的工作位置，它是沿顶尖轴线剖切的全剖视。

2）俯视图基本上表达外形，一处局部剖视反映的是定位板15与顶尖套4用螺栓连接。

3）左视图沿螺杆8的轴线，即“*A—A*”作全剖视。

4）“*B—B*”剖视表达了装配关系及夹紧螺杆12的形状；“*C—C*”剖视表达了顶尖倾斜角度的范围；“*K*”向局部视图表达了弧形槽的结构形状。

5）装配关系包括：顶尖套4与尾架体5的配合为$\phi28\dfrac{H7}{h6}$；定位板15与底座10的配合为$92\dfrac{H7}{js6}$；定位卡11与底座10的配合为$\phi16\dfrac{H7}{h6}$；夹紧螺杆12与定位板15的配合为$\phi16\dfrac{H7}{h6}$；夹紧螺杆12与底座10的配合为$\phi12\dfrac{H7}{h6}$。

顶尖座的运动方式是比较复杂的，各传动路线虽然不同，但却相互联系，必须协调配合。

第11章　建筑施工图

任何建筑构造的形成都要经过规划、设计、施工和验收等过程。在规划的前提下设计师应先行第一步进行设计。设计就是绘制其施工所需的全部图样，是指导施工的重要技术文件；也是工程验收的技术依据。施工就是将设计图样付诸实践的过程，最后形成建筑构造实物。两者是相互制约、相互关联、相辅相成的。

本章主要学习有关建筑施工图的一些基本规定和画法

11.1　建筑施工图的内容及规定

将一幢拟建房屋的内外形状和大小以及各部分的构造和装饰等内容，用正投影的方法，详细准确地绘出的图样，称为**建筑施工图**。

11.1.1　建筑物的分类、组成和作用

1. 分类

建筑物是经人工建造的供人们从事生活、生产以及其他活动的场所，根据其使用性质不同，通常可分为民用建筑（如学校、医院、机场、旅馆、影剧院、酒店、商店、娱乐场所等）和生产性建筑（如厂房、仓库、动力站等）两大类。

近年来，特别是在大、中型城市，民用建筑多在中、高层建筑。无论是哪一类建筑，虽然类型、功用以及建筑所用材料不同，但是其基本组成是相似的，其设计、施工过程也是相似的，其建筑的内涵是基本一致的。

2. 组成和作用

建筑物一般由基础、墙或柱、楼（地）面、楼梯、门窗、屋面等六大部分组成。各组成部分在整个建筑物中所处的位置如图11-1所示，它们具有不同的名称，在建筑物中的不同位置发挥着各自应有的作用。

从图11-1中我们可以了解各组成部分构件的名称，它属于民用建筑。一般的民用建筑常用砖砌筑承重墙，而楼面、楼梯、屋面板等，则常用钢筋混凝土构件，将这样的房屋结构称为**砖混结构**。

（1）基础　基础是埋在地表面以下的、支撑建筑物的重要承重构件。其作用是将建筑物的全部荷载传给地基。

（2）墙或柱　墙和柱主要起承重作用；墙还有分隔和围护作用。

（3）楼（地）板　对主要的承重构件起着水平支撑作用，同时也是高度方向的分隔层面。

（4）楼梯　楼梯由楼梯段、楼梯平台、楼梯栏杆和扶手组成。它是建筑物高度方向连接上下垂直交通的部分。

（5）门窗　门和窗也属于围护构件。门为人们提供出入的通口；窗的主要作用是采光、

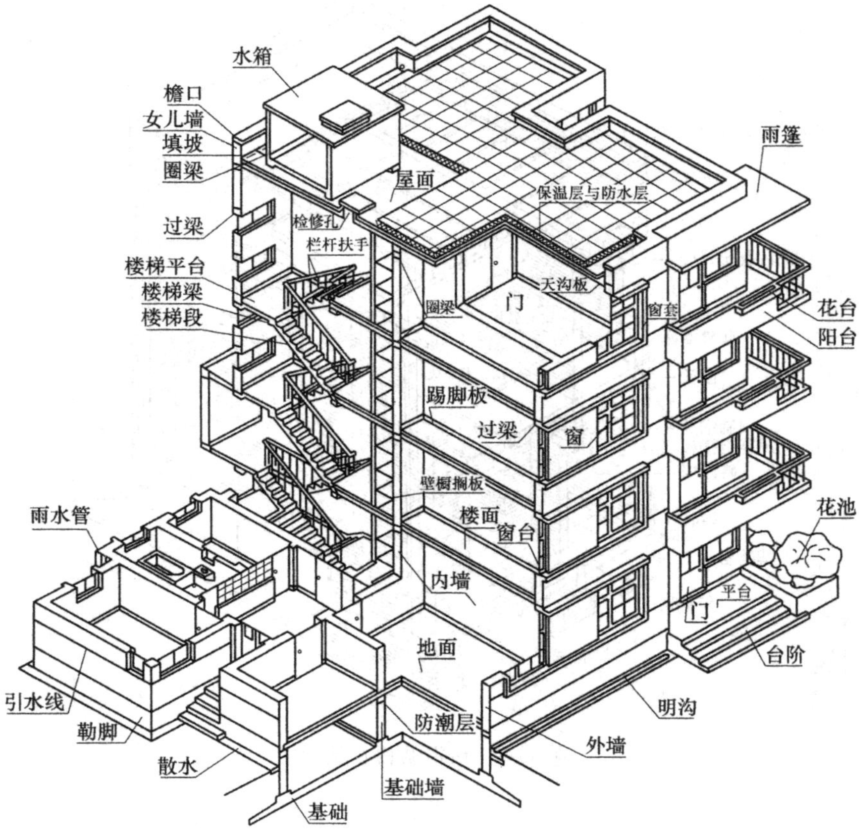

图 11-1　建筑物的组成及各部分名称

通风。它们对建筑物都有保温、隔音、防水、防火等作用。

（6）屋面（也称为屋顶）　屋面是建筑物最上层的防护层，常见的有平屋面和坡屋面。它与楼板有相似的作用，更主要是起到覆盖、防雨雪、保温、隔热等作用。

3. 建筑结构形式

常见的建筑结构形式有两种：一是砖混结构，如图 11-2 所示，即墙体为砖砌体，楼板层和屋面板层为钢筋混凝土材料，这种结构形式通常用于七层及七层以下的一般建筑；二是框架结构，如图 11-3 所示，即主要承重构件（梁、板、柱等）为钢筋混凝土构件，墙体为轻体块材，这种结构形式使用于低层、多层、中高层建筑。

无论是哪一种建筑结构形式，都必须经过设计和施工两个主要阶段，对于比较复杂的大型建筑，有时还需要在上述两个阶段之间增加一个技术设计阶段。设计阶段将拟建的建筑物以图样的形式来表达其内、外形状，各使用功能，结构构造，装修效果及应有的设备等，这些图样绝大多数都是采用正投影的方法绘制的。

图 11-4 所示为某一单跨工业厂房（机加车间），它属于生产性建筑，也可称为工业建筑，并且为框架结构。一般的工业建筑常采用钢筋混凝土的梁和柱来承重，砖墙只作围护和分隔。

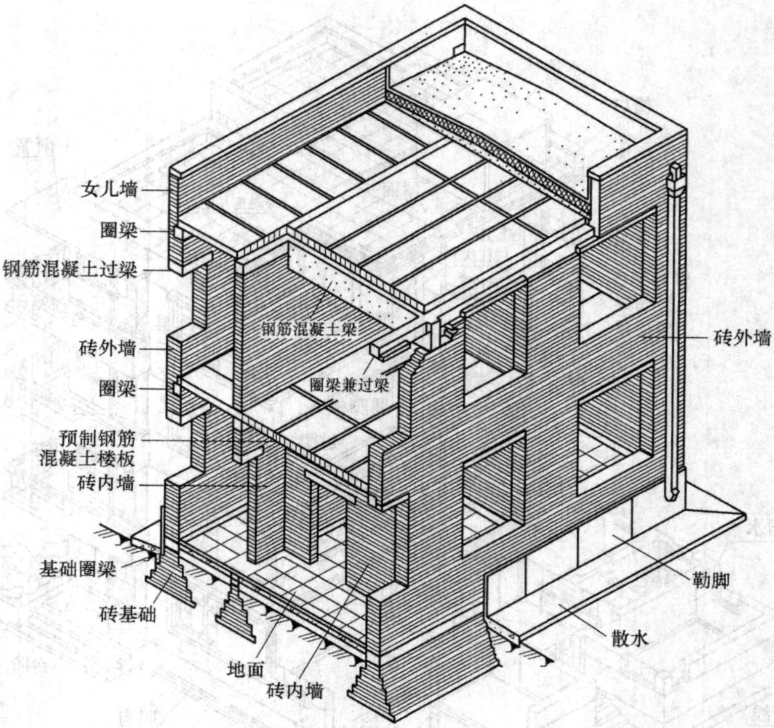

图 11-2　砖混结构建筑物

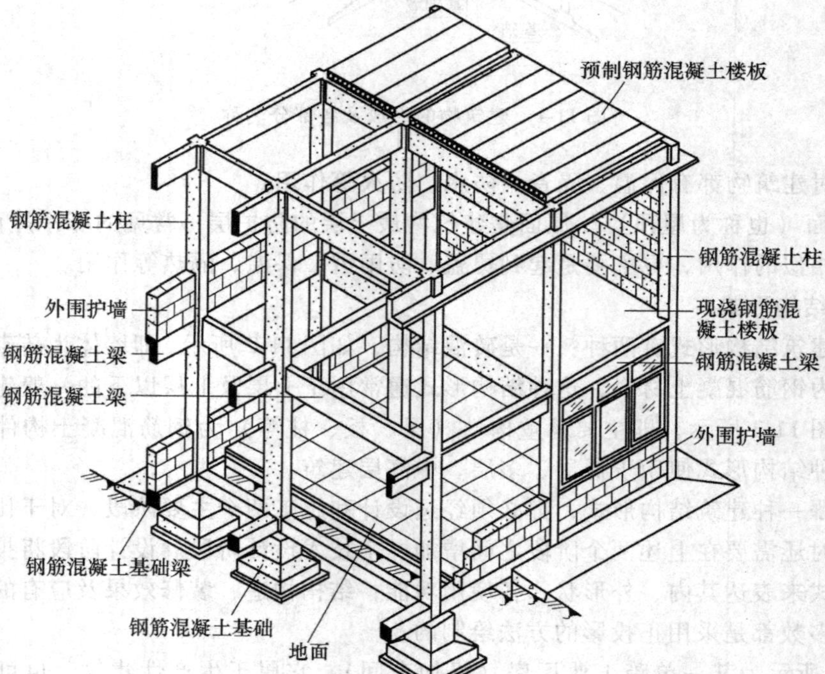

图 11-3　框架结构建筑物

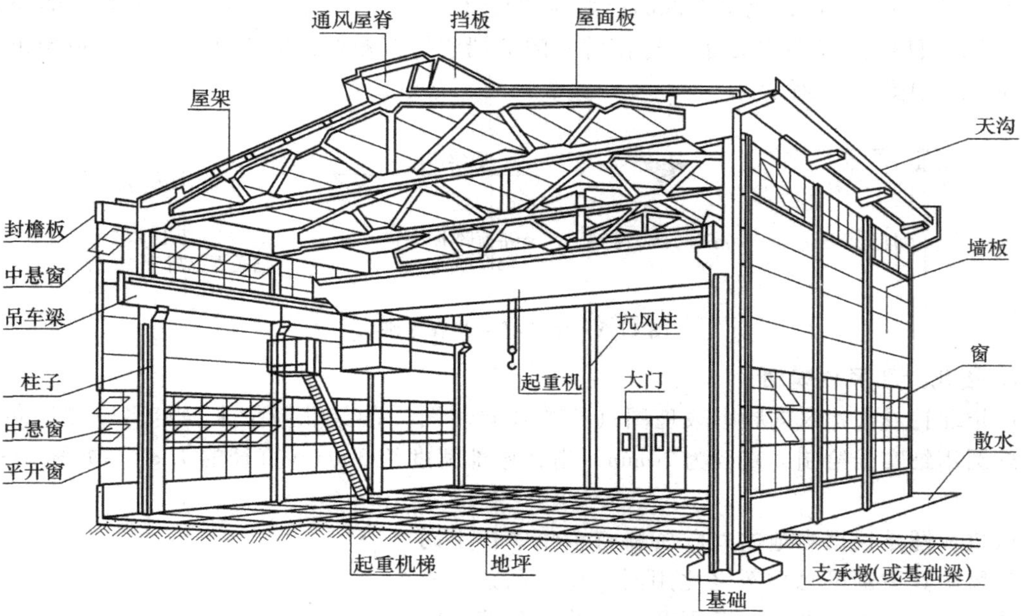

图 11-4　生产性建筑物（单跨厂房）

11.1.2　施工图的分类

建造房屋的整套图样称为**施工图**。一套完整的施工图除了图样目录、设计总说明外，按其专业内容和作用不同可分类如下：

（1）建筑施工图（简称“建施”）　**“建施”**包括：总平面图、平面图、立面图、剖面图和构造详图。“建施”主要表示建筑物的总体布局、外部造型、内部布置、细部构造、内外装饰、固定设施和施工要求等，反映了建筑设计的内容。

（2）结构施工图（简称“结施”）　**“结施”**包括：基础结构图、上部结构平面布置图和各构件的结构详图。“结施”主要表示建筑物中各承重结构的布置情况、构件类型、大小、材料以及做法等，反映了结构设计的内容。

（3）设备施工图（简称“设施”）　**“设施”**包括：给水排水施工图、采暖通风施工图、电气施工图等。“设施”主要表示各工种所需的设备和管线的总平面图、平面布置图、系统图、制作安装详图及安装说明等。

为了方便整套图样的阅读和查找，要求按专业类别分别编号，并按图样内容依次排列。图纸的编号一般称为**图号**，一般用各专业施工图的简称进行编号，例如：建施－1、结施－2…。这类编号国家标准未作规定。

11.1.3　有关规定

1. 标高

标高分为绝对标高和相对标高。所谓**绝对标高**，我国规定将青岛附近的黄海平均海平面为零点。所谓**相对标高**，在建筑制图中规定已建筑房屋的首层室内地面为零点。比零点高的标高为“正（+）”值，比零点低的标高为“负（-）”值。标注时“+”号可以省略，而“-”号必须加在标高数值之前。标高符号的尖端应指至被标注的表面，尖端可以向下，也可以向上，如图 11-5 所示。

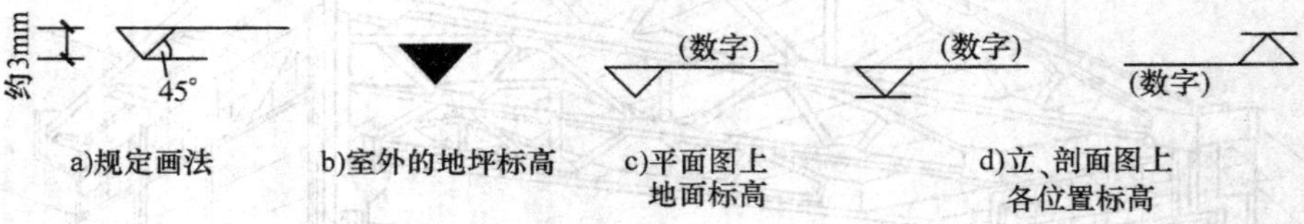

图 11-5　标高符号及规定画法

2. 指北针和风玫瑰图

用指北针或当地风向频率玫瑰图（简称风玫瑰图）的指北箭头来确定房屋的朝向。指北针外圆用细实线绘制，直径为 24mm，指针尾部宽度约 3mm（直径的 1/8），如图 11-6 所示。

风玫瑰图是根据当地的气象资料将全年中各不同风向的刮风次数与刮风总次数之比用同一比例画在十六个方位线上连接而成的图形，其形状像一朵玫瑰花。图中实折线距中心点最远的风向表示刮风频率最高，称为常年主导风向，图 11-6 中常年主导风向为西南风，图中虚折线表示当地夏季 6 月、7 月、8 月三个月的风向频率，图中夏季主导风向为东南风。

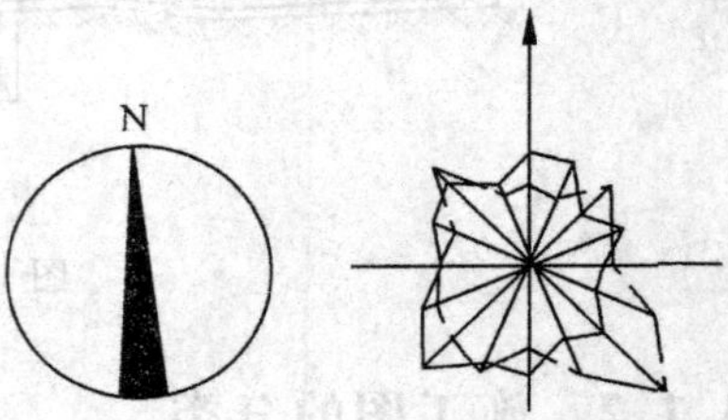

图 11-6　指北针和风玫瑰图

3. 索引符号与详图符号

在建筑施工图中有时需要采用较大的比例表达某一建筑局部或构件，为了便于对照查阅所绘制其表达的部位，应以索引符号标明；而对应绘制的详图，应以详图符号标明。按“国标”规定，其标注方法如下：

（1）索引符号　将需要采用详图表示的部位用细实线作指引线，其端部画一直径为 10mm 的细实线圆作为索引符号，如图 11-7 所示。符号中上半圆中的数字为索引详图的编号，下半圆中的数字为该详图所在图样的编号。若索引的详图与被索引的图样在同一幅图内，则下半圆中绘制一段水平短线。

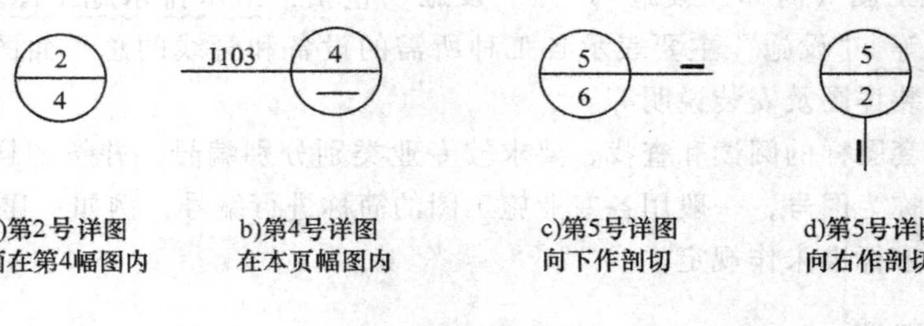

图 11-7　索引符号

索引的详图如采用标准图集，则应在指引线上加注该标准图集的编号。

当索引某部位需用剖面图表示时，应在指引线的某一侧绘制剖切线（粗短画线），指引线所在的一侧为投影方向。

（2）详图符号图　详图符号采用一直径为 14mm 粗实线圆来表示，如图 11-8 所示，符号中的数字含义与索引符号相同。

图 11-8　详图符号

4. 定位轴线编号

定位轴线既是设计时确定建筑物各承重构件位置和尺寸的基准，也是施工时用来定位和放线的尺寸依据。

一般规定：

1）凡承重基础、墙、柱、梁、屋架等都要求确定轴线，定位轴线用细单点长画线绘制。

2）在各轴线的端部以直径为 8 ~ 10 mm 的细实线圆，并在圆内填写数字或字母作为轴线编号。横向定位轴线编号从左至右依次用阿拉伯数字 1、2、3…编号；竖向定位轴线编号从下（房屋的前方）至上（后方）依次用字母 A、B、C…编号，字母中的 I、O、Z 不得用于轴线编号，以防与数字 1、0、2 混淆。

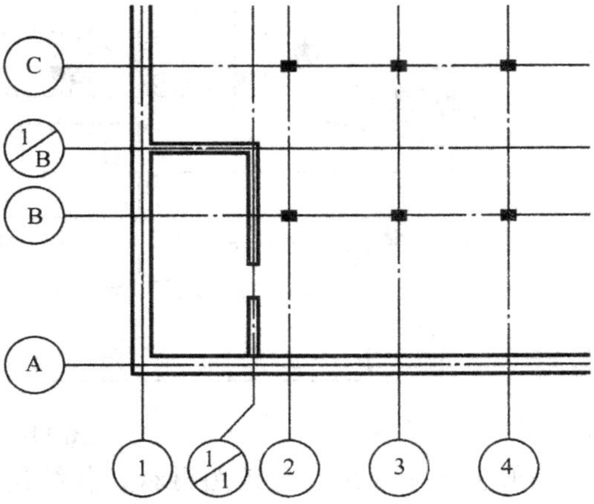

图 11-9　定位轴线编号

对于某些与主要承重构件相联系的次要承重构件也应编排定位轴线编号，其编号用分数形式表示。分子用数字表示附加轴线的编号，分母为前一相邻轴线的编号。如图 11-9中的 1/B 1/1，表示 B、1 号轴线后面附加的第一条轴线。

3）定位轴线在墙、柱中的位置与墙的厚度有关，也与其上部搁置的梁、板支承深度有关。以砖墙承重的民用建筑，楼板在墙上搭接深度一般为 120mm 以上，所以外墙的定位轴线按距其内墙面 120mm 定位。对于内墙及其他承重构件，定位轴线一般在中心对称位置。

11.2　建筑总平面图

11.2.1　形成和作用

将新建房屋和周围相关的原有建筑总体布局以及自然状况所作的水平投影图称为**建筑总平面图，简称总平面图**。它主要表示新建房屋所在地域的自然环境和一定范围内原有建筑、道路、绿化等概况。它是新建房屋施工定位、总体规划设计及施工现场布置的主要依据，也是规划设计水、暖、电等其他专业工程总平面和各种管线敷设的依据。

11.2.2　内容和图例

1. 施工总说明

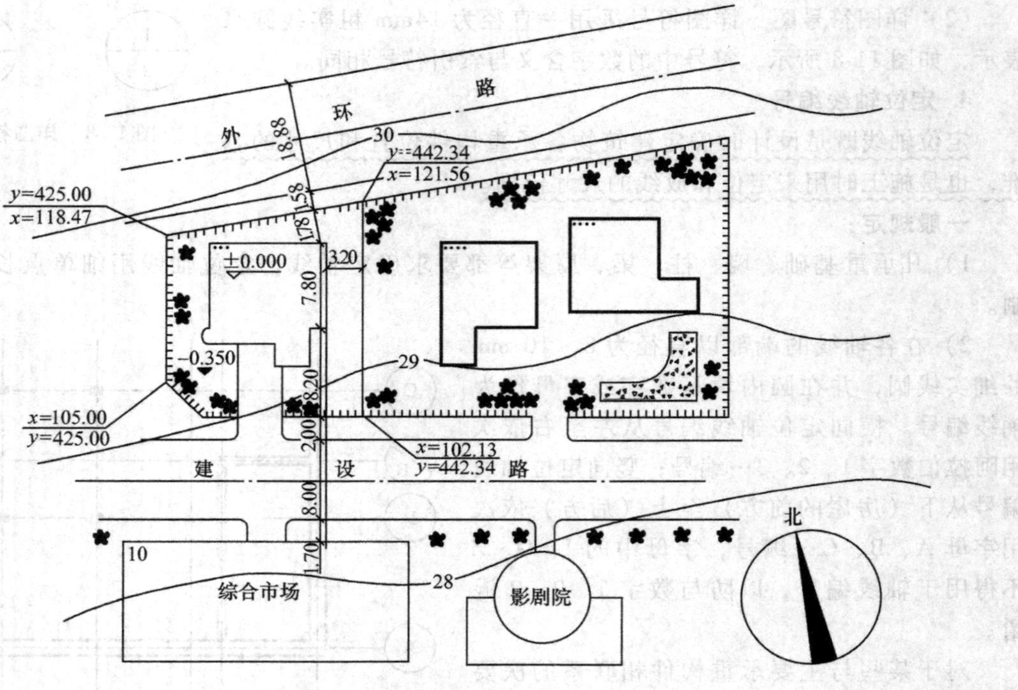

图 11-10　总平面图

一般包括总规则、建筑用材料、各结构的具体做法以及其他具体施工要求（在此略）。

2. 总平面图的图示内容

1）地域环境，包括地形地貌、新建房屋的占地位置、朝向、标高等。

2）新建房屋与原有建筑、道路、围墙等之间的相关距离尺寸，尺寸以 m 为单位，一般取至小数点后两位。

3）表示建筑地域方向采用指北针或风玫瑰图，要求绘制在图幅中适当的位置，一般在图幅的某一角。

4）表示地势起伏的等高线。

5）示意绘制道路、绿化、重要管线布置等。

3. 图例

绘制总平面图时应采用国家标准规定的图例说明图示内容，常用图例见表 11-1 。

表 11-1　总平面图常用图例

名称	图　例	备　注
新建建筑物	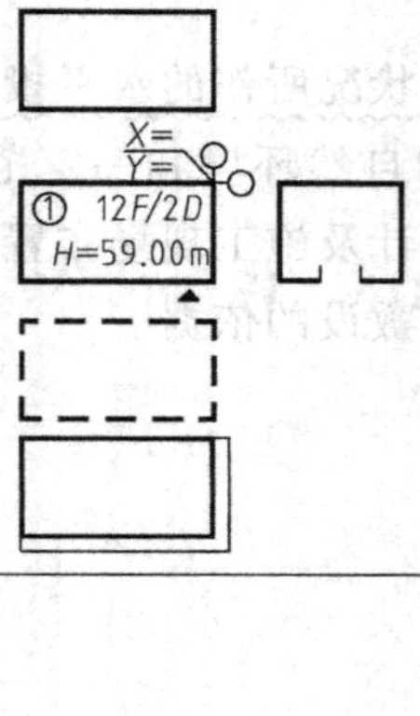	新建建筑物以粗实线表示与室外地坪相接处 ±0.00 外墙定位轮廓线 建筑物一般以 ±0.00 高度处的外墙定位轴线交叉点坐标定位。轴线用细实线表示，并标明轴线号 根据不同设计阶段标注建筑编号，地上、地下层数，建筑高度，建筑出入口位置（两种表示方法均可，但同一图纸采用一种表示方法） 地下建筑物以粗虚线表示其轮廓 建筑上部（±0.00 以上）外挑建筑用细实线表示 建筑物上部连廊用细虚线表示并标注位置

（续）

名称	图例	备注
原有建筑物	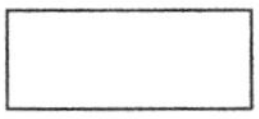	用细实线表示
围墙及大门	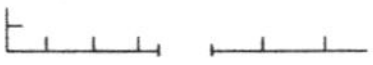	
铺砌场地	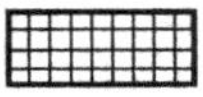	
水池坑槽		也可以不涂黑
方格网交叉点标高	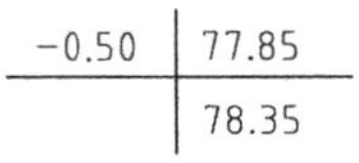	“78.35”为原地面标高，“77.85”为设计标高“-0.50”为施工高度，“-”表示挖方（“+”表示填方）
挡土墙		被挡土在“突出”的一侧
新建的道路	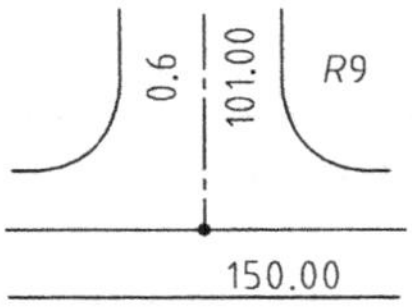	“*R*9”表示道路转弯半径为9m，“150.000”为路面中心控制点标高，“0.6”表示0.6%的纵向坡度，“101.00”表示变坡点间距离
拆除的道路	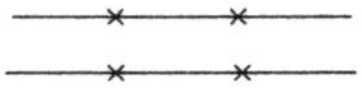	
烟囱		实线为烟囱下部直径，虚线为基础，必要时可注写烟囱高度和上、下口直径
管线	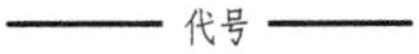	管线代号按国家现行有关标准的规定标注
常绿阔叶乔木	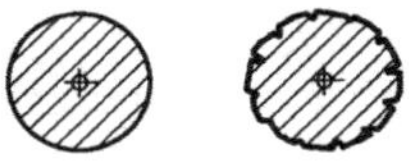	
拆除的建筑物		用细实线表示
计划扩建的预留地或建筑物		用中虚线表示
散状材料露天堆场	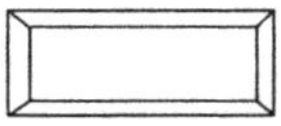	需要时可注明材料名称
其他材料露天堆场或露天作业场	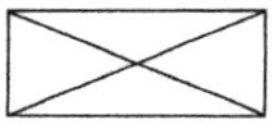	

（续）

名称	图例	备注
地面露天停车场	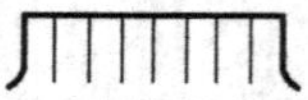	
坐标	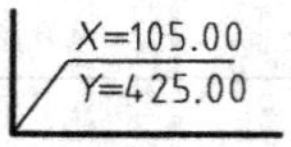 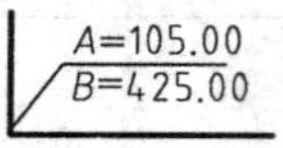	上图为测量坐标 下图为建筑坐标
雨水口		
消火栓井		
填挖边坡	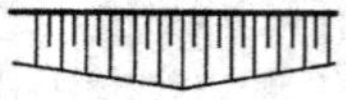	
截水沟		“1”表示1%的沟底纵向坡度；“40”表示变坡点距离；箭头表示水流方向
室内标高	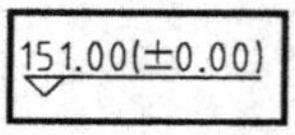	
室外标高		室外标高也可采用等高线表示
桥梁	 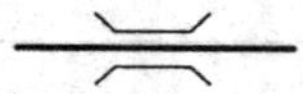	1. 上图为公路桥，下图为铁路桥 2. 用于旱桥时，应注明
原有道路	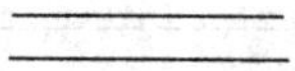	
计划扩建的道路	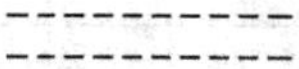	
落叶针叶乔木	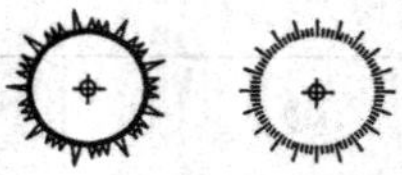	
常绿阔叶灌木		

11.3 建筑平面图

11.3.1 图示内容

1. 平面图的基本概念

将房屋用一假想的水平剖切平面沿其门洞口高度方向的大约中间位置剖切后，移去剖切平面以上的部分，再将剖切平面以下的部分作正投影所得的水平剖面图，称为**建筑平面图，简称平面图**。图 11-11 为某一别墅住宅的首层平面图。

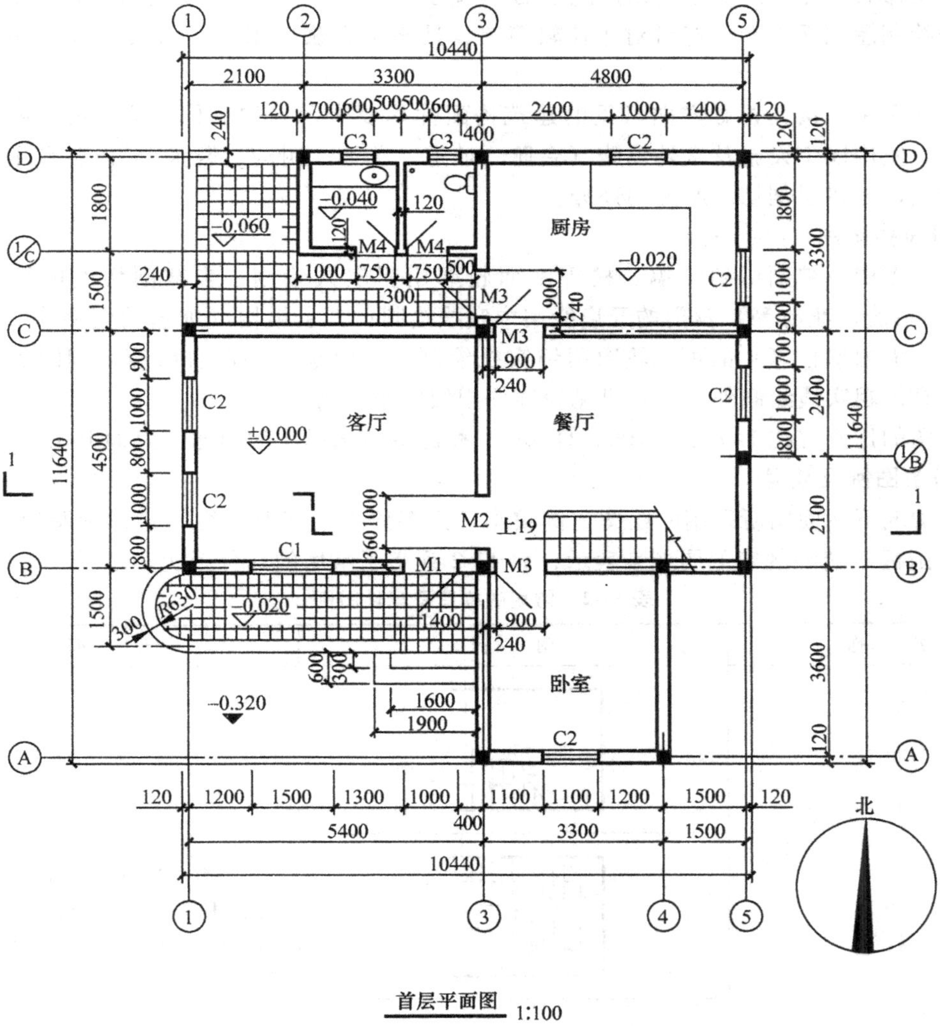

图 11-11 某住宅首层平面图

2. 平面图的内容和作用（以首层平面图为例）

建筑平面图主要反映房屋的平面形状、大小和各部分水平方向的组合关系。如房间的布置；墙、柱的位置和厚度，楼梯、走廊的设置；门窗的类型和位置等情况。它是房屋施工过程中放线、砌墙、安装门窗、预留孔洞（管线）、室内装修以及编制预算、施工备料等工作的主要依据，因此，平面图是“建施”中最基本、最重要的图样。

对于高层（多层）建筑，原则上是按层数绘制平面图，即有 n 层，就应绘制 $n+1$ 层平面图，并在图的下方注以相应的图名。首层（通常也称为底层或一层）平面图、二层平面图、…、顶层平面图。如果除一层和顶层外其余中间各层的平面布置、房间分隔和大小完全相同时，则可用一个平面图表示，可称为“标准（中间）层平面图”。平面图至少应绘制三幅：首层平面图、标准层平面图、顶层平面图。

另外，除各层平面图之外的还有屋顶平面图，它主要表示屋顶部的女儿墙、天沟、水箱间、屋顶检修孔、排烟道等位置以及屋顶的排水情况。由于结构和形状的特点，可以采用较小的比例绘制屋顶平面图。有时对于比较简单，且施工方法通用的屋面（屋顶）也可省略此图。

在平面图中，按其投影方向可见的建筑构配件均要表示，如墙体、梁或柱、楼梯、走廊、门窗、室内固定设施及室外设施（台阶、坡道、花池、明沟、散水等）。各层平面图只需绘制地面以上各层剖切后所见的部分。

3. 图线和比例

在平面图中，被剖切到的墙、柱等断面轮廓用粗实线绘制；未被剖切到的可见轮廓（如窗台、台阶、花池等）及门的开启线用中实线绘制；其余结构（如窗的图例线、索引符号指引线、墙内壁柜等）的可见轮廓用细实线绘制。有时也可用两种线宽，即除了剖切到的断面轮廓用**粗实线**绘制外，其余可见轮廓均用**细实线**绘制。

平面图的比例宜在 1∶50、1∶100、1∶200 三种比例中选择。常用比例为 1∶100。

4. 门窗图例及编号

一般情况下平面图所采用的绘图比例较小，许多建筑细部及门窗不能详细画出，因此，要求按“国标”统一规定的图例来表示，表 11-2 列举了常用的部分图例。

表 11-2　常用的构造及配件图例

名　称	图　例	说　明
楼梯	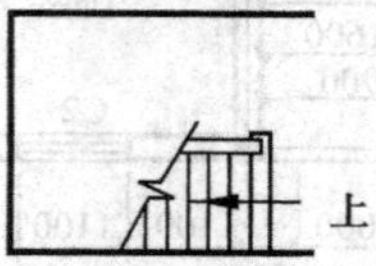 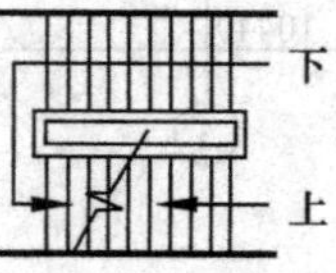 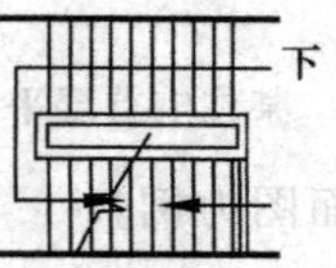	1. 上图为底层楼梯平面，中图为中间层楼梯平面，下图为顶层楼梯平面 2. 楼梯的形式及步数应按实际情况绘制

（续）

名　称	图　例	说　明
检查孔		左图为可见检查孔；右图为不可见检查孔
孔洞		阴影部分可以填充灰度或涂色代替
坑槽		
墙预留洞	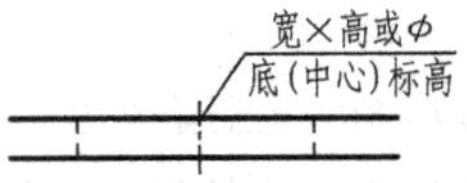	1. 以洞中心定位 2. 宜以涂色区别墙体和留洞位置
墙预留槽		1. 以槽中心定位 2. 宜以涂色区别墙体和预留槽位置
烟道	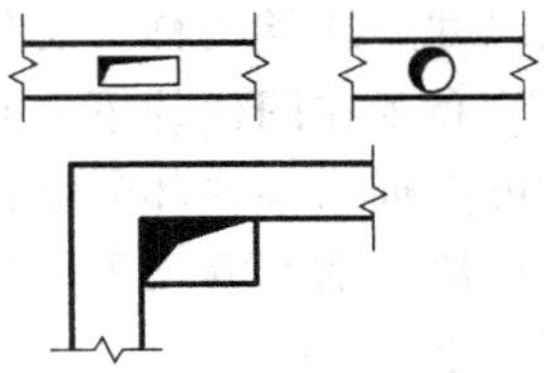	1. 阴影部分可以涂色代替 2. 烟道、风道与墙体为同一材料，其相接处墙身线应连通 3. 烟道、风道根据需要增加不同材料的内衬
风道	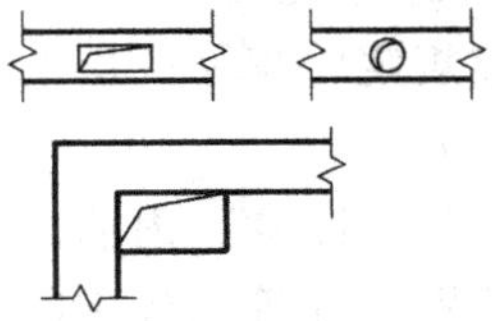	
单面开启单扇门（包括平开或单面弹簧）	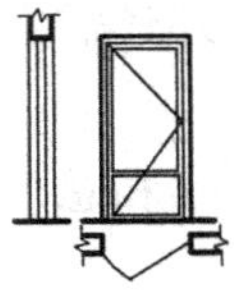	1. 门的名称代号用 M 2. 图例中剖面图左为外、右为内，平面图下为外、上为内 3. 立面图上开启方向线交角的一侧为安装合页的一侧，实线为外开，虚线为内开。立面图上的开启线在一般设计图中可不表示，在详图及室内设计图上应表示 4. 平面图上门线应 90° 或 45° 开启，开启弧线宜绘出 5. 附加纱扇应以文字说明，在平、立、剖面图中均不表示 6. 立面形式应按实际情况绘制
单面开启双扇门（包括平开或单面弹簧）	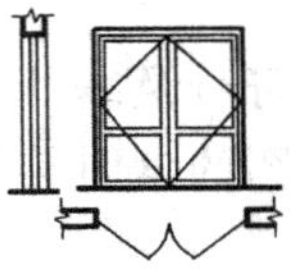	
折叠门	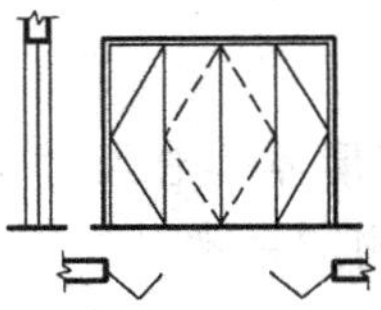	

门窗除了用图例表示外，还应注写门窗的代号和编号：如 M1、C3。M、C 分别为门和窗的代号；1 和 3 分别为门窗的编号。相同类型、相同尺寸的门或窗作同一编号。在平面图中门的开启线用 45°**中实线**绘制；窗用四条**细实线**绘制。

※ **应注意**：即使采用规定的图例表示门窗，也必须严格按投影关系对应绘图。通常还需要在一层平面图的图幅内（或首页图）中附有整幢建筑物详细的门窗表（在此略）。

5. 材料图例

在平面图中，被剖切到的墙、柱等断面在比例大于 1∶50 时，其断面应画上材料图例（见第 1 章表 1-6），墙体抹灰层的面层线也应画出（用细实线）；在比例为 1∶100～1∶200 时，抹灰层面层线可省略不画，其断面可省略材料图例，或采用简化图例，如砖墙涂红色、钢筋混凝土涂黑色。

6. 尺寸标注

（1）外部尺寸　在平面图中，外部应标注三道尺寸：

第一道尺寸为距离图样较近的细部尺寸，应以定位轴线为基准，标注门、窗洞口的定形尺寸和门、窗洞口的定位尺寸。第一道尺寸一般距建筑形体的外墙面 10～15mm。

第二道尺寸为定位轴线之间的尺寸，即开间和进深尺寸（横向为开间尺寸，竖向为进深尺寸）。各道尺寸间距为 8～10mm。

第三道尺寸为房屋的总长、总宽尺寸，通常也称为总尺寸。

外部尺寸以及定位轴线编号应尽量布置在图样的下方和左侧，如房屋不对称，则平面图中上方和右侧也应标注三道尺寸。也可以根据某些部分结构的特殊性，即将其尺寸标注在图样的上方和右侧。外墙以外的台阶，花池、散水等，可单独标注其各尺寸。

轴线编号一般应距第 3 道尺寸不大于 10mm。

（2）内部尺寸及标高　在平面图中还应注写有关的内部尺寸以及楼面、地面的相对标高。相对标高的基准面按我国国家标准规定将房屋一层的室内地面为零点，以此为基准标注标高。

内部尺寸包括不同类型各房间的净长、净宽；内墙的门、窗洞口的定形、定位尺寸；墙体厚度尺寸；室内固定设施的大小与位置尺寸等。各房间按其使用不同还应注写其名称，并在图名的下方画一段特粗线，不宜过长，另外还需在图名的右下方标注比例，比例的字号应比图名小一号。

在其他各层平面图中，除标注轴线间尺寸和总尺寸外，与一层平面图相同的细部尺寸均可省略。

7. 其他内容

在一层平面图中要标注剖面图的剖切符号及编号；在图幅的左下角或右上角画出指北针或风玫瑰图；需要时还要标注有关部位详图的索引符号、按标准图集采用的构配件的编号及文字说明等。

11.3.2　绘制平面图

1）选择图幅、确定比例。根据建筑形体的总尺寸确定绘图比例后再选择图幅，一定要考虑留有标注尺寸的位置和填写相关说明的余地。

2）绘制定位轴线。根据图样中水平方向和竖直方向的定位轴线尺寸以单点长画线绘制各轴线。

3）绘制图线（底稿）。以定位轴线为基准向轴线两侧绘制墙体轮廓线，同时在内、外墙上定出门、窗洞口的位置，并绘制楼梯、台阶、花池、散水、卫生间等，有些结构需要参照其他图样。

4）标注尺寸。标注尺寸时应掌握这样的顺序：先内后外；先标注小值尺寸段，后标注大值尺寸段；再填写定位轴线编号；注写其他符号、文字说明、图名、比例等。

5）加深图线。首先检查图样的底稿，改正错误后再加深图线，做到均匀一致。

6）填写标题栏。

11.3.3 阅读平面图

1）阅读标题栏。了解图名、比例、结构布置、朝向及各房间的主要功能。

2）阅读图线和尺寸。从内部尺寸入手了解房间的净长、净宽（或面积）；然后继续向外部尺寸扩展，阅读楼梯间的尺寸及布置、楼梯段的踏步级数和楼梯的走向；阅读各墙体的厚度；门、窗洞口的位置、代号及门的开启方向；门、窗的规格尺寸及数量；阅读定位轴线及轴线间尺寸；阅读室外台阶、花池、散水、阳台、雨篷、雨水管等构造的位置及尺寸。

3）阅读有关的符号及文字说明，包括索引符号及其对应的详图或标准图集编号。

※ **注**：其他各层平面图的绘制、阅读方法与以上叙述相似（阅读平面图参照习题集）。

11.4 建筑立面图

11.4.1 图示内容

1. 立面图的基本概念

将房屋的各立面向与之平行的投影面作正投影所得的图样称为**建筑立面图**。简称**立面图**。图 11-12 为①～⑤轴立面图。

2. 立面图的内容和作用

一般将房屋的主要出入口或具有主要形状特征的立面作为正立面图，其余的各立面图称为相应的侧立面、背立面图。建筑立面图主要表示房屋的外部造型和外墙面的装饰用料，并反映外墙面上门、窗的排列情况、入口、阳台、外部台阶及其他构造等位置。

建筑立面图的**命名方式**有三种：一是以投影关系命名，即正立面图、左侧立面图、右侧立面图、背立面图；二是以房屋的朝向命名，即东立面图、西立面图、南立面图、北立面图；三是以立面图两端的轴线编号命名，即①～⑩轴立面图。

房屋的某一立面若呈圆弧或具有折线形时，可将其假想地展开并与其选定的投影面平行再作正投影绘制立面图，这种情况下需在图名后加注“展开”二字。若房屋左右（图视方向）对称时，可将正立面图和背立面图各绘制一半，合并成一幅立面图。

3. 图线和比例

室外地坪线用**特粗线**（1.4b）绘制；房屋的外轮廓线或具有转角处的轮廓线用**粗实线**绘制；台阶、花池、柱、门窗洞口、雨篷、阳台、檐口、女儿墙等用**中实线**绘制；门窗扇分格、栏杆、雨水管、墙面装饰线、文字说明指引线等用**细实线**绘制。

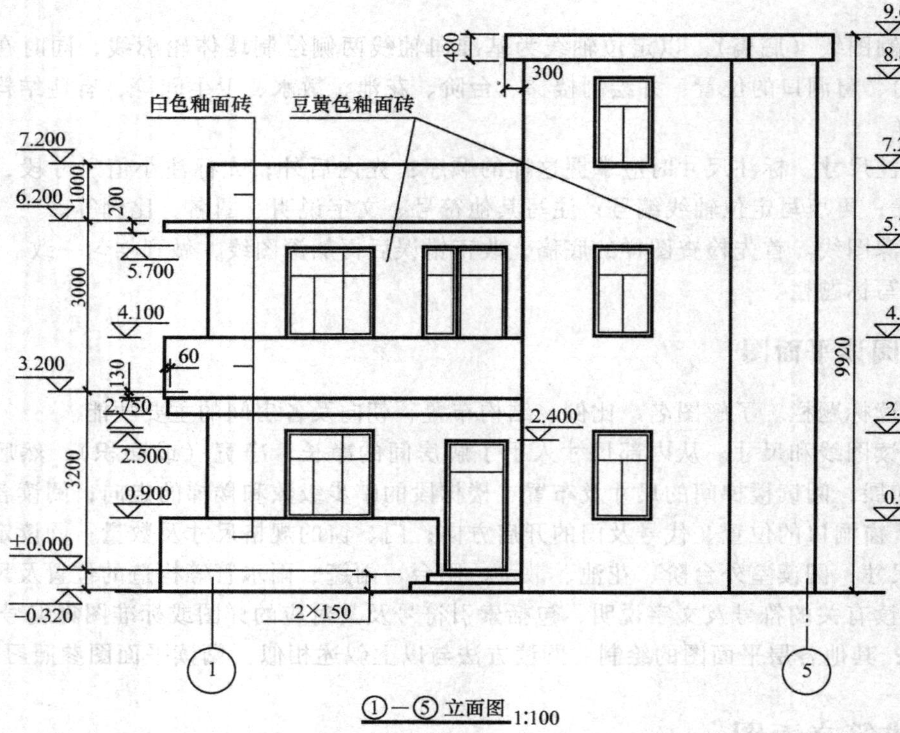

图 11-12 某住宅正立面图

绘制立面图的比例一般应尽量与平面图相同。

立面图的数量视房屋各立面的复杂程度而定。无须特殊要求的情况下，房屋的四个立面都需绘制图样。

4. 轴线编号

在立面图中只标注始末两端的轴线及编号。标注时注意投影方向必须与平面图对应。

5. 尺寸标注

通常在立面图中仅标注标高，注意建筑标高和结构标高的区别。包括表面粉刷层的完工标高称为**建筑标高**；而不包括表面粉刷层在内的构件标高称为**结构标高**。

在立面图中对室外地坪、室内首层地面、各楼层地面、女儿墙、阳台、栏杆的顶面等进行标高均属于建筑标高。而对屋檐、雨篷、阳台、门窗洞口底面等进行标高均属于结构标高。除了标注标高之外，有时根据建筑构造的需要也标注一些必要的尺寸，如图 11-12 所示。

6. 门窗图例

门窗及许多细部结构按表 11-2 绘制，其中相同类型和尺寸的门、窗允许详细绘制一个，其余可以略画。

7. 其他符号及说明

立面图的表面装饰一般用带有一个实心小点的指引线指向需要装饰的表面，并以文字说明注写在图样的附近。立面图中有时也需要标注详图索引符号和有关图集编号等。

11.4.2 绘制立面图

1）选择图幅、确定比例。绘制立面图主要是考虑长、宽两个方向的尺寸，比例应与平面图相同，并注意留有注写标高和文字说明的余地。

2）确定立面图的图示位置。按照房屋的最高标高，绘制室外地面线（注意室外地坪为负标高值，所以，总高度应为室外地坪标高与最高标高之和），参照平面图的总长度确定两端的定位轴线，并绘制立面图中房屋的外轮廓线。结合立面图的标高和平面图门、窗的定形、定位尺寸确定门、窗洞口的形状和位置。

3）绘制图线（底稿）。绘制各细部结构，如檐口、雨篷、阳台、花池、雨水管、门窗等，绘制立面图门、窗扇的分格线，墙面装饰线等。

4）注写标高。按照国家标准的规定对立面图注写各部位的标高，标高值一般应标注到小数点后三位，且标注在建筑物的一侧（或两侧），要求排列要整齐。最后标注两端定位轴线的编号、文字说明、索引符号及图名、比例等。

5）加深图线。检查底稿后根据各图线的规定画法加深图线，完成作图。

6）填写标题栏。

11.4.3 阅读立面图

1）阅读标题栏。阅读图名、比例和定位轴线的编号，了解某一立面图的投影方向，并对照平面图了解建筑物的朝向。

2）阅读图线和尺寸。阅读立面图的外轮廓线，了解房屋立面的造型特征；参照平面图即门窗表了解外墙面上门、窗的类型、布置及数量；了解房屋的屋顶、雨篷、阳台、台阶、花池及勒脚等细部构造的形式和位置。阅读各部位的标高，了解房屋室内、外的高度差及各层高度尺寸和总高度。了解房屋不同立面的区别所在。

3）阅读有关符号及文字说明。阅读文字说明了解外墙面装饰的做法、材料和要求以及索引的详图要求等，立面图中墙面装饰材料的具体配比以及施工要求也可以在设计说明中详述（阅读立面图参照习题集）。

11.5 建筑剖面图

11.5.1 图示内容

1. 剖面图的基本概念

将房屋假想地用一个（或多个）竖向（垂直地面）的剖切平面将房屋剖切后所得的某一方向的正投影图称为**建筑剖面图**，简称**剖面图**。图 11-13 所示为图 11-11 中的 1－1 剖面图。

2. 剖面图的内容和作用

建筑剖面图主要表示房屋在垂直空间内部的利用功能以及高度方向的结构形式、楼层分层、高度尺寸等，剖面图与平面图、立面图相配合，它是建筑施工不可缺少的三大图样之一。

当选择的剖面图中的剖切平面一般平行于侧立投影面，即为横向剖切；当剖切平面平行正立投影面，即为纵向剖切。剖切的位置应选择在室内结构较复杂或有变化的部位，并应通过门、窗洞口及主要出入口、楼梯间。通常较多地选用全剖面，必要时也可选用阶梯剖面。剖面图的数量视房屋的具体结构和施工的实际需要而定，其编号以阿拉伯数字按顺序表示。

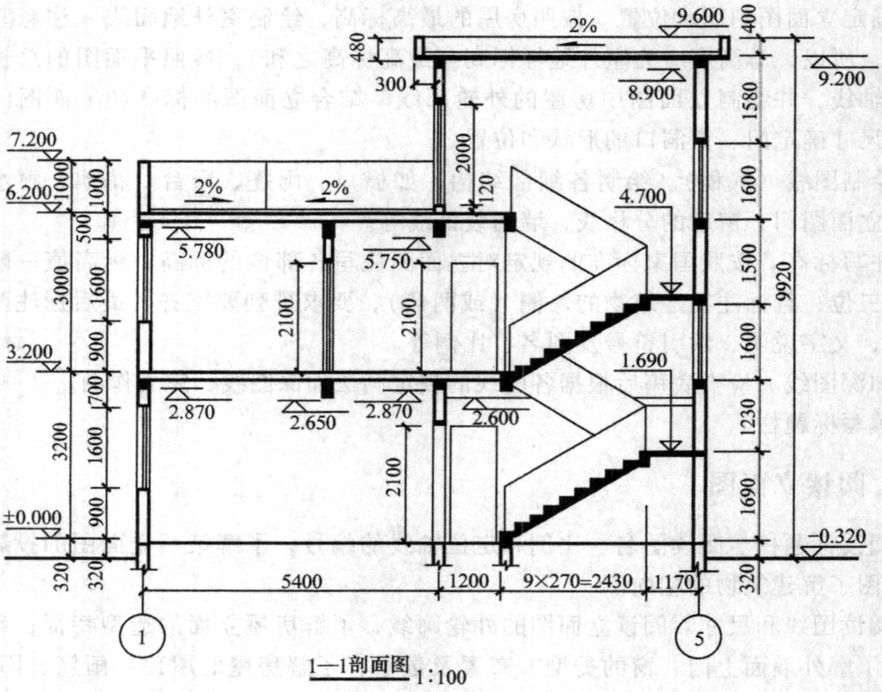

图 11-13　剖面图

3. 图线和比例

剖面图中首层地面用**特粗线**，其他的图线与平面图相同，比例也应尽量与平面图一致。当房屋的内部结构较为复杂时，为了更清晰地表达图示内容，剖面图的比例可相应地放大。如果选用 1:50 或更大的比例绘图时，应绘制断面的材料图例，有时根据需要还应以细实线绘制装修或粉刷层的厚度。

4. 尺寸标注

在剖面图中主要标注室内、外各部位的高度尺寸及标高。

（1）高度尺寸　外部尺寸一般标注在图样的外侧，主要是外墙的门、窗洞口高度方向的尺寸及洞口上端到上一层窗台或屋顶的高度尺寸。另外，根据需要，有时还要标注层间高度及总高度尺寸。内部尺寸主要标注室内门、窗、墙裙、隔断、搁板等高度尺寸。

（2）标高　需要标注室内、外地面；各层楼面；楼梯平台；各层门窗洞口上、下端；檐口；屋顶；屋顶以上的搁楼；楼梯间；电梯间；排烟结构顶面等完成面的相对标高。

11.5.2　绘制剖面图

1）选择图幅、确定比例。

根据剖切位置以及被剖到的建筑结构的复杂程度而确定比例后选择图幅。

2）定位、绘制图线。首先将被剖切到的墙体的定位轴线、室内、外地面线、各层楼面及屋面线依尺寸准确定位。然后绘制墙体厚度线；楼面、屋面的厚度线；再确定门、窗洞口、过梁、阳台等结构的位置；最后绘制楼梯段及踏步、栏杆、扶手等。剖切平面剖到的结构其轮廓线用**粗实线**绘制，其余未剖到的部分除门、窗洞口用**中实线**绘制外均用**细实线**绘制。

3）标注尺寸。按照要求标注各部分的尺寸及标高，并绘制材料图例。最后标注两端定位轴线的编号、文字说明、索引符号及图名、比例等。

4）加深图线。按剖面图的规定线型加深图线。

5）填写标题栏。

11.5.3 阅读剖面图

1）阅读标题栏。阅读图名、比例，并与平面图对照，明确剖面图的剖切位置以及投影方向。

2）阅读图线和尺寸。从图中了解房屋从室外地面以上到屋顶垂直方向各部位的构造做法和结构形式，了解墙体与楼面、地面、梁、柱等构件之间的相互连接关系和材料以及具体做法等。阅读标高及尺寸标注，可以了解房屋的层高和总高；外墙各层窗洞口和窗间墙的高度；室内门的高度；被剖切到的墙体的轴线间尺寸等。

3）阅读图有关符号及文字说明。能够了解有关细部的构造及做法，同时了解详图的位置和数量等（阅读剖面图参照习题集）。

建筑施工图除了以上三大图样外还有建筑详图，其包括：外墙剖面详图；楼梯详图（楼梯平面图、楼梯剖面图、楼梯节点详图）；门窗节点详图；其他构造节点详图等，这里不再详述。若要学习了解得更详细，请参阅其他有关“建筑制图”教材。

第12章 采暖通风工程图

在冬季，由于室外温度低于室内温度，因而房间里的热量不断地传向室外，为使室内保持所需的温度，就必须向室内供给相应的热量。这种向室内供给热量的工程设备，称为**采暖系统**。**采暖工程图**是表达采暖工程设施的结构形状、大小、位置以及有关设计施工要求等的图样。

本章重点学习采暖通风工程图的一系列规定画法及其标准。

12.1 采暖工程图的组成及其分类

采暖工程图可分为**室外采暖工程图**和**室内采暖工程图**两大类。

室外部分是表示一个区域的供热管网，其工程图包括：总平面图、管道横剖面图、管道纵剖面图和详图等。

室内部分表示一幢建筑物内的采暖工程，其工程图包括：采暖平面图、采暖系统图和详图等。以上两部分均有设计及施工说明，其内容主要有热源、系统方案及用户要求等设计依据以及材料和施工要求等。

12.1.1 室内采暖系统的组成

采暖系统分类方法很多，通常有下列几种：按采暖的范围，可分为：局部采暖系统、集中采暖系统和区域采暖系统；按采暖所用的热媒不同，可分为：热水采暖系统、蒸汽采暖系统、热风采暖和烟风采暖；在热水采暖系统中，按循环动力不同，可分为自然循环和机械循环系统两种；按供热干管敷设的位置不同，可分为上行下给、下行上给、中行上给、中行下给系统；按立管的数量，可分为双管式及单管式系统。

目前应用最广的是以热水和蒸汽作为热媒的集中采暖系统。这种系统首先在锅炉房利用燃料燃烧产生的热量将热媒加热成热水或蒸汽，再通过输热管道将热媒输送至用户。

图12-1为机械循环上行下给双管式热水供暖系统示意图。热水供暖系统中全部充满水，依靠电动离心式循环水泵所产生的动力促使热水在管道系统内循环流动。从循环水泵出来的水注入热水锅炉，水在炉锅中加热（一般从锅炉出来的水温90℃左右），经供热总立管、干管、立管、支管，输送到建筑物内各采暖房间的散热器中散热，使室温升高。热水在散热器中放热冷却（一般从散热器出来的水温为70℃左右），又经回水支管、立管、干管，被循环水泵抽回再注入锅炉。热水在系统的循环过程中，不断地从锅炉中吸收热量，又不断地在散热器中将热量放出，以维持室内所要求的温度，达到供暖之目的。

在此采暖系统中，有两根立管（供热立管、回水立管），立管上连接的散热器均为并联，故称为**双管并联系统**；且供热干管位于顶层采暖房间的上部，回水干管位于底层采暖房间的下部，故又称为“**上供下回**”。在该系统中，供热干管沿水流方向有向上的坡度，并在供热干管的最高点设置集气罐，以便顺利排除系统中的空气；为了防止采暖系统的管道因水

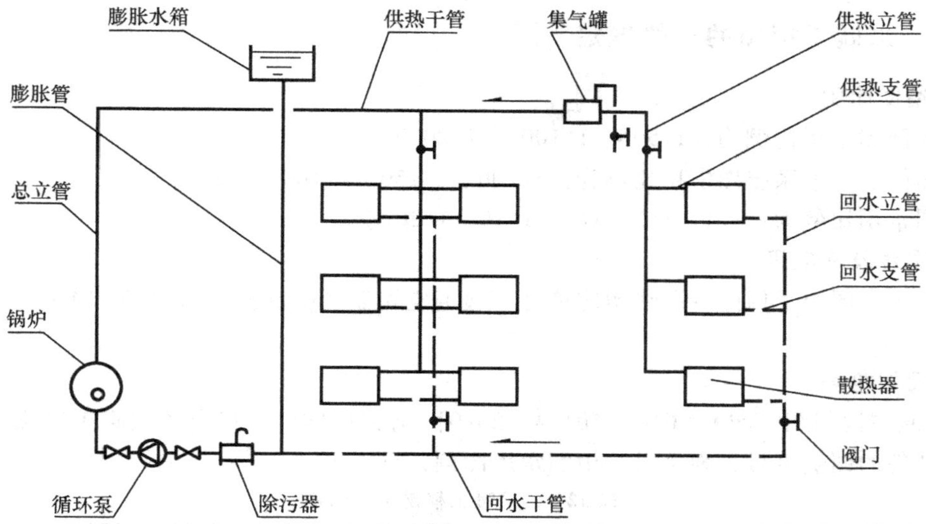

图 12-1　机械循环上行下给双管式热水供暖系统示意图

被加热体积膨胀而胀裂，在管道系统的最高位置，安装一个开口的膨胀水箱，水箱下面用膨胀管与靠近循环水泵吸入口的回水干管连接。在循环水泵的吸入口前，还应安装除污器，以防止积存在系统中的杂物进入水泵。

12.1.2　采暖工程图的特点

1）采暖工程中所表示的管道和设备，一般均采用统一的图例表示。采暖管道一般采用单线表示，根据管道的作用不同而采用不同的线型；管道坡度无需按比例画出（画成水平），管径及坡度均用数字注明。采暖设备采用《暖通空调制图标准》（GB/T 50114—2010）中的规定图例符号表示。

2）采暖工程图中的平面图、详图等图样均采用正投影法绘制。

3）采暖管道的敷设与设备安装离不开房屋建筑，画图时必须将与采暖系统有关的建筑图部分一并画出，以表明管道与设备在房屋中的位置。系统中设备的安装、管道敷设应与建筑施工图相互配合，尤其在预留孔洞、预埋件、管沟等方面对土建的要求须在图样上明确表示和注明。

4）采暖系统的管道纵横交错，在平面图上难以表明它们空间的走向。为了看清管道的空间联接情况和相互位置，通常采用斜轴测投影画出管道系统的立体图，即管道系统轴测图。采暖系统图宜按 45°正面斜轴测投影法绘制，管道布置方向应与平面图一致，并按相同比例绘制。局部管道按比例绘制不易表达清楚时，该处可不按比例绘制。

5）采暖管道中的热水或蒸汽都有一个来源，按一定的方向在管道中流动。如热水供暖系统，在锅炉将冷水加热，经供热总立管、供热干管将热水分配到各立管、支管，最后进入散热器。热水在散热器放热后，冷却的水经回水支管、立管、干管重新回到锅炉加热。掌握这一循环过程，在识读采暖工程图时就能很容易读懂图样。

12.1.3 采暖工程图的一般规定

1. 绘图比例

总平面图常用比例为：1∶500、1∶1000、1∶2000。

平面图、管道系统图常用比例为：1∶200、1∶150、1∶100、1∶50。

详图常用比例为：1∶1、1∶2、1∶5、1∶10、1∶20 等。

2. 图线及其应用

采暖工程图中采用的各种线型应符合《暖通空调制图标准》（GB/T 50114－2010）中的规定。

3. 图例符号

《暖通空调制图标准》（GB/T 50114－2010）国家标准中，规定了采暖工程图中常用的设备、部件的图例符号，现摘录其中的常用图例，见表 12-1。

表 12-1 采暖工程常用的图例

名　称	图　例	备　注
闸阀	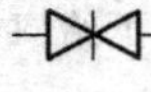	
阀门（通用）、截止阀		
球阀		
角阀		
膨胀阀		
平衡阀		
三通阀		
节流阀		
减压阀		左高右低
安全阀		左图为通用，中为弹簧安全阀，右图为重锤安全阀
止回阀	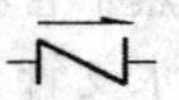 或 	左为通用，右为升降式，流向同左
浮球阀		

（续）

名　称	图　例	备　注
补偿器	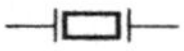	
套管补偿器	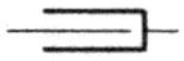	
方形补偿器	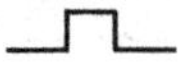	
弧形补偿器		
波纹管补偿器	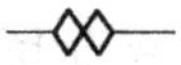	
球形补偿器		
散热器及手动放气阀	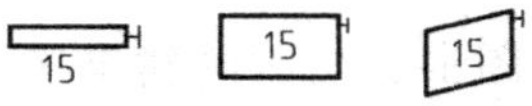	左为平面图画法，中为剖面图画法，右为系统图画法
介质流向	或 	在管道断开处时，流向符号宜标注在管道中心线上，其余可同管径标注位置
坡度及坡向	$\underrightarrow{i=0.003}$ 或 $\longrightarrow i=0.003$	坡度数值不宜与管道起、止点标高同时标注。标注位置同管径标注位置
自动排气阀		
水泵	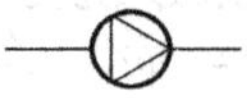	
疏水器		
变径管（异径管）		
活接头或法兰连接	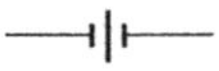	
可屈挠橡胶软接头		
金属软管		
伴热管		
保护套管		
固定支架	 	

12.2 室内采暖平面图

12.2.1 采暖平面图

采暖平面图主要反映供热管道、散热设备及其他附件的平面布置情况以及与建筑物之间的位置关系。

1. 采暖平面图的表达方法

(1) 采暖平面图　在管道系统之上，作水平剖切后的水平投影图。

(2) 平面图的数量　在多层建筑中，若为上供下回的采暖系统，则须绘出一层平面图和顶层平面图；对中间楼层，当散热器和采暖管道系统的布置及相应位置，散热器的型号、规格相同时，可绘一幅楼层，即标准层采暖平面图。当各层的建筑结构和管道布置不相同时，应分层表示。

(3) 采暖平面图　在采暖平面图中所绘制的建筑平面图，仅作为管道系统各组成部分的平面布置的定位基准，因此，一般只抄绘房屋的墙身、柱、门窗洞、楼梯等主要构配件，至于房屋的细部、门窗代号等均可略去。在采暖平面图中，所有的墙、柱、门窗等均用细实线表示。为使土建施工与管道设备的安装一致，在各层管道平面图上，均需标明定位轴线，并在底层平面图的定位轴线间标注尺寸；同时，还应标注出各层平面图上的有关标高。

(4) 采暖管道的画法　绘制采暖平面图时，各种管道无论是否可见，一律按《暖通空调制图标准》(GB/T 50114－2010) 中规定的线型绘制。供热干管用**粗实线**绘制，供热立管、支管用**中粗实线**绘制，回水干管用**粗虚线**绘制，回水立管、支管用**中粗虚线**绘制。在底层平面图上应绘制供热入口、回水出口的位置，总立管、干管、立管、支管的位置及连接情况。在标准层采暖平面图中主要反映立管与支管间的连接情况。

管道转向、连接的表示方法如图 12-2 所示。管道交叉的表示方法如图 12-3 所示。

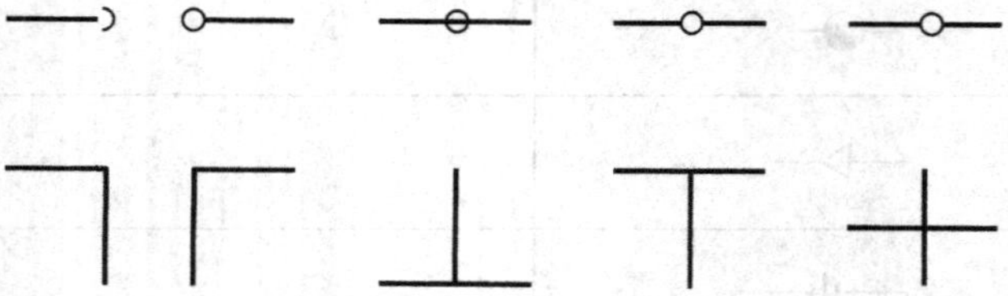

图 12-2　管道转向、连接的表示法

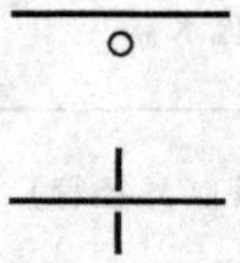

图 12-3　管道交叉的表示法

管道如在本图幅内中断，转至其他图幅时的表示方法如图 12-4 所示。管道由其他图幅引来时的表示方法如图 12-5 所示。

图 12-4　管道中断的表示法

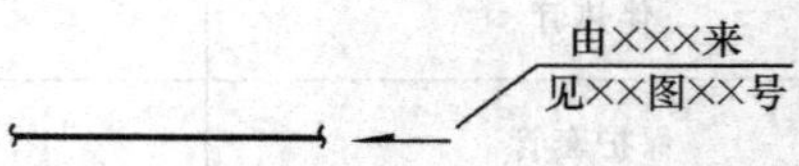

图 12-5　管道引来的表示法

（5）主要设备　散热器、集气罐、疏水器、补偿器等主要设备均为工业产品，不必详细画出，一般用中粗实线按表 12-1 图例表示。平面图上应绘制散热器的位置及与管道的连接情况，还应绘制管道上的阀门、集气罐、变径接头等设备的安装位置、地沟、管道支架的位置。

（6）尺寸标注　房屋的尺寸一般只需在底层平面图中标注出轴线间尺寸，另外要标注室外地坪的标高和各层地面标高。管道及设备一般均沿墙设置，不必标注定位尺寸。必要时，以墙面或柱面为基准标出。采暖入口的定位尺寸应标注管道中心至相邻墙面或轴线的距离。

平面图上应注明各管段的管径、坡度、立管编号、散热器的规格和数量，如图 12-6 所示。

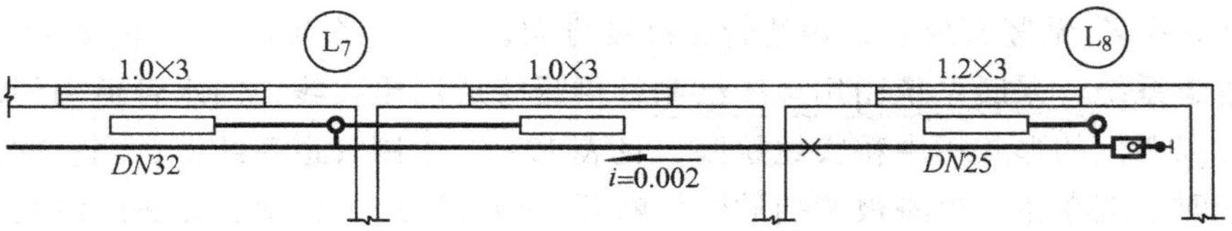

图 12-6　平面图中管径、坡度及散热器的标注方法

管道的管径尺寸应以 mm 为单位，焊接钢管应以公称直径“*DN*”表示，如 *DN*15、*DN*50 等；无缝钢管应以外径和壁厚表示，如 *D*114 ×5。

坡度宜用单面箭头加数字表示，数字表示坡度的大小，箭头表示下坡的方向。

散热器的规格及数量的标注方法：

1）柱式散热器只标注柱片数量；

2）光管散热器应标注管径、长度、排数。如：D108 ×3000 ×4 表示光管直径 108mm，管长 3000mm，共 4 排。

3）串片式散热器应标注长度、排数。如：1.0 ×3 表示串片长 1m，共 3 排。

4）散热器的规格、数量应标注在本组散热器所靠外墙的外侧，远离外墙布置的散热器直接标注在散热器的上方（横向放置）或右侧（竖向放置）。

（7）立管编号、采暖入口编号　采暖立管和采暖入口的编号应标注在距其较近的外墙外侧。采暖立管编号的表示法如图 12-7 所示。采暖入口编号的表示法如图 12-8 所示。

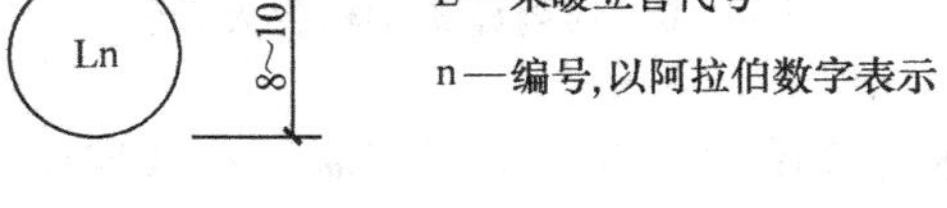

图 12-7　采暖立管编号表示法

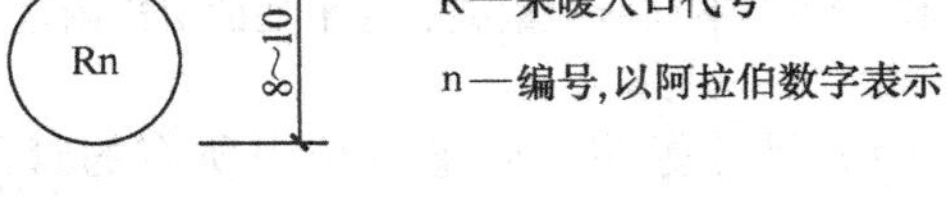

图 12-8　采暖入口编号表示法

2. 采暖平面图的绘图方法和步骤

1）用细实线抄绘建筑平面图。

2）用中实线画出采暖设备的平面布置。

3）绘制由干管、立管、支管组成的管道系统的平面布置。

4）标注轴线间尺寸、标高、管径、坡度、散热器规格数量，注写立管编号以及有关图例、文字说明等。

12.2.2 采暖系统图

采暖系统图是将采暖系统中的管道及其设备用正面斜轴测投影的方法绘制的立体图。主要表明采暖系统中管道及设备的空间布置与走向。

1. 采暖系统图的表达方法

（1）轴向选择与绘图比例　采暖系统图是依据采暖平面图绘制的，所以系统图一般采用与平面图相同的比例。采暖系统图宜采用正面斜二轴测或正等轴测投影法绘制。当采用正面斜二轴测投影时，O_1X_1 轴与房屋横向一致，处于水平方向；O_1Y_1 轴与水平线夹角为 45°，为房屋纵向；O_1Z_1 轴竖直放置，表达管道高度方向尺寸。三个轴向变形系数均为 1。

（2）管道系统　采暖系统图用单线绘制，供暖管道用**粗实线**，回水管道用**粗虚线**，采暖设备及部件以图例的形式用**中粗实线**绘制，见表 12-1。绘制管道系统时，当空间交叉的管道在图中相交时，应在相交处将被遮挡的管线断开。当管道过于集中，无法画清楚时，可将某些管段断开，引出绘制，相应断开处采用相同的小写拉丁字母注明，如图 12-9 所示。具有坡度的水平横管无需按比例绘制其坡度，而仍以水平线绘制，但应标注其坡度或另加说明。

（3）房屋构件的位置　为了反映管道和房屋的联系，系统图中还应绘制被管道穿越的墙、地面、楼面的位置，一般用细实线绘制，并加绘轴测图中的材料图例线，如图 12-10 所示。

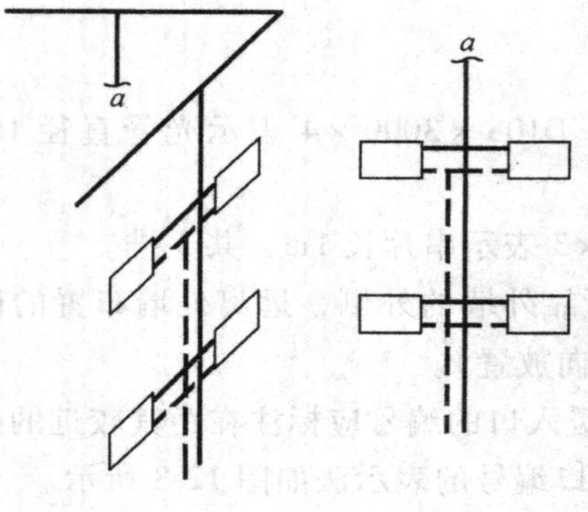

图 12-9　系统图中重叠、密集处的引出画法

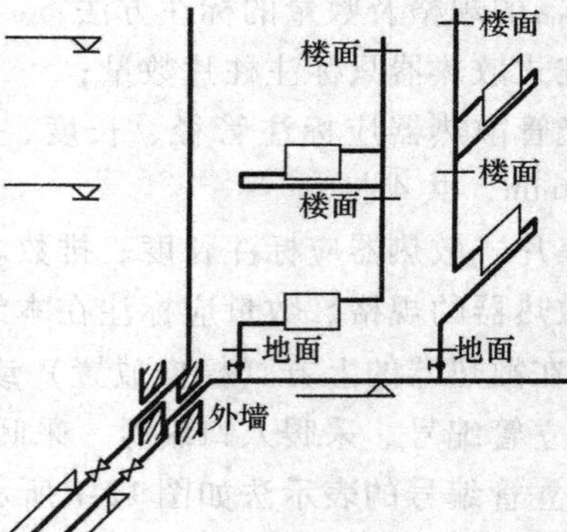

图 12-10　穿越建筑结构的表示法

（4）尺寸标注　管道系统中所有的管段均需标注管径，凡水平干管均需标注其坡度，还应标注管道和设备的标高、散热器的规格和数量及注写立管编号；此外，还需标注室外地坪的标高、室内地面标高、各层楼面的标高。

管道管径的标注方法如图 12-11 所示，水平管道的管径应注于管道的上方；倾斜管道的管径应标注管道的斜上方；竖管道的管径应注于管道的左侧；管道的变径处；当无法按上述位置标注管径时，可用引出线将管段管径引至适当位置标注；同一种管径的管道较多时，可不在图上标注，但应在附注中说明。

2. 采暖系统图的绘图方法和步骤

1）选择轴测类型，确定轴测轴方向。

2）按比例绘制建筑物楼层地面线。

3）根据平面图上管道的位置绘制水平干管和立管。

4）根据平面图上散热器安装位置及设计高度尺寸绘制各层散热器及散热器支管。

5）按设计位置绘制管道系统中的控制阀门、集气罐、补偿器、变径接头、疏水器、固定支架等。

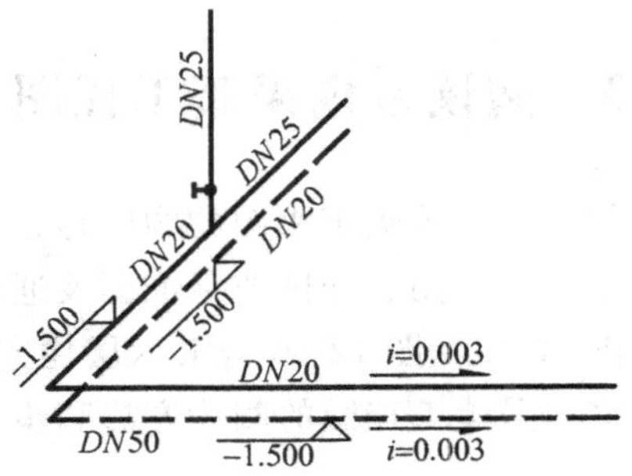

图 12-11　管道管径、标高尺寸的标注位置

6）绘制管道穿越建筑物构件的位置，特别是供热干管与回水干管穿越外墙和立管穿越楼板的位置。

7）标注管径、标高、坡度、散热器规格数量、其他有关尺寸以及立管编号等。

12.2.3　详图

由于平面图和系统图所用比例小，管道及设备等均用图例表示，它们的构造及安装情况均不能表达清楚，因此需要按较大比例画出构造安装详图。

采暖系统中的详图有标准详图和非标准详图，对于标准详图可查阅标准图集，如集气罐、支架、水箱等。对于平面图、系统图表示不清楚，而又无标准详图可套用的，要根据实际工程另绘详图。散热器安装详图如图 12-12 所示。

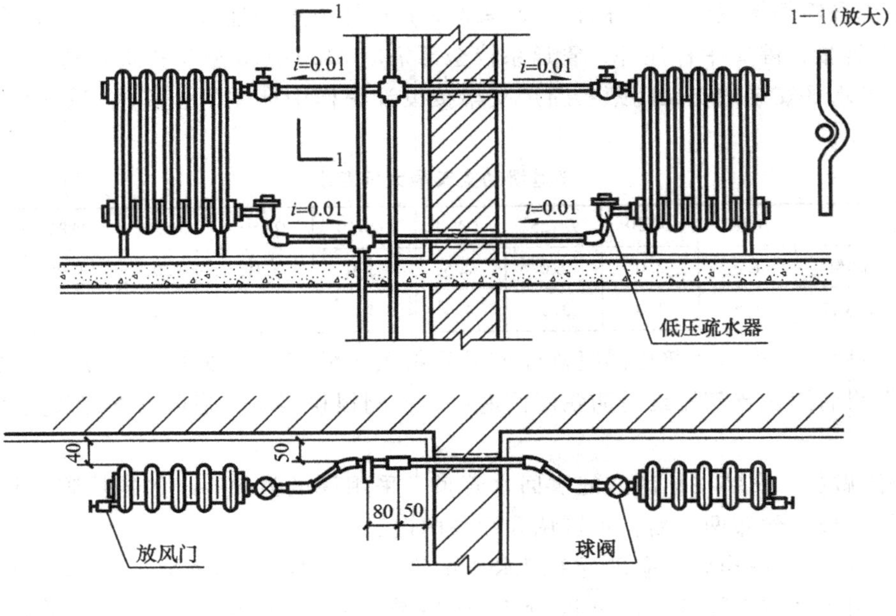

图 12-12　散热器安装详图

12.3 阅读室内采暖工程图

阅读室内采暖工程图的顺序是：首先阅读设计施工说明，然后再依次阅读室内采暖平面图、采暖系统图、详图或标准图及通用图。

图 12-13～图 12-16 为某六层住宅楼的室内采暖工程图，下面以该住宅采暖工程图为例，说明室内采暖工程图的阅读方法和步骤。

12.3.1 阅读设计施工说明

采暖工程图的设计施工说明是整个采暖工程中的指导性文件，通常阐述以下内容：采暖室内外计算温度；采暖建筑面积，采暖热负荷，建筑平面热指标；建筑物采暖入口数，各入口的热负荷，压力损失；热媒种类、来源，入口装置形式及安装方法；采用何种散热器，管道材质及连接方式；采暖系统防腐、保温作法；散热器组装后试压及系统试压的要求。其他未说明的各项施工要求应遵守什么规范及有关规定等。

本例设计说明如下：

采暖工程图设计施工总说明

1）采暖室外计算温度 $t_w = -23℃$；采暖室内计算温度 $t_n = 18℃$。

2）采暖建筑面积 $F = 1036.8\text{m}^2$；采暖热负荷 $Q = 67910.4\text{W}$；建筑平面热指标 $q = 65.5\text{W/m}^2$。

3）采暖热媒为供水水温 =95℃，回水水温 =70℃的低温热水。散热器采用 760 型铸铁散热器，散热器底距楼板或地面 150mm。

4）系统采用焊接钢管，公称直径 $DN \leq 32$mm 管件为丝扣连接，$DN > 32$mm 管件为焊接连接或法兰连接，除图中标注外，管道系统全部采用 Z15T—10 型丝扣式闸阀。

5）管道水平安装的支架间距：固定支架按设计图样中标注的位置施工；滑动支架应按下表规定施工。

管道滑动支架最大间距表

管道直径/mm		*DN*15	*DN*20	*DN*25	*DN*32	*DN*40	*DN*50	*DN*70	*DN*80	≥*DN*100
支架最大间距	保温	1.5	2.0	2.0	2.5	3.0	3.0	4.0	4.0	4.0
	不保温	2.5	3.0	3.5	4.0	4.5	5.0	5.0	6.0	6.0

6）防腐做法：管道及散热器组刷油前必须将其内外表面的铁锈、油污等杂物除净。散热器组、明设管道及支架刷红丹防锈漆两遍后，再刷银粉两遍。暗设的管道及支架刷红丹防锈漆两遍。

7）保温做法：安装在地沟内的供回水管道，采用厚度为 50mm 的岩棉管壳保温，外缠塑料布一层，玻璃丝布两层后，再刷调和面漆两遍。

8）散热器组装完毕后，应进行单组水压试验，以不小于 0.4MPa，2～3min 不渗不漏为合格。采暖系统安装完毕后，再进行 1.20 倍数系统工作压力的水压试验，且不小于 0.40MPa，10min 不渗漏，压力降不超过 10% 为合格。

9）其他未说明事项按《采暖与卫生工程施工及验收》（GBJ 242—1982）中有关规定执行。

12.3.2 阅读室内采暖平面图

阅读采暖平面图时，先观察热入口、供热总立管、干管、立管、回水干管、散热器的平面布置位置，再观察该采暖管道系统属何种布置形式，然后按热介质流向，以热入口 → 供热总立管 → 干管 → 各立管 → 回水干管 → 回水出口的顺序进行阅读。阅读时，应结合采暖系统图，读懂各部分的布置尺寸、构造尺寸及其相互关系。

1. 底层采暖平面图

图 12-13 所示为住宅底层采暖平面图，从图中可以看到：采暖热入口在①轴与Ⓐ轴交点的右侧引入室内，然后与建筑物内供热总立管相接。图中粗虚线表示回水干管，回水干管起始端在住宅的西北角的居室内，管径为 *DN*25，回水干管上设有 4 个变径接头，其中有两个变径接头分别设置在北侧外墙②轴和⑨轴处，另一变径接头设在南侧外墙⑦和②轴处，回水干管的管径随着流量的变化，沿程逐渐增加，在靠近出口处管径为 *DN*50；根据坡度标注符号可知，回水干管均有 $i=0.003$ 的坡度且坡向回水干管出口。从图中还可以看出，回水干管上共有 3 个固定支架；在楼梯间内设有方形补偿器，在回水干管出口处装有闸阀。在采暖引入管与回水排出管之间设置的阀门为建筑物内采暖系统检修调试用。

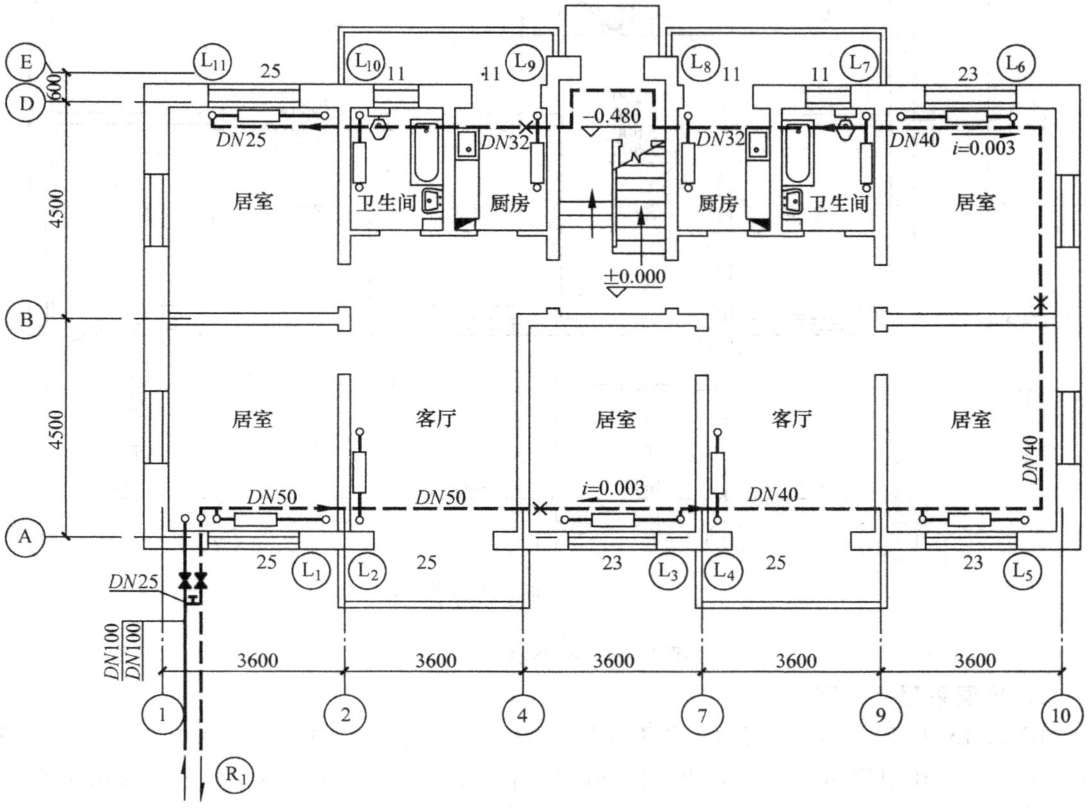

底层采暖平面图 1:100

图 12-13　底层采暖平面图

各居室散热器组均布置在外墙内侧的窗下，厨房、卫生间和客厅内的散热器组沿内墙竖向布置。每组散热器的片数都标注在建筑物外墙外侧靠近每组散热器安装位置处，散热器与供热立管的连接均为单侧连接。每根供热立管均标有编号，共有 11 根供热立管，由于采暖供热总立管只有 1 根，所以没有对其进行编号。

2. 标准层采暖平面图

从图 12-14 标准层采暖平面图中可以看到，其建筑结构与底层基本相同，散热器的布置位置、散热器与供热立管的连接方式、供热立管编号均与底层采暖平面图完全相同，二 ~ 五层各组散热器的片数均标注在建筑物外墙外侧靠近每组散热器安装位置处。

在标准层采暖平面图中不反映供热干管和回水干管，故在标准层采暖平面图中只画出散热器、散热器连接支管、立管等的位置。

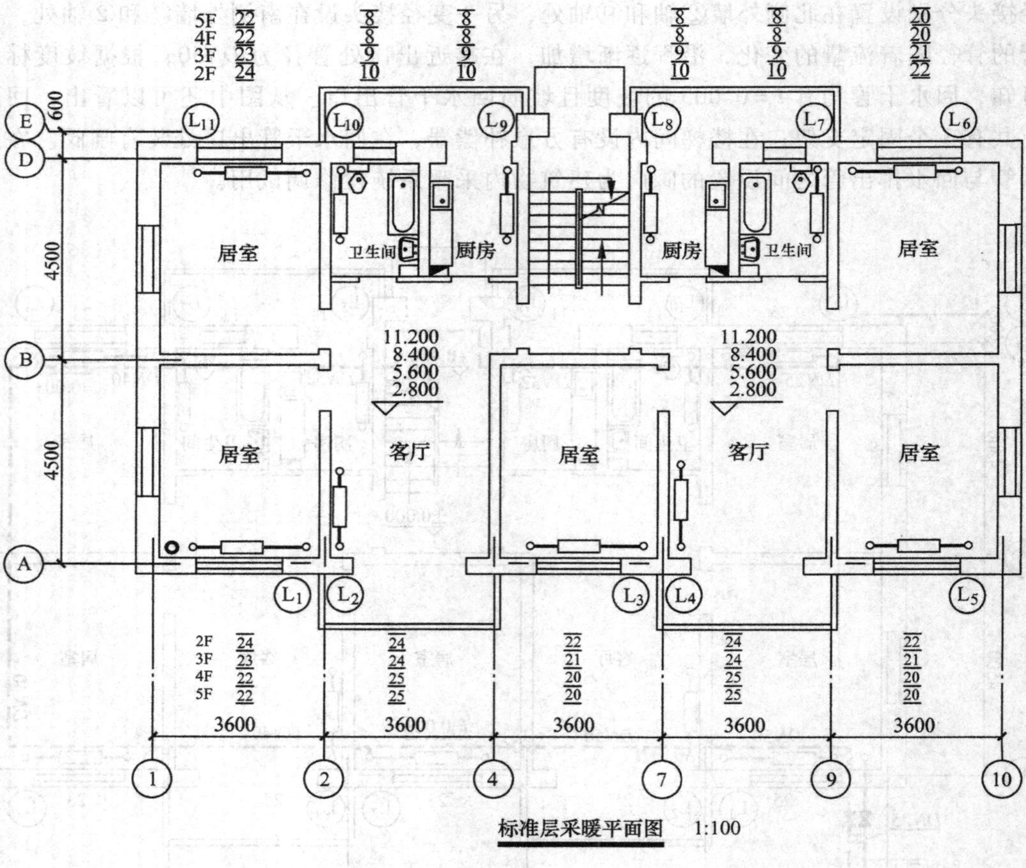

图 12-14 标准层采暖平面图

3. 顶层采暖平面图

图 12-15 为顶层采暖平面图，从图中可以看出，采暖供热总立管从底层经二、三、四、五层引入后，在顶层屋面板下分两个支路沿外墙敷设，第一支路，从供热总立管沿南侧外墙向东敷设至东侧外墙里侧，然后折向北至北侧外墙里侧又折向西至⑨轴，呈“⊐”形布置，在该供热干管的末端配有集气罐，管道具有 $i=0.003$ 的坡度且坡度坡向供热总立管。在该供热干管上设有两个变径接头，各管道的管径图中均已注明。此外，该供热干管上配有

两个固定支架。另一分支路从供水总立管沿西侧外墙敷设至北侧外墙里侧，然后折向东敷设至⑨轴。呈“匚”布置，其上配有集气罐、补偿器、变径接头、固定支架等设备，如图 12-14 所示。该供热干管的坡度 $i=0.003$，坡向供热总立管。

供水干管距外墙饰面之间的距离，在采暖平面图中仅为示意性绘出，其距离与楼层数、管径有关，见国家标准图集。供热干管与立管的连接，在平面图和系统图中也为示意地表示，其作法见国家标准图集。

顶层散热器的布置位置、散热器与供热立管的连接方式、供热立管编号均与底层采暖平面图相同。

通过上述阅读过程，可以知道，该住宅楼所采用的采暖方式为上行下给单管并联式供暖系统。

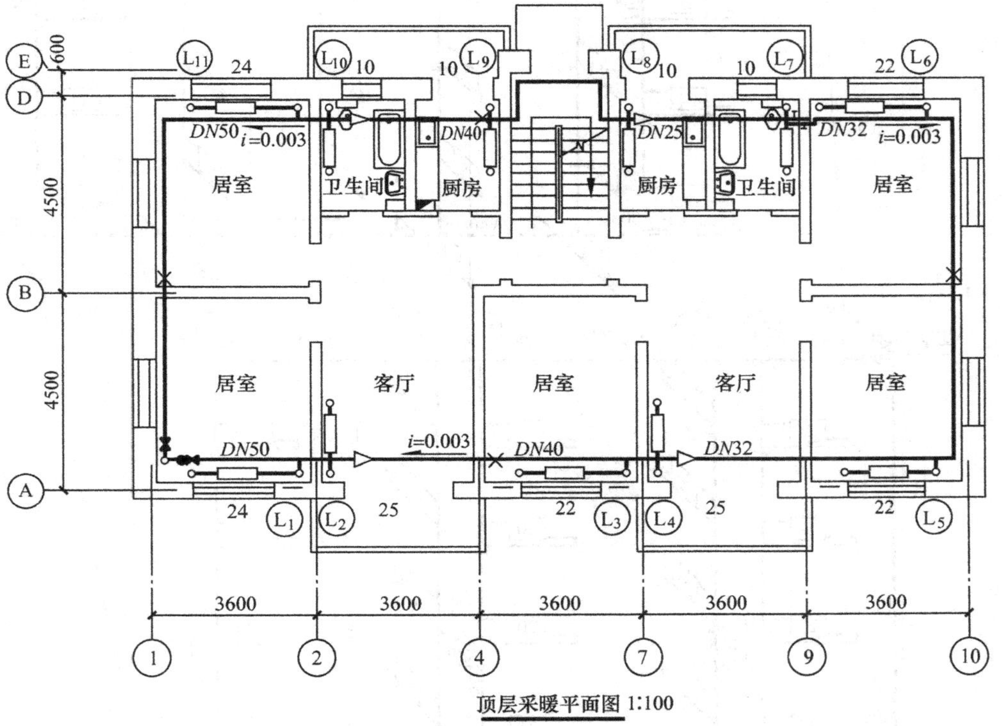

图 12-15　顶层采暖平面图

12.3.3　阅读采暖系统图

通过阅读采暖平面图，我们对建筑物内供热管网的布置及走向、采暖设备的平面布置、数量等有了比较清楚的了解，但还不能形成清晰完整的空间立体概念，对于采暖管道及设备的高度情况还需配合采暖系统图来加以说明。

图 12-16 所示为住宅的采暖系统图，结合图 12-13 ~ 图 12-15 采暖平面图可以看到，室外引入管（即采暖热入口）如图 12-17 所示，由本住宅①轴线右侧，标高为 -1.500m 处穿墙进入室内，然后竖起，穿越二、三、四、五层楼板到达六层顶棚下标高 16.3m 处，其管径为 *DN*70。在此处，总立管分别向东、向北各接一供热干管，管径均为 *DN*50。

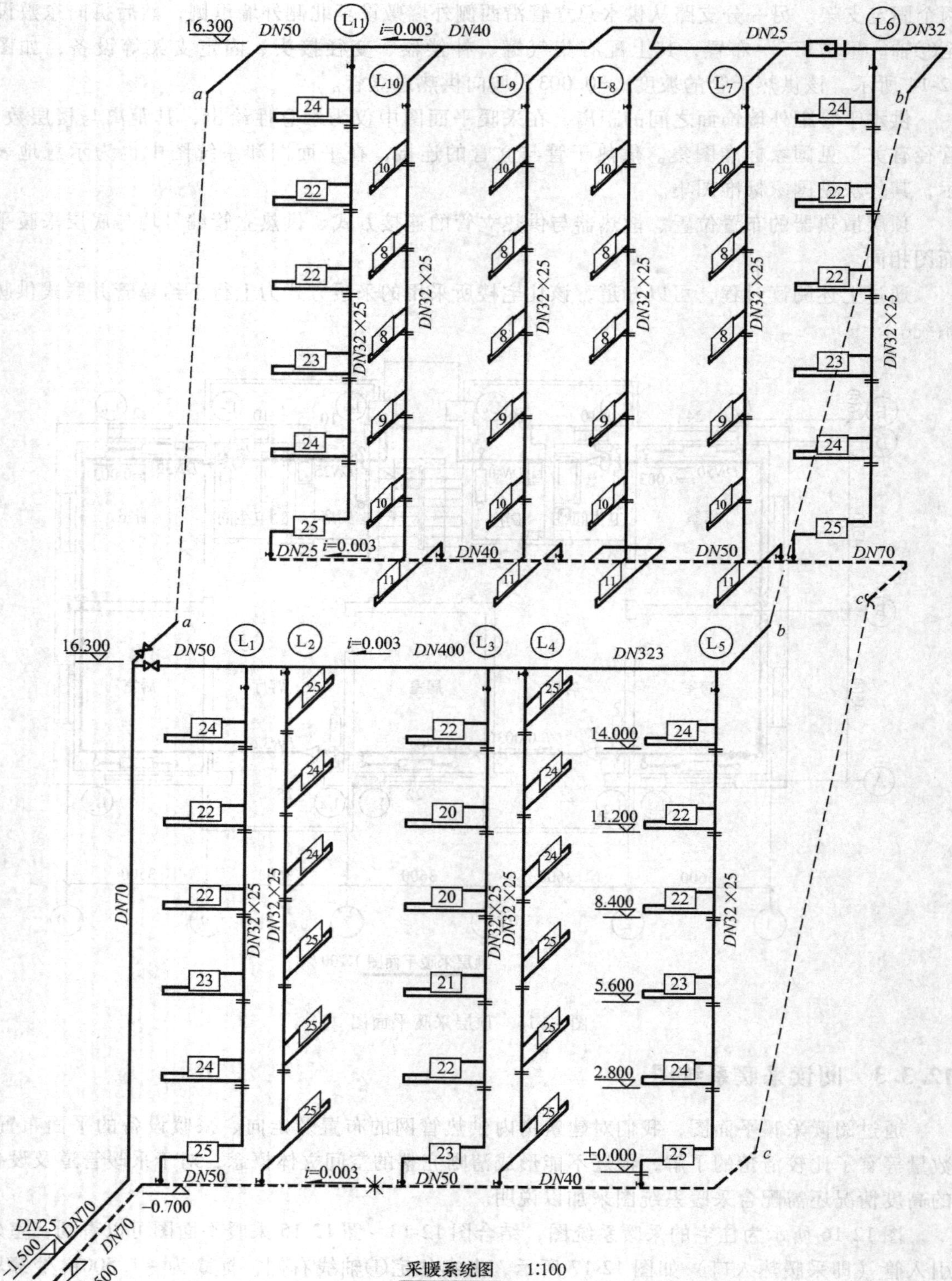

采暖系统图 1:100

图 12-16 采暖系统图

在此，首先阅读由西向东敷设的干管，供水干管始端装一截止阀，以便调节流量。供热干管由东往西沿Ⓐ轴墙内侧敷设，至⑩轴墙处折向南沿⑩敷设，至Ⓓ轴墙又折向东沿Ⓓ敷设至⑨轴墙止（见顶层采暖平面图），供热干管管径依次为 *DN*50、*DN*40、*DN*32，其中 *DN*32 为供热干管末端的管径。供热干管的坡度为 $i=0.003$，坡度坡向供热总立管。供热干管的末端且最高位置装一自动排气罐，以排除系统中的空气。供热干管上从①轴到⑩轴之间的管段和从Ⓐ轴到Ⓓ轴之间的管段的中间部位各设一固定支架，其作用是：均匀分配补偿器间管道的热变形，保证补偿器均匀工作，防止管道因受过大的热应力而引起管道破坏与过大的变形。

在该供水干管上依次连接六根立管，管径均为 *DN*32，与其相接的散热器支管的管径为 *DN*25。立管上下端均设有截止阀。在立管中，热水依次流经顶层、五层、四层、三层、二层、底层散热器到回水干管。与各立管连接的散热器均为单侧连接。回水干管从Ⓓ轴与①轴相交的墙角处起，在散热器下面自西往东沿Ⓓ轴墙在地沟内暗敷，至⑩轴墙处折向南沿⑩轴墙敷设，至Ⓐ轴后又转向西沿Ⓐ轴墙敷设，至回水排出管止。

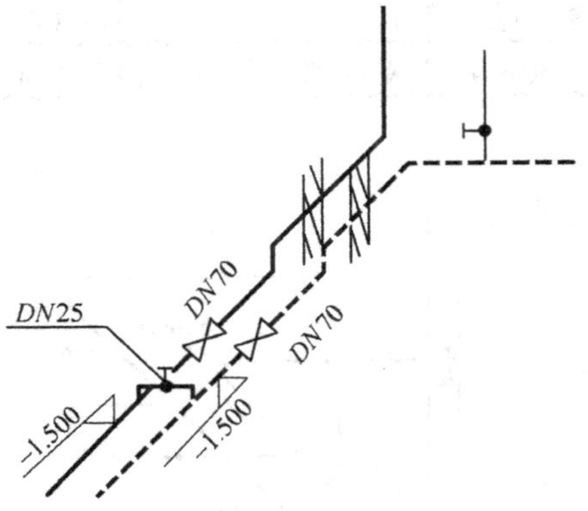

图 12-17　采暖系统图热入口

在回水干管上装有方形补偿器、变径接头、固定支架等设备，在图中均以用图例表明其安装位置。另外，回水干管具有 $i=0.003$ 的坡度，坡度坡向回水排出管。

由南向北敷设的供热干管上各环路的识读方法与上述相同。在该干管上装有方形补偿器，其作用是解决由于管道热胀冷缩而产生变形，致使管道弯曲和破裂的问题。

图中还注明了散热器的片数、各管段的管径和标高、楼层标高等。

图中建筑物南侧立管 $L_1 \sim L_5$ 与建筑物北侧立管 $L_6 \sim L_{11}$ 部分投影重叠，故采用移出画法，并用连接符号 *a*、*b* 和 *c* 示意连接关系。

室外采暖工程图的内容与室内采暖工程图的图示内容相似，这里不再叙述。

12.4　通风与空调工程图

12.4.1　概述

通风与空调工程是改善室内空气环境的一种手段。

通风即将室内被污染的空气直接或经净化后排至室外，把新鲜空气补充进来，从而保持室内的空气环境符合卫生标准和满足生产工艺的需要。

空调即用人工的方法使室内空气的温度、相对湿度、洁净度和气流速度等参数达到一定要求。**通风空调工程图**是表达通风空调设施的结构形状、大小、位置及有关设计施工要求的图样。

1. 通风与空调工程图的组成

通风与空调工程图由管道和设备布置平面图、剖面图、管道系统图、原理图、详图、设计说明及主要设备材料表等组成。设计说明中包括所采用的气象资料、工艺标准等基本数据；通风系统的划分方式、通风系统的保温、油漆等统一做法和要求。设备材料表即为风机、水泵、过滤器等设备的统计表。

在工程设计中，应依次表示图样目录、选用图集（样）目录、设计施工说明、图例、设备及主要材料表、总平面图、工艺图、系统图、平面图、剖面图、详图等。如单独绘图时，其图纸编号也应按上述顺序排列。

通风系统可分为送风系统与排风系统。**送风系统**由吸入外部空气的设备（进风口的百叶窗、进风室等）、空气处理设备（将空气过滤、加热或冷却、加湿等）、通风机、通风管道、风量调节装置和空气分布器等组成，如图 12-18 所示。

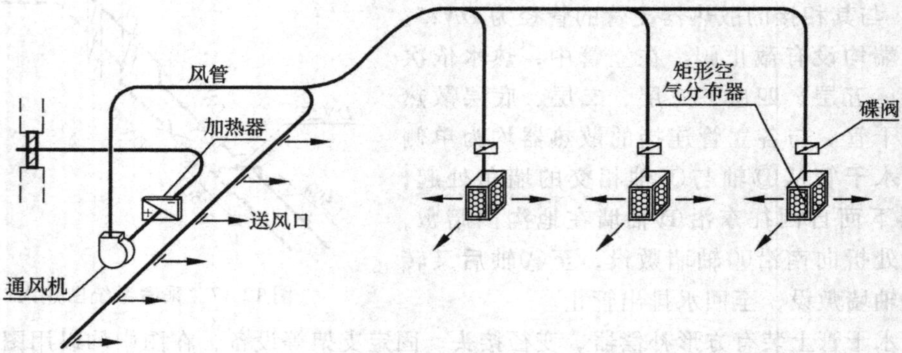

图 12-18　送风系统示意图

排风系统由吸气罩、排风管道、风量调节装置、通风机、除尘器和排风帽等组成，如图 12-19 所示。

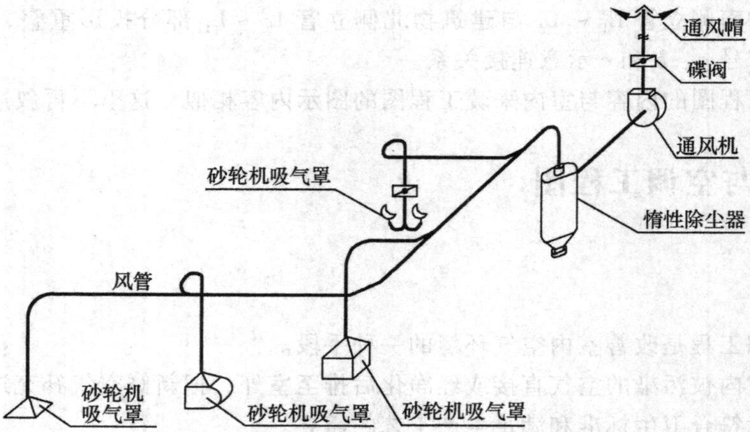

图 12-19　排风系统示意图

空调系统分全空气系统、空气—水系统、制冷剂系统等。对于全空气空调系统由处理空气、输送空气、在室内分配空气以及运行调节等四个基本部分组成。图 12-20 所示为全面机械通风空调系统示意图。该送风系统由新风口将室外新鲜空气送入空气处理室，空气在空气处理室内经过滤、加热、加湿等处理，由风机将处理后的空气送入风管，然后经送风口输送到各空调房间；同时，将室内的浊气由风机经回风口吸入空气处理室，经处理后一并送入送风管，输送到空调房间。

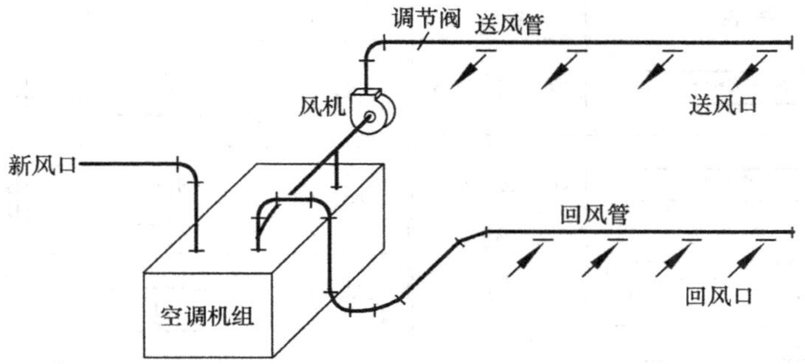

图 12-20　空调系统示意图

2. 通风与空调工程图的特点

1）通风与空调平面图、剖面图中风管一般采用**双线**绘制。通风与空调系统图中风管一般采用**单线**绘制，在平面图、剖面图和系统图中均需注明风管的断面尺寸。通风与空调设备、部件一般均采用图例符号表示。

2）管道和设备布置平面图、剖面图及详图以正投影法绘制。

3）管道系统图如采用轴测投影法绘制，宜采用与相应平面图相同的比例，按正等轴测或正面斜轴测的投影规则绘制。在不致引起误解时，管道系统图可不按轴测投影法绘制。通风与空调系统图一般用单线绘制。

4）通风与空调系统按空气流动方向可分为送风系统、排风系统和空调系统。

送风系统流程为：进风口→进风管道→空气处理室→通风机→主干风管→分支风管→送风口。

排风系统流程为：排气（尘）罩类→吸气管道→排风机→排风立管→风帽。

全空气空调系统流程为：新风口→新风管道→空气处理设备→送风机→送风干管→送风支管→送风口→空调房间→回风口→回风机→回风管道（同时接排风管道、排风口）→一、二次回风管道→空气处理设备等。掌握这一循环过程，在识读通风空调工程图时就能很快熟悉图样。

12.4.2　通风工程图的一般规定

1. 绘图比例

总平面图、平面图、管道系统图一般采用与建筑平面图相同的比例。

剖面图选用的比例宜为 1:200、1:150、1:100、1:50。

绘制详图的比例常用 1:1、1:2、1:5、1:10、1:20 等。

2. 图线及其应用

通风空调工程图中采用的各种线形应符合《暖通空调制图标准》（GB/T 50114－2010）中的规定。

3. 图例符号

《暖通空调制图标准》（GB/T 50114—2010）国家标准中，规定了通风与空调工程中常用的设备、部件的图例符号，现摘录其中的常用图例，见表12-2。

表12-2　通风与空调工程中的常用图例

名称	图例	备注
矩形风管		宽×高（mm）
圆形风管		φ直径（mm）
风管向上		—
风管向下	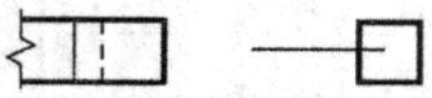	—
风管上升摇手弯	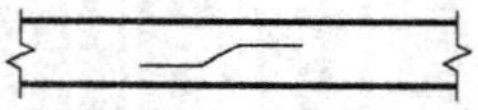	—
风管下降摇手弯	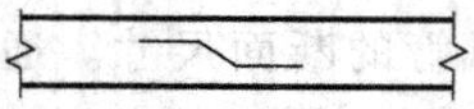	—
天圆地方	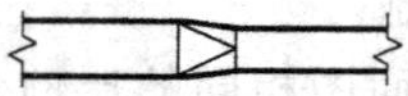	左接矩形风管，右接圆形风管
软风管	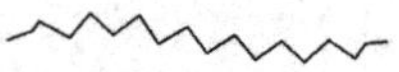	—
圆弧形弯头		—
带导流片的矩形弯头		—
消声器	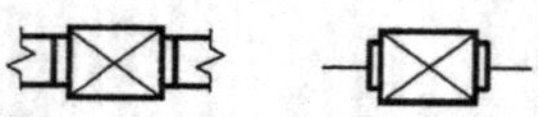	
消声弯头		—
消声静压箱		—
风管软接头	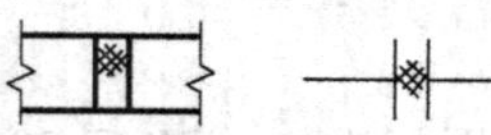	—
对开多叶调节风阀	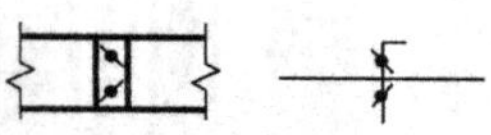	—

名称	图例	备注
蝶阀	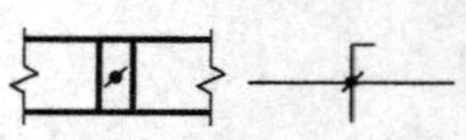	—
插板阀	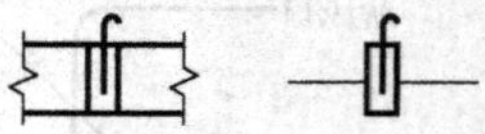	—
止回风阀	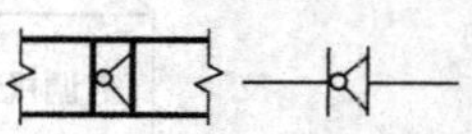	—
余压阀	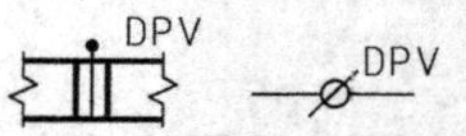	—
三通调节阀	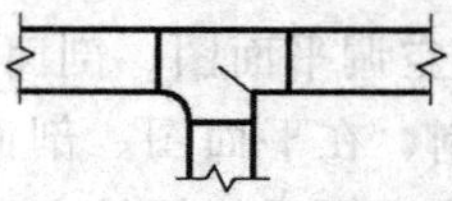	—
防烟、防火阀	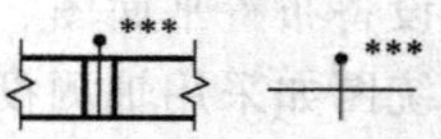	***表示防烟、防火阀名称代号
方形风口	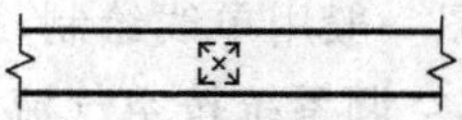	—
条缝形风口	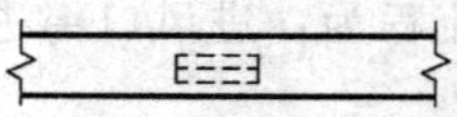	—
矩形风口	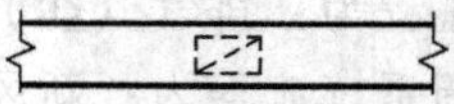	—
圆形风口	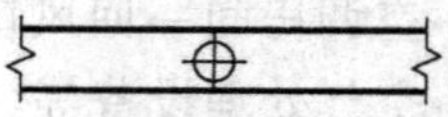	—
侧面风口	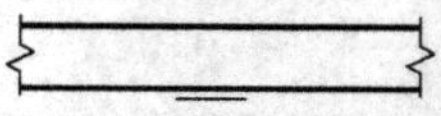	—
防雨百叶		—
检修门	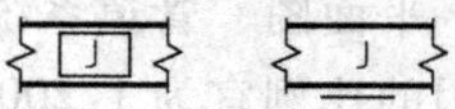	—
气流方向	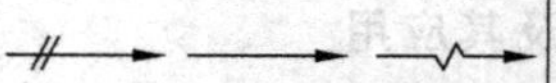	左为通用表示法，中表示送风，右表示回风
轴流风机	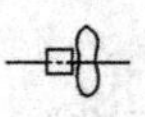	—

（续）

名称	图例	备注
轴（混）流式管道风机	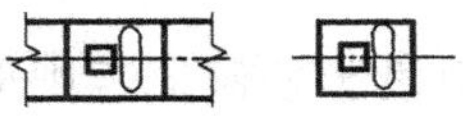	—
离心式管道风机	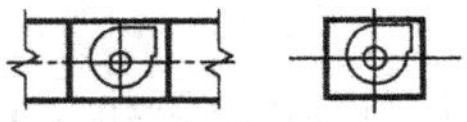	—
吊顶式排气扇		—
水泵	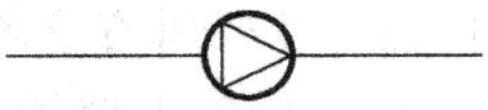	—
手摇泵		—
变风量末端	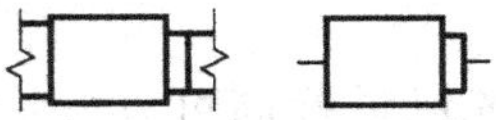	—
空调机组加热、冷却盘管		从左到右分别为加热、冷却及双功能盘管
空气过滤器	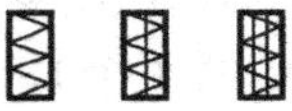	从左至右分别为粗效、中效及高效
挡水板		—
加湿器	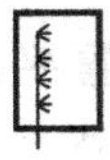	—
电加热器		—
板式换热器		—
立式明装风机盘管		—
立式暗装风机盘管		—
卧式明装风机盘管	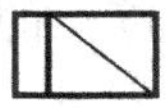	—
卧式暗装风机盘管	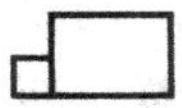	—
窗式空调器	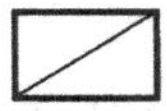	—
分体空调器	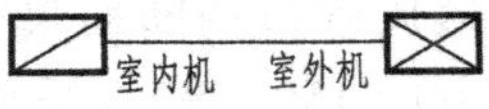	—
射流诱导风机	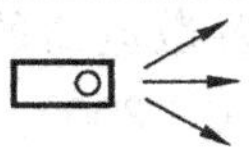	—
减振器		左为平面图画法，右为剖面图画法

12.4.3 通风与空调工程图的图示内容

1. 管道和设备布置平面图

管道和设备布置平面图主要表明通风与空调系统管道及设备、部件等的平面布置及连接形式，管道上送风口或排风口的分布及空气流动方向，通风空调设备、管道与建筑结构的定位尺寸，风管的断面或直径尺寸，管道和设备部件的编号，送风系统、排风系统、空调系统的编号等。

2. 管道和设备布置平面图的表达方法

1）管道和设备布置平面图应按假想除去上层楼板后俯视投影绘制，否则应在相应垂直剖面图中画出水平剖面的剖切符号。

2）管道和设备布置平面图的数量。管道和设备布置平面图有各层各系统平面图、空调机房平面图、制冷机房平面图等。

3）绘制建筑平面图的内容。在管道和设备布置平面图中，应用细实线绘出建筑轮廓线和与通风空调有关的梁、柱、平台、门、窗等建筑构配件，并注明相应定位轴线编号、房间名称、平面标高等。

4）通风与空调设备、管道的画法。通风与空调工程中风道、阀门及附件均按表 12-2 的图例绘制，用中实线画出其平面图形的外轮廓。以双线绘出风道、异径管、三通、四通、弯管、检查孔、测量孔、调节阀、防火阀、送风口、排风口的位置；注明风道及风口尺寸、空气处理设备轮廓尺寸；注明各设备、部件的名称、型号、规格；还应标出通风与空调设备、管道定位（中心、外轮廓、地脚螺栓孔中心）线与建筑定位（墙边、柱边、柱中）线间的定位尺寸。

风道的断面尺寸应以 mm 为单位，圆形风管的截面尺寸应以直径符号“ϕ”后跟以数值表示。矩形风管（风道）的截面定型尺寸应以“$A\times B$”表示。“A”为该视图投影面的边长尺寸，“B”为另一边尺寸。

风道的标高尺寸应以 m 为单位，平面图中无坡度要求的风道标高可以标注在风道截面尺寸后的括号内，如“ϕ32（2.50）”、“200×200（3.10）”。必要时，应在标高数字前加“底”或“顶”的字样，矩形风管所注标高未予说明时，表示管底标高；圆形风管所注标高未予说明时，表示管中心标高。如在剖面图中已标注了标高尺寸，则一般在平面图中也可省略标注。

图 12-21 为某研究所通风系统平面图的一部分，图中注明了各房间的名称、地面标高；标注出所有的通风管道的断面尺寸（如 250×250、320×320 等）和定位尺寸（如 1500、1160、360、1700、1500 等），采用国家标准规定的图例符号表示出对开多叶调节阀、防火阀的安装位置，以及散流器的规格尺寸和数量（散流器 250×300 共 4 个）；还注明了空调机组的轮廓尺寸（1500、800）和定位尺寸（1150、1050 等）。另外，在空调机房处有详图索引符号，表示另有空调机房详图详细地表达空调机房的尺寸、构造及做法。

风口、散流器的规格、数量及风量的表示方法如图 12-22 所示。

5）管道和设备布置平面图中需另绘详图时，应在平面图上标注索引符号。索引符号的画法如图 12-23 所示。右图为引用标准图或通用图时的画法。

6）管道的类别代号和管道系统编号。一个工程中有两个或两个以上的不同系统时，应进行系统编号。通风空调系统编号、入口编号由系统代号和顺序号组成。系统代号由大写拉丁字母表示，见表 12-3，顺序号用阿拉伯数字表示。当一个系统出现分支时，可采用图 12-24 的画法。

7）为方便读图，在底层平面图上，还应画出相应的图例符号、注写施工说明等。

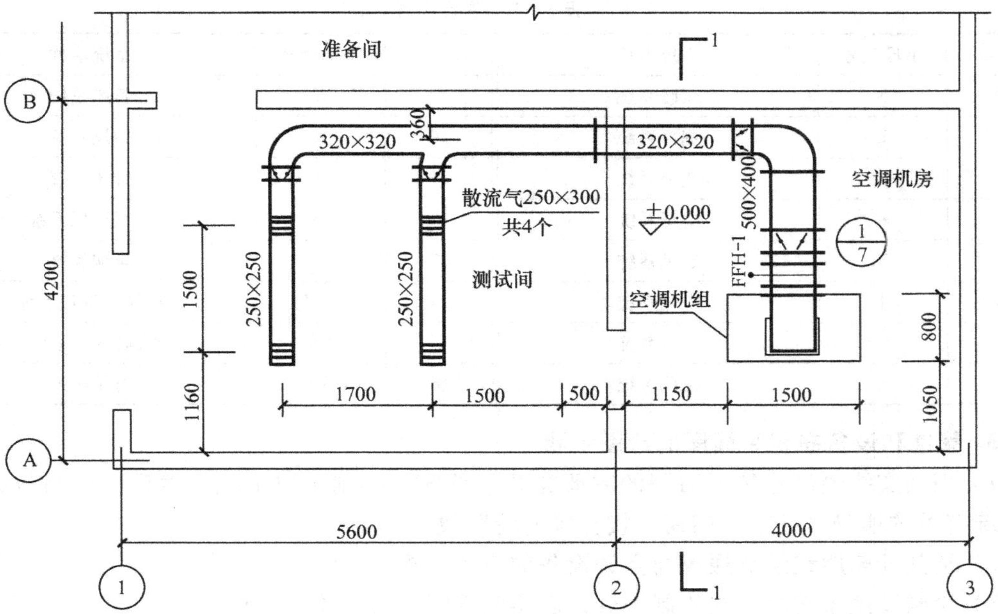

通风平面图1:100

图 12-21 通风平面图（局部）

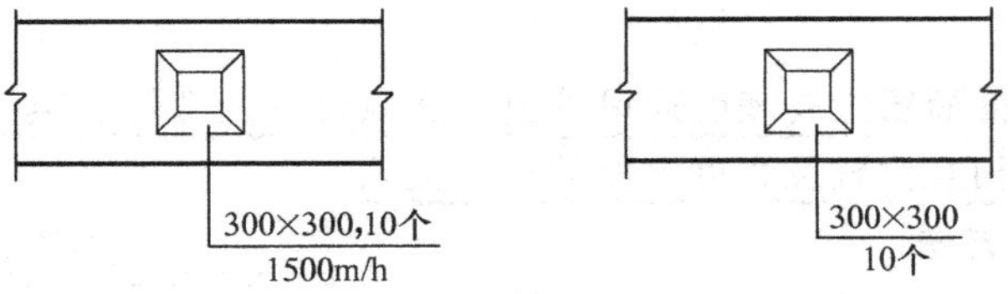

图 12-22 风口、散流器的表示方法

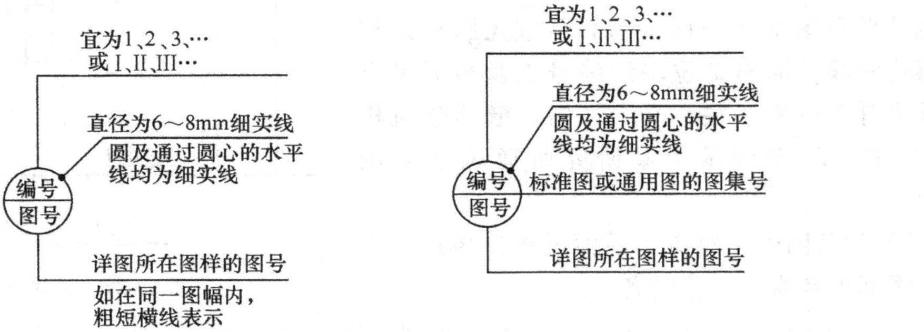

图 12-23 索引符号的画法

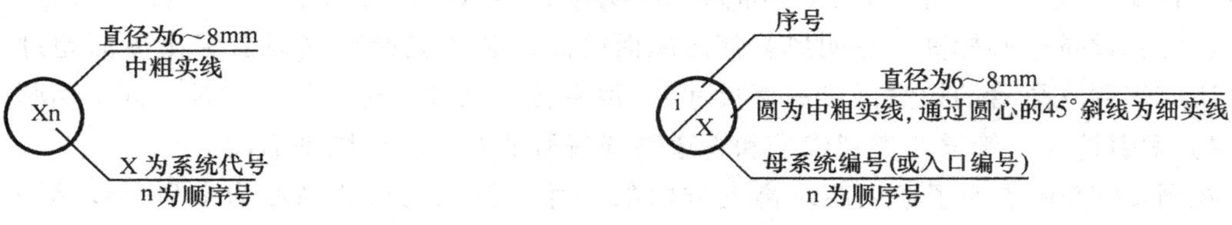

图 12-24 系统代号、编号的画法

表 12-3　系统代号

序号	字母代号	系统名称	序号	字母代号	系统名称
1	N	供暖系统	9	X	新风系统
2	L	制冷系统	10	H	回风系统
3	R	热力系统	11	P	排风系统
4	K	空调系统	12	JS	加压送风系统
5	T	通风系统	13	PY	排烟系统
6	J	净化系统	14	P（Y）	排风兼排烟系统
7	C	除尘系统	15	RS	人防送风系统
8	S	送风系统	16	RP	人防排风系统

3. 管道和设备布置平面图的绘图步骤

1）用细实线绘制建筑平面图的主要轮廓，首先，绘制定位轴线，然后，绘制与通风空调系统有关的墙身、柱子、门窗、楼梯等的轮廓线。

2）按其外轮廓线绘制通风与空调设备的布置位置。

3）绘制管道系统时，先绘制主管，后绘制支管，最后绘制风口。

4）标注尺寸与编号需标注建筑定位轴线间距、外墙长宽总尺寸、墙厚、地面标高、主要通风空调设备的轮廓尺寸、风道及风口尺寸、通风空调设备和管道的定位尺寸等。

12.4.4　剖面图

通风与空调工程剖面图主要表明通风管道、通风设备及部件在竖直方向的连接情况，管道设备与土建结构的相互位置及高度方向的尺寸关系。

1. 剖面图的表达方法

1）通风与空调系统剖面图应在其平面图上选择能反映系统全貌的部位垂直剖切，其画法与通风平面图基本一样。剖面图应先画出建筑剖面轮廓线，标出定位轴线编号以及与通风空调系统有关的梁、柱、平台、门、窗等建筑构配件。图 12-25 所示为某研究所通风剖面图（局部）。

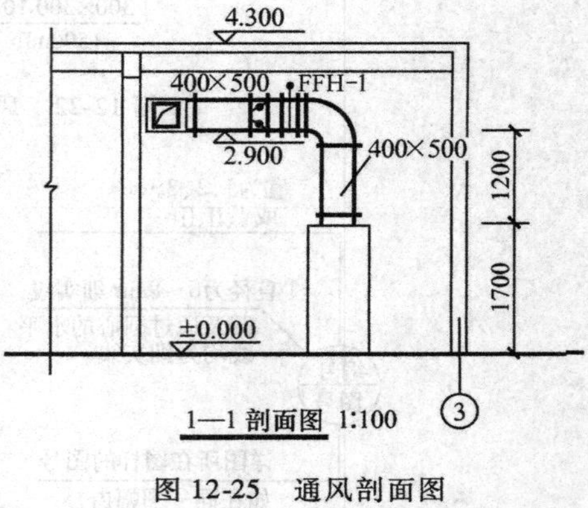

图 12-25　通风剖面图

2）剖面图中应对应于平面图画出风道、设备、零部件和有关工艺设备。

3）剖面图中应标注出风道、设备、零部件的位置尺寸和有关工艺设备的位置尺寸；注明风道直径（或截面尺寸）和风管标高；注明送、排风口的形式、尺寸、标高和空气流动方向；注明设备中心标高；注明风管穿出屋面的高度和风帽标高（风管穿出屋面超过 1.5m 时，还应表明立风管的拉索固定高度尺寸）。风管截面尺寸、标高尺寸的标注同平面图。

4）索引符号、管道的类别代号和管道系统编号的标注方法同平面图。

在图 12-25 中表明了通风系统高度方向的尺寸。新风入口的高度为 2.900m，新风管与空调机组相接的高度 0.500m；空调机组的高度为 1.700m；送风管底面标高 2.900m 等。此外与图 12-21 通风平面图对应画出了空调机组、风道、风口、防火阀、对开多叶调节阀、过滤器等通风空调设备的投影。图中还标注了建筑结构的有关标高尺寸。

2. 剖面图的绘图步骤

1）画出房屋建筑剖面图的主要轮廓线　其步骤是先绘出地面线（建筑物相对标高±0.000 线），再画定位轴线，然后画墙身、楼面、屋面、梁、柱，最后画楼梯、门窗等。除地面线用粗实线外，其他部分均用细实线绘制。

2）绘制通风空调系统的各种设备、部件和管线（双线），采用的线型与平面图相同。

3）标注必要的尺寸、标高。

12.4.5　系统图

通风空调管道系统图是把通风空调系统的全部管道、设备和部件用平行斜投影的方法绘制的立体图（即轴测图），以表明通风管道、设备和部件在空间的连接及纵横交错、高低变化等情况。

1. 管道系统图的表达方法

1）管道系统图宜采用与相应平面图相同的比例，按正等轴测或正面斜二轴测的投影规则绘制。在不致引起误解时，管道系统图可不按轴测投影法绘制。通风与空调系统图一般用单线绘制。

2）断开画法

系统图中的管线重叠、密集处，可采用断开画法。断开处宜以相同的小写拉丁字母表示，也可用细虚线连接，如图 12-26 所示。

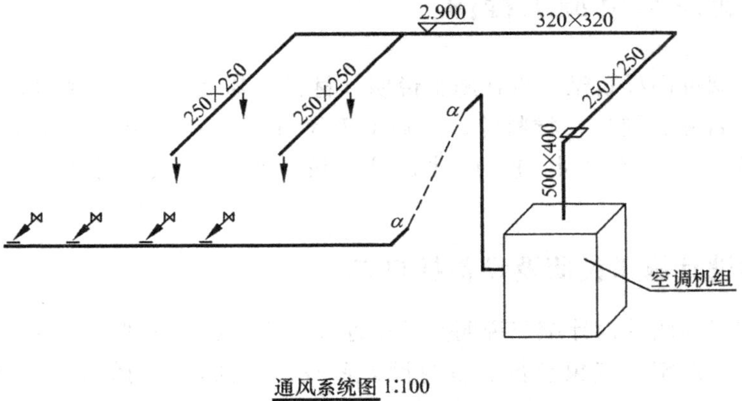

图 12-26　通风系统图（断开画法）

3）管道系统图应画出包括设备、管道及三通、弯头、变径管等配件；与管线连接处的法兰盘等完整的内容，并应按比例绘制。

4）系统图必须标注详尽齐全。主要设备、部件应注明编号，以便与平面、剖面图及设备表对照；还应注明管径、截面尺寸、标高、坡度（标注方法与平面图相同），管道标高一般应标注中心标高。如所注标高不是中心标高，则必须在标高字符下用文字加以说明。

2. 管道系统图的绘图步骤

1）确定轴测轴方向。

2）画出风道干管和主要通风空调设备的轴测图。

3）画出支管、部件和配件等。

4）进行编号和标注尺寸。

12.4.6 详图

通风与空调工程图详图包括构、配件的安装详图和加工详细，主要反映设备部位或局部风管的详细结构及尺寸。如空调器、过滤器、除尘器、通风机等设备的安装详图；各种阀门、检查孔、测定孔、消声器等设备部件的加工制作详图；风管与设备保温详图等。各种详图大多有标准图可供选用。绘制详图的比例常用 1:5、1:10、1:20 等。

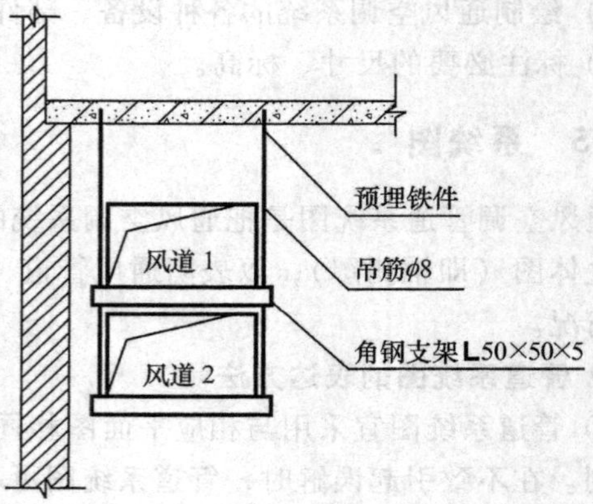

图 12-27 管道支架详图

图 12-27 所示为悬吊管道安装详图，从图中可以看出，在楼板上设有两个预埋铁件，风道 1 和风道 2 安装在角钢支架上，角钢的规格尺寸为 50×50×5。角钢支架是通过直径为 $\phi 8$ 的吊筋与预埋铁件连接。

12.5 阅读通风与空调工程图

读图时应先阅读图样目录、设计施工说明、材料设备表，了解工程性质，图样种类与数量，设备部件的名称、规格、材料等；然后对照平面图、剖面图、系统图、详图查找各设备、管道的对应关系、空间走向、尺寸标注，按介质（空气或水）的流动方向逐步阅读。

12.5.1 阅读设计施工说明及设备材料表

通风与空调工程图的设计施工说明是整个通风与空调施工中的指导性文件，通常阐述以下内容：通风与空调室外气象参数、室内设计参数；空调系统的划分、冷热指标与运行工况；管道的材料及安装方式、管道及通风空调设备的保温、风量调节阀和防火阀的选用与安装；空调机组的安装要求；系统调试的要求；其他未说明的各项施工要求应遵守什么规范的有关规定等。

<u>通风空调工程图设计施工总说明</u>

一、主要设计参数

1）空调室外计算温度：冬季 -26℃，夏季应逐时（从 0~23）计算。

2）空调室内计算温度：冬季 18~22℃，夏季 24~28℃。

3）室内相对湿度：冬季 $\phi=50\% \pm 10\%$，夏季 $\phi=60\% \pm 10\%$。

4）室内风速：冬季≤0.2m/s，夏季≤0.3m/s。

5）本项目空调总面积为233.3m^2，冬季设计热负荷为100W/m^2，夏季设计冷负荷为150W/m^2。

二、通风管道施工说明

1）本设计的空气调节形式为集中式、全空气、一次回风系统。

2）通风管道标高均以m计，其他尺寸以mm计，管道标高均为通风管道管底标高。

3）管道安装及验收应严格执行《GBJ 235—1988 工业管道工程施工及验收规范》。

4）风管材料采用优质镀锌钢板滞作，厚度及加工方法按GB 50243—1997规范的规定确定。

5）风管与设备、风口间的相接处，应设置$L=100\sim200$mm的无纺布软管连接；软接的接口应牢固，严密，且光面朝内，管道法兰连接处，采用闭孔海绵橡胶板，厚度5mm。

6）水平或垂直的风管，须设置吊架，其构造形式由安装单位在保证牢固，可靠的原则下根据现场实际情况选定。

7）风管吊架应设置于保温层的外部，并在其间镶以垫木。应避免在法兰、测孔、风阀等处设置支吊托架。风管法兰、吊架应刷防锈漆两遍。

8）安装风阀等配件时，注意将操作手柄配置在便于操作的地方。

9）防火阀的安装方向应正确，同时应事先检验其外观质量动作灵活可靠之后方可安装。防火阀须单独配置支吊托架。

三、机组安装说明

1）安装前应检查其功能是否与设计相符，内部的部件应保证完好，对有损伤的部位应予以修复，各阀门启动灵活。

2）机组安装完毕后，清除内外杂物，检查其密闭性，各阀门调节机构的灵活性，各固定部件的紧固程度。

四、施工需遵守以下规范

1）《通风与空调工程施工及验收规范》（GBJ 243—1982）。

2）《工业管道工程施工及验收规范》（GBJ 235—1982）。

3）《现场设备、工业管道焊接工程施工及验收规范》（GBJ 236—1982）。

五、其他

1）设计尺寸若与现场不符，请根据实际情况协商解决。

2）施工中请注意与其他专业间的密切配合。

3）设备及主要材料表，见表12-4。

材料表主要表示通风与空调工程图中各种通风空调设备、元件的名称、规格型号及数量等数据和资料。

表12-4　设备及主要材料表

序号	名　称	型号及技术性能	单位	数量	备注
1	空调机组	LFD15HP 制冷量 42-DW	台	1	K—1
2	矩形防火阀	FFH-1　800×400	个	1	
3	矩形防火阀	FFH-1　500×400	个	1	

（续）

序号	名　称	型号及技术性能	单位	数量	备注
4	对开多叶风量调节阀	FT-19#　500×400	个	1	
5	对开多叶风量调节阀	FT-6#　200×200	个	3	
6	对开多叶风量调节阀	FT-11#　200×320	个	1	
7	防水百叶风口	FK-54　500×400	个	1	
8	矩形散流器	360×480	个	5	
9	单层百叶风口	500×400	个	4	
10	单层百叶风口	200×200	个	3	
11	单层百叶风口	320×200	个	1	
13	单层百叶风口	400×200	个	2	
14	风口调节阀	FK-11　360×480	个	4	
15	消声弯头	VKW-118#　800×400	个	1	

12.5.2　阅读通风空调平面图

图 12-28～图 12-30 为某宾馆通风与空调的（部分）施工图。包括：二层空调平面图、1—1 剖面图、2—2 剖面图、二层空调系统图。另外还附有表 12-4、表 12-5 等。

阅读通风空调平面图时，需要将平面图、剖面图对应分析，综合阅读。读图的顺序可按气流方向进行。

1. 了解建筑物的土建情况

从图 12-28 某宾馆二层通风空调平面图中可以看出，空调机房设在建筑物的西北角，此层建筑平面有一个休息大厅、一个活动室和三个包房均设有空调设备。

2. 空调机房的管道和设备

该空调系统采用集中式空调，空调机组集中安置在空调机房内。新风由空调机房的防水百叶风口 7、对开多叶风量调节阀 4，自北向南敷设一段距离后折向下再向东将新风送入空调机组 1。新风管的截面尺寸为 500mm×400mm，定位尺寸距①轴 400mm，与空调机组相接的风管截面尺寸为 1636mm×500mm，如 2－2 剖面图。空气在空调机内经过过滤、加湿、加热、冷却等处理后，由机组上方出口与送风管道相连，然后送至各空调房间。

3. 送风管道的敷设及送风口的配置

在送风管道始端装有防火阀 2，自西向东敷设的送风管道，截面尺寸为 1250mm×250mm，距Ⓒ轴线为 1700mm，送风管道在休息大厅内的管段装有四个矩形散流器，散流器间距 2300mm；送风管进入包房走廊前管径变小，截面尺寸为 630mm×250mm，管中心距Ⓔ的定位尺寸为 900mm。在该管段上接有三个截面为 200mm×200mm 和一个 200mm×320mm

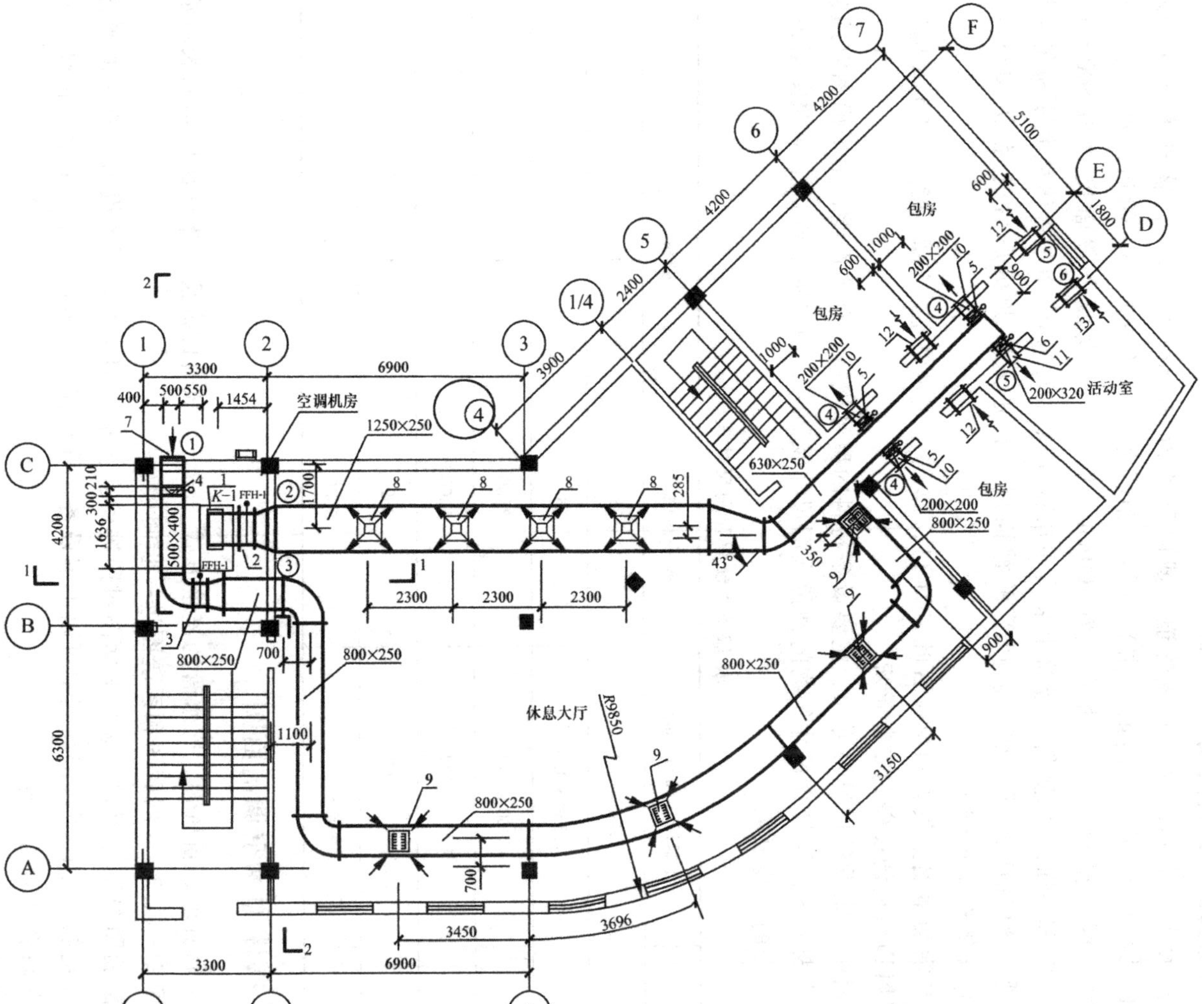

二层空调平面图 1∶100

图 12-28 通风空调平面图

支风管，支风管的定位尺寸已在平面图上标出，在三个 200mm×200mm 的支风管上各装有对开多叶风量调节阀 5 和单层百叶风口 10，分别向三个包房送入空调机组处理后的空气，通向活动室的支风管管径为 200mm×320mm，并装有对开多叶风量调节阀 6 和单层百叶风口 11。

4. 回风管道的附设及回风口的配置

在休息大厅的南侧，设有回风管道，截面尺寸为 800mm×250mm，该管道从⑤轴左（西侧）Ⓓ轴处由后（北）向前（南）敷设，距⑤轴尺寸为 900mm，然后，沿Ⓐ轴由右（东）向左（西）敷设，距Ⓐ轴尺寸为 700mm。回风管下设四个截面尺寸为 500mm×400mm，如 2—2 剖面图的竖管，竖管上装有单层百叶风口 9，其作用是将休息大厅和包房与活动室内排出浊气吸入回风管，回风管的截面尺寸在进入空调机房后变径为 500mm×400mm，并设矩形防火阀 3。

包房与活动室墙上设置的单层百叶风口 11，12 的作用是将室内的部分空气排至走廊内。

5. 了解通风空调设备的安装情况

由平面图对照设备材料表可知：主要设备材料的型号规格及有关性能；由平面图对照预留孔洞尺寸表可知：风管穿过建筑物的预留孔洞尺寸及数量；由平面、剖面图对照图纸说明可知：该工程的安装要求。

表 12-5　预留孔洞尺寸表

编号	孔洞尺寸/mm×mm	洞底距地高度/mm	数量	备注
①	500×400	7850	1	
②	1350×350	8500	1	
③	900×350	8500	1	
④	200×200	8000	3	
⑤	320×200	8000	4	
⑥	400×200	8000	1	

12.5.3　阅读通风空调剖面图

由于空调机组、新风管、回水管的连接方式，送、回风管的高度在平面图中均未表示清楚，可对照 1—1、2—2 剖面图和系统图进一步阅读。

阅读剖面图与系统图时，应与平面图对照进行。从平面图中可以了解设备、管道的平面布置位置及定位尺寸；而从剖面图中可以了解设备、管道在高度方向的布置情况、标高尺寸以及管道在高度方向的走向。

1. 阅读 1—1 剖面图

从图 12-29 某宾馆 1—1 剖面图可以看出，空调机房设在二楼，二楼地面标高 4.5m。空调机组安装在机房地面的中间位置，送风管在空调机组上方接出，接口截面尺寸为 1040mm×404mm，接口处标高为 6.385m。该管竖直向上，在风管向东折弯处接一消生弯头 15、矩形防火阀 2 及变径接头，送风管变径后的截面尺寸为 1250mm×250mm，在休息大厅内，送风管暗装在吊顶内，送风口直接装在吊顶表面上，送风口调节阀 14 设在吊顶表面上，用以调节风量的大小。风管底面标高 7.85m。消声弯头是用来消除和减弱由于风机振动、风与风管摩擦所引起的噪声的。

在空调机房的左侧为被剖切平面剖到的回风管，截面尺寸为 500mm × 400mm，标高 7.85m。回风由此向下，进入 500mm × 1636mm 风管且与新风混合后，被空调机吸入。回风管与空调机组接口的截面尺寸为 450mm × 1636mm 接口底面标高为 5.19m。

2. 阅读 2—2 剖面图

2—2 剖面图主要反映空调机组与新风管、回风管，在竖直方向的连接关系，进风口接口处的尺寸 1636mm × 500mm，接口处标高 5.19m，以及回风管管径在高度方向上的变化情况等。

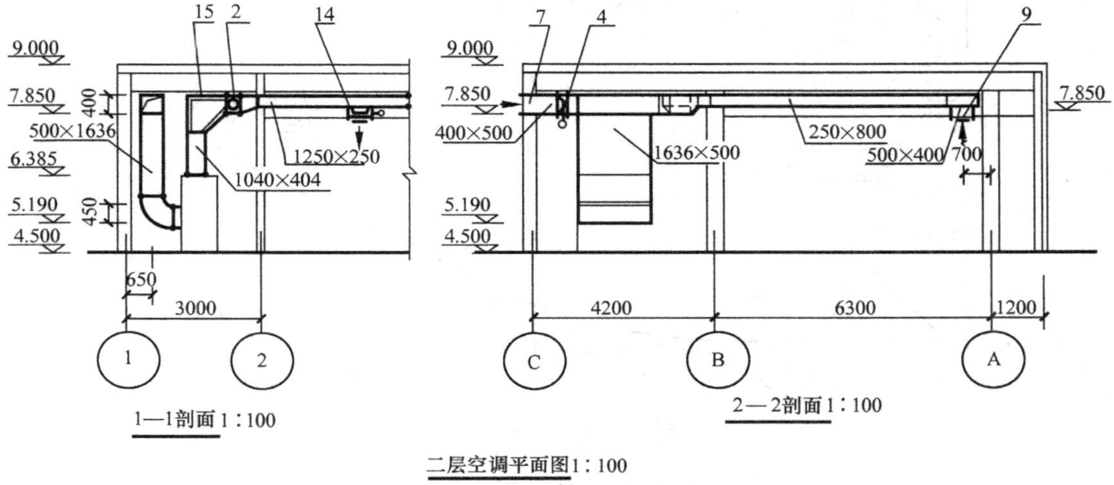

图 12-29 通风空调剖面图（局部）

12.5.4 阅读通风与空调系统图

通风与空调系统图主要表明空调管道在空间的曲折、交叉和走向以及部件的相对位置。

通风与空调平面图、剖面图中的风管是用**双线**表示的，而系统图中的风管则是按**单线**绘制的。阅读时应查明系统的编号、各设备型号规格及相对位置。

图 12-30 为某宾馆空调系统图。阅读时，应从送风系统开始，从图中可以看到，送风管从空调机组的上方垂直向上接出，管径为 1040mm × 404mm，然后，通过消声弯头 15 接一水平干管，在干管的始端接有防火阀 2 和变径管，水平干管上装有四个散流器，每个散流器上方均设有电动对开多叶风量调节阀一个。水平干管由西向东敷设一段距离后，接一变径管，在此处干管折向右后方（东北方向），在该斜管上设有四个分支管，各分支管上分别装有电动对开多叶风量调节阀和单层百叶送风口。

回风管道是从空调机组的左（西）边中间部位接出的，由于版面所限，回风系统采用了断开移出画法，并用连接符号 a 示意连接关系。在回风管道上靠近空调机组的位置装有防火阀 3 和变径管，回风管道在系统图中为一组折线，表明回风管道在建筑物内沿墙敷设布置的情况，在回风干管上共设有四个单层百叶回风口。

在空调系统图中还应注明：空调机组型号、其他主要设备、部件的编号（编号与通风空调系统平面图、剖面图一致）、名称及型号规格；还应注明：风管截面尺寸、标高、风口、调节阀、防火阀以及各异形部件的相对位置等。

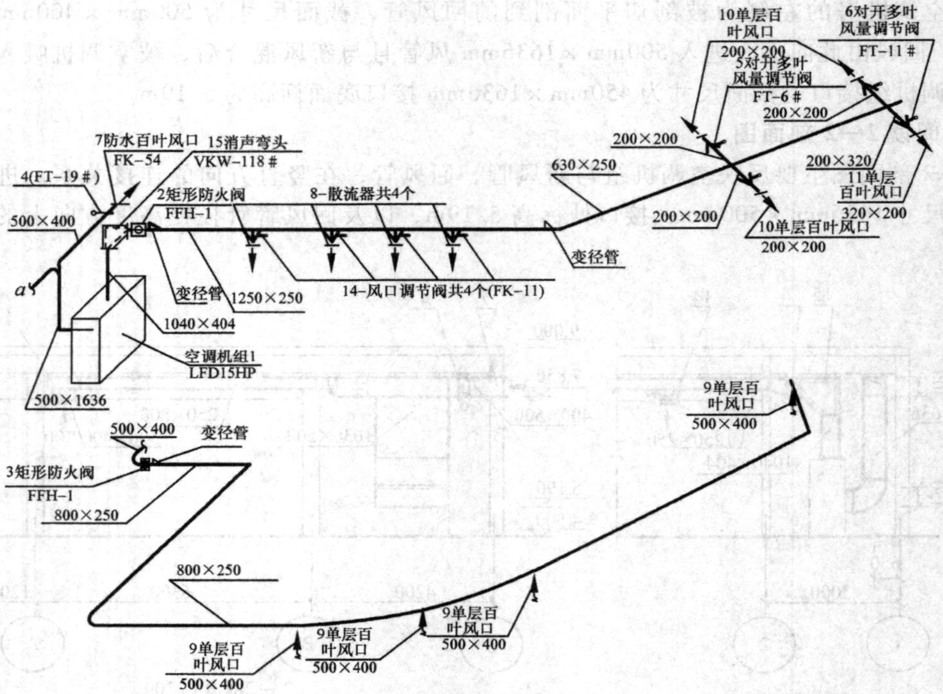

通风空调系统1∶100

图 12-30　通风空调系统图

附　　录

附录 A　标准件和常用件

表 A-1　普通螺纹直径、螺距、基本尺寸

（GB/T 193—2003，GB/T 196—2003）

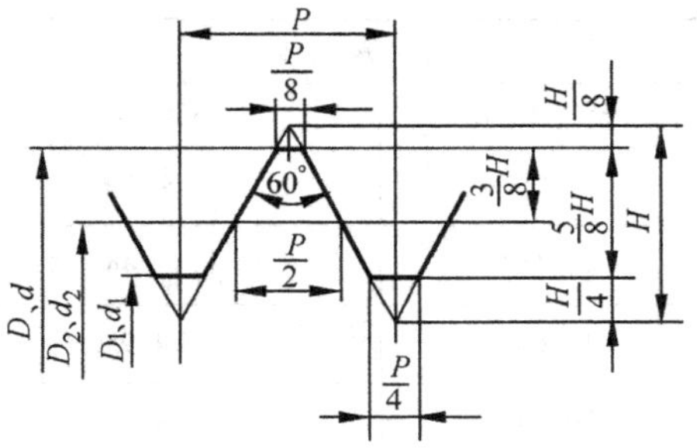

标 记 示 例

粗牙普通螺纹，公称直径 $d=10$，中径公差带代号 5g，顶径公差带代号 6g，标记：

M10—5g6g

细牙普通螺纹，公称直径 $d=10$，螺距 $P=1$，中径、顶径公差带代号 7H，标记：

M10 × 1—7H

公称直径 D，d		螺　　距 P		螺纹小径 D_1，d_1
第一系列	第二系列	粗　牙	细　牙	粗　牙
3		0.5	0.35	2.459
	3.5	0.6		2.850
4		0.7	0.5	3.242
	4.5	0.75		3.688
5		0.8		4.134
6		1	0.75	4.917
8		1.25	1，0.75	6.647
10		1.5	1.25，1，0.75	8.376
12		1.75	1.25，1	10.106
	14	2	1.5，1.25①，1	11.835
16		2	1.5，1	13.835
	18	2.5	2，1.5，1	15.294
20		2.5		17.294
	22	2.5	2，1.5，1	19.294
24		3	2，1.5，1	20.752
	27	3	2，1.5，1	23.752
30		3.5	（3），2，1.5，1	26.211
	33	3.5	（3），2，1.5	29.211
36		4	3，2，1.5	31.670

① 仅用于发动机的火花塞。

注：1. 螺纹公称直径应优先选用第一系列，第三系列未列入。

2. 括号内的尺寸尽量不用。

3. 公称直径最大为 600mm。

表 A-2　55°非密封的管螺纹（GB/T 7307—2001）

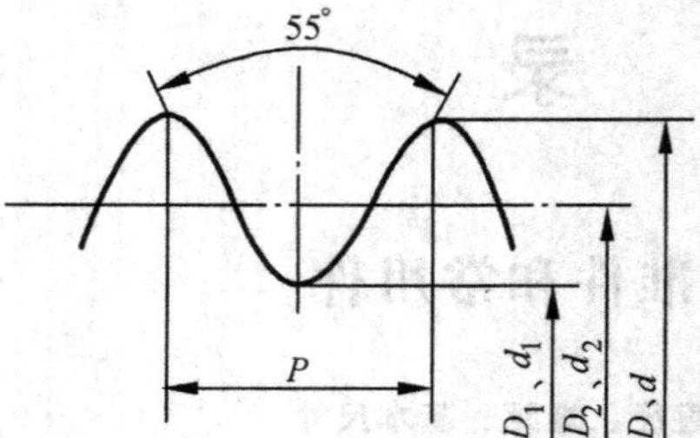

标记示例：

G1 $\frac{1}{2}$LH（右旋不注）

1 $\frac{1}{2}$左旋螺纹

（单位：mm）

尺寸代号/in	每 25.4mm 中的螺纹牙数 n	螺距 P	螺纹直径	
			大径 D，d	小径 D_1，d_1
1/8	28	0.907	9.728	8.566
1/4	19	1.337	13.157	11.445
3/8	19	1.337	16.662	14.950
1/2	14	1.814	20.955	18.631
5/8	14	1.814	22.911	20.587
3/4	14	1.814	26.441	24.117
7/8	14	1.814	30.201	27.877
1	11	2.309	33.249	30.291
$1\frac{1}{8}$	11	2.309	37.897	34.939
$1\frac{1}{4}$	11	2.309	41.910	38.952
$1\frac{3}{8}$	11	2.309	44.325	41.367
$1\frac{1}{2}$	11	2.309	47.803	44.845
$1\frac{3}{4}$	11	2.309	53.746	50.788
2	11	2.309	59.614	56.656
$2\frac{1}{4}$	11	2.309	65.710	62.752
$2\frac{1}{2}$	11	2.309	75.184	72.226
$2\frac{3}{4}$	11	2.309	81.534	78.576
3	11	2.309	87.884	84.926

注：1. 1/8in 尽可能不采用。

2. 括号内所示的螺纹只用于标准规定可用该种螺纹的产品。

表 A-3　六角头螺栓

六角螺栓 -A级和 B 级 (GB/T 5782-2000)　　　六角头螺栓 - 全螺纹(GB/T 5783-2000)A级和B级

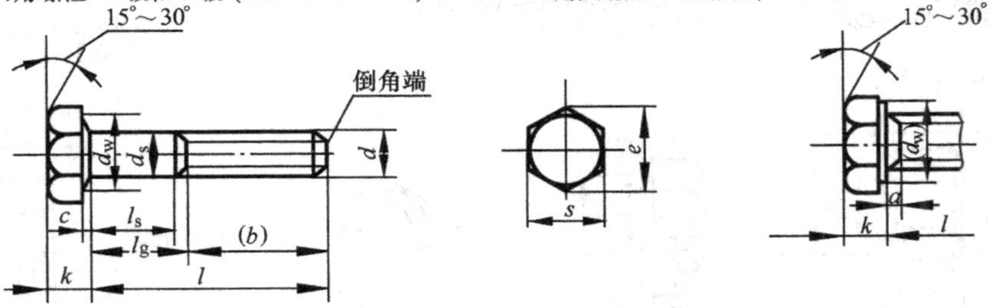

标记示例：螺纹规格 d = M12，公称长度 l = 80mm，性能等级为 8.8 级，表面氧化，A 级的六角头螺栓

螺栓 GB/T 5782—2000—M12 × 80

若为全螺纹，则为：螺栓 GB/T 5783—2000—M12 × 80

（单位：mm）

螺纹规格 d			M3	M4	M5	M6	M8	M10	M12	M16	M20	M24	M30	M36
e_{min}	产品等级	A	6.07	7.66	8.79	11.05	14.38	17.77	20.03	26.75	33.53	39.98	50.85	60.79
		B	—	—	8.63	10.89	14.20	17.59	19.85	26.17	32.95	39.55		
s_{max} = 公称			5.5	7	8	10	13	16	18	24	30	36	46	55
$k_{公称}$			2	2.8	3.5	4	5.3	6.4	7.5	10	12.5	15	18.7	22.5
c	max		0.4	0.4	0.5	0.5	0.6	0.6	0.6	0.8	0.8	0.8	0.8	0.8
	min		0.15	0.15	0.15	0.15	0.15	0.15	0.15	0.2	0.2	0.2	0.2	0.2
d_w min	产品等级	A	4.6	5.9	6.9	8.9	11.6	14.6	16.6	22.5	28.2	33.6	42.7	51.5
		B	—	—	6.7	8.7	11.4	14.4	16.4	22	27.7	33.2		
GB/T 5782—2000	b 参考	l≤125	12	14	16	18	22	26	30	38	46	54	66	78
		125≤l≤200	—	—	—	—	28	32	36	44	52	60	72	84
		l>200	—	—	—	—	—	—	—	57	65	73	85	97
		$l_{公称}$	20 ~ 30	25 ~ 40	25 ~ 50	30 ~ 60	35 ~ 80	40 ~ 100	45 ~ 120	55 ~ 160	65 ~ 200	80 ~ 240	90 ~ 300	110 ~ 360
GB/T 5783—2000	a_{max}		1.5	2.1	2.4	3	3.75	4.5	5.25	6	7.5	9	10.5	12
	$l_{公称}$		6 ~ 30	8 ~ 40	10 ~ 50	12 ~ 60	16 ~ 80	20 ~ 100	25 ~ 100	35 ~ 100	40 ~ 100	40 ~ 100	40 ~ 100	40 ~ 100

注：1. d_w 表示支承面直径；l_g 表示最末一扣完整螺纹到支承面的距离；l_s 表示无螺纹杆部的长度。

2. 本表仅摘录画装配图所需尺寸。A 级用于 d≤24 和 l≤10d 或 l≤150mm 螺栓，B 级用于 d>24 或 l>10d 或 l>150mm 的螺栓。

3. 六角头螺栓—C 级，细牙六角头螺栓及其他形式的螺栓请查阅相应的标准。

4. 在 GB/T 5782—2000 中，螺纹规格 d = M30 和 M36 的 A 级产品，e、d_w 无数值。

5. 螺栓 l 的长度系列为：6，8，10，12，16，20，25，30，35，40，45，50，55，60，65，70 ~ 160（10 进位），180 ~ 360（20 进位）。其中 55，65 的螺栓因不是优化数值，在上述两个标准中有时加括弧以示尽可能不用，有时又未加括弧。情况比较复杂，不便一一说明。在使用这两个尺寸时，请查阅原标准。

6. 无螺纹部分的杆部直径可按螺纹大径画出或按约等于中径绘制。螺钉、螺柱同。

7. 末端倒角可画成 45°，端面直径小于等于螺纹小径。

表 A-4　螺母

Ⅰ型六角螺母-A级和B级
(GB/T 6170-2000)

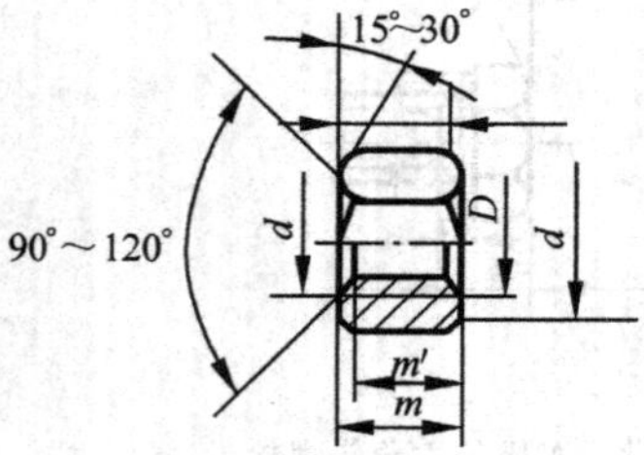

Ⅱ型六角螺母-A级和B级
(GB/T 6175-2000)

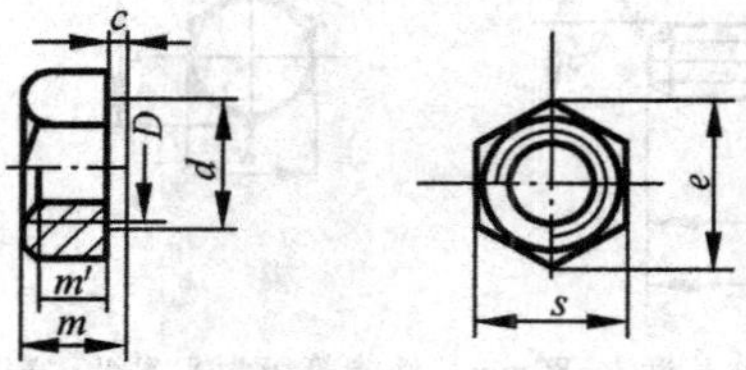

六角薄螺母-A级和B级－倒角
(GB/T 6172.1-2000)

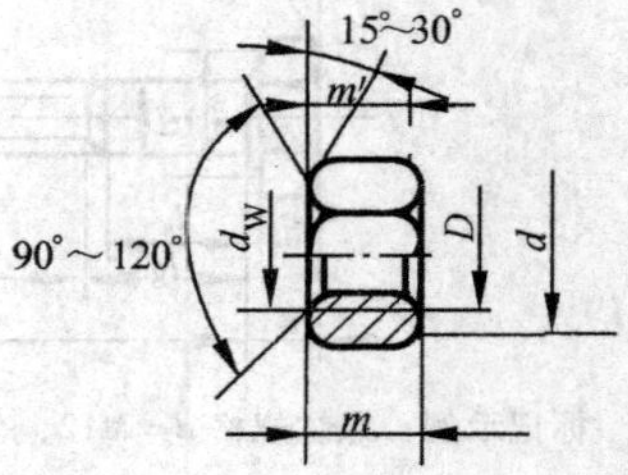

标记示例：螺纹规格 D = M12，性能等级为 10 级，不经表面处理，A 级的六角螺母

Ⅰ型　螺母 GB/T 6170—2000—M12

Ⅱ型　螺母 GB/T 6175—2000—M12

薄螺母，倒角　螺母 GB/T 6172.1—2000—M12

（单位：mm）

螺纹规格 D		M3	M4	M5	M6	M8	M10	M12	M16	M20	M24	M30	M36
e_{min}		6.01	7.66	8.79	11.05	14.38①	17.77	20.03	26.75	32.95	39.55	50.85	60.79
s	max	5.5	7	8	10	13	16	18	24	30	36	46	55
	min	5.32	6.78	7.78	9.78	12.73	15.73	17.73	23.67	29.16	35	45	53.8
c_{max}		0.4	0.4	0.5	0.5	0.6	0.6	0.6	0.8	0.8	0.8	0.8	0.8
d_{Wmin}		4.6	5.9	6.9	8.9	11.6	14.6	16.6	22.5	27.7	33.2	42.7	51.1
d_{amax}		3.45	4.6	5.75	6.75	8.75	10.8	13	17.3	21.6	25.9	32.4	38.9
GB/T 6172.1—2000 m	max	2.4	3.2	4.7	5.2	6.8	8.4	10.8	14.8	18	21.5	25.6	31
	min	2.15	2.9	4.4	4.9	6.44	8.04	10.37	14.1	16.9	20.2	24.3	29.4
GB/T 6175—2000 m	max	1.8	2.2	2.7	3.2	4	5	6	8	10	12	15	18
	min	1.55	1.95	2.45	2.9	3.7	4.7	5.7	7.42	9.10	10.9	13.9	16.9
GB/T 6170—2000 m	max	—	—	5.1	5.7	7.5	9.3	12	16.4	20.3	23.9	28.6	34.7
	min	—	—	4.8	5.4	7.14	8.94	11.57	15.7	19	22.6	27.3	33.1

① 14.38 在 GB/T 6172.1—2000 中为 14.28。

注：A 级用于 $D \leqslant 16$mm，B 级用于 $D > 16$mm。

表 A-5 垫　　圈

小垫圈 A 级
GB/T 848–2002

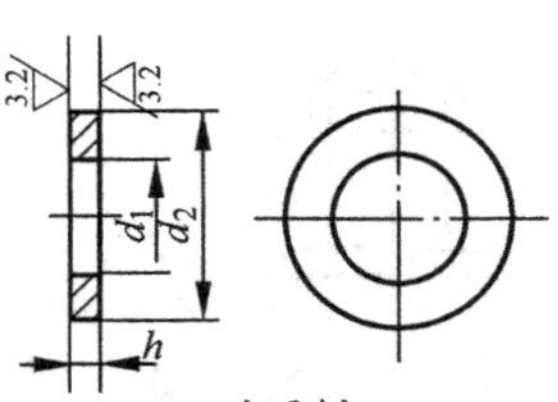

去毛刺

平垫圈 A 级
GB/T 97.1–2002

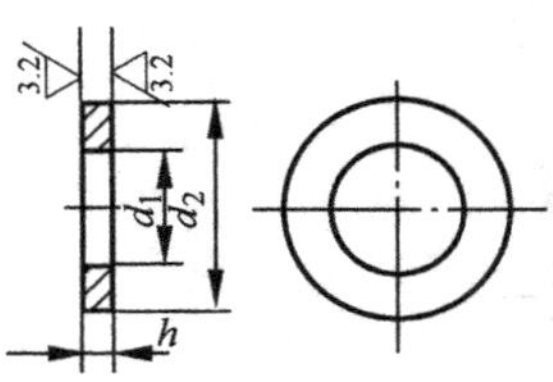

去毛刺

平垫圈–倒角型 A 级
GB/T 97.2–2002

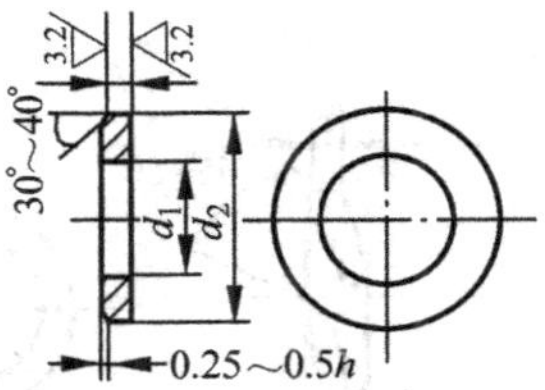

去毛刺

标记示例

标准系列、公称规格 $d = 8$mm、性能等级为 200HV 级、不经表面处理、产品等级为 A 级的小垫圈：垫圈 GB/T 848—2002 8

标记示例

标准系列、公称规格 $d = 8$mm、性能等级为 200HV 级、不经表面处理、产品等级为 A 级的平垫圈：垫圈 GB/T 97. 1—2002 8

标记示例

标准系列、公称规格 $d = 8$mm、性能等级为 200HV 级、不经表面处理、产品等级为 A 级的平垫圈-倒角型：垫圈 GB/T 97. 2—2002 8

（单位：mm）

公称规格（螺纹大径 d）		1. 6	2	2. 5	3	4	5	6	8	10	12	14	16	20	24	30	36
d_1	GB/T 848—2002	1. 7	2. 2	2. 7	3. 2	4. 3	5. 3	6. 4	8. 4	10. 5	13	15	17	21	25	31	37
	GB/T 97. 1—2002	1. 7	2. 2	2. 7	3. 2	4. 3	5. 3	6. 4	8. 4	10. 5	13	15	17	21	25	31	37
	GB/T 97. 2—2002						5. 3	6. 4	8. 4	10. 5	13	15	17	21	25	31	37
d_2	GB/T 848—2002	3. 5	4. 5	5	6	8	9	11	15	18	20	24	28	34	39	50	60
	GB/T 97. 1—2002	4	5	6	7	9	10	12	16	20	24	28	30	37	44	56	66
	GB/T 97. 2—2002						10	12	16	20	24	28	30	37	44	56	66
h	GB/T 848—2002	0. 3	0. 3	0. 5	0. 5	0. 5	1	1. 6	1. 6	1. 6	2	2. 5	2. 5	3	4	5	
	GB/T 97. 1—2002	0. 3	0. 3	0. 5	0. 5	0. 8	1	1. 6	1. 6	2	2. 5	2. 5	3	3	4	4	5
	GB/T 97. 2—2002						1	1. 6	1. 6	2	2. 5	2. 5	3	3	4	4	5

表 A-6 弹 簧 垫 圈

标准型弹簧垫圈 GB/T 93–1987

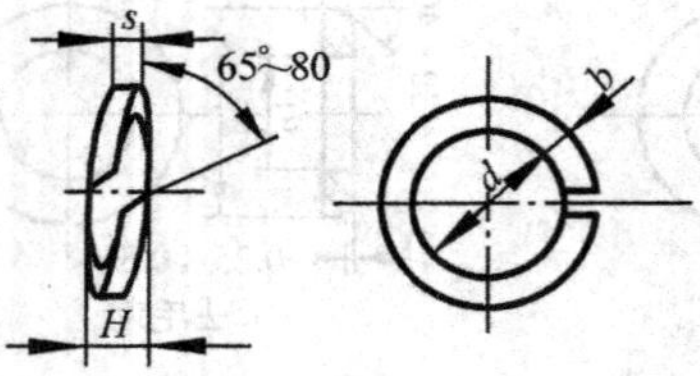

轻型弹簧垫圈 GB/T 859–1987

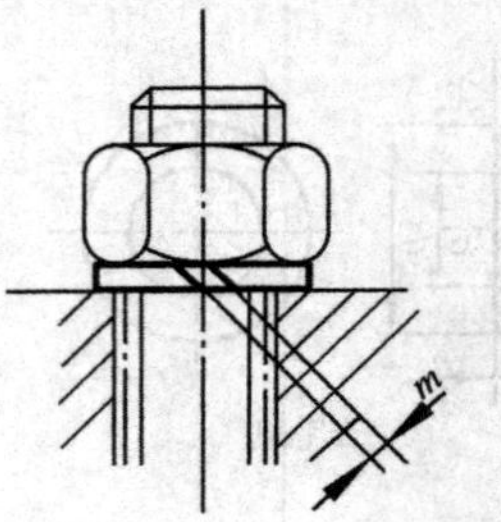

标记示例

规格 16mm、材料为 65Mn、表面氧化的标准型弹簧垫圈：垫圈 GB/T 93—1987 16

标记示例

规格 16mm、材料为 65Mn、表面氧化的轻型弹簧垫圈：垫圈 GB/T 859—1987 16

（单位：mm）

公称规格（螺纹大径）		3	4	5	6	8	10	12	（14）	16	（18）	20	（22）	24	（27）	30
d		3.1	4.1	5.1	6.1	8.1	10.2	12.2	14.2	16.2	18.2	20.2	22.5	24.5	27.5	30.5
H	GB/T 93—1987	1.6	2.2	2.6	3.2	4.2	5.2	6.2	7.2	8.2	9	10	11	12	13.6	15
	GB/T 859—1987	1.2	1.6	2.2	2.6	3.2	4	5	6	6.4	7.2	8	9	10	11	12
S（*b*）	GB/T 93—1987	0.8	1.1	1.3	1.6	2.1	2.6	3.1	3.6	4.1	4.5	5	5.5	6.	6.8	7.5
S	GB/T 859—1987	0.6	0.8	1.1	1.3	1.6	2	2.5	3	3.2	3.6	4	4.5	5	5.5	6
m⩽	GB/T 93—1987	0.4	0.55	0.65	0.8	1.05	1.3	1.55	1.8	2.05	2.25	2.5	2.75	3	3.4	3.75
	GB/T 859—1987	0.3	0.4	0.55	0.65	0.8	1	1.25	1.5	1.6	1.8	2	2.25	2.5	2.75	3
b	GB/T 859—1987	1	1.2	1.5	2	2.5	3	3.5	4	4.5	5	5.5	6	7	8	9

注：1. 括号内的规格尽可能不采用。

2. *m* 应大于零。

表 A-7　螺钉

开槽圆柱螺钉 (GB/T 65—2000)　　半圆头螺钉 (GB/T 67—2000)　　开槽沉头螺钉 (GB/T 68—2000)

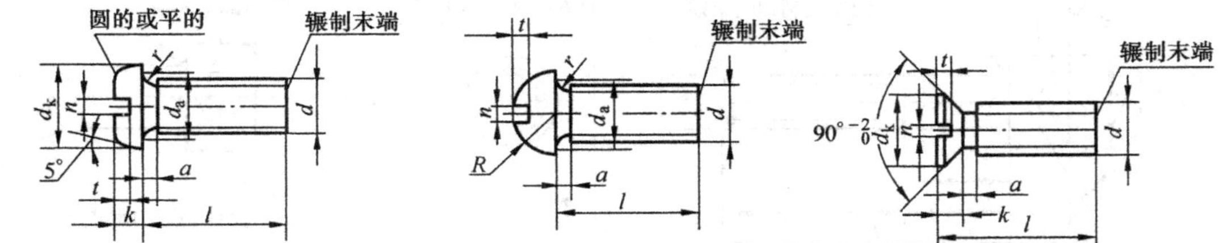

标记示例：螺纹规格 d = M5，公称长度 l = 20mm，性能等级为 4.8 级，不经表面处理的开槽圆柱头螺钉：

螺钉　GB/T 65—2000—M5 × 20

（单位：mm）

螺纹规格 d			M3	M4	M5	M6	M8	M10
a_{max}			1	1.4	1.6	2	2.5	3
b_{min}			25	38	38	38	38	38
$n_{公称}$			0.8	1.2	1.2	1.6	2	2.5
GB/T 65—2000	d_k	max	—	7	8.5	10	13	16
		min	—	6.78	8.28	9.78	12.73	15.73
	k	max	—	2.6	3.3	3.9	5	6
		min	—	2.45	3.1	3.6	4.7	5.7
	t_{min}		—	1.1	1.3	1.6	2	2.4
GB/T 67—2000	d_k	max	5.6	8	9.5	12	16	20
		min	5.3	7.64	9.14	11.57	15.57	19.48
	k	max	1.8	2.4	3	3.6	4.8	6
		min	1.6	2.2	2.8	3.3	4.5	5.7
	t_{min}		0.7	1	1.2	1.4	1.9	2.4
GB/T 65—2000 GB/T 67—2000	R							
	r_{min}		0.1	0.2	0.2	0.25	0.4	0.4
	d_{amax}		3.6	4.7	5.7	6.8	9.2	11.2
	$\frac{l}{b}$		$\frac{4 \sim 30}{l-a}$	$\frac{5 \sim 40}{l-a}$	$\frac{6 \sim 40}{l-a}$, $\frac{45 \sim 50}{b}$	$\frac{8 \sim 40}{l-a}$, $\frac{45 \sim 60}{b}$	$\frac{10 \sim 40}{l-a}$, $\frac{45 \sim 80}{b}$	$\frac{12 \sim 40}{l-a}$, $\frac{45 \sim 80}{b}$
GB/T 68—2000	d_k	理论值 max	6.3	9.4	10.4	12.6	17.3	20
		实际值 max	5.5	8.4	9.3	11.3	15.8	18.3
		实际值 min	5.2	8	8.9	10.9	15.4	17.8
	k_{max}		1.65	2.7	2.7	3.3	4.65	5
	t	min	0.6	1	1.1	1.2	1.8	2
		max	0.85	1.3	1.4	1.6	2.3	2.6
	$\frac{l}{b}$		$\frac{5 \sim 30}{l-(k+a)}$	$\frac{6 \sim 40}{l-(k+a)}$	$\frac{8 \sim 45}{l-(k+a)}$, $\frac{50}{b}$	$\frac{8 \sim 45}{l-(k+a)}$, $\frac{50 \sim 60}{b}$	$\frac{10 \sim 45}{l-(k+a)}$, $\frac{50 \sim 60}{b}$	$\frac{12 \sim 45}{l-(k+a)}$, $\frac{50 \sim 80}{b}$

注：1. 表中型式（4 ~ 30）/（$l-a$）表示螺纹，其余同。

2. 螺钉的长度系列 l 为：4，5，6，8，10，12，（14），16，20，25，30，35，40，45，50，（55），60，（65），70，（75），80，尽可能不采用括号内的规格。

3. d_a 表示过渡圆直径。

4. 无螺纹部分杆径≈中径或 = 螺纹小径。

表 A-8　内六角圆柱头螺钉（GB/T 70.1—2000）

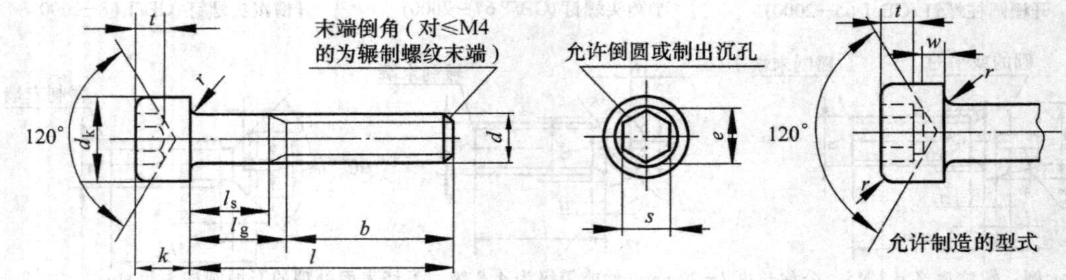

标记示例：螺纹规格 $d=M5$，公称长度 $l=20mm$，性能等级为 8.8 级，表面氧化的六角圆柱头螺钉：

螺钉　GB/T 70.1—2000—M5×20

（单位：mm）

螺纹规格　d		M4	M5	M6	M8	M10	M12	M16	M20	M24	M30
$b_{参考}$		20	22	24	28	32	36	44	52	60	72
d_k	max①	7	8.5	10	13	16	18	24	30	36	45
	max②	7.22	8.72	10.22	13.27	16.27	18.27	24.33	30.33	36.39	45.39
	min	6.78	8.28	9.78	12.73	15.73	17.73	23.67	29.67	35.61	44.61
k	max	4	5	6	8	10	12	16	20	24	30
	min	3.82	4.82	5.70	7.64	9.64	11.57	15.57	19.48	23.48	29.48
t_{min}		2	2.5	3	4	5	6	8	10	12	15.5
$s_{公称}$		3	4	5	6	8	10	14	17	19	22
e_{min}		3.44	4.58	5.72	6.86	9.15	11.43	16.00	19.44	21.73	25.15
w_{min}		1.4	1.9	2.3	3.3	4	4.8	6.8	8.6	10.4	13.1
r_{min}		0.2		0.25	0.4		0.6		0.8		1
l	***	6～25	8～25	10～30	12～35	(16)～40	20～45	25～(55)	30～(65)	40～80	45～90
	****	30～40	35～50	35～60	40～80	45～100	50～120	60～160	70～200	90～200	100～200

①　光滑头部。

②　滚花头部。

注：1. ***杆部螺纹制到距头部 $3P$（螺距）以内。

2. **** $l_{gmax}=l_{公称}-b_{参考}$；$l_{smin}=l_{gmax}-5P$（螺距），l_g 表示最末一扣完整螺纹到支承面的距离；l_s 表示无螺纹杆部长度。

3. l 的长度系列为：6，8，10，12，（14），（16），20，25，30，35，40，45，50，（55），60，（65），70，80，90，100，110，120，130，140，150，160，180，200。

表 A-9 紧定螺钉

开槽锥端紧定螺钉
(GB/T 71-2000)

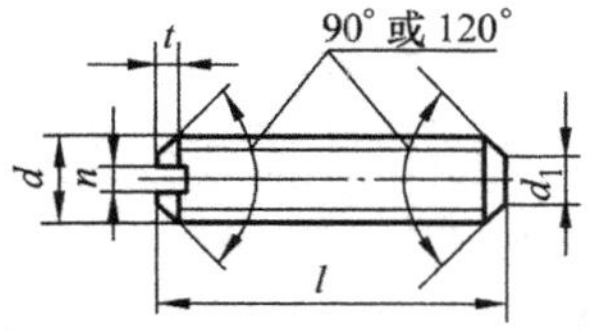

开槽平端紧定螺钉
(GB/T 73-2000)

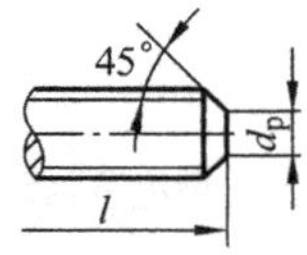

开槽长圆柱端紧定螺钉
(GB/T 75-2000)

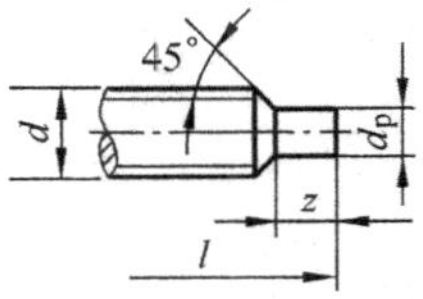

标记示例：

螺纹规格 d = M5，公称长度 l = 12mm，性能等级为 12H 级，表面氧化的开槽锥端紧定螺钉：

螺钉 GB/T 71—2000—M5 × 12

（单位：mm）

螺纹规格 d			M2	M2.5	M3	M4	M5	M6	M8	M10	M12
d_f ≈ 或 max			螺纹小径								
n 公称			0.25	0.4	0.4	0.6	0.8	1	1.2	1.6	2
t		min	0.64	0.72	0.8	1.12	1.28	1.6	2	2.4	2.8
		max	0.84	0.95	1.05	1.42	1.63	2	2.5	3	3.6
GB/T 71—1985	d_1	min	—	—	—	—	—	—	—	—	—
		max	0.2	0.25	0.3	0.4	0.5	1.5	2	2.5	3
	l		3 ~ 10	3 ~ 12	4 ~ 16	6 ~ 20	8 ~ 25	8 ~ 30	10 ~ 40	12 ~ 50	(14) ~ 60
GB/T 73、GB/T 75—1985	d_p	min	0.75	1.25	1.75	2.25	3.2	3.7	5.2	6.64	8.14
		max	1	1.5	2	2.5	3.5	4	5.5	7	8.5
GB/T 73—1985	l	120°	2 ~ 2.5	2.5 ~ 3	3	4	5	6	—	—	—
		90°	3 ~ 10	4 ~ 12	4 ~ 16	5 ~ 20	6 ~ 25	8 ~ 30	8 ~ 40	10 ~ 50	12 ~ 60
GB/T 75—1985	z	min	1	1.25	1.5	2	2.5	3	4	5	6
		max	1.25	1.5	1.75	2.25	2.75	3.25	4.3	5.3	6.3
	l	120°	3	4	5	6	8	8 ~ 10	10 ~ (14)	12 ~ 16	(14) ~ 20
		90°	4 ~ 10	5 ~ 12	6 ~ 16	8 ~ 20	10 ~ 25	12 ~ 30	16 ~ 40	20 ~ 50	25 ~ 60

注：1. 在 GB/T 71—2000 中，当 d = M2.5，l = 3mm 时，螺钉两端的倒角均为 120°。

2. u（不完全螺纹的长度）≤2P（螺距）。

3. 尽可能不采用括号内的规格。

表 A-10 双头螺柱

双头螺柱——$b_m = 1d$（GB/T 897—1988）

双头螺柱——$b_m = 1.25d$（GB/T 898—1988）

双头螺柱——$b_m = 1.5d$（GB/T 899—1988）

双头螺柱——$b_m = 2d$（GB/T 900—1988）

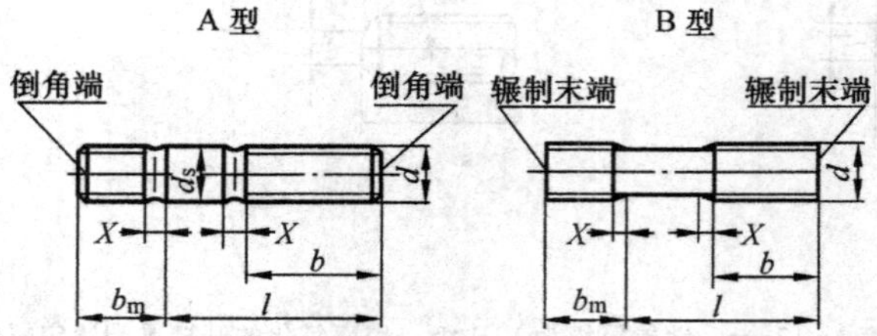

标记示例

两端均为粗牙普通螺纹、$d = 10$mm、$l = 50$mm、性能等级为 4.8 级、不经表面处理 B 型、$b_m = 1d$ 的双头螺柱：螺柱 GB/T 897—1988 M10×50。

旋入一端为粗牙普通螺纹、旋螺母一端为螺距 1 mm 的细牙普通螺纹、$d = 10$mm、$l = 50$mm、性能等级为 4.8 级、A 型、$b_m = 1d$ 的双头螺柱：螺柱 GB/T 897—1988 AM10—M10×1×50。

（单位：mm）

螺纹规格		M5	M6	M8	M10	M12	M16	M20	M24	M30	M36	M42
b_m	GB/T 897—1988	5	6	8	10	12	16	20	24	30	36	42
	GB/T 898—1988	6	8	10	12	15	20	25	30	38	45	52
	GB/T 899—1988	8	10	12	15	18	24	30	36	45	54	65
	GB/T 900—1988	10	12	16	20	24	32	40	48	60	72	84
d_s		5	6	8	10	12	16	20	24	30	36	42
x		1.5P	1.5P	1.5P	1.5P	1.5P	1.5P	1.5P	1.5P	1.5P	1.5P	1.5P
$\frac{l}{b}$		16 ~ 22 / 10 25 ~ 50 / 16	20 ~ 22 / 10 25 ~ 30 / 14 32 ~ 75 / 18	20 ~ 22 / 12 25 ~ 30 / 16 32 ~ 90 / 22	25 ~ 28 / 14 30 ~ 38 / 16 40 ~ 120 / 26 130 / 32	25 ~ 30 / 16 32 ~ 40 / 20 45 ~ 120 / 30 130 ~ 180 / 36	30 ~ 38 / 20 40 ~ 55 / 30 60 ~ 120 / 38 130 ~ 200 / 44	35 ~ 40 / 25 45 ~ 65 / 35 70 ~ 120 / 46 130 ~ 200 / 52	45 ~ 50 / 30 55 ~ 75 / 45 80 ~ 120 / 54 130 ~ 200 / 60	60 ~ 65 / 40 70 ~ 90 / 50 95 ~ 120 / 60 130 ~ 200 / 72 210 ~ 250 / 85	65 ~ 75 / 45 80 ~ 110 / 60 120 / 78 130 ~ 200 / 84 210 ~ 300 / 91	65 ~ 80 / 50 85 ~ 110 / 70 120 / 90 130 ~ 200 / 96 210 ~ 300 / 109
l系列		16，（18），20，（22），25，（28），30，（32），35，（38），40，45，50，（55），60，（65），70，（75），80，（85），90，（95），100，110，120，130，140，150，160，170，180，190，200，210，220，230，240，250，260，280，300										

注：P 是粗牙螺纹的螺距。

附录B　孔的极限偏差

表 B-1　优先配合中孔的极限偏差（GB/T 1800.4—1999）　　　　（单位：μm）

基本尺寸/mm		公差带												
		C	D	F	G	H				K	N	P	S	U
大于	至					7	8	9	11	7	7	7	7	7
—	3	+120 +60	+45 +20	+20 +6	+12 +2	+10 0	+14 0	+25 0	+60 0	0 -10	-4 -14	-6 -16	-14 -24	-18 -25
3	6	+145 +70	+60 +30	+28 +10	+16 +4	+12 0	+18 0	+30 0	+75 0	+3 -9	-4 -16	-8 -20	-15 -27	-19 -31
6	10	+170 +80	+76 +40	+35 +13	+20 +5	+15 0	+22 0	+36 0	+90 0	+5 -10	-4 -19	-9 -24	-17 -32	-22 -37
10	14	+205 +95	+93 +50	+43 +16	+24 +6	+18 0	+27 0	+43 0	+110 0	+6 -12	-5 -23	-11 -29	-21 -39	-26 -44
14	18													
18	24	+240 +110	+117 +65	+53 +20	+28 +7	+21 0	+33 0	+52 0	+130 0	+6 -15	-7 -28	-14 -35	-27 -48	-33 -54
24	30													-40 -61
30	40	+280 +120	+142 +80	+64 +25	+34 +9	+25 0	+39 0	+62 0	+160 0	+7 -18	-8 -33	-17 -42	-34 -59	-51 -76
40	50	+290 +130												-61 -86
50	65	+330 +140	+174 +100	+76 +30	+40 +10	+30 0	+46 0	+74 0	+190 0	+9 -21	-9 -39	-21 -51	-42 -72	-76 -106
65	80	+340 +150											-48 -78	-91 -121
80	100	+390 +170	+207 +120	+90 +36	+47 +12	+35 0	+54 0	+87 0	+220 0	+10 -25	-10 -45	-24 -59	-58 -93	-111 -146
100	120	+400 +180											-66 -101	-131 -166
120	140	+450 +200	+245 +145	+106 +43	+54 +14	+40 0	+63 0	+100 0	+250 0	+12 -28	-12 -52	-28 -68	-17 -117	-155 -195
140	160	+460 +210											-85 -125	-175 -125
160	180	+460 +210											-93 -133	-195 -235
180	200	+530 +240	+285 +170	+122 +50	+61 +15	+46 0	+72 0	+115 0	+290 0	+13 -33	-14 -60	-33 -79	-105 -151	-219 -265
200	225	+550 +260											-113 -159	-241 -287
225	250	+570 +280											-123 -169	-267 -313
250	280	+620 +300	+320 +190	+137 +56	+69 +17	+52 0	+81 0	+130 0	+320 0	+16 -36	-14 -66	-36 -88	-138 -190	-295 -347
280	315	+650 +330											-150 -202	-330 -382
315	355	+720 +360	+350 +210	+151 +62	+75 +18	+57 0	+89 0	+140 0	+360 0	+17 -40	-16 -73	-41 -98	-169 -226	-369 -426
355	400	+760 +400											-187 -244	-414 -471
400	450	+840 +440	+385 +230	+165 +68	+83 +20	+63 0	+97 0	+155 0	+400 0	+18 -45	-17 -80	-45 -108	-209 -272	-467 -530
450	500	+880 +480											-229 -292	-517 -580

表 B-2　优先配合中轴的极限偏差（GB/T 1800.4—1999）　　（单位：μm）

基本尺寸/mm		公差带												
		c	d	f	g	h				k	n	p	s	u
大于	至	11	9	7	6	6	7	9	11	6	6	6	6	6
—	3	-60 -120	-20 -45	-6 -16	-2 -8	0 -6	0 -10	0 -25	0 -60	+6 0	+10 +4	+12 +6	+20 +14	+24 +18
3	6	-70 -145	-30 -60	-10 -22	-4 -12	0 -8	0 -12	0 -30	0 -75	+9 +1	+16 +8	+20 +12	+27 +19	+31 +23
6	10	-80 -170	-40 -76	-13 -28	-5 -14	0 -9	0 -15	0 -36	0 -90	+10 +1	+19 +10	+24 +15	+32 +23	+37 +28
10	14	-95 -205	-50 -93	-16 -34	-6 -17	0 -11	0 -18	0 -43	0 -110	+12 +1	+23 +12	+29 +18	+39 +28	+44 +33
14	18													
18	24	-110 -240	-65 -117	-20 -41	-7 -20	0 -13	0 -21	0 -52	0 -130	+15 +2	+28 +15	+35 +22	+48 +35	+54 +41
24	30													+61 +48
30	40	-120 -280	-80 -142	-25 -50	-9 -25	0 -16	0 -25	0 -62	0 -160	+18 +2	+33 +17	+42 +26	+59 +43	+76 +60
40	50	-130 -290												+86 +70
50	65	-140 -330	-100 -174	-30 -60	-10 -29	0 -19	0 -30	0 -74	0 -190	+21 +2	+39 +20	+51 +32	+72 +53	+106 +87
65	80	-150 -340											+78 +89	+121 +102
80	100	-170 -390	-120 -207	-36 -71	-12 -34	0 -22	0 -35	0 -87	0 -220	+25 +3	+45 +23	+59 +37	+93 +71	+146 +124
100	120	-180 -400											+101 +79	+166 +144
120	140	-200 -450	-145 -245	-43 -83	-14 -39	0 -25	0 -40	0 -100	0 -250	+28 +3	+52 +27	+68 +43	+117 +92	+195 +170
140	160	-210 -460											+125 +100	+215 +190
160	180	-230 -480											+133 +108	+235 +210
180	200	-240 -530	-170 -285	-50 -96	-15 -44	0 -29	0 -46	0 -115	0 -290	+33 +4	+60 +31	+79 +50	+151 +122	+265 +236
200	225	-260 -550											+159 +130	+287 +258
225	250	-280 -570											+169 +160	+313 +284
250	280	-300 -620	-190 -320	-56 -108	-17 -49	0 -32	0 -52	0 -130	0 -320	+36 +4	+66 +34	+85 +56	+190 +158	+347 +315
280	315	-330 -650											+202 +170	+382 +350
315	355	-360 -720	-210 -350	-62 -119	-18 -54	0 -36	0 -57	0 -140	0 -360	+40 +4	+73 +37	+98 +62	+226 +190	+426 +390
355	400	-400 -760											+244 +208	+471 +435
400	450	-440 -840	-230 -385	-68 -131	-20 -60	0 -40	0 -63	0 -155	0 -400	+45 +5	+80 +40	+108 +68	+272 +232	+530 +490
450	500	-480 -880											+292 +252	+580 +540

附录 C　其他标准结构

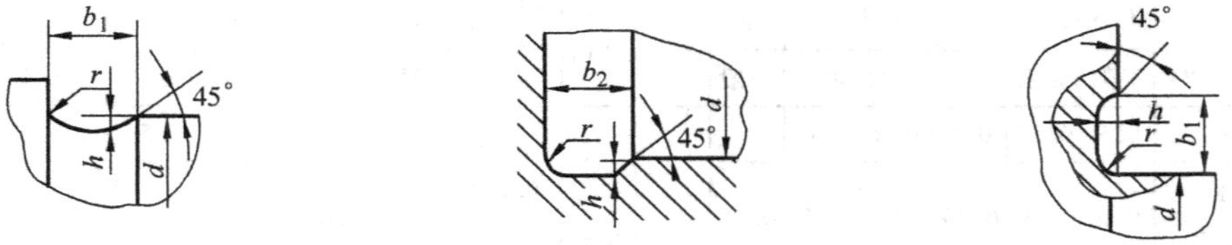

表 C-1　零件倒圆与倒角（GB/T 3—1997）　　　　（单位：mm）

	~3	>3~6	>6~10	>10~18	>18~30	>30~50	>50~80	>80~120	>120~180
C 或 r	0.2	0.4	0.6	0.8	1.0	1.6	2.0	2.5	3.0
	>180~250	>250~320	>320~400	>400~500	>500~630	>630~800	>800~1000	>1000~1250	>1250~1600
C 或 r	4.0	5.0	6.0	8.0	10	12	16	20	25

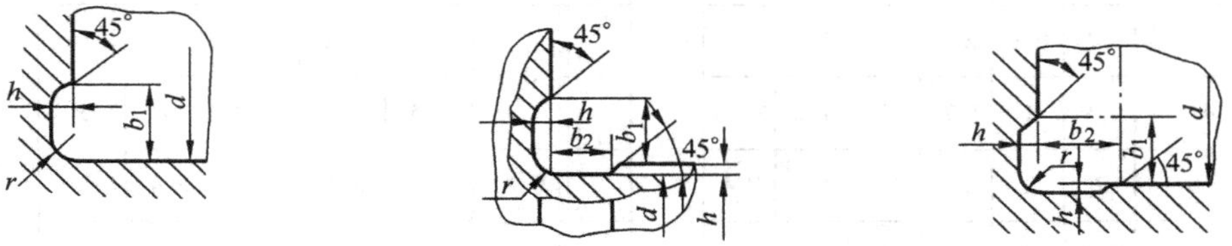

表 C-2　砂轮越程槽（GB/T 6403.5—1986）　　　　（单位：mm）

b_1	0.6	1.0	1.6	2.0	3.0	4.0	5.0	8.0	10
b_2	2.0	3.0		4.0		5.0		8.0	10
h	0.1	0.2		0.3	0.4		0.6	0.8	1.2
r	0.2	0.5		0.8	1.0		1.6	2.0	3.0
d	~10			>10~50		>5~100		>100	

注：1. 越程槽内：直线相交处，不允许产生尖角。

2. 越程槽深度 h 与圆弧半径 r，要满足 $r \leqslant 3h$。

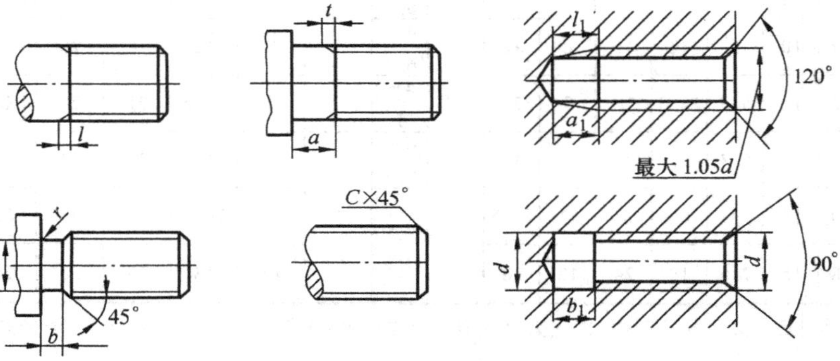

表 C-3　普通螺纹收尾、肩距、退刀槽、倒角（GB/T 6403.4—1986）（单位：mm）

	螺距 P	粗牙螺纹大径 D，d	外螺纹 螺纹收尾 l（不大于）		肩距 a（不大于）			退刀槽			倒角 C	内螺纹 螺纹收尾 l_1（不大于）		肩距 a_1（不大于）		退刀槽		
			一般	短的	一般	长的	短的	b 一般	$r\approx$	d_3		一般	长的	一般	长的	b_1 一般	$r_1\approx$	d_4
普通螺纹	0.2	—	0.5	0.25	0.6	0.8	0.4		0.5P	$d-0.6$	0.2	0.4	0.6	1.2	1.5		0.5P	
	0.25	1，1.2	0.6	0.3	0.75	1	0.5	0.75				0.5	0.8	1.5	2			
	0.3	1.4	0.75	0.4	0.9	1.2	0.6	0.9			0.3	0.6	0.9	1.8	2.4			
	0.35	1.6，1.8	0.9	0.45	1.05	1.4	0.7	1.05		$d-0.7$		0.7	1.1	2.2	3.2			
	0.4	2	1	0.5	1.2	1.6	0.8	1.2		$d-0.7$	0.4	0.8	1.2	2.5	3.2			
	0.45	2.2，2.5	1.1	0.6	1.35	1.8	0.9	1.35		$d-0.8$		0.9	1.4	2.8	3.6			
	0.5	3	1.25	0.7	1.5	2	1	1.5		$d-1$	0.5	1	1.5	3	4	2		$d+0.3$
	0.6	3.5	1.5	0.75	1.8	2.4	1.2	1.8		$d-1.1$		1.2	1.8	3.2	4.8			
	0.7	4	1.75	0.9	2.1	2.8	1.4	2.1		$d-1.2$	0.6	1.4	2.1	3.5	5.6	3		
	0.75	4.5	1.9	1	2.25	3	1.5	2.25		$d-1.3$		1.5	2.3	3.8	6			
	0.8	5	2	1	2.4	3.2	1.6	2.4		$d-1.6$	0.81	1.6	2.4	4	6.4			
	1	6.7	2.5	1.25	3	4	2	3		$d-2$	1.2	2	3	5	8	4		$d+0.5$
	1.25	8	3.2	1.6	4	5	2.5	3.75		$d-2.3$	1.5	2.5	3.8	6	10	5		
	1.5	10	3.8	1.9	4.5	6	3	4.5		$d-2.5$	2	3	4.5	7	12	6		
	1.75	12	4.3	2.2	5.3	7	3.5	5.25		$d-3$		3.5	5.2	9	14	7		
	2	14，16	2.5	6	8	4	6			$d-3.6$	2.5	4	6	10	16	8		
	2.5	18，20，22	6.3	3.2	7.5	10	5	7.5		$d-4.4$		5	7.5	12	18	10		
	3	24，27	7.5	3.8	9	12	6	9		$d-5$	3	6	9	14	22	12		
	3.5	30，33	9	4.5	10.5	14	7	10.5		$d-5.7$		7	10.5	16	24	14		
	4	36，39	10	5	12	16	8	12		$d-6.4$	4	8	12	18	26	16		
	4.5	42，45	11	5.5	13.5	18	9	13.5		$d-7$		9	13.5	21	29	18		
	5	48，52	12.5	6.3	15	20	10	15		$d-7.7$	5	10	15	23	32	20		
	5.5	56，60	14	7	16.5	22	11	17.5		$d-8.3$		11	16.5	25	35	22		
	6	64，68	15	7.5	18	24	12	18				12	18	28	38	24		

注：国家标准局最近又发布了国家标准《紧固件-外螺纹零件的末端》（GB/T 2—2001），可查阅其中的有关规定。

附录D　材料牌号

表 D-1　金属材料牌号

标　准	名　称	牌　号		应　用　举　例	说　明
GB/T 700—2006	碳素结构钢	Q215	A级	金属结构件、拉杆、套圈、铆钉、螺栓、短轴、心轴、凸轮（载荷不大的）、垫圈、渗碳零件及焊接件	“Q”为碳素结构钢屈服点“屈”字的汉语拼音首位字母，后面数字表示屈服点数值。如Q235表示碳素结构钢屈服点为235 N/mm^2。 新旧牌号对照： Q215—A2 Q235—A3 Q275—A5
			B级		
		Q235	A级	金属结构件，心部强度要求不高的渗碳或氰化零件，吊钩、拉杆、套圈、汽缸、齿轮、螺栓、螺母、连杆、轮轴、楔、盖及焊接件	
			B级		
			C级		
			D级		
		Q275		轴、轴销、刹车杆、螺母、螺栓、垫圈、连杆、齿轮以及其他强度较高的零件	
GB/T 699—1999	优质碳素结构钢	10		用作拉杆、卡头、垫圈、铆钉及用作焊接零件	牌号的两位数字表示平均碳的质量分数，45号钢即表示碳的质量分数为0.45%； 碳的质量分数≤0.25%的碳钢属低碳钢（渗碳钢）； 碳的质量分数在0.25%～0.6%之间的碳钢属中碳钢（调质钢）； 碳的质量分数大于0.6%的碳钢属高碳钢。 锰的质量分数较高的钢，需加注化学元素符号“Mn”
		15		用于受力不大和韧性较高的零件、渗碳零件及紧固件（如螺栓、螺钉）、法兰盘和化工储器	
		35		用于制造曲轴、转轴、轴销、杠杆连杆、螺栓、螺母、垫圈、飞轮（多在正火、调质下使用）	
		45		用作要求综合机械性能高的各种零件，通常经正火或调质处理后使用。用于制造轴、齿轮、齿条、链轮、螺栓、螺母、销钉、键、拉杆等	
		65		用于制造弹簧、弹簧垫圈、凸轮、轧辊等	
		15Mn		制作心部机械性能要求较高且需渗碳的零件	
		65Mn		用作要求耐磨性高的圆盘、衬板、齿轮、花键轴、弹簧等	
GB/T 3077—1999	合金结构钢	30Mn2		起重机行车轴、变速箱齿轮、冷镦螺栓及较大截面的调质零件	钢中加入一定量的合金元素，提高了钢的力学性能和耐磨性，也提高了钢的淬透性，保证金属在较大截面上获得高的力学性能
		20Cr		用于要求心部强度较高、承受磨损、尺寸较大的渗碳零件，如齿轮、齿轮轴、蜗杆、凸轮、活塞销等，也用于速度较大、中等冲击的调质零件	
		40Cr		用于受变载、中速、中载、强烈磨损而无很大冲击的重要零件，如重要的齿轮、轴、曲轴、连杆、螺栓、螺母	
		35SiMn		可代替40Cr用于中小型轴类、齿轮等零件及430℃以下的重要紧固件等	
		20CrMnTi		强度韧性均高，可代替镍铬钢用于承受高速、中等或重负荷以及冲击、磨损等重要零件，如渗碳齿轮、凸轮等	

（续）

标　准	名　称	牌　号	应　用　举　例	说　明
GB/T 11352—1989	铸钢	ZG230—450	轧机机架、铁道车辆摇枕、侧梁、铁铮台、机座、箱体、锤轮、450℃以下的管路附件等	“ZG”为铸钢汉语拼音的首位字母，后面数字表示屈服点和抗拉强度。如 ZG230—450 表示屈服点 $230N/mm^2$、抗拉强度 $450N/mm^2$
		ZG310—570	联轴器、齿轮、汽缸、轴、机架、齿圈等	
GB/T 9439—1988	灰铸铁	HT150	用于小负荷和对耐磨性无特殊要求的零件，如端盖、外罩、手轮，一般机床的底座、床身及其复杂零件，滑台、工作台和低压管件等	“HT”为灰铁的汉语拼音的首位字母，后面的数字表示抗拉强度。如 HT200 表示抗拉强度为 $200N/mm^2$ 的灰铸铁
		HT200	用于中等负荷和对耐磨性有一定要求的零件，如机床床身、立柱、飞轮、汽缸、泵体、轴承座、活塞、齿轮箱、阀体等	
		HT250	用于中等负荷和对耐磨性有一定要求的零件，如阀壳、油缸、汽缸、联轴器、机体、齿轮、齿轮箱外壳、飞轮、衬套、凸轮、轴承座、活塞等	
		HT300	用于受力大的齿轮、床身导轨、车床卡盘、剪床床身、压力机的床身、凸轮、高压油缸、液压泵和滑阀壳体、冲模模体等	

表 D-2　有色金属材料牌号

标　准	名　称	牌　号	应　用　举　例	说　明
GB/T 1176—1987	5-5-5 锡青铜	ZCuSn5 Pb5Zn5	耐磨性和耐蚀性均好，易加工，铸造性和气密性较好。用于较高负荷、中等滑动速度下工作的耐磨、耐腐蚀零件，如轴瓦、衬套、缸套、油塞、离合器、蜗轮等	“Z”为铸造汉语拼音的首位字母，各化学元素后面的数字表示该元素含量的百分数，如 ZCuAl10Fe3 表示含 Al8.5%～11%，Fe2%～4%，其余为 Cu 的铸造铝青铜
	10-3 铝青铜	ZCuAl10 Fe3	机械性能高，耐磨性、耐蚀性、抗氧化性好，可焊接性好，不易钎焊，大型铸件自700℃空冷可防止变脆。可用于制造强度高、耐磨、耐蚀的零件，如蜗轮、轴承、衬套、管嘴、耐热管配件等	
	25-6-3-3 铝黄铜	ZCuZn 25Al6 Fe3Mn3	有很高的力学性能，铸造性良好，耐蚀性较好，有应力腐蚀开裂倾向，可以焊接。适用于高强耐磨零件，如桥梁支承板、螺母、螺杆、耐磨板、滑块和蜗轮等	
	38-2-2 锰黄铜	ZCu38 Mn2Pb2	有较高的力学性能和耐蚀性，耐磨性较好，切削性良好，可用于一般用途的构件、船舶仪表等使用的外型简单的铸件，如套筒、衬套、轴瓦、滑块等	
GB/T 1173—1995	铸造铝合金	ZALSi12 代号 ZL102	耐磨性中上等，用于制造负荷不大的薄壁零件	ZL102 表示含 Si10%～13%、余量为 Al 的铝硅合金；ZL202 表示含 Cu9%～11%、余量为 Al 的铝铜合金

表 D-3 非金属材料牌号

标　准	名　称	牌　号	应　用　举　例	说　明
GB/T 359—1995	耐油石棉橡胶板	NY250 HNY300	供航空发动机用的煤油、润滑油及冷气系统结合处的密封衬垫材料	有厚度 0.4 ~ 3.0mm 的 10 种规格
GB/T 5574—1994	耐酸碱橡胶板	2707 2807 2709	具有耐酸碱性能，在温度 -30 ~ +60℃ 的 20% 浓度的酸碱液体中工作，用作冲制密封性能较好的垫圈	较高硬度 中等硬度
	耐油橡胶板	3707 3807 3709 3809	可在一定温度的机油、变压器油、汽油等介质中工作，适用冲制各种形状的垫圈	较高硬度
	耐热橡胶板	4708 4808 4710	可在 -30 ~ +100℃ 且压力不大的条件下，于热空气、蒸汽介质中工作，用作冲制各种垫圈和隔热垫板	较高硬度 中等硬度

参 考 文 献

[1] 侯洪生．机械制图［M］．北京：机械工业出版社，2003.

[2] 董国耀．机械制图［M］．北京：北京理工大学出版社，1998.

[3] 王巍．机械制图［M］．北京：高等教育出版社，2004.

[4] 邹宜侯，等．机械制图［M］．北京：清华大学出版社，2006.

[5] 朱玉万．画法几何与土木工程制图［M］．北京：高等教育出版社，2005.

[6] 于春艳．工程制图［M］．北京：中国电力出版社，2004.

[7] 王兰美．机械制图［M］．北京：高等教育出版社，2005.

[8] 陆国栋，等．图学应用教程［M］．北京：高等教育出版社，2004.

[9] 大连理工大学工程画教研室．画法几何学［M］．北京：高等教育出版社，2004.

[10] 孙靖立，等．现代工程图学［M］．呼和浩特：内蒙古大学出版社，2005.

[11] 高俊亭，等．工程制图［M］．北京：高等教育出版社，2004.

[12] GB/T 50114—2010 暖通空调制图标准［S］．北京：中国计划出版社，2002.

[13] GB/T 50001—2010 房屋建筑制图统一标准［S］．北京：中国计划出版社，2002.